国家自然科学基金
资助出版

果蔬
高压脉冲电场预处理
及低能耗冻干工艺

郭玉明 崔清亮 郝新生 等 著

U0270808

化学工业出版社

·北京·

图书在版编目（CIP）数据

果蔬高压脉冲电场预处理及低能耗冻干工艺/郭玉明
等著．—北京：化学工业出版社，2019.12（2021.1重印）
ISBN 978-7-122-35673-4

Ⅰ．①果…　Ⅱ．①郭…　Ⅲ．①脉冲电流-预处理-影
响-果蔬加工-研究　Ⅳ．①TS255.3

中国版本图书馆 CIP 数据核字（2019）第 252623 号

责任编辑：贾　娜
文字编辑：陈　喆
责任校对：刘曦阳
装帧设计：刘丽华

出版发行：化学工业出版社
　　　　　（北京市东城区青年湖南街 13 号　邮政编码 100011）
印　　装：涿州市般润文化传播有限公司
787mm×1092mm　1/16　印张 17½　字数 435 千字
2021 年 1 月北京第 1 版第 2 次印刷

购书咨询：010-64518888
售后服务：010-64518899
网　　址：http://www.cip.com.cn
凡购买本书，如有缺损质量问题，本社销售中心负责调换。

前 言

果蔬在农产品种类中占有重要比重，但是由于果蔬的含水率很高，在微生物作用下容易腐烂变质，导致果蔬的损耗严重。因此，为了降低果蔬的损耗，延长保存期，常采用干燥脱水的方法生产干制品。目前，我国的农产品和食品的脱水干燥绝大多数是采用热风干燥的方法，但是热风干燥存在生产效率低而且色泽品味和复水性较差等缺点，不能满足大众的需求。近年来兴起的真空冷冻干燥加工技术是以低温冷冻的方式进行脱水，由于是低温脱水，其产品质量比热风干燥、红外干燥和微波干燥等方法更佳，能最大限度地保留果蔬中原有的营养成分，而且残余的含水量很低，贮藏中一般不会引起水溶性成分的变化，是农产品加工的一种新技术。但是真空冷冻干燥技术存在着设备成本过高、能量消耗大以及加工时间长等缺点。因此，在保证产品品质的同时，实现节能降耗、缩短冻干时间、减少工序、降低生产成本就成为真空冷冻干燥技术面临的主要问题。

高压脉冲电场（high pulsed electric field，HPEF）预处理技术是近年来研究较多的非加热处理技术之一，具有传递快速均匀、处理时间短、能耗低、产热少等优点，并能避免由于热加工造成的多种损害。高压脉冲电场是以脉冲波的形式作用于果蔬细胞，使果蔬的细胞组织结构、细胞内的微生物、酶、水分以及营养成分等发生改变，达到杀菌、干燥、钝酶、物质定向改性等目的。高压脉冲电场用于干燥预处理，能够在极短的时间内因高压脉冲电场力的作用使果蔬的内部组织结构发生改变，果蔬中的水分子因受电场的作用而形成了有序排列；同时高压脉冲电场能够改变细胞膜的通透性，从而提高果蔬的干燥速率。因此，高压脉冲电场预处理技术具有降低干燥能耗、减少产品质量的破坏、提高干燥速率和缩短干燥时间等优势，在农产品如苹果、椰子、胡萝卜、红辣椒、马铃薯等的干燥加工中已经有广泛的应用。将高压脉冲电场预处理技术与真空冷冻干燥技术结合对果蔬进行冻干加工，具有干燥时间短、营养成分损失少等优势，在农产品的保鲜与加工方面有着广阔的应用前景。

我们团队在五项国家自然基金、两项科技攻关等项目支持下，研究探索了高压矩形脉冲电场预处理对果蔬真空冷冻干燥脱水特性、果蔬材料物性等方面的影响以及低能耗冻干工艺优化等，通过理论分析和实验分析相结合的方法，从宏观和微观层面研究高压脉冲电场对果蔬的作用机理，探索高压脉冲电场对果蔬微观结构和生物力学性能的影响机制，获得了高压脉冲电场预处理果蔬冻干的最佳工艺参数。团队还具体进行了果蔬真空冷冻干燥加工工艺研究，果蔬高压脉冲电场预处理参数优化与作用机理研究，高压脉冲电场预处理对果蔬冻干加工过程的影响，果蔬介电特性的研究与其在冻干加工中的应用，高压脉冲电场对果蔬生物力学性质的影响，高压脉冲电场对果蔬品质的影响，以及高压脉冲电场技术对果蔬农药残留降解作用、对红酒催陈效果等方面的研究。

上述研究成果构成的本著作包括作者团队发表的近百篇研究论文、博士/硕士学位论文、国际国内会议报告及墙报等内容，由山西农业大学郭玉明教授、崔清亮教授，郝新生、刘振宇、李晓斌、武新慧、段智英副教授，太原理工大学吴亚丽副教授合著，还收录了姚智华、刘丽娟、王颖、马飞宇、张建华、张鹤岭、冯慧敏、郑欣欣、王冉、温海军、周高峰等团队成员的部分实验内容，全书由郭玉明、武新慧整理统稿。

本书的出版旨在系统总结整理相关研究成果，为高压脉冲电场预处理真空冷冻干燥技术的推广应用，以及高压脉冲电场技术在农产品加工中的应用提供参考。同时在研究中运用农业生物力学、农业生物电磁学、农业生物细观力学，从宏观微观层面全方位分析探讨了电场对果蔬物料的作用机理，冷冻干燥过程传热传质机理及能耗模型建立，介电特性与冻干含水率的相关关系等，丰富了农业物料力学的理论及应用。

著者

目 录

第一章 高压脉冲电场与真空冷冻干燥技术在果蔬加工中的应用 / 001

第一节 真空冷冻干燥技术在果蔬干燥加工中的应用 ·············· 001
　　一、冷冻干燥的基本原理 ·············· 001
　　二、冷冻干燥的基本过程 ·············· 002
　　三、真空冷冻干燥技术在果蔬干燥加工中的应用研究 ·············· 003

第二节 高压脉冲电场技术在果蔬加工中的应用 ·············· 005
　　一、高压脉冲电场对物料细胞作用机理方面的研究 ·············· 006
　　二、高压脉冲电场预处理在干燥加工中的应用 ·············· 006

第二章 果蔬真空冷冻干燥加工工艺研究 / 007

第一节 果蔬冻干参数对真空冷冻干燥加工能耗的影响 ·············· 008
　　一、物性参数 ·············· 008
　　二、试验分析 ·············· 010
　　三、过程参数对冻干能耗影响的研究 ·············· 022

第二节 果蔬真空冷冻干燥过程模型与传热传质机理研究 ·············· 036
　　一、升华干燥阶段的传热传质 ·············· 036
　　二、解析干燥阶段的传热传质 ·············· 037
　　三、冷冻干燥过程数学模型的研究现状及进展 ·············· 037
　　四、一般果蔬物料冻结模型的建立 ·············· 041
　　五、无相变降温阶段的模型及定解条件 ·············· 041
　　六、冻结阶段的模型与定解条件 ·············· 042
　　七、再降温过程的模型方程与定解条件 ·············· 043
　　八、几种常见形状物料的冻结模型 ·············· 043
　　九、冻结模型的求解 ·············· 049
　　十、一般果蔬物料升华-解析模型的建立——升华干燥过程的数学模型 ·············· 055
　　十一、解析干燥过程的数学模型 ·············· 059
　　十二、几种常见形状物料的升华-解析模型 ·············· 060

十三、真空冷冻干燥过程的 Stefan（斯忒藩）问题 ·········· 069

第三节　果蔬真空冷冻干燥水分在线监测系统研究 ·········· 076
　　一、测量系统的环境条件及设计要求 ·········· 077
　　二、称量部分的性能测试及误差分析 ·········· 083

第四节　运用图像处理技术在线监测真空冻干果蔬含水率 ·········· 086
　　一、颜色测量技术及其应用研究进展 ·········· 086
　　二、纹理特征分析技术及其研究进展 ·········· 087
　　三、应用颜色测量与分析技术实时监测果蔬冻干含水率 ·········· 087
　　四、应用纹理分析技术实时监测果蔬冻干含水率 ·········· 102
　　五、图像纹理特征值与样本含水率相关性分析 ·········· 109

第三章　果蔬高压脉冲电场预处理参数优化与作用机理研究 / 124

第一节　高压脉冲电场预处理果蔬介电特性与脱水特性相关性研究 ·········· 124
　　一、高压脉冲电场预处理工艺参数 ·········· 124
　　二、高压脉冲电场预处理技术在果蔬干燥中的应用 ·········· 125
　　三、农业物料介电特性概念及测量 ·········· 125
　　四、电磁场参数对农业物料介电特性的影响 ·········· 126
　　五、温度对农业物料介电特性的影响 ·········· 126
　　六、外形参数对农业物料介电特性的影响 ·········· 126
　　七、水与离子行为对农业物料介电特性的影响 ·········· 127
　　八、高压脉冲电场预处理果蔬介电特性与脱水特性相关性试验研究 ·········· 127

第二节　高压脉冲电场预处理果蔬干燥温度对介电特性的影响 ·········· 134
　　一、试验材料与方法 ·········· 134
　　二、试验结果与分析 ·········· 136

第三节　高压脉冲电场预处理对果蔬介电、脱水特性影响机理分析 ·········· 143
　　一、高压脉冲电场预处理对果蔬介电特性影响机理分析 ·········· 143
　　二、高压脉冲电场预处理对果蔬脱水特性影响机理分析 ·········· 146

第四章　高压脉冲电场预处理对果蔬冻干加工过程的影响 / 147

第一节　高压脉冲电场对果蔬冻干细胞结构及冻干速率的作用效应 ·········· 147

第二节　基于格子玻耳兹曼（Boltzmann）方法分析果蔬真空冷冻干燥速率 ·········· 158
　　一、格子 Boltzmann 方法简介 ·········· 158
　　二、果蔬真空冷冻干燥过程模型的建立 ·········· 159
　　三、模型的验证 ·········· 161

第三节　高压脉冲电场对果蔬冻结过程及其冰晶形成的影响 ·········· 164

一、高压脉冲电场对果蔬冻结过程及其微结构与品质的影响 ·········· 164

二、不同高压脉冲电场处理对果蔬冻结速度的影响 ·········· 166

三、不同高压脉冲电场处理对果蔬成核的影响 ·········· 167

四、不同高压脉冲电场处理对解冻果蔬品质的影响 ·········· 168

五、不同高压脉冲电场处理对果蔬解冻后质构的影响 ·········· 169

六、高压脉冲电场对果蔬微观结构的影响 ·········· 169

七、高压脉冲电场预处理果蔬低能耗冻干工艺研究 ·········· 170

第五章　果蔬介电特性的研究与应用 / 182

第一节　果蔬介电特性检测及可调探针式电极的设计与试验 ·········· 182

一、果蔬介电特性与电学模型的建立 ·········· 182

二、可调探针式电极参数对苹果介电参数测量的影响试验 ·········· 184

三、4针型探针式电极参数对苹果介电特性测量结果的影响 ·········· 189

第二节　果蔬冻干过程含水率无线监测系统设计与试验 ·········· 196

一、系统设计总述 ·········· 196

二、测量装置设计 ·········· 197

三、电容传感器设计 ·········· 197

四、温度传感器设计 ·········· 199

五、ZigBee终端节点设计 ·········· 200

六、收发器设计 ·········· 201

七、上位机软件设计 ·········· 201

八、果蔬无线检测装置性能评估实验 ·········· 201

第六章　高压脉冲电场对果蔬生物力学性质的影响 / 203

第一节　对果蔬宏观力学性质的影响 ·········· 203

一、果蔬宏观力学性质试验方案及设计 ·········· 203

二、果蔬剪切性质试验研究 ·········· 206

三、果蔬硬度试验研究 ·········· 211

四、果蔬压缩力学性质试验研究 ·········· 213

五、压痕法测试果蔬力学性质的试验方法研究 ·········· 219

第二节　对果蔬细观力学性质的影响 ·········· 227

一、高压脉冲电场预处理果蔬细观结构变形试验研究 ·········· 227

二、高压脉冲电场预处理对果蔬细观力学性质的影响 ·········· 228

第三节　对果蔬黏弹性及动态力学性质的影响 ·········· 235

一、蠕变实验 ·········· 235

二、高压脉冲电场预处理果蔬动态黏弹性力学性质试验研究 ·········· 240

三、脉冲电场预处理液态状果蔬流变性质试验研究 ·········· 247

第七章　高压脉冲电场对果蔬品质的影响 / 257

第一节　高压脉冲电场作用于果蔬对主要营养成分的影响 …………………………… 257
　　一、果蔬营养素含量的测定试验 ………………………………………………… 257
　　二、模型的建立 …………………………………………………………………… 258

第二节　高压脉冲电场作用于果蔬对外观及感官品质的影响 …………………………… 261
　　一、果蔬物性的测定试验 ………………………………………………………… 262
　　二、模型的建立与分析 …………………………………………………………… 263

结语 / 267

参考文献 / 268

第一章

>>>>>>>

高压脉冲电场与真空冷冻干燥
技术在果蔬加工中的应用

第一节
真空冷冻干燥技术在果蔬干燥加工中的应用

一、冷冻干燥的基本原理

冷冻干燥是先将待干燥物料冻结到共晶温度以下，使其内部的水分完全变成固态的冰，然后在适当的温度和压力下，使冰直接升华为水蒸气从物料内逸出，同时用水蒸气捕集器或冷阱将水蒸气冷凝并移除，从而获得干制品。冷冻干燥过程是物料内水分的物态变化和移动的过程，这种变化和移动是在低温和低压下进行的，故冷冻干燥的基本原理也就是在低温低压下传热传质的机理。

纯水的相平衡如图 1.1 所示。水有固态、液态和气态三种相态，三种相态之间可以相互转换和共存。在没有空气存在的情况下，水的三相点压力 P_0 为 610.5Pa，三相点温度 T_0 为 0.0098℃。曲线 OA、OB 和 OC 分别称为熔化（凝固）曲线、汽化（蒸发或冷凝）曲线和升华（凝华）曲线。熔化曲线上冰水共存，

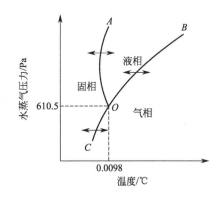

图 1.1 纯水的相平衡图

冰水两相处于平衡状态，该曲线不能无限向上延伸，只能到压力 2×10^8Pa 和温度 -20℃的状态；若再升高压力则会产生不同结构的冰，相图比较复杂。汽化曲线上水汽共存，水汽两相处于平衡状态，该曲线上的 B 点是临界点，该点压力 2.18×10^7Pa、温度 374K，在此点上液态水不存在。升华曲线上冰汽共存，冰汽两相处于平衡状态。从理论上讲，升华曲线可

以向下延伸至绝对零度。冷冻干燥最基本的原理依据就是升华曲线，该曲线也是固态冰的蒸气压曲线，它表示不同温度下冰的蒸气压。

二、冷冻干燥的基本过程

冷冻干燥的基本过程分为预冻结、升华干燥和解析干燥三个阶段。

1. 预冻结阶段

水的冻结点是水和冰处于平衡状态时的温度。此时，水和冰的蒸气压相等，两者之和为冰水混合物的总蒸气压，它的高低取决于温度的高低。温度愈低，总蒸气压也愈低。当水和冰处于平衡状态时，若在水中溶入无机盐、糖类等非挥发性溶质，水溶液的蒸气压就会下降，导致冰的蒸气压高于水溶液的蒸气压。此时，若保持温度不变，冰就会转化为水。故溶液的冻结点低于纯水的冰点，且溶液的浓度愈高，其冻结点就愈低。

果蔬等农产品含水物料由大量有生命的细胞组成，细胞内含有大量的水，水中溶有盐、糖、酸等有机物和无机物，还含有由更为复杂的有机分子构成的胶体悬浮液，故新鲜果蔬等农产品物料的冻结点一般低于纯水的冰点，且无机盐类、糖、酸以及其他溶于水的溶质的浓度愈高，其冻结点就愈低。

从理论上讲，物料预冻的最终温度应低于其最大冻结浓度的玻璃化转变温度，但对制冷系统提出了更高的要求，将增加冷冻干燥的生产成本。因此，对于固态农产品物料，由于其具有天然固定的结构，在干燥过程中物料不易产生塌陷，其预冻的最终温度以共晶温度为依据，而对于液态物料，干燥过程中物料会因温度过高而易产生塌陷，其最终冻结温度以最大冻结浓度的玻璃化转变温度为依据。农产品物料预冻的最终冻结温度应低于其共晶温度或最大冻结浓度的玻璃化转变温度 $5\sim10℃$。

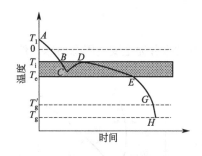

图 1.2　农产品物料典型的冷冻曲线

确定了农产品物料预冻的最终冻结温度后，按照预冻工艺要求进行冷却冻结。物料在冷却冻结过程中，其温度与冷冻时间的关系曲线称为冷冻曲线。农产品物料典型的冷冻曲线如图 1.2 所示。物料由常温 T_1 的 A 点开始冷却，超过冻结温度 T_i，越过 B 点（冻结点），过冷（supercooling）至 C 点（过冷点），开始形成冰晶，冰晶放出潜热引起温度回升，至物料的冻结温度或略低于冻结温度 T_i，达到 D 点，大量的冰晶是在 D 点以后形成的。随着冷冻的进行，冰晶的数量越来越多，残余溶液的浓度也越来越高，导致其冻结点越来越低。当温度降至 T_e（共晶温度），达到 E 点（共晶点）时，物料内部的水分被完全冻结，理论上形成了共晶体。物料内大量的冰晶是在温度 T_i 到 T_e 的范围内形成的，称为最大冰晶生成带。但有一些物料，溶质在温度 T_e 下没有完全被冻结，随着温度的继续下降，冰晶还会进一步形成，未冻溶液的浓度会进一步提高，使溶液处于过饱和状态，直至最大浓度的玻璃化转变温度 T_g'，达到 G 点时，大多数过饱和的溶液则形成玻璃态，若进一步冷却，温度降至玻璃化转变温度 T_g，达到 H 点以后，溶液浓度也不变。物料被冷冻成既有冰晶又有玻璃体的复杂固态结构。

2. 升华干燥阶段

升华干燥（sublimation drying）是将预冻后的物料放置在冻干室中进行加热，同时用真空泵抽吸冻干室内的空气和不可凝气体，使物料内部的冰晶直接升华为水蒸气而逸出物料表面。升华从物料表面开始，并逐渐向物料内部推进，物料内的冰晶完全升华后，物料干燥层呈现多孔海绵结构。物料干燥层与冻结层的分界面称为升华界面（sublimation front）或冰峰（ice front）。随着干燥的进行，干燥层越来越厚，冻结层越来越薄，升华界面逐渐向内移动，直到冻结层厚度为零时，升华界面完全消失，升华干燥结束。物料中绝大部分的水分（约占初始水分的90%）都在升华界面上由冰晶升华为水蒸气，同时也有少量的吸附水被蒸发而逸出。有研究表明，在升华干燥过程中，吸附水被取走的量很少，在此过程中可忽略不计。

3. 解析干燥阶段

解析干燥（desorption drying）是物料冷冻干燥过程中，物料内部的冰晶全部升华而消失，升华干燥阶段结束，解析干燥阶段开始。这时在物料多孔性结构的基质内，还残留少量的水分（约占初始含水量的10%），这些水分以玻璃体、结合水或吸附水的形态存在，结合水（物理结合水和化学结合水）存在于物料的组织结构中，吸附水被吸附在物料的纤维壁、纤维毛细管、细胞及极性基团上。

在真空物理学中，气体与固体接触时，在固体表面或内部将会发生容纳气体的现象，被称为固体的"收附"（sorption）；反之，在一定条件下被收附的气体又能被释放出来，称为"解析"（desorption）。固体对气体的收附又可分为"吸附"（adsorption）与"吸收"（absorption）两类。气体仅仅附着于固体表面上的现象称为"吸附"，其逆过程称为"脱附"；气体在固体整个体积内被容纳的现象称为"吸收"。在真空技术中通常把"吸收"和"溶解"看成是具有同一含义的术语，其逆过程称为"解溶"。所以，真空冷冻干燥中的解析干燥过程实为"解溶"和"脱附"的过程。

可见，水蒸气在物料干燥层内的溶解度随物料温度的升高而降低，在解析干燥阶段进一步提高干燥物料的温度，有利于物料干燥层内的水蒸气解溶。

解析干燥过程中，以玻璃体形式存在的水分随着温度的升高被熔化而蒸发，以扩散和渗透的形式从物料中逸出。物理结合水在升温蒸发时可被去除一部分，但由于物理结合水的吸附能较高，须进一步提高物料的温度和冻干室内的真空度，以提供足够的脱附能量及推动力使其从物料中解析脱附而逸出。在解析干燥过程中化学结合水不可能被完全脱除，而成为冷冻干燥产品的残留水分。

三、真空冷冻干燥技术在果蔬干燥加工中的应用研究

1. 真空冷冻干燥技术的理论基础及物性参数研究

（1）低压低温传热传质理论模型研究　这方面的研究进行得比较早，效果比较明显，目前公认的冻干模型可归纳成三种：第一种是1971年King等提出的冰界面均匀后移的稳态模型（URIF）；第二种是1968年Dryer等提出的准稳态模型；第三种是1979年Liapis和Litchield等提出的吸附-升华模型。这几种模型都可以描述冻干过程，但又都存在着不足，描述传热过程比较准确，描述传质过程误差较大。主要问题是在传质过程中要发生固-气相变，水蒸气在多孔的通道中传递，通道长度要随时间不同而变化，是非稳态过程。多孔通道的结构尺寸还与预冻速度、被冻干物料的物质结构等有关。从近几年的研究报道中还没有见到新的突破。

（2）非稳态流场的理论研究　非稳态流场的理论研究，重点是研究物料之外、冻干机之内的低压低温空间环境。描述该空间环境的参数有温度、压力、湿度等，这些参数形成的温

度场、压力场、湿度分布等都是随时间变化的非稳态流场，这些非稳态流场的模拟方法至今还是难题。因此，近几年虽然有人研究并发表了论文，但都没有形成有效的理论，仍然是值得深入研究的课题之一。

（3）热物性参数及其测量方法研究　影响冷冻干燥主要的物性参数包括物料导热系数、共晶点、传质系数、密度、比热容、水分含量等，国内外冷冻干燥物料重要物性参数的研究状况如下：冻干物料的有效导热系数主要与气体压力、气体种类、物料性质，特别是与物料的纤维结构有关，而物料温度和吸附水的含量对有效导热系数的影响可以忽略。冻结态的物料可以近似地取为冰的物理性质，或按照其组分计算，但干燥层物料的物性参数几乎是空白的，需要自己测量，测量时采用什么方法、什么仪表、什么原理等都是研究的课题。还有一类热物性参数测量更困难，例如，在真空条件下霜层的密度、厚度、导热系数等都随时间、温度、压力而变化，研究工作困难，进展缓慢。

2. 冻干过程参数及其工艺优化的研究

目前主要集中在升华干燥工艺过程研究上，加热方式上一般有传导、辐射和微波加热。辐射加热具有使物料受热均匀的优点，常用于大中型冻干机热源，现在广泛用于食品冻干工艺中。导热加热方式主要用于小型冻干机，热源在冻结物料底部，辐射和传导同时存在，在真空条件下，气体分子的热传导受压力限制，且加热板与物料接触不均有接触热阻的问题，干燥时间较长，较少用于大型食品的干燥。而微波干燥尽管能极大缩短干燥时间，但产生微波的能量昂贵，且微波在 $1\sim50\mathrm{Pa}$ 的压力范围内有辉光放电的趋向，因此，将微波加热应用到冻干机上至今仍是一个难题。冻干室压力及物料厚度的选择一般通过试验确定，对过程参数的研究多用模型。徐伟萍等采用一维数学模型分析指出纯辐射采用较高的加热隔板温度、压强存在最佳值；邱学清等对胡萝卜进行冻干研究，获得了最佳厚度，总之食品的冷冻干燥工艺相比之下比较粗糙，从实验室走入生产车间还应该进一步优化，使其适合产业化、快速、节能的要求。

3. 过程参数的研究近年来取得的主要结论

冷冻速率的快慢直接关系到物料中冰晶颗粒的大小，而冰晶颗粒的大小对物料的结构及升华速率有直接影响。物料被快速冻结时，形成的冰晶颗粒较小，冰晶升华后在物料中留下的平均孔径也较小，不利于冰晶的升华和水蒸气的逸出，但由冻结而引起的机械效应和溶质效应对物料细胞膜的机械损伤和破坏较小，物料干燥后能很好地反映产品原有的结构形状和性能；慢冻形成的冰晶颗粒较大，在物料中留下的平均孔径也较大，有利于冰晶的升华和水蒸气的传递，但冰晶越大，细胞膜越容易破裂，越易造成细胞的死亡。因此，有些学者认为慢冻有利于缩短物料的冻干时间。我们在冻干红富士苹果的试验中发现，慢冻确实可以缩短升华干燥时间，而解析干燥时间较长，但总的冻干时间几乎相等。另外，在试验中还发现，以导热方式快速冻结的苹果在冻干过程中极易发生变形，而以空气对流方式冻结的苹果在冻干时很少发生变形，造成此现象的原因很可能是通过冰晶最大生成带的时间不同，过快地通过这一区域会引起溶质效应而影响升华水蒸气的逸出，使升华界面的水蒸气压过高而导致部分冰晶融化。因此，应在保证产品结构和性能的前提下，针对不同物料选择合适的冷冻温度和冷冻速率。冷冻温度应根据物料的共熔点来确定，其最低值应低于物料的共熔点温度。

4. 加热方式和加热温度的选择

如何将热量有效地传递给物料是人们研究的重点内容之一。加热方式主要有传导加热、辐射加热、气体对流加热、微波加热和复合加热等。传导加热操作简便，现在仍被广泛采用。这种加热方式是通过加热隔板把热量直接传递给物料或通过盛物料的容器间接传递给物料。隔板的加热方法有两种：直接电加热法和中间介质加热法。直接电加热形式的冻干机结构较为简单，但运行费用大。辐射加热可获得较高的升华干燥速率。所以，辐射加热被广泛应用于固体食品的冷冻干燥设备中。气体对流加热是常压下冷冻干燥过程的主要加热方式，而在真空干燥过程中，对流干燥是伴随着其他加热方式进行的。常压冷冻干燥的最大优点是可节约抽真空和冷凝器的能量，但传质阻力较大，干燥速率较慢，冻干时间较长。然而对大表面、薄厚度的物料，如采用常压流化床冻干，强烈的对流作用使物料内部热质传递速率加快，则可缩短冻干时间。为提高冻干速率、缩短冻干时间、降低冻干能耗，人们探索出了多种复合加热的方式，如传导-辐射加热、传导-微波加热、辐射-微波加热等。

5. 冻干室压力和物料厚度的选择

在冻干过程中，增大干燥室压强有利于传热而不利于传质，降低干燥室压力有利于传质而不利于传热。如果冷冻干燥是传热控制过程，冻干速率则随着干燥室压力的升高而加快；如果冷冻干燥是传质控制过程，冻干速率则随着干燥室压力的降低而加快。试验结果表明：在纯辐射加热的条件下，冻干室压力存在最佳值，使干燥时间最短，但这个最佳压力值受物料种类、填充气体种类及冻干设备的性能等因素的影响。食品冻干的恒定压力范围一般为 $13.3 \sim 266.6 \mathrm{Pa}$。在辐射-导热混合加热条件下，使冻干室压力维持在系统可能达到的最低压力范围内，对干燥过程有利。为强化干燥过程的热质传递，以缩短干燥时间，许多学者进行了大量的探索和研究。

6. 神经网络技术在冷冻干燥过程优化与控制中的应用

冷冻干燥过程涉及许多非线性和强耦合性的问题，用一般的数学模型难以描述和解决。近年来，神经网络已逐渐被应用到冷冻干燥方面。W. kaminski 等利用神经网络来描述物料在冻干过程中品质的变化，通过对试验的相关参数和误差的分析，表明所建立的神经网络模型能很好地描述冻干过程。采用神经网络预测了冻干室压强、物料厚度及加热板温度对冻干能耗和时间的影响，结果表明，采用神经网络对真空冷冻干燥过程进行预测是可行的，对研究真空冷冻干燥过程参数对能耗的影响及优化工艺过程具有指导意义。

总之，近年来，国内外学者在冷冻干燥技术应用研究上进行了卓有成效的探索，但大都集中在不同物料的加工工艺、操作条件、加工装备等方面，对于节能降耗，降低生产成本，研究低能耗加工工艺以及相应的基础理论方面显得相对薄弱。随着该项技术在农副产品加工领域的迅速推广应用，全面系统地对冻干物性参数与过程参数、能耗的关系进行分析研究，探索降低能耗的机理方法和途径，对降低真空冷冻干燥加工能耗、缩短时间具有重要意义。

第二节
高压脉冲电场技术在果蔬加工中的应用

高压脉冲电场预处理技术可以提高生物细胞膜的通透性，作为预处理工艺可提高物料在后续干燥加工过程中的脱水速率，应用于果蔬真空冷冻干燥加工领域具有广阔的应用前景。

运用介电特性表达高压脉冲电场预处理果蔬冻干过程的含水率，是冻干过程水分在线监测方法的创新，相关研究进展分析如下。

一、高压脉冲电场对物料细胞作用机理方面的研究

在 20 世纪 60 年代，Sale 和 Hamilton、Doevenspeck 等研究提出高压脉冲电场能破坏物料的细胞膜，增强渗透性，结论认为每个细胞膜内外都有自然电位差，外加电场可使膜内外电位差增大，当电位差高于细胞膜临界值时，细胞膜破裂，导致细胞膜结构紊乱和极的形成，从而使细胞膜的通透性增强。高压脉冲电场对细胞膜渗透性破坏的理论主要有细胞膜穿孔效应、电磁机制模型、黏性极性形成模型、电解产物模型等。Zimmermann 研究发现，在正常的生理机能状况下，细胞膜能较好地阻碍离子和亲水分子的传输。当强度为 kV/cm 级、持续时间为 μs～ms 级的电脉冲刺激细胞膜时，细胞膜会出现微孔；当增大外加电场时，细胞膜阻碍微粒渗透的能力降低，该现象称为电穿孔。随后，Zimmermann 等最先根据电介质击穿的机理提出了一个电致压缩模型，认为在电场作用下，两侧的极化电荷产生的压缩力导致细胞膜变薄，至极限时发生电击穿。有关高压脉冲电场的作用机理，大多数学者认为是电磁场对细胞膜的影响效应，每个细胞膜内外都有自然电位差，外加电场使膜的内外电位差增大，当穿透膜电位差高于细胞膜临界值时，细胞膜破裂；这种破坏导致了细胞膜结构紊乱和极的形成，细胞膜的通透性增强，即"细胞膜穿孔效应"理论。

二、高压脉冲电场预处理在干燥加工中的应用

高压脉冲电场预处理运用于干燥过程可以提高干燥速率，缩短干燥时间。Taiwo 等研究了不同电磁场强度下失水量的情况，比未处理提高 10%～30%。使用流化床干燥在不同预处理条件下红辣椒干燥的试验结果表明：与传统的预处理工艺相比，高压脉冲电场预处理提高了干燥速率和传热传质系数。高压脉冲电场技术和其他干燥技术结合能有效地提高干燥速率、缩短干燥时间已得到许多研究证实。

在运用高压矩形脉冲电场预处理苹果片的对流干燥试验中，脱水率平均提高了 3.83%。以马铃薯为试材研究了高压脉冲电场预处理对真空冷冻干燥过程的影响，试验结果表明，马铃薯的干燥速率明显地提高，单位水分能耗降低了 11.43%，干燥时间缩短了 31.47%，单位面积生产率提高了 32.28%。通过对高压脉冲电场预处理技术运用于果蔬干燥的系列研究发现，脉冲强度选择 1000～1500V/cm，脉冲宽度在 60～110μs，脉冲个数在 2～30 时，可以在提高干燥速率的同时达到对果蔬品质的要求。

第二章

>>>>>>

果蔬真空冷冻干燥加工工艺研究

真空冷冻干燥技术是先将预处理后的物料冻结，然后在高真空下对物料加热，使物料中的水分从固态直接升华为气态，并将水蒸气排除，从而获得脱水产品的方法。

真空冷冻干燥技术起源于 19 世纪初，最早被运用于干燥生物器官和组织以制作标本，现已被广泛应用于各种领域。

(1) 食品加工工业的应用　近二十年，随着人们生活水平的提高和生活节奏的不断加快，加工食品的消费观念向高品质、营养保健、天然无公害、方便快捷转变，食品真空冷冻干燥加工技术的研究及应用重新活跃起来。农产品加工的范围也不断扩大。由于冻干过程中物料始终处于低温、低压条件下，不涉及水相而没有水的生成，物料的固体成分被周围的坚冰支持着，冰升华时，会留下孔隙在干燥的剩余物质里，保留了产品的生物和化学结构及其活性的完整性，因此冻干产品具有许多突出的优点：①由于在冻结的状态下进行干燥，较好地保存了物料原有的组织结构和外观形态；②干燥后的物质疏松多孔，呈海绵状，具有很好的复水性；③干燥过程是在低温和隔绝空气的条件下进行的，有效地抑制了热敏性物质的各种变化，充分地保持了物料中原有的营养成分和活性物质，使冻干产品具有很好的天然色泽和气味；④冻干产品的含水率很低，一般在 5% 以下，有利于长时间储存、运输而不变质。

目前可冷冻干燥的食品有：蔬菜类，香葱、食用菌、生姜、芦笋、香菜、胡萝卜、大蒜、洋葱、辣椒、山药、菠菜、菜花、青豆等；水果类，荔枝、龙眼、草莓、苹果、红枣、香蕉、菠萝、哈密瓜等；肉类，牛肉、羊肉、猪肉、鸡肉等；水产类，虾仁、甲鱼、蟹肉、墨鱼丝、银鱼等；速溶饮料类，咖啡、牛奶、豆浆、果汁、蜂王浆等；医药类，鹿茸、鹿血、蚯蚓、蝎子、土鳖、人参、党参、当归、大黄等。

(2) 生物工业与制药工业的应用　由于冷冻干燥在低温、低压下操作，可避免蛋白质变性和疫苗失效，该项技术被广泛应用于生物工程和制药工业，如蛋白质的精制与纯化，抗生素的加工等。

(3) 医药卫生事业　利用冻干技术可长期保存人体的骨骼、血液、皮肤、动脉和神经组织等，复水后可直接应用于临床。

(4) 化学工业　利用冻干技术可制取各种工业催化剂、染料和各种膜等。此外，冷冻干燥技术还被广泛应用于材料工业和原子核工业。

冻干食品是一个高科技、高附加值的食品开发项目。在美国、日本等发达国家，该技术已有几十年的发展历程，冻干食品的消费比例越来越大。据统计，美国和日本市场上出售的脱水食品中冻干食品已占到了50%以上的份额。我国市场也有多种冻干食品受到消费者的青睐，如方便面的配料、速溶饮品和保健食品等。

第一节
果蔬冻干参数对真空冷冻干燥加工能耗的影响

一、物性参数

冷冻干燥过程主要由物料冻结、维持系统真空、升华干燥和升华水汽凝结这四部分组成。为了找到各部分的能耗，试验采用DD-14型单相电度表和电流计，然后采取计时的方法，得到各部分的能耗如下：物料冻结2843kJ，升华干燥27303kJ，水汽凝结12514kJ，维持真空14220kJ。

干燥过程中维持系统真空的能耗与捕集升华水汽的能耗相当，而升华干燥过程的能耗占到了整个干燥过程能耗将近一半，这一过程的能耗主要以加热耗电为主。可见，干燥过程共占95%的耗电量，而冻结能耗只占5%。因此在冷冻干燥过程中，强化升华干燥过程速率对提高冷冻干燥过程的经济性具有重要影响和作用。

在一定操作条件下，物料冷冻干燥过程的特性主要取决于被干燥介质的热物理性质即物性参数，物性参数决定了冻干过程的基本特性，而外部操作条件即过程参数是否与物性参数相匹配决定了冷冻干燥过程速率的控制与强化。物性参数指物料的物理特性，主要包括导热系数、质扩散系数、共晶点和共熔点、孔隙率、焦化（或热崩塌）温度、平衡湿含量、比热容和密度等，它们是冻干过程控制和操作的依据，是求解冻干模型、冻干过程优化计算和寻求好的冻干方法的先决条件。

1. 有效导热系数

冻干过程中一个重要物性参数，分为干燥层的有效导热系数和冻结层的有效导热系数，它直接影响冻干的传热效应。由传热学基础可知，单位时间内通过单位面积的热量（即热流密度）正比于该处的温度梯度，因为导热系数在整个物料内的分布不均，习惯上用有效导热系数来表征。

（1）冻结层的有效导热系数　冻结层的有效导热系数反映了冰和物料基质的综合导热性能，它受过程参数的影响较小。在物料的预冻阶段，当物料有效导热系数较大时，热量很快从物料内部传向低温制冷板，所以较高的冻结层导热系数可以缩短冻干时间；在升华干燥阶段，冻结层的有效导热系数对冻干能耗的影响受加热方式的影响很大。当采用辐射-导热加热时，热量同时从冻结层和干燥层传入，由于冻结层的有效导热系数是干燥层的10～20倍，所以冻结层有效导热系数决定了传热效果。当加热方式为纯辐射，热量从多孔干燥层进入，这时冻结层的有效导热系数对冻干时间影响不大。因此，提高冻结层有效导热系数可降低冻结能耗；加热方式为混合加热时，提高冻结层导热系数可以大幅度降低干燥能耗。

（2）干燥层有效导热系数　在干燥过程中，通过物料干燥层向升华界面传递热量是常用的加热方式，因此提高物料干燥层的有效导热系数，则会加快物料内部传热速率，缩短干燥时间。干燥层是由物料基质和冰晶升华后留下的孔道组成，冻干物料属多孔介质，一般以有效导热系数表征其热传导性能，它是对多孔介质的固体骨架和孔隙中气体导热性能的综合描述。获得物料有效导热系数的常用方法有公式法和实验法。公式法是用一些经验、半经验的方法来计算多孔介质的有效导热系数。因为孔道中充满了水蒸气和一些不凝气体，可见气体的对流对干燥层有效导热系数的作用不可忽略。当气体压力很低时，导热系数由物料基质的几何结构所决定，而与孔隙中气体无关；当压力逐渐增长，在 $10 \sim 1000Pa$ 范围内变化时，压力增加，物料有效导热系数也随之增大，而冻干一般就在此压力范围内进行。

2. 有效扩散系数

冻干物料层可看作多孔介质结构，多孔介质内部的质扩散系数是决定质量传递的宏观参数。升华干燥过程中的传质分为内部传质和外部传质，内部传质即干燥层内水汽的扩散，其推动力为升华界面与物料表面之间的蒸汽分压差；外部传质即物料表面至冷凝器间水汽的流散，其推动力为物料表面与蒸汽捕集器之间的蒸汽分压差。外部传质又分为表面传质和空间传质，其中表面传质与物料表面状况有关，空间传质与干燥室空间通道有关，表面传质和空间传质的综合传质能力用表面总传质系数表示，它与压强关系较大，但对总传质速率影响很小。所以传质的关键是内部传质，干燥层有效扩散系数是重要的物性参数。随着扩散系数的增加，冻干时间缩短，但单纯增加有效扩散系数对缩短冻干时间的作用越来越小。有效扩散系数是多孔干燥层微观结构所反映出的宏观的气体扩散能力，它受过程参数影响较大，一是冻结速率，二是干燥室压强。有效扩散系数与干燥层孔道直径有很大关系。物料速冻时，冰晶升华后留下的空隙较小，传质阻力大，反映出有效扩散系数变小；干燥室压强越大，压差越小即整个传质推动力越小，反映出有效扩散系数越小。采用慢速冻结，降低压力，都有助于增大干燥层有效扩散系数，提高水蒸气扩散速度，即缩短干燥时间，降低能耗。

3. 共晶点与共熔点温度

共晶点即物料中水分全部冻结时的温度。共熔点是指物料中的冰晶开始熔化时的温度。共晶点和共熔点是冻干物料的重要物性参数，因为物料中可能含有盐类、糖类、明胶、蛋白质等物质，冻干物料与纯液体不同，它不是在某一固定温度完全凝结成固体，而是在某一温度时，晶体开始析出，随着温度的下降，晶体的数量不断增加，直到最后，溶液才全部凝结。对于不同的物料，具有不同的共晶点和共熔点，冻结过程和升华过程也不同。由于冷冻干燥是在真空状态下进行，只有物料被全部冻结后才能在真空状态下进行升华，否则有部分液体存在时，在真空下不仅会迅速蒸发，造成液体的浓缩使冻干产品的体积缩小，而且溶解在水中的气体在真空下会迅速逸出，易使冻干产品鼓泡变形。为此冻干物料在升华开始时，物料温度必须降至共熔点以下，使冻干物料真正全部冻结。

4. 焦化（或热崩塌）温度

焦化（或崩塌）温度是已干燥的物料层在温度达到某一数值时会失去刚性，发生类似崩塌的现象，失去疏松多孔的性质，使干燥产品有些发黏，密度增加，颜色加深，发生这种变化的温度称为焦化（或崩塌）温度。干燥的物料层发生焦化（或崩塌）之后，会影响或阻碍下层冻结物料升华时水蒸气的通过，导致物料升华干燥速度减慢，冻结物料吸热速率降低，由加热板层不断供给的热量相对多余，将会造成冻结物料温度上升，发生熔化发泡现象。

5. 比热容，密度

比热容指单位质量物体升高或降低1℃所吸收或放出热量的多少，比热容和密度均取决于物料含水量的多少，含水量多则比热容大，密度小。由于冰的比热容是水的一半，所以随着温度的下降，冻结的推移，物料比热容变小。物料密度较高时，含水分少，在速冻后冰晶较分散，升华后的空隙难以连成通道，传质速率就较慢，所以相应减小物料初始密度有助于节能。

二、试验分析

1. 果蔬物料种类及失水率与冻干能耗的关系

多数研究者直觉上认定物料不同，则冻干时间、能耗一定不同，研究内容多集中在冷冻干燥过程参数对冻干的影响及某种物料过程参数的优化和选择上等，尚无定性地比较分析物料本体性状的不同，即切分方式和冻干时间的关系。

试验所用的装置是 JDG-0.2 型食品冻干机，如图 2.1 所示。该机是由中科院兰州近代物理所研制开发的一套真空冷冻干燥试验系统，由四大系统组成，即加热系统、制冷系统、真空系统和控制系统。机器结构的主要部分是升华干燥仓，内设冷阱、加热板和物料盘，冷阱置于加热板后部，配有真空、制冷、加热、控制和监控等辅助设备，全部组成部分紧凑而合理地组装于一个机柜内，真空泵和制冷机装在下部，干燥仓和监控微机显示屏装在上部。

图 2.1　JDG-0.2 型食品冻干机

试验材料选择大众果蔬中物性参数及组织结构相近、各异、明显差异的一些品种，主要为了在比较时易于判断。本实验选用了胡萝卜、苹果、冬瓜、南瓜、西葫芦、白萝卜、香蕉、桃、黄瓜、蘑菇、茄子、生姜、马铃薯13种常见的新鲜农产品作为研究的物料。考虑到物料本体形状及便于比较，用专制的切分工具，使各种物料保持相同的柱体形状，取厚度为 8mm，直径为 30mm。

① 每种物料切制三个样品，一起称重（W_1）后，分置于三个加热盘中，保证物料在相同的干燥环境下进行实验。

② 冷冻过程直接在干燥室中进行。开动冷冻机，把物料盘置于冷阱表面上，使物料温度迅速降温，导热比对流冷冻更快，快速冻结 4h。

③ 冷冻结束后，把物料盘置于两加热板之间，开启真空泵，达到系统最低压约 10Pa 时，开始加热，双辐射加热方式，板设前一小时为 60℃，后四小时为 40℃。

④ 干燥 5h 后，破真空，取相同物料的三个样品一起迅速称重（W_2）。

⑤ 物料失水率计算：物料失水率（%）=$100 \times (W_1 - W_2)/(W_1 \gamma)$，$\gamma$ 为物料原始含水率，通过烘干法测得。

试验共重复了五次，利用 Excel 分析得出物料按失水率顺序排列都相差无几，挑选其中两次作为分析。图 2.2 与图 2.3 是 13 种常见果蔬干燥 5h 后的失水率比较情况。从图 2.3 看出在同样的干燥时间下，黄瓜的失水率只有 43%，而茄子的失水率高达 89%。各种物料的失水率均不同，这说明在相同的环境下干燥，物料种类不同，失水率会有很大的区别。失水率的大小反映物料本体物性对冻干时间影响极大，说明物料在干燥过程中的失水快慢由其自身微观结构,即物料的性质、含水量、组织结构等决定。所以除对冻干产品进行过程参数的优化外,还应研究物料本体物性特征的影响,可在不改变品质的前提下,对前处理进行调整,如改变切割的方式、加入某些添加剂等。

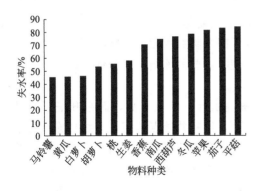

图 2.2　物料种类与冻干失水率的关系（一）

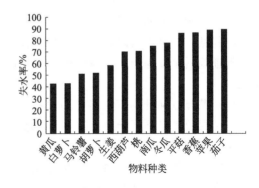

图 2.3　物料种类与冻干失水率的关系（二）

从图 2.3 中可看出几种农产品按失水率大概可分为四大类,黄瓜、白萝卜失水最少,在 40%～50%;马铃薯、胡萝卜、生姜失水率在 50%～60%;而西葫芦、桃、南瓜、冬瓜的失水率均在 70%～80%;剩余的苹果、茄子等在 90% 左右。相同的试验方法得出的图 2.2 中物料基本分类和图 2.3 类似,像桃、香蕉失水率明显与图 2.3 中不同是由于切割的误差及过程控制的误差。

这些差异与相似源于物料本身的内部组织结构、含水、尺寸大小、空隙度、纤维方向等多方面因素的不同,胶态和含水率小的物料形成的干燥层,其内部孔隙即由冰晶体升华后留下的孔隙不易连成通道,干燥缓慢,如生姜和胡萝卜具有接近的组织结构,即组织比较紧密,自然干燥易失去营养成分,干燥时间长;而失水率相近的物料存在一定的共性点,可以考虑细致地从微观结构进行研究,可否使用相近的冻干曲线或研究方式,节约冻干空间、时间。

试验还进行了对物料横切、纵切失水率的比较,见表 2.1。将 8mm 的物料圆柱片四周利用聚乙烯绝热材料包住,只考虑物料一个横截面或纵截面的干燥效果,得出胡萝卜的横纵切失水差异较大,而白萝卜、西葫芦的横纵切失水率几乎不存在差别。验证说明有的果蔬农产品,尤其对含纵向组织的物料,如含纤维较多的食品,在前期处理切片时,切面也应垂直于纤维的排列,以利于干燥时纤维内部的毛细管水蒸气逸出和提高已干燥部分的传热效果,从而加快冻干速率;而横纵切对失水没有影响的物料以便节约时间来选择切割方式。

▣ 表 2.1　物料横、纵切割方式与干燥失水率的关系

物料厚 8mm	切法	原重/g	含水率/%	5h 后重/g	失水重/g	失重率/%	原水重/g	失水率/%
胡萝卜	横	14.77	88	7.73	7.04	47.66	13	54.16
(直径 30mm)	纵	14.45		8.18	6.27	43.39	12.72	49.31
西葫芦	横	19.95	94	8.52	11.43	57.29	18.75	60.95
(直径 45mm)	纵	21.09		9.18	11.91	56.47	19.82	60.08
白萝卜	横	24.62	92	15.9	8.72	35.42	22.65	38.5
(直径 45mm)	纵	27.22		17.54	9.68	35.56	25.04	38.65

2. 共晶点、共熔点与能耗的关系

（1）共晶点与冻结能耗的关系　在预冻阶段，物料冻结温度是影响冻干产品品质及其能耗的重要因素，若冻结最高温度定得过低，则在预冻中造成能耗的浪费；若冻结最高温度制定过高，物料没有冻结牢固，则在干燥阶段抽空升华时，液态的物料极易出现局部沸腾和起泡现象，而固态的物料引起收缩，所以物料最高冻结温度是冻干工序中最先应该确定的参数。物料共晶点是物料内部水分全部冻结时的温度，因此物料的预冻温度必须低于共晶点才可以保证物料全部冻结。提高物料共晶点的意义：使所需要的冻结温度降低，即使预冻能耗降低。

（2）共晶点和升华干燥能耗的关系　共晶点提高引起共熔点提高，而在升华干燥过程中，冻结层温度必须低于共熔点才不会熔化。一方面，物料共熔点越高，即物料冻结层熔化温度越高，则对加热板温度的限制也越小，因此可以提高加热板温度，加快冻干速率，节约冻干时间和能耗；另一方面，共熔点的高低对整个合适的压强选择范围也有关系，共熔点越高，压强的选择范围越宽，当系统压强升到一定程度后，物料干燥层传热能力基本不变，但水蒸气扩散阻力增大，升华界面温度上升会引起冻结层熔化。

（3）提高共晶点的方法和意义　由上述分析可知：提高物料共晶点和共熔点对降低冻干能耗有一定效果，但物料共晶点和共熔点是物料的固有属性，共晶点与物料的温度高低、物料所处何种状态及其冷冻速率没有关系，与物料的种类、组织结构和含水率、密度等因素有关，固定的物料的共晶点是不会改变的。近年来关于如何提高物料共晶点进行了一些研究，都是在不改变物料品质的前提下，通过加入一些添加剂或者低温保护剂提高共晶点，多用于医药、生物的冻干，如在生物制剂冻干中，研究表明，蔗糖、明胶可提高共晶点，而葡萄糖则降低共晶点，食盐和乳糖具有降低物料共晶共熔点的作用。本研究针对农产品冷冻干燥技术能耗的降低，在保证果蔬物料品质、营养成分的前提下，试图通过对原料进行一些结构上的简单处理，比较处理前后共晶点、共熔点的变化，这对降低冻干能耗、提高农产品冻干行业有一定的现实意义。

3. 片状胡萝卜和糊状胡萝卜共晶点的测定与分析比较

（1）试验设计和试验材料　试验中对常见的胡萝卜、马铃薯进行最简单的打糊处理，比较同一种物料在进行结构上处理前后共晶点、共熔点的变化情况，以寻求提高共晶点和共熔点的途径，降低冻干能耗。研究中采用的物料取自农贸市场的新鲜物料，样品为质量相同、厚度相同的片状马铃薯、胡萝卜和糊状马铃薯和胡萝卜，置于圆形塑料盒中，在冻干仓冷阱中传导冻结，进行各自共晶点、共熔点的测定。

冷冻干燥过程中，从外表用肉眼观察来确定物料是否被完全冻结是不准确的，也是难以操作的。目前确定共晶点和共熔点的方法有电阻测定法、热差分析测定法、低温显微镜直接观察法、模型计算法等。对于不同的物料，应根据其特性选择合适的方法来确定其共晶点和共熔点，其中电阻检测法方便易行，是采用最多的一种。测定原理如下：根据溶液电离学说，物料的导电能力主要依靠带电离子在溶液中定向移动实现，离子的移动程度随温度下降而逐渐降低，电阻逐渐增大，只要还有液体存在离子就可移动，而一旦全部冻结成固体，带电离子不能移动，电阻便会突然增大。根据电阻由小突然变大这一现象，可测定出溶液的共晶点温度的区间。

（2）共晶点测试装置的设计　目前电阻检测有两种装置，一种为直流电路测定装置，样品中插入两个细铜丝，采用万用表直接测量其在冻结过程中的电阻值的变化，如中国农业大学汪喜波等利用此法测定了生姜的共晶点，缺点是直流会使电极发生电解作用，误差较大，但简单易行多数采用此类装置；另一种采用交流装置，电位差计、电阻毫伏转换器等电桥原理的装置，并进行数值标定，较为复杂，如东北农业大学王成芝等以奶牛初乳为试验材料自制共晶点温度测定装置。参照其他研究经验，本实验设计了简单的交流装置，其测定电路原理及装置示意图见图2.4、图2.5，采用交流

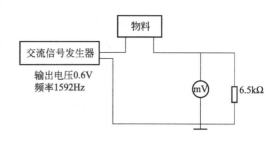

图2.4 测定共晶点电路原理图

信号源避免了电极的电解，将要冻结的物料和取样电阻串联在电路中，将冻结物料高阻值转换为取样电阻的电压（mV）输出，避免了万用表对高阻值测定误差和范围的限制，通过测量取样电阻的电压变化，即可得出冻结物料电阻的值。

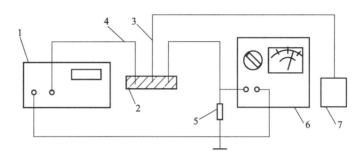

图2.5 共晶点测定装置示意图

1—交流信号发生器；2—测试物料；3—测温探头；4—测试电极；
5—取样转换电阻；6—真空管毫伏表；7—温度数字显示仪

（3）共晶点测试装置各仪器的选择原因

① 交流函数信号发生器（十进频率计）：由于直流电会使溶液电解，测定共晶点的电源必须选用频率不低于1000Hz的正弦交流电压保护电极（当代新型食品），所以选择交流频率为1592Hz，输出电压幅值调整为0.6V。

② 取样电阻：结合物料电阻，以毫伏表测定范围为依据，应用电路串联原理计算，并经过试验确定取样电阻为6.5kΩ。

③ GB-9B真空管毫伏表：若毫伏表内阻选取过小，会使取样电阻电压测定的误差增大，所以选取的该毫伏表内阻较大（为500kΩ以上），约为取样电阻值的100倍，测量准确。GB-9B真空管毫伏表量程为1mV～300V，分为十挡。

④ 通过测量取样电阻的电压变化，即可得出冻结过程中对应的物料电阻的值 R，其表达式为

$$R = \frac{3900}{U} - 6.5 (\text{k}\Omega) \tag{2.1}$$

式中，U 为取样电阻的电压，mV。

⑤ 物料是在冻干机冷阱隔板上进行冷冻，冷却速率为1℃/min。

（4）试验结果与讨论

① 图2.6、图2.7分别是片状和糊状胡萝卜的冻结曲线，可看出物料冻结可以分为三个

阶段。第一阶段，物料温度从初温迅速下降到冻结点，放出显热，降温快，曲线较陡；第二阶段，物料内部大部分水冻结，放出相变潜热，是显热的 50 倍左右，热量不能及时导出，所以温度下降缓慢，曲线平坦，此温度带成为最大冰晶生成带，此阶段越长，生成冰晶体越大；第三阶段，物料温度继续下降，开始降温迅速，曲线较陡，但因还有残留水结冰，放出热量，所以曲线呈陡—缓。比较糊状和片状胡萝卜的冻结曲线，可以明显看出：第二阶段时间长，即糊状的最大冰晶生成带的时间较长，而且试验发现，糊状物料比片状物料冻结固化慢。

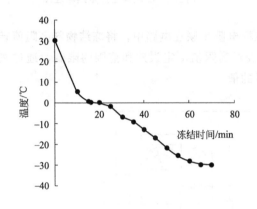

图 2.6　片状胡萝卜冻结曲线　　　　　　　图 2.7　糊状胡萝卜冻结曲线

② 利用计算式将取样电阻毫伏值转换为物料的电阻值，得出马铃薯和胡萝卜电阻随温度的变化曲线，即物料冻结电阻曲线，见图 2.8～图 2.11。由图 2.8 和图 2.10 可以看出试验前期（0～−7℃）随温度下降物料电阻值变化很大，即存在的大部分机械结合水转为冰晶，这可能是由于：对于含水量较高的食品，温度稍低于 0℃ 就有大部分水被冻结；传导冻结过程，温度下降速度较快。随后随着温度的下降，电阻值变化缓慢，是共晶区，电阻值突变的温度范围下限即为共晶点温度。图 2.9、图 2.11 是糊状马铃薯和糊状胡萝卜电阻随温度变化的曲线，可以看出与片状的曲线区别较大，试验初期电阻值变化很缓慢，这可能是由

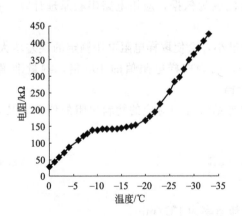

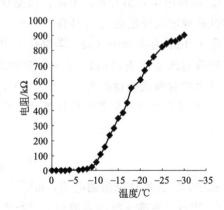

图 2.8　片状马铃薯冻结电阻曲线　　　　　图 2.9　糊状马铃薯冻结电阻曲线

于糊状物料内部失去固有的结构，且一部分被束缚住的物料化学结合水也出来了，导致其内部有大量带电离子可自由移动。

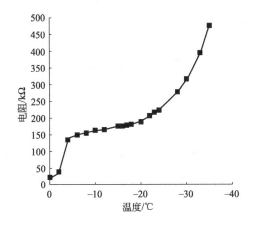

图 2.10　片状胡萝卜冻结电阻曲线

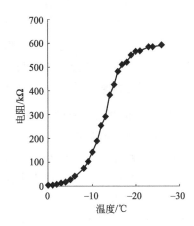

图 2.11　糊状胡萝卜冻结电阻曲线

③ 在物料的冻结电阻曲线中，物料的共晶点是电阻突变时的温度值，但由于诸多因素的影响，物料电阻值往往是在一个温度区内发生突变。为了保证物料全部冻结，取电阻值突变的温度范围下限为共晶点温度。以上物料的电阻冻结过程重复三次测量，所得图几乎一致，因此从图中可得出，片状马铃薯和胡萝卜的共晶点温度都为 −22℃ 左右，这与文献所测一致，稍有差异是因为样品原料来源不同。而糊状马铃薯的共晶点约在 −12℃，糊状胡萝卜的共晶点约在 −10℃。

同一种物料共熔点比共晶点稍高，见图 2.12、图 2.13。片状胡萝卜和糊状胡萝卜在升温过程中电阻突变时的温度约为 −15℃、−8℃，一般在制品冻干中常采用低于其共晶点温度 5~10℃ 作为冻结温度。从上述几个冻结和升温电阻图也可粗略比较得出：胡萝卜、马铃薯两种物料糊状的共晶点和共熔点明显比片状的高，这可能是由于固态结构的物料打散为糊状，原来的结构发生了改变，原来物料细胞间隙内的自由水、少部分物理结合水的组合或者形态发生了变化。在胡萝卜的冻干工艺设计中，在保证产品营养物质不损失、前处理工艺方

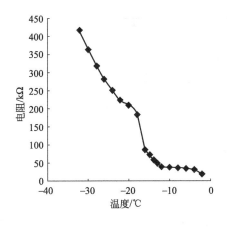

图 2.12　片状胡萝卜升温电阻曲线

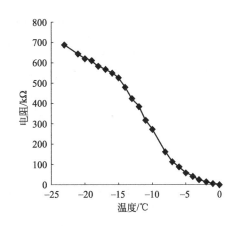

图 2.13　糊状胡萝卜升温电阻曲线

便的情况下，可将胡萝卜、马铃薯的固态结构打散为糊状进行冻干。同一种物料使结构改变从而提高了共晶点和共熔点，在冻结中物料冻结温度设置可以降低，节省冻结能耗；而在升华干燥过程中，共熔点越高则对加热温度、压强的选择限制越小，越有利于提高升华干燥速度，降低升华干燥能耗。固态物料打散为糊状物料时，可能会使一部分物理化学结合水释放出来，有可能减少干燥解析时间，降低能耗。

经试验比较发现，自行设计的测定共晶点试验装置设计简单且能较方便地测定共晶点、共熔点温度，测定数据较可靠，可供同类试验参考。

4. 传热传质系数对能耗的影响

有效导热系数和质量扩散系数是对物料内部传热传质能力的量度，属于物料最重要的基本物性参数，在研究冻干理论及工艺方面，掌握冻干物料的传热传质特性及其与冻干过程参数之间的关系，有利于寻找加速冻干速度、减少冻干时间的途径。加热方式不同，传热特性有所不同，辐射加热法常用于大型食品冷冻干燥中，在此主要讨论纯辐射加热方式下的冻干特性。纯辐射加热方式下，内部热量的传递分为外部传热和内部传热，传热的关键是内部传热。物料有效导热系数综合概括了物料性质等无法确定的因素对导热性能的影响，是重要物性参数。有效导热系数分为干燥层的有效导热系数和冻结层的有效导热系数，研究其与冻干过程参数之间的关系对提高干燥速率、降低能耗有较大指导作用。

可以通过分析冻干过程中物料升华界面温度 T_f 和表面温度 T_s 的变化温差情况，来分析有效导热系数和扩散系数，从而表征说明物料干燥中的内部传热传质特性，这对确定工艺、降低能耗有一定意义。

试验采用新鲜胡萝卜，将胡萝卜切制成直径为 45mm、长为 12mm 的圆柱状样品，再取同样质量的胡萝卜打成均匀的糊状放入圆形模具中，将糊状胡萝卜固定为长 12mm 的圆柱状样品；然后将片状和糊状胡萝卜放入冰柜中速冻，冻结过程中将温度探头用订书针固定，避免表面温度探头在密闭干燥室中干燥时的随处移动，保证测温准确；冻结 7h 后取出，迅速放入冻干机中进行升华干燥。为保证样品的干燥为简单的一维纯辐射干燥，防止四周和底部热量的传入和水分的扩散，样品的底部和四周用聚乙烯泡沫板制作的小容器包围，装置见图 2.14。为测定系统耗电量，在 JDG-0.2 型冻干机上安装了一个三相四线电度表，经过试验选择型号为 DT2 型，额定电流为 15A，每千瓦时旋转 450 盘转，测量准确。

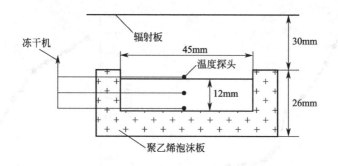

图 2.14 样品冻干表面温度和升华界面温度测定装置示意图

片状胡萝卜和糊状胡萝卜分别在各自的冻干环境下进行冻干实验，其过程参数的选择依据：干燥室压强选定在 10Pa 左右，干燥加热板温度以物料冻结层不熔化为依据，且为加快升华速率，尽量使升华界面温度接近共熔点，而不管物料表面温度是否超过变性温度，以此来考察两种相近的物料在冻干过程中表面温度和升华界面温度的变化情况，说明物料内部传热传质特性。

（1）实验结果与分析

① 从图 2.15 可以看出升华干燥过程中，糊状胡萝卜的中心温度和底部温度的曲线几乎重叠，二者温度相近，这说明一维纯辐射干燥中，物料冻结层导热系数很大，冻结层内底部和中心的温差几乎为零，说明了可以用中心温度代替物料升华界面温度。如果是传导加热方式，则传热热阻小，无需考虑传热问题。

② 图 2.15(a) 表示片状胡萝卜冻干中加热板、物料表面和升华界面温度曲线，可以看出，片状胡萝卜在升华干燥过程中，物料中心温度接近共熔点（−15℃）时，其表面温度只有 20℃ 左右，远低于变性温度（50℃），整个升华过程中，中心和表面温度仅相差不到 30℃，这说明片状胡萝卜在冻干过程中，物料干燥层有效导热系数较大，干燥层内温差小，内部导热性能很好，而传质系数小，即水蒸气从内部升华界面到物料表面扩散的阻力大，内部传质性能差，所以片状胡萝卜整个冻干过程中升华速率受热量传递的限制，表现为传质控制。这一结论与通过模型计算导出的结果一致。

③ 图 2.15(b) 表示了糊状胡萝卜冻干中加热板、物料表面和升华界面温度曲线，可以看出，与片状比较起来，糊状胡萝卜在升华干燥初期几个小时内，加热板温度设置到 120℃时，物料中心温度只有 −30℃，还远离共熔点（−8℃）时，其表面温度就已经达到 80℃ 以上，远超过变性温度（50℃），升华干燥前期几个小时内，中心和表面温度相差约 100℃，这说明糊状胡萝卜在升华干燥前期内，传热传质特性表现为：干燥层有效导热系数太小，内部传热热阻大，干燥层温差也大，冻干属于传热控制。从图中看出：升华干燥后期，中心温度接近共熔点时，为避免冻结层熔化，必须降低加热板温度。

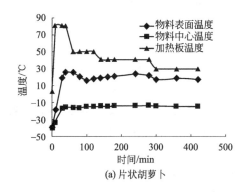 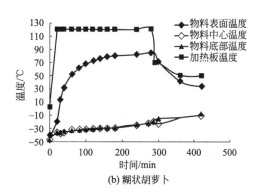

(a) 片状胡萝卜   (b) 糊状胡萝卜

图 2.15 表面温度和升华界面温度关系曲线

由上述实验可看出，简单的温度差可以反映出物料是属于传质控制还是传热控制，传质控制过程的这类物料如片状胡萝卜，即使在系统所能达到的最高真空度下进行冻干，物料表面温度也不用达到最高极限温度便已满足传质所需的最大热量，升华界面温度就已经处于最高限制温度，如有更多的热量输入，将会引起物料局部熔化、起泡。所以为了加强水蒸气的逸出能力，加快升华速率则应采取以下措施：

① 压强应选择系统最低压强，但真空度过高，则能耗过大，因此应选一个适中值；

② 热源的温度控制应以升华界面接近共熔点为依据，加快干燥速率；

③ 可以维持较低的冷阱温度以降低冷阱蒸汽压，增大传质推动力；

④ 传质控制类的物料结构较为紧密，如胡萝卜、香蕉、菠萝的冻干就是这样，还可在预处理方面做研究，改善物料结构，从而达到提高传质系数的目的，传热控制可以使物料升华界面温度不用达到最高极限共熔点温度，物料表面温度就已经处于最高限制的变性温度。

(2) 导热系数、扩散系数与传热传质控制过程的关系及过程参数的确定 冻干物料的有效导热系数、扩散系数不仅与物料的组分、结构、气体成分有很大关系，而且受过程参数的影响很大。事实上由于食品材料的多样性和冻干过程参数的变化，有效导热系数和扩散系数在不同的过程参数下不同，一般的物料在冷冻干燥过程中二者兼有，很难区分是传热控制还是传质控制。因此一般物料冻干中过程参数的调整应以两个温度为依据，一是升华界面温度不能超过共熔点，二是物料表温不能高于物料烧焦或崩解温度，这两个温度同时达到最高限度值，则冻干处于最高升华速率。前面试验中对片状和糊状胡萝卜属于哪种控制进行了分析，为了进一步说明过程参数的选择对传热控制和传质控制两种不同冻干情况的影响，作以下具体不同压强选择下的冻干试验分析。

① 加热板温度的选择。由前面分析可知，纯辐射加热方式下，干燥层有效导热系数与质量扩散系数都与温度成正比，所以升高加热板温度（提高物料表面温度）有助于传热传质的进行。尽管加热板温度增加不多，但对缩短冻干时间却十分明显。无论对于传质控制过程，还是传热控制过程，为了提高干燥速率，都应提高物料外表面温度，即提高加热板温度。

② 压强的选择。纯辐射加热方式下，在一定的压强范围内，压强增大，气体的导热系数增加，对传热有利，但扩散系数减小，对传质不利，由此导致升华界面温度升高，水蒸气压增大，即导致传质推动力增加，传热推动力减小，进而推动了新的平衡；压强减小，气体的导热系数减小，对传热不利，但扩散系数增加，对传质有利，由此导致升华界面温度降低，水蒸气压减小，即导致传质推动力减小，传热推动力增加，进而推动了新的平衡。所以在冻干过程中压强对传热和传质的影响是矛盾的，如果冷冻干燥是传质控制，则干燥速率随干燥室压力降低而提高，如果是传热控制，则干燥速率随着干燥室压力升高而提高。

a. 当室压高于最佳值 p_d 时，有效扩散系数降低，对传质不利，但导热系数增加，对传热有利，升华界面温度升高导致水蒸气压升高，即传质推动力增加，所以传质速率的增减视传质阻力和推动力的增减比例。增加压强虽提高了物料干燥层有效导热系数，但为避免升华界面超过共熔点，则必须降低表温，即降低加热板温，减少热量的输入。

b. 当室压低于最佳值 p_d 时，有效扩散系数增加，而物料干燥层有效导热系数降低，室压降低的瞬间，传质速率大于传热速率，冻结层会放出热量使升华界面温度降低，当重新达到新的平衡时，升华界面温度低于最高限制温度，这样传质推动力降低，而传热推动力又增加了，此时不能简单判断出传热或传质速率增加与否，分析如下：压强为 p_d 时，传热速率为

$$q = \frac{k}{X}(\theta_s - \theta_m) = \frac{k}{X}\Delta\theta \tag{2.2}$$

当室压降低 δp 传热速率变为

$$q_1 = \frac{k+\delta k}{X}[\Delta\theta + \delta(\Delta\theta)] = \frac{k}{X}\Delta\theta + \frac{k-\delta k}{X}\delta(\Delta\theta) + \frac{\delta k}{X}\Delta\theta \tag{2.3}$$

两式相减可得

$$q_1 - q = \frac{k_1}{X}\delta(\Delta\theta) + \frac{\delta k}{X}\Delta\theta \tag{2.4}$$

式中，k，k_1 为前后压强下干燥层有效导热系数；θ_s，θ_m 为物料表面温度和升华界面温度的限制温度；X 为升华界面位置。

由上式可知：当 $k_1 \cdot \delta(\Delta\theta) > |\delta k \cdot \Delta\theta|$ 时，降低压强则传热速率增加，说明 p_d 不是最佳的压强；当 $k_1 \cdot \delta(\Delta\theta) = |\delta k \cdot \Delta\theta|$ 时，降低压强对传热速率无影响，故 p_d 是最佳的压强，降低压强的操作增加设备抽空能耗，并不可取；当 $k_1 \cdot \delta(\Delta\theta) < |\delta k \cdot \Delta\theta|$ 时，降低压强则传热速率减小，故 p_d 是最佳的压强。

一般的物料冷冻干燥过程中二者兼有，很难区分是传热控制还是传质控制。因此在冷冻干燥过程选择压强时，试验是一条有效的途径。基于前面冻干过程中所分析的片状胡萝卜属于传质控制，而糊状胡萝卜冻干中属于传热控制，通过试验改变冻干室压强进一步证实二者的传热传质特性及确定这类物料的压强选取方法。

本试验样品为片状胡萝卜和糊状胡萝卜，采用同样的冻干装置，进行单面纯辐射方式加热。由于物料较厚，干燥时间较长，所以并不做到完全干燥，而采用最初 1h 干燥室压强采用系统最低压，后 4h 采用不同的室压 8Pa、20Pa、50Pa、120Pa（压强的选择受冻干机能力限制），5h 后称重，进行物料失水率和能耗的比较，以此通过压强对传热、传质控制物料的影响来间接说明物性参数与冻干能耗的关系。

（3）试验结果与分析

① 干燥过程中前 1h 片状和糊状胡萝卜干燥室压强都是采用系统最低压，因为干燥初期物料内未形成干燥层，热辐射器升温快，传递到物料表面热量可以很快被冰晶吸收，此时采用低压获得传质推动力而不会影响传热效率。

② 从表 2.2 和图 2.16 可看出：在压强 20Pa、50Pa、120Pa 下失水率有差别，但差别不大，在 50Pa 时失水较多，因此验证了糊状胡萝卜在干燥前期主要为传热控制，增加压强则失水率增加。这是因为：增加压强，干燥层有效导热系数增大，加快传热速率；增加压强，升华界面温度升高，界面水蒸气分压增大，传质推动力增大，传质系数下降，但传质推动力的增加大于传质阻力的增加，所以也加快了传质速率。在试验中观察到，对于糊状胡萝卜热辐射加热下，室压最佳值约为 50Pa，此时糊状胡萝卜的升华界面温度和物料干燥层表面温度均可接近最高限度（15℃和50℃），见图 2.17。因此，糊状胡萝卜属于 $k_1 \cdot \delta(\Delta\theta) < |\delta k \cdot \Delta\theta|$ 的类型。

⊡ 表2.2　糊状胡萝卜在不同室压下失水率、能耗的对比试验结果

样品	糊状胡萝卜			
厚度	12mm			
加热方式	一维热辐射			
室压控制方法	前 1h 为系统最低压，后调压			
压强/Pa	8	20	50	120
干燥时间/h	4.5	4.5	4.5	4.5
样品 1 失水率/%	43	58.8	58.9	57.1
样品 2 失水率/%	39.9	57.6	63.6	61.2
能耗/kJ	22680	22572	22320	21960

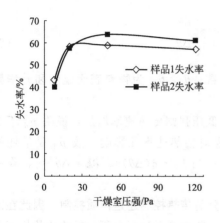

图 2.16 糊状胡萝卜失水率与
室压的关系曲线

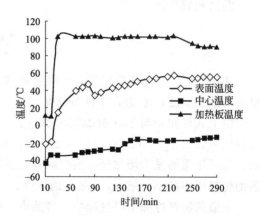

图 2.17 50Pa 压强下糊状胡萝卜表面温度和
升华界面温度的关系曲线

从表 2.2 还可看出冻干时因压强的改变，能耗的改变不大，而且可以看出并不是压强小能耗就小，这也有冻干机过程参数选取不稳定的因素，因此对于糊状胡萝卜这类传热控制物料而言，为了增加传热速率，应通过试验测取接近的最佳压力值，并结合降低抽真空能耗方面来选择。

③ 从表 2.3 中可看出片状胡萝卜前期几个小时的冻干中，压强的改变引起物料在失重率上的明显改变，物料失水率也有变化，在 8Pa 时失水率最大，50Pa 和 120Pa 时失水率较小，但三者之间失水率的相差不大。这说明片状胡萝卜传质困难，水蒸气难以从物料干燥层内逸出，冻干速率受传质限制，只有尽量提高干燥室真空度，才能提高传质速率，缩短干燥时间。

⊡ 表 2.3　片状胡萝卜在不同室压下失水率的对比试验结果

压强/Pa	物料	原重/g	5h 后重/g	含水重/g	失水重/g	失水率/%	能耗/kJ
8		32.52	20.59	28.6176	11.93	0.417	22680
		31.48	19.66	27.7024	11.82	0.427	
		32.74	20.61	28.8112	12.13	0.421	
50	片状胡萝卜	32.39	21.35	28.5032	11.04	0.387	23040
		32.24	21.2	28.3712	11.04	0.389	
		32.31	21.25	28.4328	11.06	0.389	
120		31.27	20.55	27.5176	10.72	0.39	22500
		31.32	20.94	27.5616	10.38	0.377	
		31.14	19.98	27.4032	11.16	0.407	

④ 为进一步说明传质控制物料与传热控制物料的冻干压强的选择方式，引用相关文献草菇、菠萝在纯辐射条件不同室压下残留含水率的对比实验结果，见表 2.4。由表可看出：草菇、菠萝在不同室压下残留含水率相差很大，草菇最佳室压为 20Pa，而菠萝最佳室压为系统最低压 10Pa。结合本试验中所得片状和糊状胡萝卜在不同压强下不同的失水情况进行比较得出：纯辐射情况下，类似于菠萝、香蕉、胡萝卜这类质地结构紧密的物料多为传质控制，所以在压强选择上尽量低压；而草菇、糊状胡萝卜这类较为松散的物料多为传热控制，存在一个最佳室压，要通过试验比较来确定。

⊡ 表2.4　不同室压下物料失水的比较

试样	草菇				菠萝	
厚度/mm	12				10	
加热方式	热辐射				热辐射	
压强/Pa	10	20	50	200	10	27
残留含水率/%	29.0	23.3	37.7	47.0	55.3	60.0

　　⑤ 对片状胡萝卜在系统最低压 7Pa 左右几次重复的试验中还发现，如果其他因素不变，冻干过程中将真空室压强稍提高到 15Pa（见图 2.18 和表 2.5），可以看出：短时间内压强提高，物料升华界面温度就很快上升，更快地接近共熔点，而物料的表面温度迅速下降，并且和升华界面的温差降低，这是因为高压期间，真空室外空气的引入，瞬间使干燥层的传热系数增加，传热得到改善，物料表面堆积的热量迅速向下传递，但是一旦稳定，表面温度继续上升，表面温度和升华界面温差增加，这从图 2.18 可看出。因此在其他过程参数一致的情况

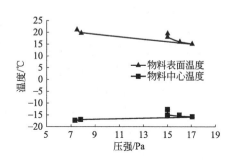

图 2.18　片状胡萝卜压强和表面温度及升华界面温度关系曲线

下，片状胡萝卜冻干压强的选择上以低压为依据，适当提高，可减小能耗，加快冻干速率。这种逐步短时间内随实际冻干情况调整的循环压力法经过试验证明效果很好。

⊡ 表2.5　片状胡萝卜冻干过程中短时调压引起的温度变化

时间/min	加热板温度/℃	真空度/Pa	物料表面温度/℃	物料中心温度/℃
0	50.2	7.5	21.1	−17.3
20	49.8	7.8	19.9	−17.0
40	49.9	17	15.1	−15.9
60	50.1	16	16	−15.5
80	50.3	15	18	−14.9
100	50.0	15	18.9	−14.0

　　因此对于片状胡萝卜这类整体是传质控制的物料来说，如菠萝、香蕉等都属于传质控制物料，压强的选择在保证系统能达到的低压情况下，可结合能耗和实际情况，随物料温度的变化在实际操作中稍加提高。

5. 变性温度

　　物料的变性温度是指物料的焦化温度或塌陷温度，所谓焦化（或崩塌）温度是对已干燥的产品而言的，正常情况下已干燥的物料层应该保持一个疏松多孔、稳定的骨架结构，以便下层冻结物料层中升华的水蒸气顺利通过，使整个物料进行良好的升华干燥；但是当物料干燥层温度达到某一数值时会失去刚性，发生类似崩塌的现象，失去疏松多孔的性质，使干燥产品有些发黏，密度增加，颜色加深，发生这种变化的温度称为焦化（或崩塌）温度，干燥的物料层发生焦化（或崩塌）之后，会影响或阻碍下层冻结物料升华时水蒸气的通过，导致物料升华干燥速度减慢，冻结物料吸热速率降低，由加热板层不断供给的热量相对多余，将会造成冻结物料温度上升，发生熔化发泡现象；而对于液态或半固态产品，崩塌更容易发生，这是因为它的已干部分完全是海绵状微孔结构，刚性本来就不高，又带有黏性，一旦崩

解物质封闭了微孔，升华速率减慢，所需热量减少，如不及时降温就会完全崩塌。因此，干燥的过程中除了要保持产品的温度不能超过共熔点外，还要保持已干燥的产品温度不能超过焦化（或崩塌）温度。所以物料变性温度是冻干过程中一个重要的物性参数，是过程参数的控制依据；尤其对于解析干燥阶段，物料全部成为干燥层，这个阶段主要受两个因素的控制，产品的温度和水对固体的束缚能，产品的温度必须控制在变性温度以下。

（1）变性温度与过程参数的关系对传热传质特性的影响　焦化（或崩塌）温度可通过试验来确定，通过显微冷冻干燥试验可以观察到焦化（或崩塌）现象，从而确定焦化（或崩塌）温度，也可以由差热分析测试得到。一般来说，冻干前有固定骨架结构的物料，其焦化温度随湿含量或冻干过程的进行变化较小，如植物性食品多为 40～70℃，而有些物料的热崩塌温度与湿含量的关系很大。

（2）物料干燥层变性与冻干速率的关系研究

① 提高物料变性温度。焦化（或崩塌）温度与物料的种类和性质有关，过低的崩解温度会延长干燥时间，甚至设备能力不能达到，物料变性温度较高时，物料可承受更高的加热源温度，传热温差大，即传热推动力增加，提高了冻干速率，因此合理地选择物料的保护剂，使焦化（或崩塌）温度尽可能高一些，对于某些物质如葡萄糖、木糖醇、蛋白质、PVP等，可提高液态物料冻干时的崩解温度。

② 提高热源温度。物料表面温度通常高于物料干燥层内任何一点的温度，所以在升华阶段和解析阶段尽量使物料干燥层表面温度接近变性温度，提高冻干速率，缩短冻干时间，即降低能耗。

三、过程参数对冻干能耗影响的研究

（一）过程参数的选择和研究

过程参数包括预冻、干燥和物料形态等有关参数。预冻阶段的过程参数有冷冻方式、冷冻速率、冻结温度。常见的冷冻方式有冷表面导热和冷空气对流降温两种形式，生物药品和液态食品的冻干及小型冻干机常用冷表面导热降温，大型冻干机常用冷空气对流降温。干燥加热阶段的过程参数有加热方式、冻干室压强、加热温度、料层厚度等。所有这些过程参数对冻干过程能量消耗、产品品质、冻干速率和冻干时间等有很大的影响。物料的本体性质决定了干燥过程的基本特性，但外部操作条件与物料性质的匹配决定了冷冻干燥过程的干燥速率的控制与冻干的强化方法。

1. 冷冻方式和冻结温度的选择

冷冻方式对冷冻速率有很大的影响，通常情况下，冷表面导热比冷空气对流降温的冷冻速率高。冷冻速率由冻结温度和传热系数决定。冷冻速率的高低直接关系到物料中冰晶颗粒的大小，而冰晶颗粒的大小对物料的结构及升华速率有直接影响。物料被快速冻结时，形成的冰晶颗粒较小，冰晶升华后在物料中留下的平均孔径也较小，不利于冰晶的升华和水蒸气的逸出，且冷冻速率越快，冻干物料层的导热系数越小，传热速率越低，因此干燥速率低，但速冻可以很好地保持产品原有的结构形状和物理化学特性，使干后的产品溶解快；慢冻形成的冰晶颗粒较大，在物料中留下的平均孔径也较大，有利于冰晶的升华和水蒸气的传递，但慢冻方式破坏产品的原有性能，且慢冻解析时间长，总的冻干时间几乎不变。因此应在综合考虑冻干速率和保持产品特性的基础上，确定最佳的冷冻速率。冷冻对细胞和生命体会产生一定的破坏作用，其机理是非常复杂的，目前尚无统一的理论，但一般认为主要由机械效应和溶质效应引起。机械效应是由物料细胞内外的冰晶生长而产生的机械力量引起的，特别是对有细胞膜的生命体影响较大。一般冰晶越大，细胞膜越易破裂，越易造成细胞的死亡；冰晶小，对细胞膜的机械损伤也较小。慢冻产生的冰晶较大，快冻产生的冰晶较小。就此而言，快冻对细胞的影响较小，慢冻容易引起细胞的死亡。溶质效应是由于水的冻结使物料细胞的间隙液体逐渐浓缩，使电解质的浓度增加，而蛋白质对电解质比较敏感。电解质浓度的增加易引起蛋白质的变性，导致细胞死亡；另外电解质浓度的增加会使细胞脱水而死亡，间隙液体浓度越高，细胞遭到的破坏也越厉害。冻结温度的最低值应根据物料的共熔点来确定，最低温度应低于物料的共熔点温度，不同的冻干物料有不同的共熔点。

2. 加热方式

干燥过程是一个传热传质同时存在的过程，如何将热量有效地传递给物料是研究的重点内容之一，而加热方式对热传递的速率和效果往往起着决定性的作用。加热方式主要有传导加热、辐射加热、微波加热、气体对流加热和复合加热等。

（1）传导加热　采用的主要形式是隔板加热法，是最早采用的加热方式，是通过加热隔板把热量直接传递给物料或通过盛物料的容器间接传递给物料。隔板的加热方法有两种：直接电加热法和中间介质加热法。直接电加热形式的冻干机结构较为简单，且因热惰性较大而需要非常精确的控制，所以大型冻干机上多采用中间介质进行加热，由一台泵使中间介质不断循环加热。传导加热方式中，传入物料的热量往往是通过冷冻层到达升华界面的，由于冷冻层的导热系数比干燥层的导热系数大十几倍甚至几十倍，所以该加热方式对传热控制的物料特别适用。

（2）辐射加热　热量由辐射器通过辐射传至物料干燥层表面，再由干燥层表面以传导的方式到达升华界面。此加热方式的主要优点是物料受热均匀、热质传递能从两边进行，辐射电磁波还可以通过直射、折射渗透到物料内部，而升华界面的温度一般比冷冻层内部的温度高，这时可把升华温度提高到最高限制温度而不会造成冷冻层其他部分的融化，从而可获得较高的升华干燥速率。

（3）微波加热　微波加热法是在物料中施加高频交变电场，以离子传导和偶极子转动的形式在物料内部产生热量的方法。物料的介电常数和损耗因子是影响微波加热干燥的重要因素。微波加热具有加热速度快（可达 $3000℃/s$）、加热均匀（在物料内部的温度梯度小）和加热选择性强（电磁波仅与物料中的湿分子耦合，而不与固体基质耦合）等优点。

（4）气体对流加热　在常压冷冻干燥过程中，主要采用对流加热方法。常压冷冻干燥的最大优点是可节约抽真空和冷凝器的能量。一般来说，常压下物料干燥层内的传质阻力较大，干燥速率较低，冻干时间较长。但对大表面薄厚度的物料，如采用常压流化床冻干，强烈的对流作用使物料内部热质传递速率提高，则可缩短冻干时间，常压下对流加热冻干所需的时间比真空冷冻干燥所需的时间长，但可节约 35% 的能量。

（5）复合加热　为获得较高的冻干速率，缩短冻干时间，降低冻干能耗，采用复合加热方式可取得良好的效果，如传导-辐射加热、传导-微波加热、辐射-微波加热等。

3. 加热温度

在升华干燥阶段，加热温度不仅影响干燥时间，还影响干燥后产品质量。热量首先被传递到物料表面，然后从其表面向内传递，因此物料表面温度最高。在传热控制过程的前提下，物料冻结层和干燥层表面都达到了最高温度，一方面冻结层温度越高，冰的饱和蒸汽压越高，传质驱动力越大，传质速率越高；另一方面为了避免物料变质，物料表面温度不能超过最高允许温度，避免干燥层的温度超过塌陷温度，但又需保持接近最高允许温度，以使在物料内部最高限度提高温度差来加强内部传热。在传质控制的冻干中，加热温度的升高首先受到了冻结层融化温度的限制，这时温度控制的原则是尽量使升华界面温度接近共熔点但必须低于共熔点温度。减少蒸汽流量和降低干燥室压力可以降低升华界面温度，蒸汽流量可通过降低加热板温度而改变。所以对于升华干燥，加热温度除了要保证不超过物料共熔点外，还要保持干燥层的温度不超过塌陷温度。在升华干燥阶段，冻干室加热板温度高，升华干燥时间就短；冻干室加热板温度低，升华干燥时间就长。随着冻干室加热板温度的升高，升华干燥时间迅速缩短；达到一定温度后，升华干燥时间的缩短程度减小；冻干室温度继续进一步升高时，升华干燥时间反而开始增加。这是因为加热板温度过高时，会引起升华界面温度的上升，升华界面的水蒸气压随之增大，造成升华阻力增大，冻干时间延长。

4. 真空度的选择

干燥室真空度的大小对升华干燥过程具有正反两方面的影响。干燥室压力升高，物料干燥层有效导热系数增加，加强了热量的传递；干燥室压力降低，水蒸气在干燥层内的有效扩散系数增加，加强了水蒸气的排除。因此如果冷冻干燥是传热控制过程，则干燥速率随压力的升高而提高，当压力增大到某一特定压力后，物料升华界面温度升高到冻结层的融化限制温度，则冷冻干燥过程由传热控制转为传质控制，也就是说再提高干燥室压力将导致干燥速率降低。

5. 物料粒度、厚度的确定

物料的大小对干燥过程有一定的影响，增大物料的比表面积或减薄物料的厚度都可以达到缩短干燥时间的目的。物料越厚，传热传质阻力越大，且在干燥后期升华界面温度越高，因而会对热源温度有限制作用。对较薄的物料，在整个升华阶段可采用较高的热源温度，从而有利于提高传热速率；而较厚的物料在升华后期必须降低热源温度，否则会局部融化。但在实际生产中，物料也不能太薄，否则间歇操作时间增多，降低生产能力。增大物料的比表面积，即增大了传热传质面积，这种方法尤其适用于液固混合物和最终产品为粉末物料的干燥。

（二）过程参数对冻干过程影响的试验研究

真空冷冻干燥的过程参数包括冻结方式、冻结速率、冻结温度、加热方式、加热温度、真空度、冻干厚度以及冷阱温度等。过程参数是真空冷冻干燥过程的影响因素，研究过程参数可以为冻干的优化与控制提供理论基础。所用的试验装置还是前述 JDG-0.2 型冻干机。

1. 试验材料

采用胡萝卜、苹果作为研究的物料。采用上述物料主要是基于以下考虑：原料来源方便，价格相对便宜；胡萝卜和苹果物性存在差异，便于考察物性差异对冻干过程的影响。

物料形状基本上为柱体，同时为了减小横向尺寸的影响，选料上采取以下措施：物料的厚度与直径之比小于 1:5；物料的表皮保留。这样可以忽略径向的传热与传质，物料可视为无限大平板物体，从而只考虑厚度方向的一维传热传质。

2. 冷冻

试验中采用两种冷冻方式：①直接在干燥室中进行。开动冷冻机，把物料盘置于冷阱表面上，使物料温度迅速降至共晶点温度以下，由于导热比对流冷冻更快，所以此过程为物料的快速冻结。②将物料放在海尔 BCD-130E 型冰箱的冷冻室中，在强制对流的条件下将物料的温度冻至 -18℃，对于胡萝卜，该温度已低于其共晶点温度（-16.5℃），可以直接冻干；对于苹果，其共晶点温度（-34℃）远低于 -18℃，但由于这时的温度已低于其冰晶最大生成带的温度，所以虽然物料中还有部分水没有冻透，对冻干却没有影响。

3. 干燥

干燥过程如下：当物料降至共晶点温度以下时，保温一定时间，待物料完全冻透后，开启真空泵，将真空抽至预设真空度；然后电加热板开始加热，物料开始升华干燥，当物料干燥结束后，破真空，取出冻干制品并密封保存。由于该机型没有重量在线测试系统，所以对水分的测量采取近似的方法：将一组相同厚度和含水率的物料冻结至共晶点温度以下，取出一个样本进行干燥试验，其余低温保存，当第一个样本干燥进行 2h 后取出称重，将第二个样本取出干燥，待其干燥 4h 后取出称重，依次将剩余样本干燥后称重。本设备是辐射-导热的混合加热方式，为考察纯辐射对干燥过程的影响，用塑料大孔筛网代替托盘。干燥终点通常采用温度趋近法和压力升高法两种方法。本试验采用温度趋近法来判断冻干是否结束。

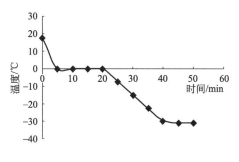

图 2.19　纯水的冷冻曲线

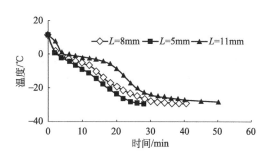

图 2.20　胡萝卜的冷冻曲线

冷冻试验过程：图 2.19 和图 2.20 是纯水和胡萝卜在导热下中心温度随时间的冷冻曲线。从纯水的冷冻曲线可知，水的潜热释放是维持温度在 0℃ 完成的，其峰值的温度区间为零，而且与冷冻速率的高低无关。因此，水的冷却段与冻结段存在明显的转折点。而胡萝卜的冷却段与冻结段的转折点不明显，其过程是平等的。引起此现象的原因是胡萝卜中的溶液中含有其他溶质。从图 2.20 还可以看出，胡萝卜在冻结时，其最大冰晶生成带的温度范围为 -5～-1℃，曲线在这个阶段的斜率要明显低于其他阶段。对不同厚度的物料的冷冻曲线，物料越厚所需冷冻时间越长，物料越厚其潜热变化的峰值的温度区间也越大。

4. 干燥阶段

干燥阶段是冷冻干燥过程中耗能最多、影响因素最多、对产品质量影响最大、所需时间最长的阶段。因此，全面深入地研究干燥过程的机理是十分重要的。

图 2.21 是试验测得的胡萝卜的剩余含水率与冻干

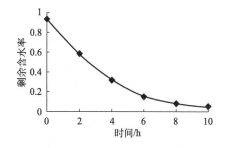

图 2.21　胡萝卜的剩余含水率与
冻干时间的关系

时间的关系。从图中可以看出，该曲线并不是线性的。这也说明 King 的冰均匀后退模型有一定的局限性。图 2.22 和图 2.23 是胡萝卜和苹果的冻干曲线。从图中可以看出，物料升华干燥时间占总干燥时间一大部分，在这一阶段，干燥所去除的水分是以冰晶形式存在的。这部分水分大多是游离在组织内部和吸附在物料表面的机械结合水，它们与物料的结合很弱。解析干燥除去的是与物料结合紧密的化学结合水，所以虽然这一阶段去除水分不多，却很难除去。从图中还可以看到，苹果的冻干时间要比同厚度的胡萝卜长，这是因为苹果的含水率较大。

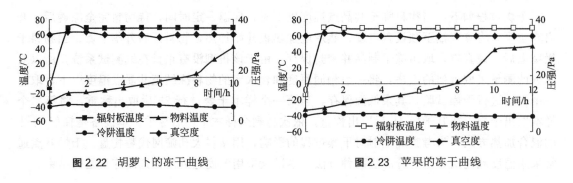

图 2.22　胡萝卜的冻干曲线　　　　　　　图 2.23　苹果的冻干曲线

5. 冻结方式

快速冻结和慢速冻结对冻干时间的影响不同，通常人们认为慢速冻结的冻干时间要比快速冻结的时间短，但我们在试验时发现，虽然慢冻的升华干燥时间要比快速冻结的时间短，但二者的总冻干时间几乎相等。如图 2.24 所示，红富士苹果慢速冻结的升华干燥时间比快速冻结的升华干燥时间短约 1h，而慢冻的解析干燥时间却比快冻长 1h，二者总的冻干时间都为 11h。

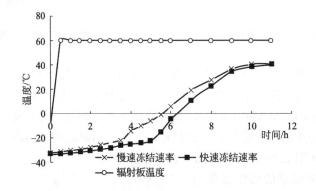

图 2.24　冻结速率对红富士苹果冻干的影响

在试验中还发现，以导热快速冻结的苹果在冻干过程中极易发生变形。为解决这个问题，本试验采取了降低加热板温度、降低干燥室压力和减小物料尺寸的措施，但变形依然很严重，说明变形不是由塌陷造成的。而在冷空气对流条件下冻结的苹果很少发生变形，造成这种现象的原因很可能是通过冰晶最大生成带的时间不同，过快通过这一区域会造成溶质效应而影响升华水汽的逸出，从而使升华界面的水蒸气压过高而导致部分冰晶融化。

6. 初始冻结温度

图 2.25 是物料初始冻结温度分别为 -35℃ 和 -25℃ 时的冻干曲线。从图中可以看出，物料初始冻结温度对冻干时间几乎没有影响。二者的差别在于升华干燥初期的升华温度不

同，但随着时间的推移，二者的温度逐渐趋于一致。虽然物料初始温度对冻干时间几乎没有影响，但如果该温度高于冻干物料的共熔点温度，就会造成物料在抽真空后局部熔化，不仅会造成物料的变形，而且会影响传热效果，增加干燥时间。

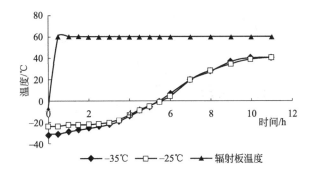

图 2.25　初始冻结温度对红富士苹果冻干的影响

7. 加热方式

图 2.26 比较了辐射和导热同时进行的混合加热方式和纯辐射加热方式对苹果真空冷冻干燥的影响。在相同的辐射加热温度下，混合加热的冻干时间比纯辐射的干燥时间短。这是因为冻结层的传热系数要远大于干燥层的传热系数，在混合加热条件下，提供给升华界面的热量主要是来自底部冻结层的传热。但由于纯辐射是两面传质，所以水分相对容易逸出。综合效果是混合加热比纯辐射冻干的时间短。

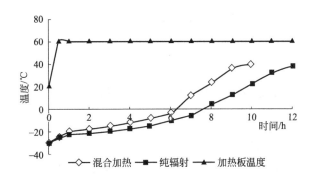

图 2.26　加热方式对苹果真空冷冻干燥的影响

8. 干燥室压力对干燥过程的影响

如图 2.27 所示，在一定的范围内，压强的提高可以缩短干燥时间，当压强继续增大时，干燥时间反而延长。这是因为干燥过程不是单一的传热或传质过程，从传热角度讲，要求压力高些，而从传质角度讲却要求压力低些。压强增大，气体的导热系数增大，即物料的有效导热系数增大，对传热有利，但压强增大，分子扩散系数减小，传质系数减小，对传质不利。而由试验结果可知，干燥室压力过大或过小，干燥时间较长，说明存在一最佳压强，可使干燥时间最短。

由上述试验可知温度和压力都能影响真空冷冻干燥的效率。而提高真空度的办法对加速干燥过程、提高干燥效率的影响是有限的。在压强较低时，为把真空度提高一个数量级，消耗的功率将会增加很大，设备也更复杂。维持一定的压强向系统输入必要的升华热，使升华过程持续进行，但升华界面温度不能高于共熔点，物料表面温度不能高于崩解温度。

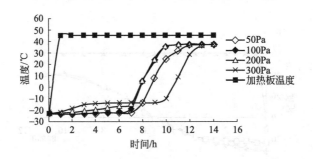

图 2.27　不同压强下胡萝卜冻干曲线

9. 冷阱温度

冷阱温度决定于其平衡的水蒸气压的大小，作为冻干设备的一个重要参数，其作用是维持一定的真空度，提供足够的传质推动力。对于辐射-传导加热法，冷阱温度越低越有利于水汽的凝结。但冷阱温度越低时，对应的平衡水蒸气压的变化越小，维持过低的冷阱温度意味着要消耗更多的冷冻功，此时对冻干过程带来的益处也许还抵不上维持过低的冷阱温度所耗的功。所以冷阱温度的选择与物料的性质、加热的方式、加热源的温度、系统所需的真空度等因素有关。因此，应综合各方面的利弊来确定合适的冷阱温度，对本试验，冷阱温度在−45～−40℃时，既能保证冻干过程较快地顺利进行，消耗的制冷功也不大。

综上所述，冷冻方式、初始冻结温度、冷阱温度对冻干时间有一定影响，而加热方式又受到试验设备的制约。加热板温度、冻干室压强和冻干厚度对冻干时间和冻干能耗的影响要明显高于其他过程参数。

（三）过程参数对冻干过程能耗影响的组合试验研究

1. 试验材料

试验选用太谷本地的新鲜胡萝卜，选取个头大、成熟度高、无绿芯和松软芯、未受虫害和机械损伤的胡萝卜作为试验材料。为避免品种之间的差异，将本试验所需的胡萝卜一次性购回，放在避光和阴凉处套袋储藏，以防水分的损失和胡萝卜成分的变化。每次试验前，都要对胡萝卜的初始含水率进行测定，以防试验样品的含水率不一致，初始水分测定在检测室中进行。经测定，本试验所选用的胡萝卜的初始含水率为89％。

2. 试验设备

试验仍在 JDG-0.2 型冻干机上进行。为了测定系统耗电量，在 JDG-0.2 型冻干机的基础上又安装了一个单相电度表，型号为 DD14，额定电流为 20A，每千瓦时旋转 240 盘转。

3. 试验方法

由于冻干试验很费时，为了保证试验期间试材不变质，应该在尽量短的时间里完成整个试验内容。预备试验和有关资料表明，冻干厚度、冻干室压强和加热板温度对冻干影响最大。冻结温度取−30℃，冷阱温度取−40℃，保温时间取 1h 比较合理。采用三因素二次正交回归组合设计方法设计试验方案。

4. 因素水平选取

在快速冻结状态下，试验研究不同冻干厚度、冻干室压强和加热板温度对冻干时间、冻干能耗、单位水分冻干能耗和单位面积冻干生产率的影响。冻干室压强受本试验冻干机的限制，由于本冻干机微机控制系统限定冻干室压强不能高于75Pa，而下限又受到真空泵抽空能力的限制。在试验期间，该机的空载极限真空度可抽到20Pa，所以冻干室压强下限取26Pa，上限取74Pa，冻干压强由微机控制。冻干厚度由三角板量出，然后用刀片准确切下。当冻干厚度太小时，冻干生产率会太低，而当冻干厚度太大时，会超出本冻干机的冻干能力，根据本机型的冻干能力和胡萝卜的特性，厚度下限取4mm，厚度上限取12mm。加热板采用电加热，根据预备试验知，当温度超过80℃时，冻干出来的胡萝卜会发生热变和变色。电加热由微机控制系统控制，其加热有一定的"惯性"，波动范围大约为5℃。当加热板温度小于50℃时，会使冻干时间急剧增加。所以加热板下限取48℃，上限取72℃。具体因素水平如表2.6所示。

⊡ 表2.6　三因素二次正交回归组合设计因素水平编码表

项目	X_1	X_2	X_3	厚度/mm	冻干室压强/Pa	加热板温度/℃
上星号($+\gamma$)	1.215	1.215	1.215	12	74	72
上水平($+1$)	1	1	1	11	70	70
零水平(0)	0	0	0	8	50	60
下水平(-1)	-1	-1	-1	5	30	50
下星号($-\gamma$)	-1.215	-1.215	-1.215	4	26	48

5. 冻干胡萝卜剩余含水量测定

冻干胡萝卜剩余含水率采用标准方法测定，在105℃下烘烤4h，然后用高精度电子天平测定其重量的变化。具体计算方法为

$$剩余含水率 = 100 \times 重量的变化值/干燥前的重量（\%）$$

6. 冻干时间的测定

冻干分为升华干燥和解析干燥两个阶段，由预备性试验知，当冻结胡萝卜加热至中心温度上升至0℃时，在胡萝卜底部和中心处还有冰晶存在，当中心温度上升至10℃时，胡萝卜中没有明显冰晶存在，所以升华干燥时间定为从开始加热到探头显示中心温度至10℃。解析干燥时间为冻结体中心温度从10～40℃，此时如果使真空泵停止工作，干燥室的真空度基本保持不变，因此可以认为此时干燥结束。

7. 冻干能耗确定

冻干能耗在单相电度表上读取，当开始加热时，记下电表读数。当物料中心温度上升到10℃时，再次读取电表读数，其差值即为升华干燥能耗。当物料中心温度上升至40℃时，读取电表读数，同理其差值即为解析干燥能耗。

8. 单位面积冻干生产率

不同厚度的胡萝卜冻干时，其布料面积一致，这样才能对比不同厚度间的单位面积冻干生产率。由于本试验为自然融霜方式，所以不考虑冷凝器的化霜时间；在计算冻干生产率时不考虑冻干机制冷，真空泵预抽真空和冻干食品装卸的时间。

9. 试验结果、数据处理与分析

按设计方案测得的试验结果见表 2.7。

⊡ 表 2.7　三因素二次正交回归组合试验结果

序号	厚度 X_1/mm	压力 X_2/Pa	温度 X_3/℃	升华干燥时间/h	解析干燥时间/h	冻干时间/h	升华干燥能耗/kJ	解析干燥能耗/kJ	干燥能耗/kJ
1	11	70	70	9.93	2.0	11.93	58716	10332	69048
2	11	70	50	10.76	3.05	13.81	61092	15012	76104
3	11	30	70	9.00	2.67	11.67	50616	13068	63684
4	11	30	50	10.06	4.42	14.48	54324	21132	75456
5	5	70	70	4.67	1.75	6.42	27288	8964	36252
6	5	70	50	5.88	1.92	7.80	33984	9684	43668
7	5	30	70	4.23	1.85	6.08	25668	9612	35280
8	5	30	50	5.33	2.17	7.50	29592	10512	40104
9	12	50	60	11.52	3.33	14.85	63108	15804	78912
10	4	50	60	2.70	1.8	4.50	20808	6984	27792
11	8	74	60	6.33	2.42	8.75	34884	12204	47088
12	8	26	60	5.60	2.80	8.40	30132	13104	43236
13	8	50	72	5.53	2.27	7.80	30708	17100	47808
14	8	50	48	7.80	3.33	11.13	41580	15300	56880
15	8	50	60	6.05	2.53	8.58	33444	12276	45720

对试验结果的数据处理，利用 SAS 统计软件进行回归分析。建立升华干燥时间 t_s，解析干燥时间 t_d，总冻干时间 t_z，升华干燥能耗 EC_s，解析干燥能耗 EC_d，总冻干能耗 EC_z 的二次多元回归模型，用 F 检验。X 的具体取值范围为：$4 \leqslant X_1 \leqslant 12$，$26 \leqslant X_2 \leqslant 74$，$48 \leqslant X_3 \leqslant 72$。建立的二次多元回归模型：

$$t_s = 34.46 - 0.67X_1 - 0.047X_2 - 0.89X_3 + 0.0013X_1X_2 + $$
$$0.0017X_1X_3 - 0.000075X_2X_3 + 0.087X_1^2 + 0.00048X_2^2 + 0.0068X_3^2$$

F＝23.066＞F0.01(9,5)＝14.7，回归模型极显著，模型模拟值与实测值相对误差小于 7％的占 80％。

$$t_d = -0.90 + 1.13X_1 + 0.01X_2 - 0.013X_3 - 0.0035X_1X_2 - 0.0096X_1X_3 + $$
$$0.00053X_2X_3 - 0.01X_1^2 - 0.0003X_2^2 + 0.00018X_3^2$$

F＝29.611＞F0.01(9,5)＝14.7，回归模型极显著，模型模拟值与实测值相对误差小于 7％的占 73％。

$$t_z = 33.55 + 0.47X_1 - 0.035X_2 - 0.91X_3 - 0.0021X_1X_2 - 0.0078X_1X_3 + $$
$$0.0006X_2X_3 + 0.075X_1^2 + 0.0002X_2^2 + 0.0069X_3^2$$

F＝32.221＞F0.01(9,5)＝14.7，回归模型极显著，模型模拟值与实测值相对误差小于 5％的占 86.7％。

$$\mathrm{EC}_s = 197652 - 8184.44X_1 - 241.04X_2 - 4703.74X_3 + 18.45X_1X_2 + 18.9X_1X_3 - $$
$$0.9X_2X_3 + 679.78X_1^2 + 2.69X_2^2 + 36.03X_3^2$$

F＝43.417＞F0.01(9,5)＝14.7，回归模型极显著，模型模拟值与实测值相对误差小于 5％的占 73.3％。

$$\mathrm{EC}_d = 26203 + 7198.45X_1 + 205.68X_2 - 1517.63X_3 - 15.38X_1X_2 - 46.35X_1X_3 + $$
$$2.2X_2X_3 - 169.39X_1^2 - 2.69X_2^2 + 13.9X_3^2$$

$F = 4.771 > F0.05(9,5) = 4.77$，回归模型显著，模型模拟值与实测值相对误差小于10％的占73.3％。

$$EC_z = 223855 - 985.99X_1 - 35.36X_2 - 6221.38X_3 + 3.07X_1X_2 - 27.45X_1X_3 +$$
$$1.33X_2X_3 + 510.39X_1^2 + 0.008X_2^2 + 49.91X_3^2$$

$F = 69.473 > F0.01(9,5) = 14.7$，回归模型极显著，模型模拟值与实测值相对误差小于5％的占80％。

从表2.8和表2.9可以看出，总体上模拟值和试验值比较接近。

▣ 表2.8 冷冻干燥时间试验值与模拟值对比

试验号	升华时间试验值/h	升华时间模拟值/h	相对误差/%	解析时间试验值/h	解析时间模拟值/h	相对误差/%	干燥时间试验值/h	干燥时间模拟值/h	相对误差/%	生产率试验值/[g/(h·m²)]	生产率模拟值/[g/(h·m²)]	相对误差/%
1	9.93	9.95	0.2	2.00	1.99	0.6	11.93	11.98	0.4	79.76	80.22	0.6
2	10.75	11.13	3.5	3.05	3.30	8.1	13.81	14.32	3.7	69.62	66.61	4.3
3	9.00	9.12	1.3	2.67	2.72	1.9	11.67	11.88	1.8	80.89	80.72	0.2
4	10.06	10.34	3.4	4.42	4.35	1.6	14.48	14.71	1.6	65.78	63.98	2.7
5	4.67	4.30	8.0	1.75	1.86	6.5	6.42	6.16	4.0	66.36	68.10	2.8
6	5.88	5.64	4.0	1.92	1.91	0.4	7.80	7.56	3.1	54.99	55.27	0.5
7	4.23	3.78	9.9	1.85	1.99	7.4	6.08	5.54	8.9	69.90	73.13	4.6
8	5.33	5.19	2.6	2.17	2.23	2.6	7.50	7.42	1.1	57.00	56.69	0.5
9	11.52	10.81	6.2	3.33	3.26	2.1	14.85	14.07	5.3	70.26	73.44	4.5
10	3.83	3.56	6.9	1.49	1.76	18.3	5.32	5.33	0.2	64.19	60.49	5.8
11	6.33	6.45	1.8	2.42	2.23	7.9	8.75	8.67	0.9	79.28	79.57	0.4
12	5.6	5.68	1.4	2.80	2.86	2.1	8.40	8.53	1.6	81.43	80.78	0.8
13	5.53	6.00	8.4	2.27	2.23	1.8	7.80	8.23	4.3	87.95	83.56	5.0
14	7.80	7.52	3.6	3.33	3.24	2.8	11.13	10.76	3.3	61.50	65.55	6.5
15	6.05	5.78	4.4	2.53	2.71	7.1	8.58	8.49	1.1	80.24	80.95	0.9

▣ 表2.9 冷冻干燥能耗试验值与模拟值对比

试验号	升华能耗试验值/kJ	升华能耗模拟值/kJ	相对误差/%	解析能耗试验值/kJ	解析能耗模拟值/kJ	相对误差/%	干燥能耗试验值/kJ	干燥能耗模拟值/kJ	相对误差/%	单位能耗试验值/kJ	单位能耗模拟值/kJ	相对误差/%
1	58716	57869	1.4	10332	11252	8.9	69048	69121	0.1	38388	38607	0.6
2	61092	62564	2.4	15012	15287	1.6	76104	77946	2.4	42358	45861	3.6
3	50616	51129	1.0	13068	14299	9.4	63684	65496	2.8	35376	36978	4.5
4	54324	55103	1.4	21132	20217	4.3	75456	75321	0.2	41955	41946	0.02
5	27288	26030	4.6	8964	10252	14.4	36252	36274	0.1	44275	44019	0.6
6	33984	32780	3.5	9684	8822	8.9	43668	41808	4.3	53364	51498	3.5
7	25668	23719	7.6	9612	9613	0.1	35280	33324	5.5	43077	41405	3.9
8	29592	29962	1.2	10512	9963	5.2	40104	39921	0.5	48997	48509	1.0
9	63108	61494	2.6	15804	14733	6.8	78912	76219	3.4	40234	37642	6.4
10	20808	23506	13.0	6984	7227	3.5	27792	30723	10.5	42450	45622	7.5
11	34884	36112	3.5	12204	10883	10.8	47088	46982	0.2	35992	36241	0.7
12	30132	30249	0.4	13104	13401	2.3	43236	43637	0.9	32999	33467	1.4
13	30708	33537	9.2	17100	16742	2.1	47808	47865	0.9	36500	36585	0.02
14	41580	40099	3.6	15300	17034	11.3	56880	57119	0.4	43417	44052	1.5
15	33444	31621	5.4	12276	13687	11.5	45720	45308	0.9	34919	33926	2.8

10. 各过程参数对冻干时间和能耗的影响分析

（1）对升华干燥时间的影响　物料厚度、冻干室压强和加热板温度在其他两个因素取不同水平时对升华干燥时间的影响分别见图 2.28～图 2.30。图 2.28 显示，物料厚度对升华干燥时间的影响很显著。随着物料厚度的增加，升华干燥时间急剧上升，这 5 条曲线的上升变化趋势相近，各曲线间隔很小，说明其他两个因素对指标的影响较小。当温度低于 50℃，压强低于 30Pa 时，升华干燥时间较长；当温度高于 70℃，压强高于 70Pa 时，升华干燥时间有所缩短；当温度为 60℃，压强为 50Pa 时，升华干燥时间最短。另外从图中看出，当物料厚度低于零水平即 8mm 时，升华干燥时间的曲线斜率较小，但当物料厚度大于 10mm 时，随着物料厚度的增加，升华干燥时间的曲线斜率急剧增大，因此，冻干厚度以不小于 10mm 为宜。图 2.29 显示，随着干燥室压强的不断增加，升华干燥时间先缓慢下降，然后又缓慢上升，在压强处于零水平左右时，升华干燥时间最短。与图 2.28 相比，曲线变化较为平坦，这说明压强对升华干燥时间影响较小，而各曲线分布距离较大，说明物料厚度和加热板温度对升华干燥时间影响显著。

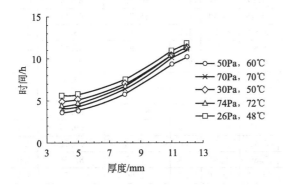

图 2.28　物料厚度对升华干燥时间的影响

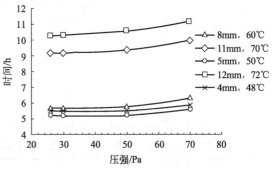

图 2.29　冻干室压强对升华干燥时间的影响

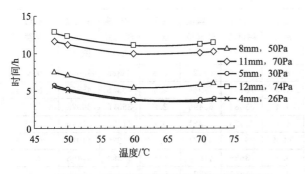

图 2.30　加热板温度对升华干燥时间的影响

图 2.30 显示，随着加热板温度的不断增加，升华干燥时间迅速下降，在零水平左右变化平缓；当加热板温度上升至上水平时，升华干燥时间反而开始增加。这是因为在本试验条件下，当开始加热温度过高时，会引起升华界面温度上升，升华界面的水蒸气压随之增大，造成升华阻力增大。所以，升华干燥时的加热板适宜温度在上水平（即 70℃）左右为宜。

（2）对解析干燥时间的影响　物料厚度、冻干室压强和加热板温度在其他两个因素取不同水平时，分别对解析干燥时间的影响见图 2.31～图 2.33。图 2.31 显示，物料厚度对解析干燥时间的影响随冻干室压强和加热板温度的高低及其不同组合而异。当物料厚度小于 5mm 时，解析干燥时间随其他两个因素的变化差异较小；厚度大于 5mm 且随着厚度的增大，随其他两个因素的变化而解析干燥时间有较大的差异，加热板温度和冻干室压强愈小，解析干燥的时间愈长；当加热板温度低于 50℃、冻干室压强低于 30Pa 时，随物料厚度的增大，解析干燥时间增加较快，而当加热板温度高于 60℃、冻干室压强高于 50Pa 时，随物料厚度的增大，解析干燥时间增加缓慢，甚至当物料厚度大于零水平（即 8mm）时，随厚度的增大解析干燥时间还有缓慢下降的趋势，这是由于在试验中，较薄的胡萝卜片在干燥过程中发生卷曲，导致传热不良而造成的，但较厚的胡萝卜片在冻干的过程中没有发生卷曲或卷曲不严重，能保持较好的传热效果，所以物料厚度不宜太薄，以 10mm 左右为宜。

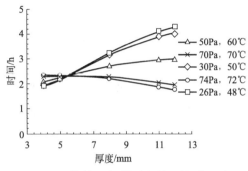

图 2.31　物料厚度对解析干燥时间的影响

图 2.32 显示，当冻干室压强在零水平（即 50Pa）以下时，解析干燥时间随冻干室压强的增大缓慢地下降；在零水平以上时，解析干燥时间随冻干室压强的增大下降较快，而且物料厚度愈大、加热板温度愈高，解析干燥时间下降愈快。因此，在物料厚度较大、加热板温度较高的情况下，增大冻干室压强，能有效地缩短解析干燥时间。图 2.33 显示，加热板温度对解析干燥时间的影响随物料厚度和冻干室压强大小及其不同组合而异。当物料厚度和冻干室压强都在零水平以上（即 8mm 和 50Pa）时，解析干燥时间随加热板温度的升高下降较快，且物料厚度和冻干室压强愈大，下降得愈快；当物料厚度和冻干室压强在零水平以下时，解析干燥时间随加热板温度的变化几乎不变，这是因为解析干燥属于传热控制过程。当冻干室压强较小时，由冻干物料干燥层的效导热系数较小，传热效果较差，提高加热板温度对其影响不大；当冻干室压强较大时，冻干物料干燥层的效导热系数较大，提高加热板温度可显著地缩短解析干燥时间。所以，解析干燥时的加热板温度适宜在上水平（即 70℃）左右为宜。

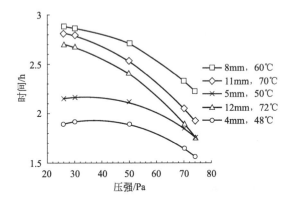

图 2.32　冻干室压强对解析干燥时间的影响

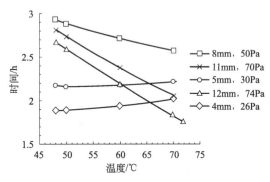

图 2.33　加热板温度对解析干燥时间的影响

（3）对升华干燥能耗的影响　物料厚度、冻干室压强和加热板温度在其他两个因素取不同水平时对升华干燥能耗的影响分别见图 2.34～图 2.36。从图中可以看出，升华干燥能耗随着冻干物料厚度的增大而迅速增加；压强对升华干燥能耗的影响不显著，而低水平的冻干室压强有利于降低升华干燥能耗。随着加热板温度的升高，升华干燥能耗先逐渐减小，当温度上升至接近上水平左右时降为最低，之后又逐渐增加。可见，采用较低的冻干室压强和较高的加热板温度可以降低升华干燥能耗。

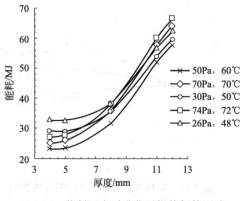

图2.34 物料厚度对升华干燥能耗的影响

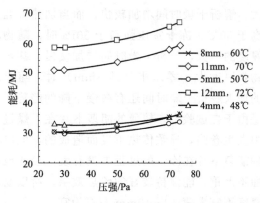

图2.35 冻干室压强对升华干燥能耗的影响

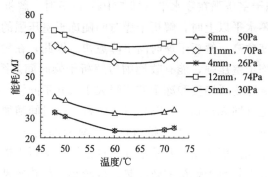

图2.36 加热板温度对升华干燥能耗的影响

（4）对解析干燥能耗的影响 物料厚度、冻干室压强和加热板温度在其他两个因素取不同水平时，分别对解析干燥能耗的影响见图2.37～图2.39。

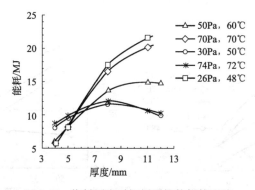

图2.37 物料厚度对解析干燥能耗的影响

图2.37显示，物料厚度对解析干燥能耗的影响随冻干室压强和加热板温度的大小及其不同组合而异。对任一物料厚度，增大冻干室压强同时提高加热板温度都能够降低解析干燥能耗；冻干室压强和加热板温度都在零水平（即50Pa和60℃）以下时，物料厚度增大，解析干燥能耗都增大，且冻干室压强愈小、加热板温度愈低，能耗的增加愈快；冻干室压强和加热板温度都在零水平以上时，物料厚度在零水平（即8mm）以下的范围内增大时，解析干燥能耗有所增加，但增加的幅度较小，而物料厚度在零水平（即8mm）以上的范围内增大时，解析干燥能耗反而有较小幅度的下降。因此，在冻干室压强较大和加热板温度较高的条件下，增大物料的厚度对降低解析干燥能耗是有利的。

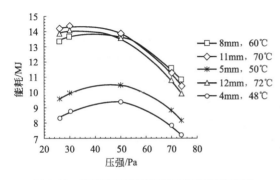

图 2.38　冻干室压强对解析干燥能耗的影响

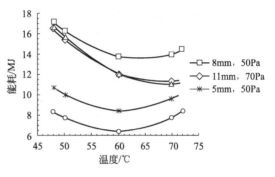

图 2.39　加热板温度对解析干燥能耗的影响

图 2.38 显示,冻干室压强对解析干燥能耗的影响随物料厚度和加热板温度的大小及其不同组合而异。在冻干室压强零水平(即 50Pa)以下的范围内,任一物料厚度和加热板温度的组合,当冻干室压强增大时,解析干燥能耗增加减少的幅度都很小;在冻干室压强零水平以上的范围内,任一物料厚度和加热板温度的组合,当冻干室压强增大时,解析干燥的能耗都有所下降,且物料厚度愈大、加热板温度愈高,解析干燥能耗下降的幅度愈大。因此,在物料厚度较大、加热板温度较高的情况下,增大冻干室压强,能显著地降低解析干燥能耗。

图 2.39 显示,加热板温度对于任一物料厚度和冻干室压强的组合,都存在解析干燥能耗最小的相应温度点。物料厚度和冻干室压强小,解析干燥能耗最小的温度点较低;反之,解析干燥能耗最小的温度点较高。因此,结合上述的试验分析,加热板温度控制在上水平(即 70℃)左右为宜。

11. 工艺参数的比较与试验验证

单位水分能耗和单位面积冻干生产率工艺参数优化结果的比较如表 2.10 所列。可见,两者对应的工艺参数相差不大。

▣ 表 2.10　工艺参数优化结果对比

单位水分能耗对应的工艺参数			单位面积冻干生产率对应的工艺参数		
厚度 /mm	冻干室压强 /Pa	加热板温度 /℃	厚度 /mm	冻干室压强 /Pa	加热板温度 /℃
8.89	33.64	68.3	8.77	31.57	69.28

从降低冻干能耗出发,确定优化工艺过程参数如下:

物料厚度:9mm;冻干室压强:34Pa;加热板温度:68℃。

为验证由回归模型优化得到的工艺参数的正确性,做了验证性试验。所用胡萝卜仍来自同一批原料,按照确定的工艺参数,重复做三次试验,试验数据见表 2.11。可见,试验值与回归理论计算值的相对误差最大为 3.93%,最小为 0.57%,平均为 1.91%,两者相差不大,说明回归结果基本正确,所得的工艺参数是较优的。

▣ 表 2.11　优化冻干工艺参数试验验证

试验号	厚度 /mm	冻干室压强 /Pa	加热板温度 /℃	能耗试验值 /[kJ/(kg·H₂O)]	能耗优化值 /[kJ/(kg·H₂O)]	相对误差 /%
1	9	34	68	32899.2	32711.8	0.573
2	9	34	68	33112.8	32711.8	1.225
3	9	34	68	33996.3	32711.8	3.926

12. 优化结果的对比分析

（1）优化工艺能耗试验值与一般常规工艺能耗试验值的比较　由表2.9可知，在二次正交组合试验中共进行了15组试验，代表15次一般生产中常规的加工试验结果，其中能耗最大值为53364kJ/(kg·H_2O)，能耗平均值为40953.4kJ/(kg·H_2O)，采用优化工艺加工能耗试验值为32504kJ/(kg·H_2O)，两者比较能耗降低了26%。

（2）优化工艺能耗试验值与生产实际能耗计算值的比较

① 与南京兴化食品厂的比较。该厂冻干大葱2.1t，冻结和干燥过程能耗1760(kW·h)×3600kJ/(kW·h)＝6336000kJ，冻干过程能耗占总能耗的90%，则冻干过程能耗为6336000×90%＝5702400kJ，除水量为2000kg，算得干燥过程单位水分能耗＝5702400kJ/2000kg＝2851.2kJ/(kg·H_2O)。所用冻干设备的装机功率112kW，捕水量2000kg，隔板面积20m^2，则装机功率/捕水量为0.056kW/kg，装机功率/隔板面积为0.56kW/m^2；试验所得最优单位水分能耗为32504kJ/(kg·H_2O)。试验用冻干机的装机功率5kW，捕水量2kg，隔板面积0.2m^2，则装机功率/捕水量为2.5kW/kg，装机功率/隔板面积为25kW/m^2。由此，按照设备与冻干工艺之间的相似性原理，与南京兴化食品厂冻干大葱工艺的能耗相比，试验所得当量单位水分能耗为32504×(0.56/25)＝728.1kJ/(kg·H_2O)，能耗是工作能耗的(2851.2－728.1)/2851.2×100%＝74.47%，降低了25.53%。

② 与山西省太谷县天山斗枣业有限公司生产厂的比较。该厂所用冻干设备的装机功率325kW，捕水量3000kg，隔板面积200m^2，则装机功率/捕水量为0.108kW/kg，装机功率/隔板面积为1.625kW/m^2；试验所用冻干设备的装机功率112kW，捕水量2000kg，隔板面积20m^2，则装机功率/捕水量为0.056kW/kg，装机功率/隔板面积为0.56kW/m^2；与太谷县天山斗枣业有限公司冻干红枣工艺的能耗相比，试验所得当量单位水分能耗为32504×(1.625/25)＝2112.8kJ/(kg·H_2O)，能耗是工作能耗的(5142.9－2112.8)/5142.9×100%＝58.92%，降低了41.08%。

第二节
果蔬真空冷冻干燥过程模型与传热传质机理研究

一、升华干燥阶段的传热传质

在冷冻干燥生产中，为便于物料批量进出冻干室，通常先把物料盛放于料盘中，再由运料车把料盘运至冻干室内，置于上、下加热板之间的隔板上。由上、下加热板提供物料升华干燥所需的热量，上加热板以辐射方式把热量传递到物料上表面，上部的多孔干燥层以传导方式传递到物料升华界面上；下加热板以辐射方式把热量传递到料盘底部，料盘以传导方式把热量传递到物料下表面冻结层，物料下表面冻结层再以传导方式把热量传递到升华界面上。由于冷冻干燥是在接近真空的条件下进行，对流传热所起的作用很小，不予考虑（图2.40）。

在升华干燥过程中，必须把从物料中升华逸出的水蒸气及时移走；否则，冻干室内的水蒸气压将升高，导致升华界面温度的升高，当温度达到物料共熔点（melting point）或玻璃化转变温度时，物料中的冰晶就会熔化（或塌陷），冷冻干燥就无法进行。因此，设置与冻干室相连通的水蒸气捕集器（或冷阱），用来捕集从物料中逸出的水蒸气。水蒸气捕集器（或冷阱）附近的水蒸气压小于物料干燥层上表面的水蒸气压，形成水蒸气传递的推动力，使水蒸气从干燥层上表面向水蒸气捕集器（或冷阱）流动；升华界面上水蒸气的浓度大于干燥层内水蒸气的浓度，在此浓度梯度的作用下，水蒸气以扩散或渗透的方式从升华界面向干燥层上表面扩散或渗透。在真空状态下，冻干室内水蒸气的运动黏度很大，流动形式属于层流。

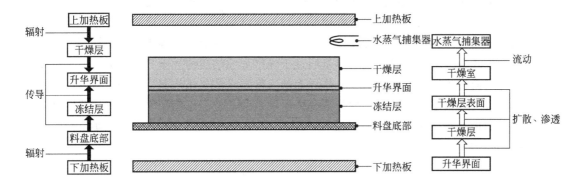

图 2.40　升华干燥过程中的传热传质

二、解析干燥阶段的传热传质

解析阶段的热量传递与升华阶段的情况相同。而物料内部的水蒸气则以扩散的形式向物料表面运移，然后再从物料表面脱附。

在解析干燥阶段，进一步提高物料温度和冻干室内的真空度，升华干燥阶段的平衡状态被破坏，结合水、水蒸气开始解溶和脱附，即解析，而解析过程的主要步骤是扩散。解析开始后，水蒸气不断地从物料上表面脱附而逸出。在水蒸气浓度梯度的作用下，干燥层内部的水蒸气浓度不断地向上表面扩散而重新分布，直到与冻干室内水蒸气浓度 C_1 达到平衡为止。

冷冻干燥理论的研究内容主要包括冷冻干燥过程各阶段传热传质的机理和本质、强化传热传质速率以及冻干过程调控的方法，涉及真空、低温、流体、控制和传热传质等交叉基础理论学科。理论研究的成果可用于指导试验、优化工艺控制、缩短研发时间，利于改进设备性能、提高产品质量、降低生产能耗和生产成本。

在对冻干过程传热传质机理研究的基础上，建立冷冻干燥过程数理模型，定量地反映和揭示冻干过程的机理与本质，可用于冻干过程的控制与操作。描述冷冻干燥过程的理论模型有冰界面均匀退却稳态模型（URIF）、准稳态模型和解析-升华模型、多维非稳态模型等。但在建立这些模型时，假设物料的冻结层和已干层都是均匀的，物料内部各点的传热系数、比热容等参数也是相同的，且在整个干燥过程中始终处于热平衡状态，这对于液态物料和结构均匀单一的固态物料是适用的。多维非稳态模型对冷冻干燥过程的描述比较精确，但对于结构复杂多样的生物材料，尤其是对须保持活性生物材料的冷冻干燥，还有待于研究探索建立一些新的模型。

三、冷冻干燥过程数学模型的研究现状及进展

冷冻干燥过程本质上是低温低压下的传热传质过程。许多学者对冷冻干燥的基础理论进

行了多年的研究，各自根据不同的物理模型和简化条件及不同的加热方式提出了各种冷冻干燥过程传热传质数学模型，这些模型大致可归纳为三种类型：第一种是 Sadall 和 King 在 1967 年提出的冰界面均匀退却的稳态模型（the uniformly retreating ice front model，简称 URIF 模型）；第二种是 Dryer 和 Sunderland 等在 1968 年提出的准稳态模型；第三种是 Litchield 等在 1979 年提出的吸附-升华模型。

Sadall 和 King 是最早涉足这一研究领域的学者，他们在 1967 年提出了冰界面均匀退却的稳态模型，是第一个较为全面系统并对后来的研究产生较大影响的冷冻干燥数学模型。该模型将被冻干物料分为干燥层、冻结层和升华界面，升华界面厚度很小，是干燥层和冻结层的过渡区。加热板辐射至物料表面的热量通过干燥层和冻结层传导至升华界面，升华的水蒸气通过干燥层而逸出，且物料表面与升华界面的温度及水蒸气压均保持不变。水蒸气在多孔干燥层内扩散时热量不发生变化，加热系统传给物料的热量全部用于水蒸气的升华，冰界面向冻结层均匀地退却，在其后产生多孔的干燥层，且多孔干燥层内的水分全部被除掉。该模型给出的热质传递方程如下：

$$q = h_g(T_h - T_0) = \frac{k_{1e}}{X}(T_0 - T_X) \text{（传热方程）} \tag{2.5}$$

$$N_w = \frac{D_e M_w}{RTX}(P_{Xw} - P_{0w}) = k_g(P_{0w} - P_{cw}) \text{（传质方程）} \tag{2.6}$$

试验验证表明，Sadall 和 King 的冰界面均匀退却稳态模型能较好地预测去除初始水分的 80% 左右。但在后期阶段，实际干燥时间明显地比预测时间长，这主要是由于模型没有考虑结合水等因素而导致的结果。

Dryer 和 Sunderland 等于 1968 年提出了准稳态数学模型，对制品在辐射加热条件下的冻干过程进行了研究，针对一些特殊形状的物料，如方形、柱形、球形，建立了在辐射加热条件下升华脱水过程的数学模型。模型基于一均匀向后移动的升华界面，在准稳态条件下求出了升华过程的数值解。但由于该模型对多孔干燥层的水蒸气传输过程未作分析，并将冻结层温度视为恒定值，对物料内热量传递过程的描述也过于简单，所以模型与实际情况还存在一定的差距。

1979 年，Liapis 和 Litchfield 提出了冷冻干燥过程的升华-解析非稳态质热传递数学模型，并进行了拟稳态分析和数值求解。其模型方程如下：

干燥层与冷冻层中的传热方程为

$$\frac{\partial T_1}{\partial t} = \alpha_{1e}\frac{\partial^2 T_1}{\partial x^2} - \frac{N_t C_{pg}}{\rho_{1e} C_{p_1e}}\frac{\partial T_1}{\partial x} - \frac{T_1 C_{pg}}{\rho_{1e} C_{p_1e}}\frac{\partial N_t}{\partial x} + \frac{\Delta H_v \rho_1}{\rho_{1e} C_{p_1e}}\frac{\partial C_{sw}}{\partial t} \tag{2.7}$$

$$\frac{\partial T_2}{\partial t} = \alpha_{2e}\frac{\partial^2 T_2}{\partial x^2} \tag{2.8}$$

干燥层内的传质方程为

$$\frac{1}{R}\frac{\partial}{\partial t}\left(\frac{p_w}{T}\right) = -\frac{1}{M_w \varepsilon}\frac{\partial N_w}{\partial x} - \frac{\rho_1}{M_w \varepsilon}\frac{\partial C_{sw}}{\partial t} \tag{2.9}$$

$$\frac{1}{R}\frac{\partial}{\partial t}\left(\frac{p_{in}}{T}\right) = -\frac{1}{M_w \varepsilon}\frac{\partial N_{in}}{\partial x} \tag{2.10}$$

$$\frac{\partial C_{sw}}{\partial t} = K_g(C_{sw}^* - C_{sw}) \tag{2.11}$$

该升华-解析模型综合考虑了很多因素,突破了升华模型中的一些限制,反映了在冷冻干燥过程中,冷冻层中的结晶水在升华过程中还伴随着干燥层中结合水的解析,冻干物料的温度也在不断升高,较好地模拟了冷冻干燥的实际过程,因而在预测干燥时间上更接近于实际情况。不过此模型有个明显的不足之处就是假设物料底部是绝热的,这与实际情况存在较大差异,而且没有考虑干燥后期吸附水的纯解析,在实际冻干过程中,升华结束后的纯解析阶段所用时间几乎与升华阶段时间相等。另外,由于该模型还涉及大量的与物性有关的参数,在对模型的求解过程中这些参数都需要确定,因此在实际应用中该模型受到很大限制。

在冷冻干燥过程基础理论研究方面,苏联科学家 A. V. Luikov 做出了卓越的贡献。Luikov 等在线性不可逆过程热力学的基础上建立了描述多孔介质内热质传递的毛细管模型方程体系,其方程体系以 Onsager 方程为基础,考虑了干燥过程中热量和质量的有限传播速度,对传热与传质耦合过程进行了修正,建立了干燥过程中物料内部的温度、湿分和压力的耦合传递方程。虽然 Luikov 的方程体系并未严格地按照不可逆过程热力学方程进行推导,方程的系数矩阵也不满足 Onsager 倒易定律,但 Luikov 方程体系的优越性在于可根据干燥过程的实际情况进行简化,通过实验方法确定方程中的唯象系数,使模型方程得以求解。而由严格的不可逆过程热力学方程导出的控制方程非常复杂,几乎没有实用价值。另外,美国科学家 S. Whitaker 在物料干燥的热质传递过程研究领域也做出了杰出的贡献,他为表征体元(representative elementary volume)方法在干燥中的应用作了大量工作,采用表征体元法研究了干燥过程热湿传递过程的规律。Luikov 体系和 Whitaker 理论都未考虑结合水的存在。

随着冷冻干燥技术的不断推广应用,理论研究也在不断地深入和完善。由于冷冻干燥技术的迅速发展和工业生产要求的不断提高,研究者已经逐渐将一维冷冻干燥模型拓展到二维的情形。Tang 等借助吸附-升华模型的干燥机理提出了圆柱状二维吸附-升华动力学数学模型,用于模拟小瓶中药液的冷冻干燥过程。由于模型方程非常复杂,对模型方程的求解极其困难,Tang 只给出了一些定性分析结果,如干燥过程中升华界面温度变化趋势和升华界面形状等参数的定性解释。Liapis 等在 Tang 的模型方程基础上增加了解析干燥阶段,使二维冷冻干燥过程的动力学模型更加完整。然而 Liapis 同 Tang 一样,也仅限于利用数学模型对冷冻干燥过程进行定性分析。田文清通过热量和质量衡算建立了简化的二维圆柱冻干模型,在其研究中假设冷冻干燥为传热控制过程和升华界面温度恒定,采用二循环对称分裂法与 Godunov 差分法组合的数值方法对模型方程进行求解。然而在模型中对升华界面温度恒定的假设与 Liapis 的定性分析结果相悖。Mascarenhas 在 Liapis 的圆柱模型基础上,提出了平板状物料的二维非稳态模型,在模型中考虑了升华过程自由水和结合水的脱除以及解析干燥过程,模型沿用了 Litchfield 的线性传质解析方程,采用 ALE(arbitrary lagrangian eulerian)格式的有限元方法计算了干燥过程升华界面的移动过程,计算结果证实了 Liapis 关于升华界面形状和界面移动过程的定性分析结果。虽然 Mascarenhas 的研究成果对冷冻干燥过程数学模型的实际应用推进了一大步,但对于冷冻干燥过程多维动力学模型,还需在数值算法和非线性边界条件处理等方面作更深入研究,才能使多维模型真正发挥其应有的作用。郑宗和提出冷冻干燥升华过程主要由传热控制和传质控制两阶段组成,认为升华过程是传热传质的逆过程。对于传热控制阶段,物料表面的温升规律近似为线性,干燥速率在开始阶段迅速减小,随后基本保持均匀,物料表面的温升速率随着干燥室真空度的增大而减小,干燥时间随着真空度增大而延长;对于传质控制阶段,干燥室内的真空度随时间呈锯齿形变化;干燥速率随真空度亦呈锯齿形变化。刘永忠等提出了动力学热质耦合冻干数学模型，可较准确地预测单一加热和混合加热方式升华干燥过程的干燥时间、升华界面温度和升华水汽通量，所需参数较少。Trelea 等研究了只考虑径向传热的小丸粒冻干过程一维数学模型。M. J. Pikal 等研究了瓶装物料冻干过程的非稳态数学模型，并通过有限元分析和一个现成的模块化软件包对理论模型进行了数值求解，以瓶装蔗糖溶液为试验样本进行试验验证，理论计算与实验结果吻合。A. Salvatore 建立了瓶装物料的一维冻干模型，在对模型进行适当简化的基础上，研究了模型的解析解。迄今为止，现有的冷冻干燥二维模型都是针对瓶装物料提出的，对于非瓶装物料的二维及二维以上冻干模型的研究还很少。

目前对冻干过程的研究还是实验多于理论，对冻干机理认识并不是很深入。众所周知，冻干过程是一个耗时长、能耗大的过程，在冻干过程中要想最大限度地提高冻干速率，降低冻干过程的能耗，优化出理想的冻干方法与工艺，不对冻干机理深入认识以准确反映冻干过程的数学模型为依据，是很难到达的。

果蔬物料是食品冻干加工中遇到的常见物料形式。目前所建立的果蔬物料冻干数学模型主要是一维模型，一维模型对于切片较薄的片形物料是适用的，但对于切片较厚的片形物料以及其他形状的物料就不能适用了。因此，以果蔬物料的冻干模型作为研究对象，建立一个通用的果蔬冻干数学模型，具有一定应用价值。

在这方面主要进行了如下研究。

① 物料冻结是冻干过程的一个重要组成部分，过去的研究重点主要放在升华解析过程，而对冻结过程缺乏足够的重视。这里将建立冻结过程的数学模型并给出求解方法，从而为冻结过程的控制提供理论依据。

② 针对果蔬物料建立一个通用的升华解析数学模型，在此基础上给出片形物料、球形物料、柱形物料和条形物料等常见物料的模型方程。

③ 对四种物料的升华解析模型分别进行系统的算法分析：对于片形物料和球形物料，由于其模型方程为一维抛物型前微分方程，求解格式采用预测校正法；对于柱形物料和条形物料，其模型方程为二维抛物型前微分方程，求解格式采用二循环对称算子分裂法。由于升华界面的复杂性，在具体求解时还需要对干燥区进行分块，再经自变量变换后，对每块区域分别进行求解。

④ 冻结模型以及升华解析模型的定解问题中都出现了边界条件的移动问题，它们都属于数学上的移动边界问题，又称为斯忒藩（Stefan）问题，本书介绍斯忒藩问题的相关理论以及常用的数值求解方法。

⑤ 对冻干时间和冻干速度的控制是目前冻干理论研究的主要课题，而这方面的理论又属于逆斯忒藩问题，也叫斯忒藩问题的反问题。这里将通过偏微分方程反问题的研究方法对冻干过程中冻干时间和冻干速度的控制问题进行初步的探讨。

⑥ 以茄子作为试验物料在真空冷冻干燥机上进行冻干实验，考察物料尺寸、加热板温度和冻干室压强对冻干过程的影响，测定相应的冻干曲线，以此对数学模型进行检验。

研究方法及技术路线如下。

① 基于傅里叶传热定律、热量守恒定律及高斯公式建立果蔬冻结过程的数学模型，给出模型方程的求解格式。

② 基于热量平衡原理、质量平衡原理和尘气模型理论建立果蔬升华解析过程的一般数学模型，给出 4 种常见加工形状物料各自的模型方程和定解条件。

③ 根据 4 种果蔬物料升华解析模型方程和定解条件的特点进行算法分析，给出相应的模型求解格式。

④ 针对片形和条形果蔬物料的模型方程进行数值求解，选取茄子作为试验样本进行试验验证，检验模型的优劣。

⑤ 基于吉洪诺夫正则化方法，对果蔬物料冻干过程中冻干时间和冻干速度的控制问题进行初步的探讨。

四、一般果蔬物料冻结模型的建立

果蔬物料冻结的最终温度以其共晶点为依据，物料的共晶点（或共晶温度）是指物料中的水分全部冻结时的温度。为保证物料完全冻结，预冻温度要低于物料的共晶点 5～10℃。若预冻温度过低，则会延长冻结时间，增加能耗和生产成本；若预冻温度高于共晶点，则不能保证物料中的水分完全冻结，物料内部水分将不能完全以冰的形式升华，导致物料在干燥过程中发生收缩和失形等问题。另外，未冻结的水分中所含溶质，在干燥过程中可能随内部水分向物料表面迁移，出现冻干制品表面硬化现象。

物料冻结又可分为 3 个阶段：第 1 阶段为单纯的降温过程，无相变发生，当物料表面温度降至水的结晶温度时，开始形成冰晶，认为第 1 阶段结束；第 2 阶段为结晶过程，完成相变，使物料内部水分几乎完全冻结；第 3 阶段为再降温过程，直至物料中心处温度降至物料共晶温度以下，可视为无相变发生。下面将根据热量守恒定律来建立物料冻结阶段的温度变化所满足的偏微分方程。为此需对物料作如下的基本假设：

① 物料内部各向同性，各物性参数均为常数；

② 忽略冻结过程中物体的传质现象；

③ 物料在冷冻过程中体积无明显变化；

④ 物料置于温度为 T^* 的低温环境中，物料的初始温度为 T_0，共晶温度为 $\tilde{T}$。

五、无相变降温阶段的模型及定解条件

1. 模型方程

建立空间直角坐标系，记 Ω 为物料所占据的空间区域，$\partial\Omega$ 为 Ω 的边界曲面。

令 $T_1(x,y,z,t)$ 为 t 时刻物料内部点 (x,y,z) 处的温度，ρ_1、c_1、k_1 分别表示物料未冻结时的密度、比热容和导热系数。

在物料内任取一块微元体 V，并用 ∂V 表示其边界曲面，ΔS 为 ∂V 上的任一面积微元，其单位外法向量为 $\boldsymbol{n}$，则根据傅里叶（Fourier）实验定律，在时间段 Δt 内流经 ΔS 的热量为

$$\Delta Q = -k_1 \frac{\partial T_1}{\partial \boldsymbol{n}} \Delta S \Delta t \tag{2.12}$$

则从 t_1 到 t_2 时间内通过边界 ∂V 流出的热量为

$$Q_1 = -\int_{t_1}^{t_2} \left(\iint_{\partial V} k_1 \frac{\partial T_1}{\partial \boldsymbol{n}} \mathrm{d}S \right) \mathrm{d}t \tag{2.13}$$

利用高斯（Gauss）公式

$$Q_1 = -\int_{t_1}^{t_2}\left(\iiint_V k_1 \Delta T_1 \, \mathrm{d}x\,\mathrm{d}y\,\mathrm{d}z\right)\mathrm{d}t \tag{2.14}$$

另外，t_1 到 t_2 时间内 V 中温度降低放出的热量为

$$Q_2 = \iiint_V c_1 \rho_1 [T_1(x,y,z,t_1) - T_1(x,y,z,t_2)]\mathrm{d}x\,\mathrm{d}y\,\mathrm{d}z$$

$$= -\iiint_V \int_{t_1}^{t_2} c_1 \rho_1 \frac{\partial T_1}{\partial t}\mathrm{d}t\,\mathrm{d}x\,\mathrm{d}y\,\mathrm{d}z \tag{2.15}$$

由热量守恒律得 $Q_1 = Q_2$，即

$$\int_{t_1}^{t_2}\left(\iiint_V k_1 \Delta T_1 \, \mathrm{d}x\,\mathrm{d}y\,\mathrm{d}z\right)\mathrm{d}t = \iiint_V \int_{t_1}^{t_2} c_1 \rho_2 \frac{\partial T_1}{\partial t}\mathrm{d}t\,\mathrm{d}x\,\mathrm{d}y\,\mathrm{d}z \tag{2.16}$$

由富比尼（Fubini）积分顺序交换定理及 t_1，t_2，V 的任意性，可得

$$\frac{\partial T_1}{\partial t} = a_1^2\left(\frac{\partial^2 T_1}{\partial x^2} + \frac{\partial^2 T_1}{\partial y^2} + \frac{\partial^2 T_1}{\partial z^2}\right),\ (x,y,z)\in\Omega \tag{2.17}$$

其中，$a_1^2 = \dfrac{k_1}{c_1\rho_1}$。

2. 定解条件

$$T_1\big|_{t=0} = T_0,\ (x,y,z)\in\Omega \tag{2.18}$$

$$k_1\frac{\partial T_1}{\partial \boldsymbol{n}} + \lambda T_1 = \lambda T^*,\ (x,y,z)\in\partial\Omega \tag{2.19}$$

式中，$\boldsymbol{n}$ 为边界曲面 $\partial\Omega$ 的单位外法向量；λ 为物料表面与低温环境的热交换系数。

六、冻结阶段的模型与定解条件

冻结过程中，物料内部从外向内逐渐生成冰晶，在物料内部形成固、液两相区域，如图 2.41 所示。在固相和液相区中，其传热机理是相同的，只是对应的物性参数有所不同。记 Γ 为冻结界面，Ω_1 为液相区，Ω_2 为固相区，t_1 为物料表面温度降至冻结温度所需的时间。

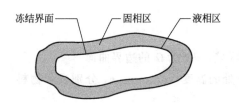

冻结界面　　固相区　　液相区

图 2.41 物料冻结过程的物理模型

1. 液相区温度变化所满足的热传导方程

记 $T_1(x,y,z,t')$ 为 t' 时刻物料液相区点 (x,y,z) 处的温度，则 $T_1(x,y,z,t')$ 满足：

$$\frac{\partial T_1}{\partial t'} = a_1^2\left(\frac{\partial^2 T_1}{\partial x^2} + \frac{\partial^2 T_1}{\partial y^2} + \frac{\partial^2 T_1}{\partial z^2}\right),\ (x,y,z)\in\Omega_1 \tag{2.20}$$

2. 固相区温度变化所满足的热传导方程

记 $T_2(x,y,z,t')$ 为在 t' 时刻物料固相区中点 (x,y,z) 处的温度，则 $T_2(x,y,z,t')$ 满足：

$$\frac{\partial T_2}{\partial t'} = a_2^2\left(\frac{\partial^2 T_2}{\partial x^2} + \frac{\partial^2 T_2}{\partial y^2} + \frac{\partial^2 T_2}{\partial z^2}\right),\ (x,y,z)\in\Omega_2 \tag{2.21}$$

式中，$a_2^2 = \dfrac{k_2}{c_2 \rho_2}$，$\rho_2$，$c_2$，$k_2$ 分别表示物料固相区的密度、比热容和导热系数。

3. 冻结界面温度变化所满足的微分方程

冻结界面是液相区和固相区的过渡区域，是水分开始凝固的场所。通常情况下，冻结界面很薄，认为冻结界面上不能积累能量，在任何时刻通过液相区和固相区传递到冻结界面处的热量都等于水分凝结所放出的热量。

从时刻 t' 至 $t' + \Delta t$，对冻结界面作热量衡算，可得

$$LC \frac{\mathrm{d}s(t')}{\mathrm{d}t'} = k_1 \frac{\partial T_1}{\partial \boldsymbol{n}} - k_2 \frac{\partial T_2}{\partial \boldsymbol{n}}, (x, y, z) \in \Gamma \tag{2.22}$$

式中，$\boldsymbol{n}$ 为冻结界面 Γ 的单位外法向量；L 为水的凝固潜热；C 为物料的含水率。

4. 定解条件

$$T_1 \big|_{t'=0} = T_2 \big|_{t'=0} = T_1(x, y, z, t_1), (x, y, z) \in \Omega \tag{2.23}$$

$$T_1 = T_2 = T^0, (x, y, z) \in \Gamma \tag{2.24}$$

$$k_2 \frac{\partial T_2}{\partial \boldsymbol{n}} + \lambda T_2 = \lambda T^*, (x, y, z) \in \partial \Omega \tag{2.25}$$

式中，T^0 为物料中水分的冻结温度。

七、再降温过程的模型方程与定解条件

物料全面冻结后，还继续降温直至物料各点处的温度均低于物料的共晶温度 $\widetilde{T}$，记 t_2 为物料冻结过程所需时间。此过程的模型方程与定解条件为

$$\frac{\partial T_2}{\partial t''} = a_2^2 \left(\frac{\partial^2 T_2}{\partial x^2} + \frac{\partial^2 T_2}{\partial y^2} + \frac{\partial^2 T_2}{\partial z^2} \right), (x, y, z) \in \Omega \tag{2.26}$$

$$T_2 \big|_{t''=0} = T_2(x, y, z, t_1 + t_2), (x, y, z) \in \Omega \tag{2.27}$$

$$k_2 \frac{\partial T_2}{\partial \boldsymbol{n}} + \lambda T_2 = \lambda T^*, (x, y, z) \in \partial \Omega \tag{2.28}$$

八、几种常见形状物料的冻结模型

下面通过第一节中一般物料的冻结模型，进行适当的简化，得出几种常见形状物料的冻结模型，并对它们进行数值求解。由于在无相变的降温过程中，这几类物料的模型方程和定解条件都比较简单，均可通过分离变量法求出物料内温度的精确分布，故下面只讨论有相变降温阶段的模型方程及其数值求解方法。

1. 片形物料的冻结模型

对于片形物料，由于侧面传热对物料内温度的影响较小，故可忽略侧面传热，这时模型方程简化为一维热传导方程。

设物料的厚度为 $2l$，根据上下两面的对称性，只考虑上半部分的冻结模型。记 $s(t)$ 为上冻结界面到上表面的距离。

（1）片形物料降温阶段的模型方程　降温阶段是指将物料放入冷冻箱开始直至物料表面

开始冻结为止。这一阶段为单纯降温，无相变发生，相应的模型为

$$\begin{cases} \dfrac{\partial T_1}{\partial t} = a_1^2 \dfrac{\partial^2 T_1}{\partial x^2} & (0 < x < l, t > 0) \\[2mm] T_1 \big|_{t=0} = T_0 & (0 \leqslant x \leqslant l) \\[2mm] \left(T_1 + \sigma \dfrac{\partial T_1}{\partial x} \right) \Big|_{x=0} = T^* & \\[2mm] \dfrac{\partial T_1}{\partial x} \Big|_{x=l} = 0 & (t \geqslant 0) \end{cases} \tag{2.29}$$

其中 $\sigma = \dfrac{k_1}{\lambda}$。

（2）片形物料冻结阶段的模型方程　　液相区：

$$\frac{\partial T_1}{\partial t'} = a_1^2 \frac{\partial^2 T_1}{\partial x^2} (s(t') < x < l, t' > 0) \tag{2.30}$$

冻结界面：

$$LC \frac{\mathrm{d}s(t')}{\mathrm{d}t'} = k_1 \frac{\partial T_1}{\partial x} - k_2 \frac{\partial T_2}{\partial x} (x = s(t')) \tag{2.31}$$

固相区：

$$\frac{\partial T_2}{\partial t'} = a_1^2 \frac{\partial^2 T_2}{\partial x^2} (0 < x < s(t'), t' > 0) \tag{2.32}$$

定解条件：

$$T_1 \big|_{t'=0} = T_2 \big|_{t'=0} = T_1(x, t_1) \tag{2.33}$$

$$T_1 \big|_{x=s(t')} = T_2 \big|_{x=s(t')} = T_0 \tag{2.34}$$

$$\left(k_2 \frac{\partial T_2}{\partial x} + \lambda T_2 \right) \Big|_{x=0} = \lambda T^* \tag{2.35}$$

$$\frac{\partial T_1}{\partial x} \Big|_{x=l} = 0 \tag{2.36}$$

（3）片形物料冻结后再降温阶段的模型方程

$$\begin{cases} \dfrac{\partial T_2}{\partial t''} = a_1^2 \dfrac{\partial^2 T_2}{\partial x^2} & (0 < x < l, t'' > 0) \\[2mm] T_2 \big|_{t''=0} = T_2(x, t_2) & (0 \leqslant x \leqslant l) \\[2mm] \left(T_2 + \sigma \dfrac{\partial T_2}{\partial x} \right) \Big|_{x=0} = T^* & \\[2mm] \dfrac{\partial T_2}{\partial x} \Big|_{x=l} = 0 & (t'' \geqslant 0) \end{cases} \tag{2.37}$$

2. 球形物料的冻结模型

冻干加工中的许多物料都可看作球体或近似球体，我们将这类物料称为球形物料，在物

料内各向同性的假定下，球形物料内的温度分布是球对称的，即在距离球心相等的球面上温度分布相同。

记 R 为球形物料半径，$s(t)$ 为物料中心到冻结界面的距离，如图 2.42 所示。

(1) 球形物料降温阶段的模型方程　由于研究对象看作球体，故采用球面坐标 (r,θ,φ) 来表示方程及相应的边界条件，直角坐标 (x,y,z) 与球面坐标 (r,θ,φ) 的关系为

$$\begin{cases} x=r\sin\varphi\cos\theta \\ y=r\sin\varphi\sin\theta \\ z=r\cos\varphi \end{cases} \tag{2.38}$$

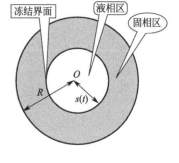

图 2.42　球形物料（剖面图）
冻结过程物理模型

方程(2.38)在球面坐标系中可表示为

$$\frac{\partial T_1}{\partial t}=a_1^2\left[\frac{1}{r^2}\frac{\partial}{\partial r}\left(r^2\frac{\partial T_1}{\partial r}\right)+\frac{1}{r^2\sin\theta}\frac{\partial}{\partial\theta}\left(\sin\theta\frac{\partial T_1}{\partial\theta}\right)+\frac{1}{r^2\sin^2\theta}\frac{\partial^2 T_1}{\partial\varphi^2}\right] \tag{2.39}$$

根据假设条件，物料内温度分布是球对称的，即 $T_1=T_1(r,t)$，这样在球面坐标系下，物料降温过程温度 T_1 所满足的模型方程为

$$\begin{cases} \dfrac{\partial T_1}{\partial t}=a_1^2\left(\dfrac{2}{r}\dfrac{\partial T_1}{\partial r}+\dfrac{\partial^2 T_1}{\partial r^2}\right) & (0<r<R,t>0) \\[2mm] T_1(r,0)=T_0 & (0\leqslant r\leqslant R) \\[2mm] \left(k_1\dfrac{\partial T_1}{\partial r}+\lambda T_1\right)\Big|_{r=R}=\lambda T^* & (t>0) \\[2mm] \dfrac{\partial T_1}{\partial r}\Big|_{r=0}=0 & (t>0) \end{cases} \tag{2.40}$$

(2) 球形物料的冻结模型　液相区模型方程：

$$\frac{\partial T_1}{\partial t'}=a_1^2\left(\frac{2}{r}\frac{\partial T_1}{\partial r}+\frac{\partial^2 T_1}{\partial r^2}\right)(0<r<s(t'),t'>0) \tag{2.41}$$

固相区模型方程：

$$\frac{\partial T_2}{\partial t'}=a_2^2\left(\frac{2}{r}\frac{\partial T_2}{\partial r}+\frac{\partial^2 T_2}{\partial r^2}\right)(s(t')<r<R,t'>0) \tag{2.42}$$

冻结界面模型方程：

$$LC\frac{\mathrm{d}s(t')}{\mathrm{d}t'}=k_1\frac{\partial T_1}{\partial r}-k_2\frac{\partial T_2}{\partial r}(r=s(t')) \tag{2.43}$$

定解条件：
初始条件为

$$T_1\big|_{t'=0}=T_2\big|_{t'=0}=T_0 \tag{2.44}$$

边界条件为

$$\begin{cases} k_2\dfrac{\partial T_2}{\partial r}+\lambda T_2=\lambda T^* & (r=R) \\[2mm] T_1=T_2=T^0 & (r=s(t')) \\[2mm] \dfrac{\partial T_1}{\partial r}=0 & (r=0) \end{cases} \tag{2.45}$$

（3）球形物料冻结后再降温阶段的模型方程

$$
\begin{cases}
\dfrac{\partial T_2}{\partial t''}=a_2^2\left(\dfrac{2}{r}\dfrac{\partial T_2}{\partial r}+\dfrac{\partial^2 T_2}{\partial r^2}\right) & (0<r<R,t''>0)\\[3mm]
T_2(r,0)=T_2(r,t_2) & (0\leqslant r\leqslant R)\\[3mm]
\left(k_2\dfrac{\partial T_2}{\partial r}+\lambda T_2\right)\bigg|_{r=R}=\lambda T^* & (t''>0)\\[3mm]
\dfrac{\partial T_2}{\partial r}\bigg|_{r=0}=0 & (t''>0)
\end{cases}
\tag{2.46}
$$

3. 柱形物料的冻结模型

柱形物料在冷冻过程中轴向和径向同时进行传热，故其模型方程在轴对称的情况下为二维模型。

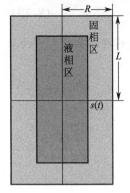

图 2.43 柱形物料（剖面图）冻结过程物理模型

记 R 为圆柱体底半径，L 为柱体中心距底面的距离（即柱体高度的一半），$s(t)$ 为冻结层厚度，如图 2.43 所示。

（1）柱形物料降温阶段的模型方程　由于研究对象看作球体，故采用柱面坐标 (r,θ,z) 来表示方程及相应的边界条件，直角坐标 (x,y,z) 与球面坐标 (r,θ,z) 的关系为

$$
\begin{cases}
x=r\cos\theta\\
y=r\sin\theta\\
z=z
\end{cases}
\tag{2.47}
$$

方程(2.47) 在柱面坐标系中可表示为

$$
\frac{\partial T_1}{\partial t}=a_1^2\left(\frac{\partial^2 T_1}{\partial r^2}+\frac{1}{r}\frac{\partial T_1}{\partial r}+\frac{\partial^2 T_1}{\partial z^2}+\frac{1}{r^2}\frac{\partial^2 T_1}{\partial \theta^2}\right)
\tag{2.48}
$$

假设物料内温度分布是球对称的，即 $T_1=T_1(r,z,t)$，这样在球面坐标系下，物料降温过程温度 T_1 所满足的模型方程为

$$
\begin{cases}
\dfrac{\partial T_1}{\partial t}=a_1^2\left(\dfrac{\partial^2 T_1}{\partial r^2}+\dfrac{1}{r}\dfrac{\partial T_1}{\partial r}+\dfrac{\partial^2 T_1}{\partial z^2}\right) & (0<r<R,0<z<L,t>0)\\[3mm]
T_1|_{t=0}=T_0 & (0\leqslant r\leqslant R,0\leqslant z\leqslant L)\\[3mm]
\left(k_1\dfrac{\partial T_1}{\partial r}+\lambda T_1\right)\bigg|_{r=R}=\lambda T^* & (0\leqslant z\leqslant L,t>0)\\[3mm]
\left(k_1\dfrac{\partial T_1}{\partial z}+\lambda T_1\right)\bigg|_{z=L}=\lambda T^* & (0\leqslant r\leqslant R,t>0)\\[3mm]
\dfrac{\partial T_1}{\partial r}\bigg|_{r=0}=0 & (0\leqslant z\leqslant L,t>0)\\[3mm]
\dfrac{\partial T_1}{\partial z}\bigg|_{z=0}=0 & (0\leqslant r\leqslant R,t>0)
\end{cases}
\tag{2.49}
$$

（2）柱形物料冻结阶段的模型方程　液相区模型方程：

$$
\frac{\partial T_1}{\partial t'}=a_1^2\left(\frac{1}{r}\frac{\partial T_1}{\partial r}+\frac{\partial^2 T_1}{\partial r^2}+\frac{\partial^2 T_1}{\partial z^2}\right)
$$
$$
(0<r<L-s(t'),0<r<R-s(t'),t'>0)
\tag{2.50}
$$

固相区模型方程:

$$\frac{\partial T_2}{\partial t'}=a_2^2\left(\frac{1}{r}\frac{\partial T_2}{\partial r}+\frac{\partial^2 T_2}{\partial r^2}+\frac{\partial^2 T_2}{\partial z^2}\right)$$

$(0<r<R,L-s(t')<z<L,t'>0;R-s(t')<r<R,0<z<L-s(t'),t'>0)$ (2.51)

冻结界面的模型方程:

$$LC\frac{\mathrm{d}s(t')}{\mathrm{d}t'}=k_1\frac{\partial T_1}{\partial r}-k_2\frac{\partial T_2}{\partial r}(r=R-s(t'))$$ (2.52)

$$LC\frac{\mathrm{d}s(t')}{\mathrm{d}t'}=k_1\frac{\partial T_1}{\partial z}-k_2\frac{\partial T_2}{\partial z}(z=L-s(t'))$$ (2.53)

定解条件:

初始条件为

$$T_1\big|_{t'=0}=T_2\big|_{t'=0}=T(r,z,t_1)$$ (2.54)

边界条件为

$$\begin{cases} k_2\dfrac{\partial T_2}{\partial r}+\lambda T_2=\lambda T^* & (r=R) \\[2mm] k_2\dfrac{\partial T_2}{\partial z}+\lambda T_2=\lambda T^* & (z=L) \\[2mm] T_1=T_2=T^0 & (r=s(t')) \\[2mm] \dfrac{\partial T_1}{\partial r}=0 & (r=0) \\[2mm] \dfrac{\partial T_1}{\partial z}=0 & (z=0) \end{cases}$$ (2.55)

(3) 柱形物料冻结后再降温阶段的模型方程

$$\begin{cases} \dfrac{\partial T_1}{\partial t''}=a_1^2\left(\dfrac{\partial^2 T_1}{\partial r^2}+\dfrac{1}{r}\dfrac{\partial T_1}{\partial r}+\dfrac{\partial^2 T_1}{\partial z^2}\right) & (0<r<R,0<z<L,t''>0) \\[3mm] T_1\big|_{t=0}=T_1(r,z,t_1+t_2) & (0\leqslant r\leqslant R,0\leqslant z\leqslant L) \\[3mm] \left(k_1\dfrac{\partial T_1}{\partial r}+\lambda T_1\right)\Big|_{r=R}=\lambda T^* & (0\leqslant z\leqslant L,t''>0) \\[3mm] \left(k_1\dfrac{\partial T_1}{\partial z}+\lambda T_1\right)\Big|_{z=L}=\lambda T^* & (0\leqslant r\leqslant R,t''>0) \\[3mm] \dfrac{\partial T_1}{\partial r}\Big|_{r=0}=0 & (0\leqslant z\leqslant L,t''>0) \\[3mm] \dfrac{\partial T_1}{\partial z}\Big|_{z=0}=0 & (0\leqslant r\leqslant R,t''>0) \end{cases}$$ (2.56)

4. 条形物料的冻结模型

条形物料是指经过切片加工的细长的长方体形物料,底面面积较侧面面积要小得多,通常可忽略通过底面的传热,故条形物料的冻结模型也可简化为二维模型。

记 L 为中心轴到侧面的距离(截面边长的一半),即 $s(t)$ 中心轴到冻结界面的距离,如图 2.44 所示。

（1）条形物料降温阶段模型方程及定解条件

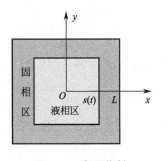

图 2.44 条形物料
（剖面图）冻结
过程物理模型

$$
\begin{cases}
\dfrac{\partial T_1}{\partial t} = a_1^2\left(\dfrac{\partial^2 T_1}{\partial x^2} + \dfrac{\partial^2 T_1}{\partial y^2}\right) & (0<x<L,0<y<L,t>0)\\[2mm]
T_1\big|_{t=0} = T_0 & (0\leq x\leq L,0\leq y\leq L)\\[2mm]
\left(\lambda T_1 + k_1\dfrac{\partial T_1}{\partial x}\right)\Big|_{x=0} = \lambda T^* & (0\leq y\leq L,t>0)\\[2mm]
\left(\lambda T_1 + k_1\dfrac{\partial T_1}{\partial y}\right)\Big|_{y=0} = \lambda T^* & (0\leq x\leq L,t>0)\\[2mm]
\dfrac{\partial T_1}{\partial x}\Big|_{x=L} = 0 & (0\leq y\leq L,t>0)\\[2mm]
\dfrac{\partial T_1}{\partial y}\Big|_{y=L} = 0 & (0\leq x\leq L,t>0)
\end{cases}
$$

(2.57)

（2）条形物料冻结阶段的模型方程　液相区的模型方程：

$$
\frac{\partial T_1}{\partial t'} = a_1^2\left(\frac{\partial^2 T_1}{\partial x^2} + \frac{\partial^2 T_1}{\partial y^2}\right)(0<x<s(t'),0<y<s(t'),t'>0)
$$

(2.58)

冻结界面的模型方程：

$$
LC\frac{\mathrm{d}s(t')}{\mathrm{d}t'} = k_1\frac{\partial T_1}{\partial x} - k_2\frac{\partial T_2}{\partial x}(x=s(t'))
$$

(2.59)

$$
LC\frac{\mathrm{d}s(t')}{\mathrm{d}t'} = k_1\frac{\partial T_1}{\partial y} - k_2\frac{\partial T_2}{\partial y}(y=s(t'))
$$

(2.60)

固相区的模型方程：

$$
\frac{\partial T_2}{\partial t'} = a_1^2\left(\frac{\partial^2 T_2}{\partial x^2} + \frac{\partial^2 T_2}{\partial y^2}\right)
$$

$$
(0<x<L,s(t')<y<L;0<x<s(t'),s(t')<x<L;t'>0)
$$

(2.61)

定解条件：

$$
T_1\big|_{t'=0} = T_2\big|_{t'=0} = T_1(x,y,t_1)
$$

(2.62)

$$
T_1\big|_{x=s(t')} = T_2\big|_{x=s(t')} = T^0
$$

(2.63)

$$
\left(k_2\frac{\partial T_2}{\partial x} + \lambda T_2\right)\Big|_{x=L} = \lambda T^*
$$

(2.64)

$$
\left(k_2\frac{\partial T_2}{\partial y} + \lambda T_2\right)\Big|_{y=L} = \lambda T^*
$$

(2.65)

$$
\frac{\partial T_1}{\partial x}\Big|_{x=L} = 0
$$

(2.66)

$$
\frac{\partial T_1}{\partial y}\Big|_{x=L} = 0
$$

(2.67)

（3）条形物料冻结后再降温阶段的模型方程及定解条件

$$
\begin{cases}
\dfrac{\partial T_2}{\partial t''} = a_2^2\left(\dfrac{\partial^2 T_2}{\partial x^2} + \dfrac{\partial^2 T_2}{\partial y^2}\right) & (0<x<L,\,0<y<L,\,t''>0)\\[2mm]
T_2\big|_{t''=0} - T_2(x,y,t_1+t_2) & (0\leqslant x\leqslant L,\,0\leqslant y\leqslant L)\\[2mm]
\left(\lambda T_2 + k_2\dfrac{\partial T_2}{\partial x}\right)\bigg|_{x=0} = \lambda T^* & (0\leqslant y\leqslant L,\,t''>0)\\[2mm]
\left(\lambda T_2 + k_2\dfrac{\partial T_2}{\partial y}\right)\bigg|_{y=0} = \lambda T^* & (0\leqslant x\leqslant L,\,t''>0)\\[2mm]
\dfrac{\partial T_2}{\partial x}\bigg|_{x=L} = 0 & (0\leqslant y\leqslant L,\,t''>0)\\[2mm]
\dfrac{\partial T_2}{\partial y}\bigg|_{y=L} = 0 & (0\leqslant x\leqslant L,\,t''>0)
\end{cases}
\tag{2.68}
$$

九、冻结模型的求解

前面建立了一般固形物料的冻结模型，又进一步具体给出了三种常见物料的冻结模型，即片形物料、球形物料和柱形物料的冻结模型。对于这三种物料，在无相变的降温阶段，其模型方程均可采用分离变量法求出其精确解。而在有相变的冻结阶段，由于存在移动的边界条件，属于移动边界问题也叫 Stefan 问题，其模型方程的精确解都无法求出，只能采用数值方法求近似解，这时须通过变量代换将移动的边界固化，使之成为具有固定边界条件的模型方程，但由此付出的代价是使模型方程变得更加复杂，原来相对简单的线性偏微分方程变成了复杂的非线性偏微分方程。对于片形物料的模型方程经边界固化后，可采用精度较高的 Crank-Nicolson 格式，这是一个二阶精度格式；球形物料的冻结模型方程可采用向后差分格式，这是一种时间一阶精度、空间二阶精度的两层格式，离散后的差分方程较为简单，运算量较小，也可采用运算量较大但精度较高的预测校正格式；柱形物料的冻结模型属于二维模型，其数值求解过程需采用交替方向隐格式或算子分裂格式。下面详细给出球形物料冻结模型的求解过程。

1. 球形物料无相变降温阶段模型的求解

物料降温阶段温度变化所满足的定解问题：

$$
\begin{cases}
\dfrac{\partial T_1}{\partial t} = a_1^2\left(\dfrac{2}{r}\times\dfrac{\partial T_1}{\partial r} + \dfrac{\partial^2 T_1}{\partial r^2}\right) & (0<r<R,\,t>0)\\[2mm]
T_1(r,0) = T_0 & (0\leqslant r\leqslant R)\\[2mm]
\left(k_1\dfrac{\partial T_1}{\partial r} + \lambda T_1\right)\bigg|_{r=R} = \lambda T^* & (t>0)\\[2mm]
\dfrac{\partial T_1}{\partial r}\bigg|_{r=0} = 0 & (t>0)
\end{cases}
\tag{2.69}
$$

令 $u(r,t) = r(T_1 - T^*)$，则上述定解问题转化为

$$\begin{cases} \dfrac{\partial u}{\partial t}=a_1^2\dfrac{\partial^2 u}{\partial r^2}(0<r<R) \\ u\mid_{t=0}=r(T_0-T^*) \\ u\mid_{r=0}=0 \\ \left(\dfrac{\partial u}{\partial r}+\beta u\right)\mid_{r=R}=0 \end{cases} \tag{2.70}$$

其中，$\beta=\dfrac{\lambda}{k_1}-\dfrac{1}{R}$

令：$u(r,t)=T(t)\Phi(r)$，代入方程可得

$$T'\Phi=a_1^2T\Phi'',\ 即\frac{T'}{a_1^2T}=\frac{\Phi''}{\Phi}=-\mu \tag{2.71}$$

由此可得

$$\begin{cases} T'+a_1^2\mu T=0 \\ \Phi''+\mu\Phi=0 \end{cases} \tag{2.72}$$

由边界条件可得

$$\Phi(0)=0,\Phi'(R)+\beta\Phi(R)=0 \tag{2.73}$$

解特征值问题

$$\begin{cases} \Phi''+\mu\Phi=0 \\ \Phi(0)=0 \\ \Phi'(R)+\beta\Phi(R)=0 \end{cases} \tag{2.74}$$

可得其特征值为 γ_n^2，特征函数为

$$\sin(\gamma_n r)(n=1,2,3,\cdots)$$

其中 γ_n 为方程 $x\cot(Rx)=-\beta$ 的第 n 个正根。

当 $\gamma=\gamma_n$ 时，记 $T=T_n$，则由 $T_n'+a_1^2\gamma_n^2T_n=0$，可得

$$T_n=D_n\mathrm{e}^{-a_1^2\gamma_n^2 t} \tag{2.75}$$

这样，

$$u(r,t)=\sum_{n=1}^{\infty}D_n\exp\{-a_1^2\gamma_n^2 t\}\sin(\gamma_n r) \tag{2.76}$$

由初始条件可得

$$r(T_0-T^*)=\sum_{n=1}^{\infty}D_n\sin(\gamma_n r) \tag{2.77}$$

其中，

$$D_n=\frac{\int_0^R r(T_0-T^*)\sin(\gamma_n r)\mathrm{d}r}{\int_0^R \sin^2(\gamma_n r)\mathrm{d}r}=\frac{2(T_0-T^*)(1+R\beta)\sqrt{\gamma_n^2+\beta^2}}{\gamma_n[\beta+R(\gamma_n^2+\beta^2)]} \tag{2.78}$$

记 $\overline{t_0}$ 为物料表面达到水的结晶温度所用时间，则

$$T^0=T^*+\frac{1}{R}\sum_{n=1}^{\infty}D_n\exp\{-a_1^2\gamma_n^2\overline{t_0}\}\cdot\sin(\gamma_n R) \tag{2.79}$$

式中所含级数的收敛速度很快，在工程上取其第一项即可达到精度要求，即

$$T^0 \approx T^* + \frac{D_1 \exp\{-a_1^2 \gamma_1^2 \bar{t}_0\} \cdot \sin(\gamma_1 R)}{R} \tag{2.80}$$

从而

$$\bar{t}_0 \approx -\frac{1}{a_1^2 \gamma_1^2} \ln \frac{(T^0 - T^*)R}{D_1 \sin(\gamma_1 R)} \tag{2.81}$$

在 $\bar{t}_0$ 时刻物料内的温度分布为

$$T_1(r, \bar{t}_0) = T^* + \frac{1}{r} \sum_{n=1}^{\infty} D_n \exp\{-a_1^2 \gamma_n^2 \bar{t}_0\} \sin(\gamma_n r)$$

$$\approx T^* + \frac{D_1 \exp\{-a_1^2 \gamma_1^2 \bar{t}_0\} \sin(\gamma_1 r)}{r}$$

$$\approx T^* + D_1 \left(\gamma_1 - \frac{\gamma_1^3 r^2}{6} \right) \exp\{-a_1^2 \gamma_1^2 \bar{t}_0\} \tag{2.82}$$

记

$$\varphi(r) = T_1(r, \bar{t}_0) = A - B r^2 \tag{2.83}$$

其中，$A = T^* + D_1 \gamma_1 \exp\{-a_1^2 \gamma_1^2 \bar{t}_0\}$，$B = \dfrac{D_1 \gamma_1^3}{6} \exp\{-a_1^2 \gamma_1^2 \bar{t}_0\}$

2. 球形物料冻结过程模型的求解

（1）移动界面的固化　首先引入 2 个无量纲变量将移动界面固定：

令 $\xi = \dfrac{r}{s(t)}$，$0 < r < s(t)$，$\eta = \dfrac{r-R}{s(t)-R}$，$s(t) < r < R$

在此变换下，模型方程中出现的偏导数相应地变为

$$\left(\frac{\partial T_1}{\partial t} \right)_{t,r} = \left(\frac{\partial T_1}{\partial t} \right)_{t,\xi} - \frac{\xi S'(t)}{s(t)} \left(\frac{\partial T_1}{\partial \xi} \right)_{t,\xi} \tag{2.84}$$

$$\left(\frac{\partial T_1}{\partial r} \right)_{t,r} = \frac{1}{s(t)} \left(\frac{\partial T_1}{\partial \xi} \right)_{t,\xi} \tag{2.85}$$

$$\left(\frac{\partial^2 T_1}{\partial r^2} \right)_{t,r} = \frac{1}{s^2(t)} \left(\frac{\partial^2 T_1}{\partial \xi^2} \right)_{t,\xi} \tag{2.86}$$

$$\left(\frac{\partial T_1}{\partial t} \right)_{t,r} = \left(\frac{\partial T_1}{\partial t} \right)_{t,\xi} - \frac{\xi s'(t)}{s(t)} \left(\frac{\partial T_1}{\partial \xi} \right)_{t,\xi} \tag{2.87}$$

$$\left(\frac{\partial T_2}{\partial t} \right)_{t,r} = \left(\frac{\partial T_2}{\partial t} \right)_{t,\eta} + \frac{\eta S'(s)}{R-s(t)} \left(\frac{\partial T_1}{\partial \eta} \right)_{t,\eta} \tag{2.88}$$

$$\left(\frac{\partial T_2}{\partial r} \right)_{t,r} = \frac{1}{s(t)-R} \left(\frac{\partial T_2}{\partial \eta} \right)_{t,\eta} \tag{2.89}$$

$$\left(\frac{\partial^2 T_2}{\partial r^2} \right)_{t,r} = \frac{1}{[s(t)-R]^2} \left(\frac{\partial^2 T_2}{\partial \eta^2} \right)_{t,\eta} \tag{2.90}$$

$$\left(\frac{\partial T_2}{\partial t} \right)_{t,r} = \left(\frac{\partial T_2}{\partial t} \right)_{t,\eta} - \frac{\mu s'(t)}{s(t)-R} \left(\frac{\partial T_2}{\partial \eta} \right)_{t,\eta} \tag{2.91}$$

这样，液相区和固相区温度变化所满足的微分方程可化为

$$\frac{\partial T_1}{\partial t} = \frac{a_1^2}{s^2(t)} \left(\frac{\partial^2 T_1}{\partial \xi^2} + \frac{2}{\xi} \times \frac{\partial T_1}{\partial \xi} \right) + \frac{\zeta s'(t)}{s(t)} \times \frac{\partial T_1}{\partial \xi} (0 < \xi < 1, t > 0) \tag{2.92}$$

$$\frac{\partial T_2}{\partial t} = \frac{a_2^2}{(s(t)-R)^2} \left[\frac{\frac{\eta s'(t)}{s(t)-R} \times \frac{\partial T_2}{\partial \eta} (0<\eta<1, t>0)}{\partial \eta^2} + \frac{2}{\eta + \frac{R}{s(t)-R}} \times \frac{\partial T_2}{\partial \eta} \right] \tag{2.93}$$

冻结界面方程和边界条件转化为

$$LC \frac{\mathrm{d}s(t)}{\mathrm{d}t} = \frac{k_1}{s(t)} \times \frac{\partial T_1}{\partial \xi} - \frac{k_2}{s(t)-R} \times \frac{\partial T_2}{\partial \eta} (\xi=1, \eta=1, t>0) \tag{2.94}$$

$$\frac{k_2}{s(t)-R} \times \frac{\partial T_2}{\partial \eta} + \lambda T_2 = \lambda T^* (\eta=0) \tag{2.95}$$

$$\frac{\partial T_1}{\partial \xi} = 0 (\xi=0) \tag{2.96}$$

$$T_1 = T_2 = T^0 (\xi=1, \eta=1) \tag{2.97}$$

（2）微分方程的离散化　对上述方程采用具有无条件稳定的向后 Euler 格式进行求解：

在固、液两相区，取空间步长均为 $h = \frac{1}{m}$（m 为正整数），时间步长为 τ 进行网格剖分，结点为 (ξ_i, t_k)（液相区）或 (η_i, t_k)（固相区），其中 $\xi_i = ih$，$\eta_i = ih$，$t_k = k\tau$。

先在结点 (ξ_i, t_k) 处考虑方程（2.92）：

$$\frac{\partial T_1}{\partial t}(\xi_i, t_k) = \frac{a_1^2}{s^2(t_k)} \left[\frac{\partial^2 T_1}{\partial \xi^2}(\xi_i, t_k) + \frac{2}{\xi_i} \times \frac{\partial T_1}{\partial \xi}(\xi_i, t_k) \right] + \frac{\xi_i s'(t_k)}{s(t_k)} \times \frac{\partial T_1}{\partial \xi}(\xi_i, t_k) \tag{2.98}$$

记 $T_1(\xi_i, t_k) = u_i^k$，则由泰勒（Taylor）公式可得

$$\frac{\partial T_1}{\partial t}(\xi_i, t_k) = D_{\bar{t}} u_i^k + \frac{\tau}{2} \times \frac{\partial T_1}{\partial t^2}(\xi_i, t_k - \theta\tau)(0<\theta<1) \tag{2.99}$$

$$\frac{\partial T_1}{\partial \xi}(\xi_i, t_k) = \frac{1}{2}(D_{\bar{\xi}} u_i^k + D_{\xi} u_i^k) - \frac{h}{6} \times \frac{\partial^3 T_1}{\partial \xi^3}(\xi_{ik}, t_k)(\xi_{i-1}<\xi_{ik}<\xi_{i+1}) \tag{2.100}$$

$$\frac{\partial^2 T_1}{\partial \xi^2}(\xi_i, t_k) = \delta_{\xi}^2 u_i^k - \frac{h^2}{12} \times \frac{\partial^4 T_1}{\partial \xi^4}(\xi'_{ik}, t_k)(\xi_{i-1}<\xi'_{ik}<\xi_{i+1}) \tag{2.101}$$

$$s'(t_k) = D_{\bar{t}} s(t_k) + \frac{\tau}{2} s''(t'_k)(t_{k-i}<t'_k<t_k) \tag{2.102}$$

将式（2.99）～式（2.102）代入式（2.98）中，并舍去无穷小量项，可得如下差分格式：

$$D_{\bar{t}} v_i^k = \frac{a_1^2}{s^2(t_k)} \left[\delta_{\xi}^2 u_i^k + \frac{1}{\xi}(D_{\xi} u_i^k + D_{\bar{\xi}} u_i^k) \right] - \frac{\xi_i D_{\bar{t}} s(t_k)}{2s(t_k)}(D_{\xi} u_i^k + D_{\bar{\xi}} u_i^k)$$

$$(i=1,2,3,\cdots,m-1) \tag{2.103}$$

在结点 (η_i, t_k) 处考虑方程（2.93），并记 $T_2(\eta_i, t_k) = v_i^k$，可得方程（2.93）差分格式：

$$D_{\bar{t}} v_i^k = \frac{\eta_i D_{\bar{t}} s(t_k)}{2[s(t_k)-R]}(D_{\eta} v_i^k + D_{\bar{\eta}} v_i^k) +$$

$$\frac{a_2^2}{[s(t_k)-R]^2} \left[\delta_{\eta}^2 v_i^k + \frac{1}{\eta_i + \frac{R}{s(t_k)-R}}(D_{\eta} v_i^k + D_{\bar{\eta}} v_i^k) \right]$$

$$(i=1,2,3,\cdots,m-1) \tag{2.104}$$

依次将式(2.104)~式(2.107)离散化后可得

$$s(t_{k+1})=s(t_k)+\frac{\tau}{L_{sh}Ch}\left[k_2\,\frac{T^0-v_{m-1}^k}{s(t_k)-R}-k_1\,\frac{T^0-u_{m-1}^k}{s(t_k)}\right] \tag{2.105}$$

$$\left(1+\frac{2a_2^2\tau}{h^2[s(t_k)-R]^2}+\frac{2a_2^2\tau\lambda}{k_2}\left\{\frac{1}{R}-\frac{1}{h[s(t_k)-R]}\right\}\right)v_0^k-\frac{2a_2^2\tau}{h^2[s(t_k)-R]^2}v_1^k$$

$$=v_0^{k-1}+\frac{2a_2^2\tau\lambda}{k_2}\left\{\frac{1}{R}-\frac{1}{h[s(t_k)-R]}\right\}T^* \tag{2.106}$$

$$\left[1+\frac{6a_1^2\tau}{h^2s^2(t_k)}\right]u_0^k-\frac{6a_1^2\tau}{h^2s^2(t_k)}u_1^k=u_0^{k-1} \tag{2.107}$$

$$u_m^k=v_m^k=T^0 \tag{2.108}$$

将关于 u_i^k 和 $v_i^k (i=0,1,2,\cdots,m)$ 的差分方程表示成矩阵形式，可得：

$$\begin{bmatrix}3b_k-2 & 3-b_k \\ a_{1k} & b_k & c_{1k} \\ & a_{2k} & b_k & c_{2k} \\ & & \ddots & \ddots & \ddots \\ & & & a_{m-2,k} & b_k & c_{m-2,k} \\ & & & & a_{m-1,k} & b_k\end{bmatrix}\begin{bmatrix}u_0^k \\ u_1^k \\ u_2^k \\ \vdots \\ u_{m=2}^k \\ u_{m-1}^k\end{bmatrix}=\begin{bmatrix}u_0^{k-1} \\ u_1^{k-1} \\ u_2^{k-1} \\ \vdots \\ u_{m=2}^{k-1} \\ u_{m-1}^{k-1}-c_{m-1,k}T^0\end{bmatrix} \tag{2.109}$$

$$\begin{bmatrix}b_k'+d_k & 1-3b_k' \\ a_{1k}' & b_k' & c_{1k}' \\ & a_{2k}' & b_k' & c_{2k}' \\ & & \ddots & \ddots & \ddots \\ & & & a_{m-2,k}' & b_k' & c_{m-2,k}' \\ & & & & a_{m-1,k}' & b_k'\end{bmatrix}\begin{bmatrix}v_0^k \\ v_1^k \\ v_2^k \\ \vdots \\ v_{m=2}^k \\ v_{m-1}^k\end{bmatrix}=\begin{bmatrix}v_0^{k-1}+d_kT^* \\ v_1^{k-1} \\ v_2^{k-1} \\ \vdots \\ v_{m=2}^{k-1} \\ v_{m-1}^{k-1}-c_{m-1,k}'T^0\end{bmatrix} \tag{2.110}$$

其中，$a_{ik}=-\frac{\tau a_1^2}{h^2s^2(t_k)}\left(1-\frac{1}{i}\right)+\frac{i[s(t_{k-1})-s(t_k)]}{2s(t_k)}$

$$b_k=1+\frac{2\tau a_1^2}{h^2s^2(t_k)}$$

$$c_{ik}=-\frac{\tau a_1^2}{h^2s^2(t_k)}\left(1+\frac{1}{i}\right)-\frac{i[s(t_{k-1})-s(t_k)]}{2s(t_k)}$$

$$a_{ik}'=-\frac{\tau a_2^2}{h^2[s(t_k)-R]^2}+\frac{\tau a_2^2}{h\{ih[s(t_k)-R]^2+R[s(t_k)-R]\}}+\frac{i[s(t_{k-1})-s(t_k)]}{2[R-s(t_k)]}$$

$$b_k'=1+\frac{2\tau a_2^2}{h^2[s(t_k)-R]^2}$$

$$c'_{ik} = -\frac{\tau a_2^2}{h^2[s(t_k)-R]^2} - \frac{\tau a_2^2}{h\{ih[s(t_k)-R]^2+R[s(t_k)-R]\}} - \frac{i[s(t_{k-1})-s(t_k)]}{2[R-s(t_k)]}$$

$$d_k = \frac{2\tau a_1^2\lambda}{k_2}\left\{\frac{1}{R}+\frac{1}{h[R-s(t_k)]}\right\}$$

（3）对离散后的差分方程采用 MATLAB 7.1 程序进行数值求解　算法如下：

① 取 $s(t_0)=R$，$s(t_1)=R-\delta_1$，

$u_i^0 = A-B(ih)^2(R-\delta_1)^2 (i=0,1,2,\cdots,m-1)$，

$v_i^0 = A-B(R-ih\delta_1)^2 (i=0,1,2,\cdots,m-1)$，

由式（2.109）和式（2.100）可求得 u_i^1 和 $v_i^1 (i=0,1,2,\cdots,m-1)$，将 u_{m-1}^1、v_{m-1}^1 代入式（2.105），可求得 $s(t_2)$；

② 将 $s(t_2)$、u_i^1 和 v_i^1 代入式（2.109）和式（2.100）可求出 u_i^2、$v_i^2(i=0,1,2,\cdots,m-1)$，再将 u_{m-1}^2 和 v_{m-1}^2 代入式（2.105），可求出 $s(t_3)$，……；

③ 如此反复迭代，直到 $s(t_k)<\delta_2$，迭代停止；

④ 迭代次数与时间步长的乘积即为冻结阶段所需时间，记为 $\bar{t}_1$。

（4）球形果蔬冻结后继续降温阶段所需时间的计算　这一阶段温度变化所对应的定解问题为

$$\begin{cases} \dfrac{\partial T_2}{\partial t} = a_2^2\left(\dfrac{2}{r}\times\dfrac{\partial T_2}{\partial r}+\dfrac{\partial^2 T_2}{\partial r^2}\right)(0<r<R) \\ T_2\big|_{t=0} = T'_0 \\ \left(k_2\dfrac{\partial T_2}{\partial r}+\lambda T_2\right)\Big|_{r=R} = \lambda T^* \end{cases} \tag{2.111}$$

式中，T'_0 为物料中水分全部冻结时的温度分布。

采用分离变量法可得上述定解问题的解为

$$T_2(r,t) = T^* + \frac{1}{r}\sum_{n=1}^{\infty}B_n\exp\{-a_2^2\mu_n^2 t\}\cdot\sin(\mu_n r) \tag{2.112}$$

其中，

$$B_n = \frac{2(T'_0-T^*)(1+R\alpha)\sqrt{u_n^2+\alpha^2}}{\mu_n[\alpha+R(\mu_n^2+\alpha^2)]}, \alpha = \frac{\lambda}{k_2}-\frac{1}{R} \tag{2.113}$$

μ_n 为方程 $x\cot(Rx)=-\alpha$ 的第 n 个正根。

物料中心温度随时间变化的关系为

$$\begin{aligned} T_2(0,t) &= \lim_{r\to 0}T_2(r,t) \\ &= \lim_{r\to 0}\left(T^* + \frac{1}{r}\sum_{n=1}^{\infty}B_n\exp\{-a_2^2\mu_n^2 t\}\cdot\sin(\mu_n r)\right) \\ &= T^* + \sum_{n=1}^{\infty}B_n\mu_n\exp\{-a_2^2\mu_n^2 t\} \end{aligned} \tag{2.114}$$

记 $\bar{t}_2$ 为物料中心达到 $\bar{T}$ 所用时间，其中 $\bar{T}$ 为共晶温度 $\tilde{T}$ 以下的某一温度值，则

$$\bar{T} = T^* + \sum_{n=1}^{\infty}B_n\mu_n\exp\{-a_2^2\mu_n^2\bar{t}_2\} \tag{2.115}$$

式中所含级数的收敛速度很快，取其第一项即可达到精度要求，即

$$\overline{T} \approx T^* + B_1\mu_1\exp\{-a_2^2\mu_1^2\overline{t}_2\} \qquad (2.116)$$

由此可得，

$$\overline{t}_2 \approx -\frac{1}{a_2^2\mu_1^2}\ln\frac{\overline{T}-T^*}{B_1\mu_1} \qquad (2.117)$$

这样整个预冻结过程所用时间为

$$\overline{t} = \overline{t}_0 + \overline{t}_1 + \overline{t}_2 \qquad (2.118)$$

十、一般果蔬物料升华-解析模型的建立——升华干燥过程的数学模型

基本假设：

① 加热方式为上、下加热板辐射加热；

② 升华界面的厚度无限小，一般固体物料的升华界面可视为一个逐渐向中心收缩的封闭曲面 Γ，设其方程为 $\Phi(x,y,z,t)=0$；

③ 在升华过程中，干燥层中的气体与物料固体骨架处于热平衡，可看作理想气体；

④ 在升华界面上，水蒸气和冰处于热平衡；

⑤ 冻结层中不含不凝性气体，且无传质现象发生；

⑥ 在整个干燥过程中，物料的各物性参数均保持恒定；

⑦ 忽略干燥区中惰性气体的影响。

记 Ω 为物料所占据的空间开区域；$\partial\Omega$ 表示物料表面，即空间区域 Ω 的边界；升华界面 Γ 与 $\partial\Omega$ 围成的区域为干燥区，用 Ω_1 表示；升华界面 Γ 围成的区域为冻结区，用 Ω_2 表示；$\Omega = \Omega_1 + \Omega_2$，$\overline{\Omega} = \Omega + \partial\Omega$。

1. 干燥区中的模型方程

(1) 干燥区内的传质方程　在干燥区内任取微元体 $[x,x+\Delta x]\times[y,y+\Delta y]\times[z,z+\Delta z]$ 在时刻 t 到 $t+\Delta t$ 对干燥区的水分进行质量衡算：

$$(N_x|_{x+\Delta x} - N_x|_x)\Delta y\Delta z\Delta t + (N_y|_{y+\Delta y} - N_y|_y)\Delta x\Delta z\Delta t + (N_z|_{z+\Delta z} - N_z|_z)\Delta x\Delta y\Delta t =$$
$$(\varepsilon C_w\Delta x\Delta y\Delta z + C_s A_x\Delta x\Delta y\Delta z)|_{t+\Delta t} - (\varepsilon\rho_{dv}\Delta x\Delta y\Delta z + C_s\Delta x\Delta y\Delta z)|_t$$

$$(2.119)$$

式中，ε 为干燥区物料的孔隙率；C_w 为干燥区水蒸气浓度，kg/m^3；C_s 为干燥区结合水分含量，kg/m^3；N_x 为 x 方向水蒸气通量，$kg/(m^2 \cdot s)$；N_y 为 y 方向水蒸气通量，$kg/(m^2 \cdot s)$；N_z 为 z 方向水蒸气通量，$kg/(m^2 \cdot s)$。

式(2.119)两端同除以 $\Delta x\Delta y\Delta z\Delta t$，并令 $\Delta x\to 0$，$\Delta y\to 0$，$\Delta z\to 0$，$\Delta t\to 0$，可得

$$\frac{\partial N_x}{\partial x} + \frac{\partial N_y}{\partial y} + \frac{\partial N_y}{\partial y} = \varepsilon\frac{\partial C_w}{\partial t} + \frac{\partial C_s}{\partial t} \qquad (2.120)$$

将干燥层中的水蒸气视为理想气体，由理想气体的状态方程可得水蒸气浓度与水蒸气分压有如下关系：

$$C_w = \frac{P_w M_w}{R T_1} \tag{2.121}$$

式中，P_w 为干燥区水蒸气分压，Pa；T_1 为干燥区中物料温度，K；R 为理想气体常数，J/(K·mol)；M_w 为水蒸气摩尔质量，g/mol。

这样由式(2.121) 可得

$$\frac{\partial C_w}{\partial t} = \frac{M_w}{R T_1} \times \frac{\partial P_w}{\partial t} - \frac{M_w P_w}{R T_1^2} \times \frac{\partial T_1}{\partial t} \tag{2.122}$$

关于干区内结合水浓度对时间的变化率 $\dfrac{\partial C_s}{\partial t}$，目前文献中常有四种表示形式：

$$\frac{\partial C_s}{\partial t} = \frac{\partial C_s}{\partial T_1} \times \frac{\partial T_1}{\partial t} = -C_T \frac{\partial T_1}{\partial t} \tag{2.123}$$

$$\frac{\partial C_s}{\partial t} = K_g (C_s^* - C_s) \tag{2.124}$$

$$\frac{\partial C_s}{\partial t} = K_1 C_w (C_s^* - C_s) - K_2 C_s \tag{2.125}$$

$$\frac{\partial C_s}{\partial t} = -K_d C_s \tag{2.126}$$

根据传质理论及尘-气模型理论，水蒸气通量 N_x，N_y，N_z 通常采用如下式子计算：

$$N_x = \frac{D_{1e} M_w}{R T_1} \times \frac{\partial P_w}{\partial x} \tag{2.127}$$

$$N_y = \frac{D_{1e} M_w}{R T_1} \times \frac{\partial P_w}{\partial y} \tag{2.128}$$

$$N_z = \frac{D_{1e} M_w}{R T_1} \times \frac{\partial P_w}{\partial z} \tag{2.129}$$

式中，D_{1e} 为干燥层水蒸气的有效扩散系数，m^2/s，$D_{1e} = k_1 + k_2 P_w$；k_1 为水蒸气的主体扩散系数，m^2/s；k_2 为水蒸气的自身扩散系数，m^2/s。

这样对 N_x，N_y，N_z 求相应的偏导数可得

$$\frac{\partial N_x}{\partial x} = \frac{D_{1e} M_w}{R T_1} \times \frac{\partial^2 P_w}{\partial x^2} + \frac{M_w}{R} \times \frac{\partial P_w}{\partial x} \times \frac{\partial (D_{1e}/T_1)}{\partial x} \tag{2.130}$$

$$\frac{\partial N_y}{\partial y} = \frac{D_{1e} M_w}{R T_1} \times \frac{\partial^2 P_w}{\partial y^2} + \frac{M_w}{R} \times \frac{\partial P_w}{\partial y} \times \frac{\partial (D_{1e}/T_1)}{\partial y} \tag{2.131}$$

$$\frac{\partial N_x}{\partial z} = \frac{D_{1e} M_w}{R T_1} \times \frac{\partial^2 P_w}{\partial z^2} + \frac{M_w}{R} \times \frac{\partial P_w}{\partial z} \times \frac{\partial (D_{1e}/T_1)}{\partial z} \tag{2.132}$$

由式(2.130)~式(2.132) 可得

$$\begin{aligned}
\frac{\partial N_x}{\partial x} + \frac{\partial N_y}{\partial y} + \frac{\partial N_z}{\partial z} &= \frac{D_{1e} M_w}{R T_1} \left(\frac{\partial^2 P_w}{\partial x^2} + \frac{\partial^2 P_w}{\partial y^2} + \frac{\partial^2 P_w}{\partial z^2} \right) \\
&+ \frac{M_w}{R} \left(\frac{\partial P_w}{\partial x} \times \frac{\partial (D_{1e}/T_1)}{\partial x} + \frac{\partial P_w}{\partial y} \times \frac{\partial (D_{1e}/T_1)}{\partial y} + \frac{\partial P_w}{\partial z} \times \frac{\partial (D_{1e}/T_1)}{\partial z} \right) \\
&= \frac{D_{1e} M_w}{R T_1} \left(\frac{\partial^2 P_w}{\partial x^2} + \frac{\partial^2 P_w}{\partial y^2} + \frac{\partial^2 P_w}{\partial z^2} \right) + \frac{M_w}{R} \nabla P_w \cdot \nabla (D_{1e}/T_1)
\end{aligned} \tag{2.133}$$

由式(2.120)、式(2.122) 及式(2.133) 可得

$$\frac{\partial P_{\mathrm{w}}}{\partial t} = \frac{D_{1e}}{\varepsilon}\left(\frac{\partial^2 P_{\mathrm{w}}}{\partial x^2} + \frac{\partial^2 P_{\mathrm{w}}}{\partial y^2} + \frac{\partial^2 P_{\mathrm{w}}}{\partial z^2}\right) + \frac{T_1}{\varepsilon}\nabla P_{\mathrm{w}} \cdot \nabla(D_{1e}/T_1) - \frac{RT_1}{\varepsilon M_{\mathrm{w}}}\frac{\partial C_{\mathrm{s}}}{\partial t}, (x,y,z) \in \Omega_1$$

$$(2.134)$$

式中，$\nabla = \dfrac{\partial}{\partial x}\boldsymbol{i} + \dfrac{\partial}{\partial y}\boldsymbol{j} + \dfrac{\partial}{\partial x}\boldsymbol{k}$ 为梯度算子。

(2) 干燥区内的传热方程   在干燥区内任取微元体$[x,x+\Delta x] \times [y,y+\Delta y] \times [z,z+\Delta z]$在时刻 t 到 $t+\Delta t$ 对干燥区的水分进行热量衡算：

$$\begin{aligned}(q_{1x}|_{x+\Delta x} - q_{1x}|_x)\Delta y\Delta z\Delta t &+ (q_{1y}|_{y+\Delta y} - q_{1y}|_y)\Delta x\Delta z\Delta t \\ + (q_{1z}|_{z+\Delta z} - q_{1z}|_z)\Delta x\Delta y\Delta t &+ (N_x H|_{x+\Delta x} - N_x H|_x)\Delta y\Delta z\Delta t \\ + (N_y H|_{y+\Delta y} - N_y H|_y)\Delta x\Delta z\Delta t &+ (N_z H|_{z+\Delta z} - N_z H|_z)\Delta x\Delta y\Delta t \\ = [(\varepsilon C_{\mathrm{w}}H + C_{\mathrm{sw}}h)|_{t+\Delta t} &- (\varepsilon C_{\mathrm{w}}H + C_{\mathrm{sw}}h)|_t]\Delta x\Delta y\Delta z\end{aligned}$$

$$(2.135)$$

在式(2.136) 两边同除以 $\Delta x\Delta y\Delta z\Delta t$，并令 $\Delta x \rightarrow 0$，$\Delta y \rightarrow 0$，$\Delta z \rightarrow 0$，$\Delta t \rightarrow 0$，可得

$$\frac{\partial q_{1x}}{\partial x} + \frac{\partial q_{1y}}{\partial y} + \frac{\partial q_{1z}}{\partial z} + \frac{\partial (N_x H)}{\partial x} + \frac{\partial (N_y H)}{\partial y} + \frac{\partial (N_y H)}{\partial z} = \frac{\partial (\varepsilon C_{\mathrm{w}}H + C_{\mathrm{sw}}h)}{\partial t} \quad (2.136)$$

式中，q_{1x} 为干燥层内通过 x 方向的热流密度，$\mathrm{W/(m^2 \cdot K)}$，$q_{1x} = k_1\dfrac{\partial T_1}{\partial x}$；$q_{1y}$ 为干燥层内通过 x 方向的热流密度，$\mathrm{W/(m^2 \cdot K)}$，$q_{1y} = k_1\dfrac{\partial T_1}{\partial y}$；$q_{1z}$ 为干燥层内通过 x 方向的热流密度，$\mathrm{W/(m^2 \cdot K)}$，$q_{1z} = k_1\dfrac{\partial T_1}{\partial z}$；$H$ 为干燥层内水蒸气的焓，$\mathrm{J/kg}$，$H = c_{\mathrm{w}}T_1$；h 为干燥层内固体骨架的焓，$\mathrm{J/kg}$，$h = c_{\mathrm{g}}T_1$；c_{w} 为水蒸气的比热容，$\mathrm{J/(kg \cdot K)}$；c_{g} 为干燥区固体骨架的比热容，$\mathrm{J/(kg \cdot K)}$；k_1 为干燥层导热系数，$\mathrm{J/(m \cdot K)}$。

这样，

$$\frac{\partial q_{1x}}{\partial x} = k_1\frac{\partial^2 T_1}{\partial x^2} \tag{2.137}$$

$$\frac{\partial q_{1y}}{\partial y} = k_1\frac{\partial^2 T_1}{\partial y^2} \tag{2.138}$$

$$\frac{\partial q_{1z}}{\partial z} = k_1\frac{\partial^2 T_1}{\partial z^2} \tag{2.139}$$

$$\frac{\partial (N_x H)}{\partial x} = H\frac{\partial N_x}{\partial x} + N_x c_{\mathrm{w}}\frac{\partial T_1}{\partial x} \tag{2.140}$$

$$\frac{\partial (N_y H)}{\partial xy} = H\frac{\partial N_y}{\partial y} + N_y c_{\mathrm{w}}\frac{\partial T_1}{\partial y} \tag{2.141}$$

$$\frac{\partial (N_z H)}{\partial z} = H\frac{\partial N_z}{\partial z} + N_z c_{\mathrm{w}}\frac{\partial T_1}{\partial z} \tag{2.142}$$

$$\frac{\partial (\varepsilon C_{\mathrm{w}}H + hC_{\mathrm{s}})}{\partial t} = \varepsilon H\frac{\partial C_{\mathrm{w}}}{\partial t} + h\frac{\partial C_{\mathrm{s}}}{\partial t} + (\varepsilon c_{\mathrm{w}}C_{\mathrm{w}} + c_{\mathrm{s}}C_{\mathrm{s}})\frac{\partial T_1}{\partial t} \tag{2.143}$$

将式(2.137)～式(2.142) 代入式(2.143) 可得

$$(\varepsilon c_w C_w + c_s C_s)\frac{\partial T_1}{\partial t} = k_1\left(\frac{\partial^2 T_1}{\partial x^2} + \frac{\partial^2 T_1}{\partial y^2} + \frac{\partial^2 T_1}{\partial z^2}\right) + H\left(\frac{\partial N_x}{\partial x} + \frac{\partial N_y}{\partial y} + \frac{\partial N_z}{\partial z}\right)$$
$$+ c_w\left(N_x\frac{\partial T_1}{\partial x} + N_y\frac{\partial T_1}{\partial y} + N_z\frac{\partial T_1}{\partial z}\right) - \varepsilon H\frac{\partial C_w}{\partial t} - h\frac{\partial C_s}{\partial t} \tag{2.144}$$

$$(\varepsilon c_w C_w + c_s C_s)\frac{\partial T_1}{\partial t} = k_1\left(\frac{\partial^2 T_1}{\partial x^2} + \frac{\partial^2 T_1}{\partial y^2} + \frac{\partial^2 T_1}{\partial z^2}\right)$$
$$+ c_w\left(N_x\frac{\partial T_1}{\partial x} + N_y\frac{\partial T_1}{\partial y} + N_z\frac{\partial T_1}{\partial z}\right) + (H - h)\frac{\partial C_s}{\partial t} \tag{2.145}$$

上式中 $\varepsilon c_w C_w + c_s C_s$ 即为干燥区的有效密度与有效比热容的乘积，从而可记为

$$\varepsilon c_w C_w + c_s C_s = \rho_{1e} c_{1e}$$

记 $\Delta H_v = H - h$，即为水蒸气的蒸发潜热（J/kg）；记 $a_1^2 = \dfrac{k_1}{\rho_{1e}c_{1e}}$ 为干燥区的有效导温

系数（m^2/s）。

这样干燥区温度变化所满足的偏微分方程为

$$\frac{\partial T_1}{\partial t} = a_1^2\left(\frac{\partial^2 T_1}{\partial x^2} + \frac{\partial^2 T_1}{\partial y^2} + \frac{\partial^2 T_1}{\partial z^2}\right) + \frac{c_w D_{1e} M_w}{\rho_{1e} c_{1e} R T_1}(\nabla T_1 \cdot \nabla P_w) + \frac{\Delta H_y}{\rho_{1e} c_{1e}} \times \frac{\partial C_s}{\partial t}, (x,y,x) \in \Omega_1$$
$$\tag{2.146}$$

2. 冻结区中的模型方程

对于绝大多数物料来说，冻结层内的传质现象可忽略不计，只需研究冻结层中的传热现象，对冻结层进行热量衡算可导出温度变化所满足的偏微分方程。

在冻结区内任取微元体 $[x, x+\Delta x] \times [y, y+\Delta y] \times [z, z+\Delta z]$ 在时刻 t 到 $t+\Delta t$ 对干燥区的水分进行热量衡算：

$$(q_{2x}|_{x+\Delta x} - q_{2x}|_x)\Delta y \Delta z \Delta t + (q_{2y}|_{y+\Delta y} - q_{2y}|_y)\Delta x \Delta z \Delta t$$
$$+ (q_{2z}|_{z+\Delta z} - q_{2z}|_z)\Delta x \Delta y \Delta t = c_2\rho_2[T_2(x,y,z,t+\Delta t) - T_2(x,y,z,t)]\Delta x \Delta y \Delta z$$
$$\tag{2.147}$$

式中，q_{2x} 为冻结区内沿 x 方向的热流密度，$W/(m^2 \cdot K)$，$q_{2x} = k_2\dfrac{\partial T_2}{\partial x}$；$q_{2y}$ 为冻结区内沿 y 方向的热流密度，$W/(m^2 \cdot K)$，$q_{2y} = k_2\dfrac{\partial T_2}{\partial y}$；$q_{2z}$ 为冻结区内沿 z 方向的热流密度，$W/(m^2 \cdot K)$，$q_{2z} = k_2\dfrac{\partial T_2}{\partial z}$；$c_2$ 为冻结物料的比热容，$J/(kg \cdot K)$；ρ_2 为冻结物料的密度，kg/m^3；k_2 为冻结物料的导热系数，$J/(m \cdot K)$。

将式两端同除以 $\Delta x \Delta r \Delta t$，并令 $\Delta x \to 0$，$\Delta r \to 0$，$\Delta t \to 0$，可得

$$\frac{\partial T_2}{\partial t} = a_2^2\left(\frac{\partial^2 T_2}{\partial x^2} + \frac{\partial^2 T_2}{\partial y^2} + \frac{\partial^2 T_2}{\partial z^2}\right), (x,y,x) \in \Omega_2 \tag{2.148}$$

式中，$a_2^2 = \dfrac{k_2}{\rho_2 c_2}$ 为冻结层的导温系数，m^2/s。

3. 升华界面处的模型方程

升华界面是冻结层和干燥层的过渡区域，是冰升华进行的场所。通常升华界面很薄，说

明升华界面上不能积累能量，在任何时刻通过冻结层和干燥层传递到热量都等于冰升华所需要的热量。

记 $s(t)$ 为 t 时刻升华界面到物料表面的平均厚度，$A(t)$ 为 t 时刻升华界面的表面积。在时刻 t 到 $t+\Delta t$ 之间对升华界面作热量衡算：

$$\Delta H_s(\rho_2-\rho_{1e})[s(t+\Delta t)-s(t)]A(t)=\left(k_2\frac{\partial T_2}{\partial \boldsymbol{n}}-k_1\frac{\partial T_1}{\partial \boldsymbol{n}}\right)A(t)\Delta t \tag{2.149}$$

对式（2.149）的两边同除以 Δt，并令 $\Delta t\to 0$，可得

$$\Delta H_s(\rho_2-\rho_{1e})\frac{\mathrm{d}s(t)}{\mathrm{d}t}=k_2\frac{\partial T_2}{\partial \boldsymbol{n}}-k_1\frac{\partial T_1}{\partial \boldsymbol{n}},(x,y,z)\in\Gamma \tag{2.150}$$

式中，$\boldsymbol{n}$ 为升华界面 Γ 的单位外法向量。

4. 初始条件和边界条件

（1）初始条件 冷冻干燥开始时，物料内的温度分布基本上是均匀的，干燥区尚未明显形成，其厚度接近于 0，冻结区的水蒸气分压为 0，这样相应的初始条件为：

当 $t=0$ 时，

$$T_1=T_\Gamma=T_2=T^0,(x,y,z)\in\bar{\Omega} \tag{2.151}$$

$$C_s=C_s^0,(x,y,z)\in\bar{\Omega} \tag{2.152}$$

$$P_w=P_w^0,(x,y,z)\in\partial\Omega \tag{2.153}$$

$$P_w=0,(x,y,z)\in\Omega \tag{2.154}$$

式中，T^0 为物料的初始温度分布，K；P_w^0 为干燥室的初始水蒸气分压，Pa；C_s^0 为物料的初始结合水浓度，kg/kg；T_Γ 为升华界面 Γ 处的温度，K。

（2）边界条件 当 $(x,y,z)\in\partial\Omega$ 时，$P_w=P_{lw}$，

$$\sigma F_a\beta_a(T_a^4-T_1^4)+\sigma F_b\beta_b(T_b^4-T_1^4)=k_{1e}\frac{\partial T_1}{\partial \boldsymbol{n}} \tag{2.155}$$

式中，σ 为斯忒藩-玻耳兹曼常数，W/(m^2·K)；β_a 为上加热板对物料表面的辐射率；β_b 为下加热板对物料表面的辐射率；F 为物料表面的角系数；T_a 为上加热板的温度，K；T_b 为下加热板的温度，K；P_{lw} 为干燥室冷阱处的水蒸气分压（Pa），P_{lw} 与冷阱处的温度 T_c 通常满足 Clapeyron 方程：

$$P_{lw}=1332.32\exp\{23.9936-2.19\frac{\Delta H_s}{T_c}\} \tag{2.156}$$

当 $(x,y,z)\in\Gamma$ 时，

$$T_1=T_\Gamma=T_2 \tag{2.157}$$

$$P_w=1332.32\exp\{23.9936-2.19\frac{\Delta H_s}{T_\Gamma}\} \tag{2.158}$$

十一、解析干燥过程的数学模型

升华干燥过程结束后，升华界面消失，干燥过程进入了纯解析干燥阶段。由于此这时物料全为干燥区，因此升华干燥阶段中干燥区的模型方程就是解析干燥阶段的模型方程，即

$$\frac{\partial P_w}{\partial t'}=\frac{D_{1e}}{\varepsilon}\left(\frac{\partial^2 P_w}{\partial x^2}+\frac{\partial^2 P_w}{\partial y^2}+\frac{\partial^2 P_w}{\partial z^2}\right)+\frac{T_1}{\varepsilon}\nabla P_w\cdot\nabla(D_{1e}/T_1)$$

$$+\frac{P_\mathrm{w}}{T_1}\times\frac{\partial T_1}{\partial t'}-\frac{RT_1}{\varepsilon M_\mathrm{w}}\times\frac{\partial C_\mathrm{s}}{\partial t'},(x,y,z)\in\Omega \tag{2.159}$$

$$\frac{\partial T_1}{\partial t'}=a_1^2\left(\frac{\partial^2 T_1}{\partial x^2}+\frac{\partial^2 T_1}{\partial y^2}+\frac{\partial^2 T_1}{\partial z^2}\right)+\frac{c_\mathrm{w}D_\mathrm{1e}M_\mathrm{w}}{\rho_\mathrm{1e}c_\mathrm{1e}RT_1}(\nabla T_1\cdot\nabla P_\mathrm{w})+\frac{\Delta H_\mathrm{v}}{\rho_\mathrm{1e}c_\mathrm{1e}}\times\frac{\partial C_\mathrm{s}}{\partial t'},(x,y,z)\in\Omega$$
$$\tag{2.160}$$

由于升华干燥阶段的结束就是解析干燥阶段的开始，所以升华阶段结束时的有关参数的分布状况就是解析阶段模型方程的初始条件，记 τ 为升华干燥结束的时刻，则解析阶段模型方程的初始条件为

$$T_1|_{t'=0}=T_1(x,y,z,\tau),(x,y,z)\in\Omega \tag{2.161}$$

$$P_\mathrm{w}|_{t'=0}=P_\mathrm{w}(x,y,z,\tau),(x,y,z)\in\Omega \tag{2.162}$$

$$C_\mathrm{s}|_{t'=0}=C_\mathrm{s}(x,y,z,\tau),(x,y,z)\in\Omega \tag{2.163}$$

解析阶段模型方程的边界条件：当 $(x,y,z)\in\partial\Omega$ 时，

$$P_\mathrm{w}=P_\mathrm{lw} \tag{2.164}$$

$$\sigma F_\mathrm{a}\beta_\mathrm{a}(T_\mathrm{a}^4-T_1^4)+\sigma F_\mathrm{b}\beta_\mathrm{b}(T_\mathrm{b}^4-T_1^4)=k_\mathrm{1e}\frac{\partial T_1}{\partial \boldsymbol{n}} \tag{2.165}$$

十二、几种常见形状物料的升华-解析模型

上节给出了一般物料冻干过程的数学模型，本节在此基础上，针对几类常见形状的物料给出在冻干过程中相应的数学模型。

1. 片形物料的冻干数学模型

在冻干实验和实际的冻干生产中，对物料最常见的切分方式就是将物料切成片形，由于厚度较小，故可忽略物料侧面的传热和传质，只考虑物料上下表面法向的传热传质，此时物料内传热传质均是一维的，从而模型方程为一维偏微分方程。

（1）上干燥层内的模型方程

$$\frac{\partial P_\mathrm{w1}}{\partial t}=\frac{D_\mathrm{e1}}{\varepsilon}\times\frac{\partial^2 P_\mathrm{w1}}{\partial x_1^2}+\frac{T_{11}}{\varepsilon}\times\frac{\partial P_\mathrm{w1}}{\partial x_1}\times\frac{\partial(D_\mathrm{e1}/T_{11})}{\partial x_1}+\frac{P_\mathrm{w1}}{T_{11}}\times\frac{\partial T_{11}}{\partial t}-\frac{RT_{11}}{\varepsilon M_\mathrm{w}}\times\frac{\partial C_\mathrm{s1}}{\partial t}$$
$$(0<x_1<X_1(t)) \tag{2.166}$$

$$\frac{\partial T_{11}}{\partial t}=a_1^2\frac{\partial^2 T_{11}}{\partial x_1^2}+\frac{c_\mathrm{w}D_\mathrm{e1}M_\mathrm{w}}{\rho_\mathrm{11e}c_\mathrm{11e}RT_{11}}\times\frac{\partial T_{11}}{\partial x_1}\times\frac{\partial P_\mathrm{w1}}{\partial x_1}+\frac{\Delta H_\mathrm{v}}{\rho_\mathrm{11e}c_\mathrm{11e}}\times\frac{\partial C_\mathrm{s1}}{\partial t}$$
$$(0<x_1<X_1(t)) \tag{2.167}$$

式中，P_w1 为上干燥层内的水蒸气分压，Pa；T_{11} 为上干燥层内的温度，K；x_1 为上干燥层内物料厚度方向的坐标，m；$X_1(t)$ 为物料上升华界面到上表面的距离，m；D_e1 为上干燥层水蒸气的有效扩散系数，m^2/s；ρ_11e 为上干燥层的有效密度，kg/m^3；c_11e 为上干燥层的有效比热容，$J/(kg\cdot K)$；C_s1 为上干燥层结合水浓度，kg/kg。

（2）下干燥层内的模型方程

$$\frac{\partial P_\mathrm{w2}}{\partial t}=\frac{D_\mathrm{e2}}{\varepsilon}\times\frac{\partial^2 P_\mathrm{w2}}{\partial x_2^2}+\frac{T_{12}}{\varepsilon}\times\frac{\partial P_\mathrm{w2}}{\partial x_2}\cdot\frac{\partial(D_\mathrm{e2}/T_{12})}{\partial x_2}+\frac{P_\mathrm{w2}}{T_{12}}\times\frac{\partial T_{12}}{\partial t}-\frac{RT_{12}}{\varepsilon M_\mathrm{w}}\times\frac{\partial C_\mathrm{s2}}{\partial t}$$
$$(0<x_2<X_2(t)) \tag{2.168}$$

$$\frac{\partial T_{12}}{\partial t}=a_1^2\frac{\partial^2 T_{12}}{\partial x_2^2}+\frac{c_w D_{e2}M_w}{\rho_{12e}c_{12e}RT_{12}}\times\frac{\partial T_{12}}{\partial x_2}\times\frac{\partial P_{w2}}{\partial x_2}+\frac{\Delta H_v}{\rho_{1e}c_{1e}}\frac{\partial C_{s2}}{\partial t}$$
$$(0<x_2<X_2(t)) \tag{2.169}$$

式中，P_{w2} 为下干燥层内的水蒸气分压，Pa；T_{12} 为下干燥层内的温度，K；x_2 为下干燥层内物料厚度方向的坐标，m；$X_2(t)$ 为物料下升华界面到下表面的距离，m；D_{e2} 为下干燥层水蒸气的有效扩散系数，m^2/s；ρ_{12e} 为下干燥层的有效密度，kg/m^3；c_{12e} 为下干燥层的有效比热容，$J/(kg\cdot K)$；C_{s2} 为下干燥层结合水浓度，kg/kg。

(3) 冻结层内的模型方程

$$\frac{\partial T_2}{\partial t}=a_2^2\frac{\partial^2 T_2}{\partial x^2}\quad(l-X_2(t)<x<X_1(t)) \tag{2.170}$$

(4) 升华界面处的模型方程

① 上升华界面处

$$\Delta H_s(\rho_2-\rho_{11e})\frac{dX_1(t)}{dt}=k_2\frac{\partial T_2}{\partial x_1}-k_{11e}\frac{\partial T_{11}}{\partial x_1}\quad(x_1=X_1(t)) \tag{2.171}$$

② 下升华界面处

$$\Delta H_s(\rho_2-\rho_{12e})\frac{dX_2(t)}{dt}=k_2\frac{\partial T_2}{\partial x_2}-k_{12e}\frac{\partial T_{12}}{\partial x_2}\quad(x_2=X_2(t)) \tag{2.172}$$

(5) 初始条件与边界条件

① 初始条件。当 $t=0$ 时，

$$T_{11}=T_{12}=T_{X_1}=T_{X_2}=T_2=T^0\quad(0\leqslant x_1,x_2\leqslant l) \tag{2.173}$$

$$C_{s1}=C_{s2}=C_s^0\quad(x_1=0,x_2=0) \tag{2.174}$$

$$P_{w1}=P_{w2}=P_w^0\quad(x_1=0,x_2=0) \tag{2.175}$$

$$P_{w1}=P_{w2}=0\quad(0<x_1,x_2<l) \tag{2.176}$$

② 边界条件。当 $x_1=0$ 时，

$$P_{1w}=P_{1w} \tag{2.177}$$

$$\sigma F_a\beta_a(T_a^4-T_{11}^4)=k_{11e}\frac{\partial T_{11}}{\partial x_1} \tag{2.178}$$

当 $x_2=0$ 时，

$$P_{2w}=P_{1w} \tag{2.179}$$

$$\sigma F_b\beta_b(T_b^4-T_{12}^4)=k_{12e}\frac{\partial T_{12}}{\partial x_2} \tag{2.180}$$

当 $x_1=X_1(t)$ 时，

$$T_{11}=T_{X_1}=T_2 \tag{2.181}$$

$$P_{w1}=1332.32\exp\{23.9936-2.19\frac{\Delta H_s}{T_{X_1}}\} \tag{2.182}$$

当 $x_2=X_2(t)$ 时，

$$T_{12}=T_{X_2}=T_2 \tag{2.183}$$

$$P_{w2}=1332.32\exp\{23.9936-2.19\frac{\Delta H_s}{T_{X_2}}\} \tag{2.184}$$

(6) 解析阶段的模型方程和相应的定解条件

① 模型方程。

$$\frac{\partial P_{w1}}{\partial t}=\frac{D_{e1}}{\varepsilon}\times\frac{\partial^2 P_{w1}}{\partial x_1^2}+\frac{T_{11}}{\varepsilon}\times\frac{\partial P_{w1}}{\partial x_1}\times\frac{\partial(D_{e1}/T_{11})}{\partial x_1}+\frac{P_{w1}}{T_{11}}\times\frac{\partial T_{11}}{\partial t}-\frac{RT_{11}}{\varepsilon M_w}\times\frac{\partial C_{s1}}{\partial t}$$

$$(0<x_1<l_1) \tag{2.185}$$

$$\frac{\partial T_{11}}{\partial t}=a_1^2\frac{\partial^2 T_{11}}{\partial x_1^2}+\frac{c_w D_{e1} M_w}{\rho_{11e}c_{11e}RT_{11}}\times\frac{\partial T_{11}}{\partial x_1}\times\frac{\partial P_{w1}}{\partial x_1}+\frac{\Delta H_v}{\rho_{11e}c_{11e}}\times\frac{\partial C_{s1}}{\partial t}$$

$$(0<x_1<l_1) \tag{2.186}$$

$$\frac{\partial P_{w2}}{\partial t}=\frac{D_{e2}}{\varepsilon}\times\frac{\partial^2 P_{w2}}{\partial x_2^2}+\frac{T_{12}}{\varepsilon}\times\frac{\partial P_{w2}}{\partial x_2}\times\frac{\partial(D_{e2}/T_{12})}{\partial x_2}+\frac{P_{w2}}{T_{12}}\times\frac{\partial T_{12}}{\partial t}-\frac{RT_{12}}{\varepsilon M_w}\times\frac{\partial C_{s2}}{\partial t}$$

$$(0<x_2<l_2) \tag{2.187}$$

$$\frac{\partial T_{12}}{\partial t}=a_1^2\frac{\partial^2 T_{12}}{\partial x_2^2}+\frac{c_w D_{e2} M_w}{\rho_{12e}c_{12e}RT_{12}}\times\frac{\partial T_{12}}{\partial x_2}\times\frac{\partial P_{w2}}{\partial x_2}+\frac{\Delta H_v}{\rho_{1e}c_{1e}}\times\frac{\partial C_{s2}}{\partial t}$$

$$(0<x_2<l_2) \tag{2.188}$$

式中，l_1 为升华阶段结束时升华界面到上表面的距离；l_2 为升华阶段结束时升华界面到下表面的距离，$l=l_1+l_2$。

② 初始条件。

$$T_{11}\big|_{t'=0}=T_{11}(x_1,\tau)\quad(0<x_1<l_1) \tag{2.189}$$

$$P_{w1}\big|_{t'=0}=P_{w1}(x_1,\tau)\quad(0<x_1<l_1) \tag{2.190}$$

$$C_{s1}\big|_{t'=0}=C_{s1}(x_1,\tau)\quad(0<x_1<l_1) \tag{2.191}$$

$$T_{12}\big|_{t'=0}=T_{12}(x_2,\tau)\quad(0<x_2<l_2) \tag{2.192}$$

$$P_{w2}\big|_{t'=0}=P_{w2}(x_2,\tau)\quad(0<x_2<l_2) \tag{2.193}$$

$$C_{s2}\big|_{t'=0}=C_{s2}(x_2,\tau)\quad(0<x_2<l_2) \tag{2.194}$$

③ 边界条件。当 $x_1=0$ 时，

$$P_{1w}=P_{lw} \tag{2.195}$$

$$\sigma F_a\beta_a(T_a^4-T_{11}^4)=k_{11e}\frac{\partial T_{11}}{\partial x_1} \tag{2.196}$$

当 $x_2=0$ 时，

$$P_{2w}=P_{lw} \tag{2.197}$$

$$\sigma F_b\beta_b(T_b^4-T_{12}^4)=k_{12e}\frac{\partial T_{12}}{\partial x_2} \tag{2.198}$$

当 $x_1=l_1$，$x_2=l_2$ 时，

$$T_{11}=T_{12} \tag{2.199}$$

$$P_{w1}=P_{w2} \tag{2.200}$$

2. 球形物料的冻干数学模型

在果蔬物料中，有许多物料的形状为球形或近似于球形，如樱桃、草莓、桑葚、杨梅、芋头等。在冻干生产中，对这类物料进行整体冻干更有利于营养成分和风味的保存。下面给出球形物料的冻干数学模型。由于物料为球形，故模型方程均采用球坐标 (r,θ,φ) 形式，在适当的加热条件下，球形物料的升华界面 Γ 可近似看成一个球面。记 $s(t)$ 为 t 时刻

升华界面到物料表面的距离。

（1）干燥层内的模型方程

$$\frac{\partial P_w}{\partial t}=\frac{D_e}{\varepsilon}\left[\frac{1}{r^2}\times\frac{\partial}{\partial r}\left(r\frac{\partial P_w}{\partial r}\right)+\frac{1}{r^2\sin\theta}\times\frac{\partial}{\partial\theta}\left(\sin\theta\frac{\partial P_w}{\partial\theta}\right)+\frac{1}{r^2\sin\theta}\times\frac{\partial^2 P_w}{\partial\varphi}\right]$$

$$+\frac{T_1}{\varepsilon}\nabla P_w\cdot\nabla(D_e/T_1)+\frac{P_w}{T_1}\times\frac{\partial T_1}{\partial t}-\frac{RT_1}{\varepsilon M_w}\times\frac{\partial C_s}{\partial t}$$

$$(R-s(t)<r<R,0<\theta<2\pi,0<\varphi<\pi)\qquad(2.201)$$

其中，$\nabla P_w=\dfrac{\partial P_w}{\partial r}\boldsymbol{e}_r+\dfrac{1}{r}\times\dfrac{\partial P_w}{\partial\theta}\boldsymbol{e}_\theta+\dfrac{1}{r\sin\theta}\times\dfrac{\partial P_w}{\partial\varphi}\boldsymbol{e}_\varphi$

$$\nabla(D_e/T_1)=\frac{\partial(D_e/T_1)}{\partial r}\boldsymbol{e}_r+\frac{1}{r}\times\frac{\partial(D_e/T_1)}{\partial\theta}\boldsymbol{e}_\theta+\frac{1}{r\sin\theta}\times\frac{\partial(D_e/T_1)}{\partial\varphi}\boldsymbol{e}_\varphi$$

$\boldsymbol{e}_r$，$\boldsymbol{e}_\theta$，$\boldsymbol{e}_\varphi$ 分别为 r 方向、θ 方向和 φ 方向的单位向量。

$$\frac{\partial T_1}{\partial t}=a_1^2\left[\frac{1}{r^2}\times\frac{\partial}{\partial r}\left(r\frac{\partial T_1}{\partial r}\right)+\frac{1}{r^2\sin\theta}\times\frac{\partial}{\partial\theta}\left(\sin\theta\frac{\partial T_1}{\partial\theta}\right)+\frac{1}{r^2\sin\theta}\times\frac{\partial^2 T_1}{\partial\varphi}\right]$$

$$+\frac{c_w D_e M_w}{\rho_{1e}c_{1e}RT_1}(\nabla P_w\cdot\nabla T_1)+\frac{\Delta H_v}{\rho_{1e}c_{1e}}\frac{\partial C_s}{\partial t}$$

$$(R-s(t)<r<R,0<\theta<2\pi,0<\varphi<\pi)\qquad(2.202)$$

其中，$\nabla T_1=\dfrac{\partial T_1}{\partial r}\boldsymbol{e}_r+\dfrac{1}{r}\dfrac{\partial T_1}{\partial\theta}\boldsymbol{e}_\theta+\dfrac{1}{r\sin\theta}\dfrac{\partial T_1}{\partial\varphi}\boldsymbol{e}_\varphi$。

（2）冻结层的模型方程

$$\frac{\partial T_2}{\partial t}=a_2^2\left[\frac{1}{r^2}\times\frac{\partial}{\partial r}\left(\frac{\partial T_1}{\partial r}\right)+\frac{1}{r^2\sin\theta}\times\frac{\partial}{\partial\theta}\left(\sin\theta\frac{\partial T_1}{\partial\theta}\right)+\frac{1}{r^2\sin\theta}\times\frac{\partial^2 T_1}{\partial\varphi}\right]$$

$$(0<r<R-s(t),0<\theta<2\pi,0<\varphi<\pi)\qquad(2.203)$$

（3）升华界面处的模型方程

$$\Delta H_s(\rho_2-\rho_{1e})\frac{ds(t)}{dt}=k_2\frac{\partial T_2}{\partial r}-k_1\frac{\partial T_1}{\partial r}$$

$$(r=R-s(t),0<\theta<2\pi,0<\varphi<\pi)\qquad(2.204)$$

（4）初始条件和边界条件

① 初始条件。当 $t=0$ 时，

$$T_1=T_\Gamma=T_2=T^0\quad(0\leqslant r\leqslant R,0\leqslant\theta\leqslant2\pi,0\leqslant\varphi\leqslant\pi)\qquad(2.205)$$

$$C_s=C_s^0\quad(0\leqslant r\leqslant R,0\leqslant\theta\leqslant2\pi,0\leqslant\varphi\leqslant\pi)\qquad(2.206)$$

$$P_w=P_w^0\quad(r=R,0\leqslant\theta\leqslant2\pi,0\leqslant\varphi\leqslant\pi)\qquad(2.207)$$

$$P_w=0\quad(0\leqslant r<R,0\leqslant\theta\leqslant2\pi,0\leqslant\varphi\leqslant\pi)\qquad(2.208)$$

② 边界条件。当 $r=0$ 时，

$$\frac{\partial T_2}{\partial r}=0\qquad(2.209)$$

当 $r=R$ 时，

$$P_w = P_{lw} \tag{2.210}$$

$$\sigma F_a \beta_a (T_a^4 - T_1^4) + \sigma F_b \beta_b (T_b^4 - T_1^4) = k_{1e} \frac{\partial T_1}{\partial r} \tag{2.211}$$

当 $r = R - s(t)$ 时，即在升华界面 Γ 上，

$$T_1 = T_\Gamma = T_2 \tag{2.212}$$

$$P_w = 1332.32 \exp\left\{23.9936 - 2.19 \frac{\Delta H_s}{T_\Gamma}\right\} \tag{2.213}$$

（5）解析阶段的模型方程和相应的定解条件

① 模型方程。

$$\frac{\partial P_w}{\partial t'} = \frac{D_e}{\varepsilon}\left[\frac{1}{r^2} \times \frac{\partial}{\partial r}\left(r \frac{\partial P_w}{\partial r}\right) + \frac{1}{r^2 \sin\theta} \times \frac{\partial}{\partial \theta}\left(\sin\theta \frac{\partial P_w}{\partial \theta}\right) + \frac{1}{r^2 \sin\theta} \times \frac{\partial^2 P_w}{\partial \varphi}\right]$$
$$+ \frac{T_1}{\varepsilon}\nabla P_w \cdot \nabla(D_e/T_1) + \frac{P_w}{T_1} \times \frac{\partial T_1}{\partial t'} - \frac{RT_1}{\varepsilon M_w} \times \frac{\partial C_s}{\partial t'}$$
$$(0 < r < R, 0 < \theta < 2\pi, 0 < \varphi < \pi) \tag{2.214}$$

$$\frac{\partial T_1}{\partial t'} = a_1^2\left[\frac{1}{r^2} \times \frac{\partial}{\partial r}\left(r \frac{\partial T_1}{\partial r}\right) + \frac{1}{r^2 \sin\theta} \times \frac{\partial}{\partial \theta}\left(\sin\theta \frac{\partial T_1}{\partial \theta}\right) + \frac{1}{r^2 \sin\theta} \times \frac{\partial^2 T_1}{\partial \varphi}\right]$$
$$+ \frac{c_w D_e M_w}{\rho_{1e} c_{1e} RT_1}(\nabla P_w \cdot \nabla T_1) + \frac{\Delta H_v}{\rho_{1e} c_{1e}} \times \frac{\partial C_s}{\partial t'}$$
$$(0 < r < R, 0 < \theta < 2\pi, 0 < \varphi < \pi) \tag{2.215}$$

② 初始条件。当 $t' = 0$ 时，

$$T_1(r, \theta, \varphi, t') = T_1(r, \theta, \varphi, \tau) \quad (0 \leqslant r \leqslant R, 0 \leqslant \theta \leqslant 2\pi, 0 \leqslant \varphi \leqslant \pi) \tag{2.216}$$

$$P_w(r, \theta, \varphi, t') = P_w(r, \theta, \varphi, \tau) \quad (0 \leqslant r \leqslant R, 0 \leqslant \theta \leqslant 2\pi, 0 \leqslant \varphi \leqslant \pi) \tag{2.217}$$

$$C_s(r, \theta, \varphi, t') = C_s(r, \theta, \varphi, \tau) \quad (0 \leqslant r \leqslant R, 0 \leqslant \theta \leqslant 2\pi, 0 \leqslant \varphi \leqslant \pi) \tag{2.218}$$

③ 边界条件。当 $r = R$ 时，

$$P_w = P_{lw} \tag{2.219}$$

$$\sigma F_a \beta_a (T_a^4 - T_1^4) + \sigma F_b \beta_b (T_b^4 - T_1^4) = k_{1e} \frac{\partial T_1}{\partial r} \tag{2.220}$$

当 $r = 0$ 时，

$$\frac{\partial P_w}{\partial r} = 0 \tag{2.221}$$

$$\frac{\partial T_1}{\partial r} = 0 \tag{2.222}$$

3. 圆柱形物料冻干过程的数学模型

未切分的芦笋和人参等物料，其形状均可看作圆柱体，对它们进行整体干燥有利于保持营养，提高产品的价值。由于物料为圆柱形，故模型方程均采用柱坐标 (r, θ, z) 形式，在适当的加热条件下，圆柱形物料的升华界面 Γ 可近似看成一个圆柱面。记 R 为圆柱形物料的底半径；$2l$ 为圆柱形物料的长；$s_1(t)$ 为 t 时刻升华界面 Γ 的侧面到物料表面侧面的距离；$s_2(t)$ 为 t 时刻升华界面 Γ 的底面到物料表面底面的距离。

（1）干燥层内的模型方程

$$\frac{\partial P_\mathrm{w}}{\partial t}=\frac{D_\mathrm{e}}{\varepsilon}\left(\frac{\partial^2 P_\mathrm{w}}{\partial r^2}+\frac{1}{r}\times\frac{\partial P_\mathrm{w}}{\partial r}+\frac{1}{r^2}\times\frac{\partial^2 P_\mathrm{w}}{\partial\theta^2}+\frac{\partial^2 P_\mathrm{w}}{\partial z^2}\right)$$
$$+\frac{T_1}{\varepsilon}\nabla P_\mathrm{w}\cdot\nabla(D_\mathrm{e}/T_1)+\frac{P_\mathrm{w}}{T_1}\times\frac{\partial T_1}{\partial t}-\frac{RT_1}{\varepsilon M_\mathrm{w}}\times\frac{\partial C_\mathrm{s}}{\partial t}$$
$$(R-s_1(t)<r<R,0<\theta<2\pi,0<z<l)\bigcup(0<r<R-s_1(t),0<\theta<2\pi,l-s_2(t)<z<l)$$

$$(2.223)$$

$$\frac{\partial T_1}{\partial t}=a_1^2\left(\frac{\partial^2 T_1}{\partial r^2}+\frac{1}{r}\times\frac{\partial T_1}{\partial r}+\frac{1}{r^2}\times\frac{\partial^2 T_1}{\partial\theta^2}+\frac{\partial^2 T_1}{\partial z^2}\right)$$
$$+\frac{c_\mathrm{w}D_\mathrm{e}M_\mathrm{w}}{\rho_{1\mathrm{e}}c_{1\mathrm{e}}RT_1}(\nabla P_\mathrm{w}\cdot\nabla T_1)+\frac{\Delta H_\mathrm{v}}{\rho_{1\mathrm{e}}c_{1\mathrm{e}}}\times\frac{\partial C_\mathrm{s}}{\partial t}$$
$$(R-s_1(t)<r<R,0<\theta<2\pi,0<z<l)\bigcup(0<r<R-s_1(t),0<\theta<2\pi,l-s_2(t)<z<l)$$

$$(2.224)$$

其中，

$$\nabla P_\mathrm{w}=\frac{\partial P_\mathrm{w}}{\partial r}\boldsymbol{e}_r+\frac{1}{r}\times\frac{\partial P_\mathrm{w}}{\partial\theta}\boldsymbol{e}_\theta+\frac{\partial P_\mathrm{w}}{\partial z}\boldsymbol{e}_z \tag{2.225}$$

$$\nabla(D_\mathrm{e}/T_1)=\frac{\partial(D_\mathrm{e}/T_1)}{\partial r}\boldsymbol{e}_r+\frac{1}{r}\times\frac{\partial(D_\mathrm{e}/T_1)}{\partial\theta}\boldsymbol{e}_\theta+\frac{\partial(D_\mathrm{e}/T_1)}{\partial z}\boldsymbol{e}_z \tag{2.226}$$

$$\nabla T_1=\frac{\partial T_1}{\partial r}\boldsymbol{e}_r+\frac{1}{r}\times\frac{\partial T_1}{\partial\theta}\boldsymbol{e}_\theta+\frac{\partial T_1}{\partial z}\boldsymbol{e}_z \tag{2.227}$$

式中，$\boldsymbol{e}_r$，$\boldsymbol{e}_\theta$，$\boldsymbol{e}_z$ 分别为柱坐标系中 r 方向、θ 方向和 z 方向的单位向量。

(2) 冻结层的模型方程

$$\frac{\partial T_2}{\partial t}=a_2^2\left(\frac{\partial^2 T_2}{\partial r^2}+\frac{1}{r}\times\frac{\partial T_2}{\partial r}+\frac{1}{r^2}\times\frac{\partial^2 T_2}{\partial\theta^2}+\frac{\partial^2 T_2}{\partial z^2}\right)$$
$$(0<r<R-s_1(t),0<\theta<2\pi,0<z<l-s_2(t)) \tag{2.228}$$

(3) 升华界面处的模型方程

① 在升华界面 Γ 的侧面处满足：

$$\Delta H_\mathrm{s}(\rho_2-\rho_{1\mathrm{e}})\frac{\mathrm{d}s_1(t)}{\mathrm{d}t}=k_2\frac{\partial T_2}{\partial r}-k_1\frac{\partial T_1}{\partial r}$$
$$(r=R-s_1(t),0<\theta<2\pi,0<z<l-s_2(t)) \tag{2.229}$$

② 在升华界面 Γ 的底面处满足：

$$\Delta H_\mathrm{s}(\rho_2-\rho_{1\mathrm{e}})\frac{\mathrm{d}s_2(t)}{\mathrm{d}t}=k_2\frac{\partial T_2}{\partial z}-k_1\frac{\partial T_1}{\partial z}$$
$$(z=l-s_2(t),0<\theta<2\pi,0<r<R-s_1(t)) \tag{2.230}$$

(4) 初始条件与边界条件

① 初始条件。当 $t=0$ 时，

$$T_1=T_\Gamma=T_2=T^0 \quad (0\leqslant r\leqslant R,0\leqslant\theta\leqslant 2\pi,-\frac{l}{2}\leqslant z\leqslant\frac{l}{2}) \tag{2.231}$$

$$C_\mathrm{s}=C_\mathrm{s}^0 \quad (0\leqslant r\leqslant R,0\leqslant\theta\leqslant 2\pi,-\frac{l}{2}\leqslant z\leqslant\frac{l}{2}) \tag{2.232}$$

$$P_\mathrm{w}=P_\mathrm{w}^0 \quad (0\leqslant r<R,0\leqslant\theta\leqslant 2\pi,-\frac{l}{2}\leqslant z\leqslant\frac{l}{2}) \tag{2.233}$$

$$P_w = 0 \quad (r = R, 0 \leqslant \theta \leqslant 2\pi, -\frac{l}{2} \leqslant z \leqslant \frac{l}{2}) \tag{2.234}$$

② 边界条件。

$$P_w = P_{1w} \quad (r = R \text{ 或 } z = \pm\frac{l}{2}) \tag{2.235}$$

$$\begin{cases} \sigma F_a \beta_a (T_a^4 - T_1^4) + \sigma F_b \beta_b (T_b^4 - T_1^4) = k_{1e} \dfrac{\partial T_1}{\partial r} & (r = R) \\[4mm] \sigma F_a \beta_a (T_a^4 - T_1^4) = k_{1e} \dfrac{\partial T_1}{\partial r} & (z = \dfrac{l}{2}) \\[4mm] \sigma F_b \beta_b (T_b^4 - T_1^4) = k_{1e} \dfrac{\partial T_1}{\partial r} & (z = -\dfrac{l}{2}) \end{cases} \tag{2.236}$$

当 $r = 0$ 时，

$$\frac{\partial T_2}{\partial r} = 0 \tag{2.237}$$

当 $r = R - s_1(t)$ 或 $z = \pm(l/2 - s_2(t))$ 时，即在升华界面 Γ 上，

$$T_1 = T_\Gamma = T_2 \tag{2.238}$$

$$P_w = 1332.32 \exp\left\{23.9936 - 2.19\frac{\Delta H_s}{T_\Gamma}\right\} \tag{2.239}$$

(5) 解析阶段的模型方程和相应的定解条件

① 模型方程。

$$\begin{aligned} \frac{\partial P_w}{\partial t'} = &\frac{D_e}{\varepsilon}\left(\frac{\partial^2 P_w}{\partial r^2} + \frac{1}{r} \times \frac{\partial P_w}{\partial r} + \frac{1}{r^2} \times \frac{\partial^2 P_w}{\partial \theta^2} + \frac{\partial^2 P_w}{\partial z^2}\right) \\ &+ \frac{T_1}{\varepsilon}\nabla P_w \cdot \nabla(D_e/T_1) + \frac{P_w}{T_1} \times \frac{\partial T_1}{\partial t'} - \frac{RT_1}{\varepsilon M_w} \times \frac{\partial C_s}{\partial t'} \\ &(0 < r < R, 0 < \theta < 2\pi, -\frac{l}{2} < z < \frac{l}{2}) \end{aligned} \tag{2.240}$$

$$\begin{aligned} \frac{\partial T_1}{\partial t'} = &a_1^2\left(\frac{\partial^2 T_1}{\partial r^2} + \frac{1}{r} \times \frac{\partial T_1}{\partial r} + \frac{1}{r^2} \times \frac{\partial^2 T_1}{\partial \theta^2} + \frac{\partial^2 T_1}{\partial z^2}\right) \\ &+ \frac{c_w D_e M_w}{\rho_{1e} c_{1e} RT_1}(\nabla P_w \cdot \nabla T_1) + \frac{\Delta H_v}{\rho_{1e} c_{1e}}\frac{\partial C_s}{\partial t'} \\ &(0 < r < R, 0 < \theta < 2\pi, -\frac{l}{2} < z < \frac{l}{2}) \end{aligned} \tag{2.241}$$

② 初始条件。当 $t' = 0$ 时，

$$T_1(r, \theta, \varphi, t') = T_1(r, \theta, \varphi, \tau) \quad (0 < r < R, 0 < \theta < 2\pi, -\frac{l}{2} < z < \frac{l}{2}) \tag{2.242}$$

$$P_w(r, \theta, \varphi, t') = p_w(r, \theta, \varphi, \tau) \quad (0 < r < R, 0 < \theta < 2\pi, -\frac{l}{2} < z < \frac{l}{2}) \tag{2.243}$$

$$C_s(r, \theta, \varphi, t') = C_s(r, \theta, \varphi, \tau) \quad (0 < r < R, 0 < \theta < 2\pi, -\frac{l}{2} < z < \frac{l}{2}) \tag{2.244}$$

③ 边界条件。当 $r = R$ 或 $z = \pm\frac{l}{2}$ 时，

$$P_{\mathrm{w}} = P_{\mathrm{lw}} \tag{2.245}$$

$$\sigma F_{\mathrm{a}}\beta_{\mathrm{a}}(T_{\mathrm{a}}^4 - T_1^4) + \sigma F_{\mathrm{b}}\beta_{\mathrm{b}}(T_{\mathrm{b}}^4 - T_1^4) = k_{1\mathrm{e}}\frac{\partial T_1}{\partial r} \tag{2.246}$$

当 $r = 0$ 时，

$$\frac{\partial P_{\mathrm{w}}}{\partial r} = 0 \tag{2.247}$$

$$\frac{\partial T_1}{\partial r} = 0 \tag{2.248}$$

4. 条形物料冻干过程的数学模型

在对物料进行冻干时，经常将物料切分成条形，如休闲食品中的薯条、蜜瓜条等。对于细长的条形物料，由于端面尺寸与长度相比较小，故可忽略端面的传热传质，这时模型方程可简化为二维模型。

下面给出截面为正方形的条形物料的冻干数学模型，记 $2l$ 为截面正方形的边长，$s(t)$ 为 t 时刻升华界面到物料表面的距离。

（1）干燥层的模型方程

$$\frac{\partial P_{\mathrm{w}}}{\partial t} = \frac{D_{1\mathrm{e}}}{\varepsilon}\left(\frac{\partial^2 P_{\mathrm{w}}}{\partial x^2} + \frac{\partial^2 P_{\mathrm{w}}}{\partial y^2}\right)$$

$$- \frac{D_{1\mathrm{e}}}{\varepsilon T_1}\left(\frac{\partial P_{\mathrm{w}}}{\partial x}\times\frac{\partial T_1}{\partial x} + \frac{\partial P_{\mathrm{w}}}{\partial y}\times\frac{\partial T_1}{\partial y}\right) + \frac{P_{\mathrm{w}}}{T_1}\times\frac{\partial T_1}{\partial t} - \frac{RT_1}{\varepsilon M_{\mathrm{w}}}\times\frac{\partial C_{\mathrm{s}}}{\partial t}$$

$$(x,y)\in Q_1\bigcup Q_2\bigcup Q_3 \tag{2.249}$$

$$\frac{\partial T_1}{\partial t} = a_1^2\left(\frac{\partial^2 T_1}{\partial x^2} + \frac{\partial^2 T_1}{\partial y^2}\right)$$

$$+ \frac{c_{\mathrm{w}}D_{1\mathrm{e}}M_{\mathrm{w}}}{\rho_{1\mathrm{e}}c_{1\mathrm{e}}RT_1}\left(\frac{\partial P_{\mathrm{w}}}{\partial x}\times\frac{\partial T_1}{\partial x} + \frac{\partial P_{\mathrm{w}}}{\partial y}\times\frac{\partial T_1}{\partial y}\right) + \frac{\Delta H_{\mathrm{v}}}{\rho_{1\mathrm{e}}c_{1\mathrm{e}}}\times\frac{\partial C_{\mathrm{s}}}{\partial t}$$

$$(x,y)\in Q_1\bigcup Q_2\bigcup Q_3 \tag{2.250}$$

（2）冻结层的模型方程

$$\frac{\partial T_2}{\partial t} = a_2^2\left(\frac{\partial^2 T_2}{\partial x^2} + \frac{\partial^2 T_2}{\partial y^2}\right), (x,y)\in Q_4 \tag{2.251}$$

其中，

$$Q_1 = \{(x,y)\,|\,0<x<l-s(t), l-s(t)<y<l\}$$
$$Q_2 = \{(x,y)\,|\,l-s(t)<x<l, 0<y<l-s(t)\}$$
$$Q_3 = \{(x,y)\,|\,l-s(t)<x<l, l-s(t)<y<l\}$$
$$Q_4 = \{(x,y)\,|\,0<x<l-s(t), 0<y<l-s(t)\}$$

（3）升华界面处的模型方程

$$\Delta H_{\mathrm{s}}(\rho_2 - \rho_{1\mathrm{e}})\frac{\mathrm{d}s(t)}{\mathrm{d}t} = k_2\frac{\partial T_2}{\partial x} - k_1\frac{\partial T_1}{\partial x} \quad (x = l-s(t)) \tag{2.252}$$

$$\Delta H_{\mathrm{s}}(\rho_2 - \rho_{1\mathrm{e}})\frac{\mathrm{d}s(t)}{\mathrm{d}t} = k_2\frac{\partial T_2}{\partial y} - k_1\frac{\partial T_1}{\partial y} \quad (y = l-s(t)) \tag{2.253}$$

（4）初始条件与边界条件

① 初始条件。当 $t = 0$ 时，

$$T_1 = T_\Gamma = T_2 = T^0 \quad (0 \leqslant x \leqslant l, 0 \leqslant y \leqslant l) \tag{2.254}$$

$$C_s = C_s^0 \quad (0 \leqslant x \leqslant l, 0 \leqslant y \leqslant l) \tag{2.255}$$

$$P_w = P_w^0 \quad (x = l \text{ 或 } y = l) \tag{2.256}$$

$$P_w = 0 \quad (0 \leqslant x < l, 0 \leqslant y < l) \tag{2.257}$$

② 边界条件。当 $x = 0$ 时，

$$\frac{\partial T_1}{\partial x} = 0, \frac{\partial P_w}{\partial x} = 0 \tag{2.258}$$

当 $y = 0$ 时，

$$\frac{\partial T_1}{\partial y} = 0, \frac{\partial P_w}{\partial y} = 0 \tag{2.259}$$

当 $x = l$ 时，

$$P_w = P_{lw} \tag{2.260}$$

$$\sigma F_a \beta_a (T_a^4 - T_1^4) + \sigma F_b \beta_b (T_b^4 - T_1^4) = k_{1e} \frac{\partial T_1}{\partial x} \tag{2.261}$$

当 $y = l$ 时，

$$P_w = P_{lw} \tag{2.262}$$

$$\sigma F_a \beta_a (T_a^4 - T_1^4) + \sigma F_b \beta_b (T_b^4 - T_1^4) = k_{1e} \frac{\partial T_1}{\partial y} \tag{2.263}$$

当 $x = l - s(t)$ 或 $y = l - s(t)$ 时，

$$T_1 = T_\Gamma = T_2 \tag{2.264}$$

$$P_w = 1332.32 \exp\left\{23.9936 - 2.19 \frac{\Delta H_s}{T_\Gamma}\right\} \tag{2.265}$$

(5) 解析阶段的模型方程和相应的定解条件

① 模型方程。

$$\frac{\partial P_w}{\partial t'} = \frac{D_{1e}}{\varepsilon}\left(\frac{\partial^2 P_w}{\partial x^2} + \frac{\partial^2 P_w}{\partial y^2}\right) - \frac{D_{1e}}{\varepsilon T_1}\left(\frac{\partial P_w}{\partial x} \times \frac{\partial T_1}{\partial x} + \frac{\partial P_w}{\partial y} \times \frac{\partial T_1}{\partial y}\right) + \frac{P_w}{T_1} \times \frac{\partial T_1}{\partial t'} - \frac{RT_1}{\varepsilon M_w} \times \frac{\partial C_s}{\partial t'} \tag{2.266}$$

$$\frac{\partial T_1}{\partial t'} = a_1^2\left(\frac{\partial^2 T_1}{\partial x^2} + \frac{\partial^2 T_1}{\partial y^2}\right) + \frac{c_w D_{1e} M_w}{\rho_{1e} c_{1e} RT_1}\left(\frac{\partial P_w}{\partial x} \times \frac{\partial T_1}{\partial x} + \frac{\partial P_w}{\partial y} \times \frac{\partial T_1}{\partial y}\right) + \frac{\Delta H_v}{\rho_{1e} c_{1e}} \times \frac{\partial C_s}{\partial t'} \tag{2.267}$$

② 初始条件。当 $t' = 0$ 时，

$$T_1(x, y, t') = T_1(x, y, \tau) \quad (0 < x, y < l) \tag{2.268}$$

$$P_w(x, y, t') = p_w(x, y, \tau) \quad (0 < x, y < l) \tag{2.269}$$

$$C_s(x, y, t') = C_s(x, y, \tau) \quad (0 < x, y < l) \tag{2.270}$$

③ 边界条件。当 $x = 0$ 时，

$$\frac{\partial T_1}{\partial x} = 0, \frac{\partial P_w}{\partial x} = 0 \tag{2.271}$$

当 $y = 0$ 时，

$$\frac{\partial T_1}{\partial y} = 0, \frac{\partial P_w}{\partial y} = 0 \tag{2.272}$$

当 $x = l$ 时，

$$P_w = P_{lw} \tag{2.273}$$

$$\sigma F_a \beta_a (T_a^4 - T_1^4) + \sigma F_b \beta_b (T_b^4 - T_1^4) = k_{1e} \frac{\partial T_1}{\partial x} \tag{2.274}$$

当 $y = l$ 时，

$$P_w = P_{lw} \tag{2.275}$$

$$\sigma F_a \beta_a (T_a^4 - T_1^4) + \sigma F_b \beta_b (T_b^4 - T_1^4) = k_{1e} \frac{\partial T_1}{\partial y} \tag{2.276}$$

十三、真空冷冻干燥过程的 Stefan（斯忒藩）问题

1. Stefan 问题简介

Stefan 问题是一个考虑到相转换且具有移动界面的热传导问题，它的提出和讨论可以追溯到一个多世纪以前。1890 年，Stefan 最早研究了具有"移动边界"的极地冰帽的融化问题，后来人们把该类问题就称为 Stefan 问题。在工程中经常遇到的比如土壤中水分扩散、结冰与融化以及氧气的扩散等都是边界在不断变化的问题，都可归结为移动边界问题。

Stefan 问题数学上是一个非线性问题，即使其控制方程是线性的，如线性热传导方程，但是由于区域边界或部分边界是未知的（运动的），其边界条件是非线性的。由于 Stefan 问题的非线性特性，解不能进行叠加，因此要寻求问题的解析解相当困难，特别是二维以上的高维问题。虽然针对一维问题一些作者给出了解析解，但是总的趋势是倾向于数值解法和近似解法。从理论上说，一些离散化的方法，如有限差分法、有限元法、边界元法、加权残数法等，都可以直接应用于 Stefan 问题的求解。但由于移动边界的存在，有限元法和边界元法的应用目前仍相当少，因此数值方法中仍以有限差分法为主。

2. 冻干过程的 Stefan 问题

在冷冻干燥过程中，其冻结阶段和升华阶段都是存在相变且具有移动相变界面的问题，故它们都属于 Stefan 问题的范畴。冻结阶段只考虑传热，传质现象一般不予考虑，这与传统的 Stefan 问题是一致的，因此它的解的性质与求解方法与数学上的 Stefan 问题是相同的。而升华阶段过程中，在冻结层中存在传热现象，在干燥层中同时存在传热和传质现象，相变也变得更加复杂，同时存在固-液-气三相的转化，有被冻结的水分升华为水蒸气，还有未冻结的水分（结合水）蒸发为水蒸气，因此升华阶段的热质传递问题已超出了传统的 Stefan 问题，可称其为广义的 Stefan 问题。到现在为止，还未有人对升华过程 Stefan 问题的解的存在性、唯一性和稳定性从数学上给出严格的证明，这是一个很大的缺陷。其主要原因是研究的难度很大，另外就是这类问题还未引起数学家的足够重视。

美国斯坦福大学的数学教授 J. B. Keller 在 1976 年提出：一对问题称为互逆的，如果一个问题的构成需要另一个问题解的部分信息。把其中的一个称为正问题，另一个就称为逆问题或反问题。用系统论的语言来描述就是：正问题是指给定系统在已知输入条件下求输出的结果；而反问题是由输出结果的部分信息来确定系统的某些结构特征的问题。医学上的 CT 成像就是反问题的一个典型应用。

在对数学物理逆问题的求解过程中，所面临的主要困难是：①原始数据可能不属于所论问题精确解对应的数据集合，因而，在经典意义下的近似解可能不存在；②近似解的不稳定

性，即原始资料的微小的观测误差会导致近似解与真解的严重偏离，但这种误差在实际中是不可避免的。这是由于反问题常常是不适定的，若不采用特殊的方法求解，将得不到合理的解答或答案。

目前，关于数学物理逆问题的数值求解方法已出现了很多，如脉冲谱技术、广义脉冲谱技术、摄动法、蒙特卡罗法、优化法和正则化方法等，其中正则化方法是在适用上最普遍、在理论上最完备且行之有效的方法，它是在 20 世纪 60 年代初由苏联著名学者吉洪诺夫（Tikhonov）以第一类积分算子方程为基本数学框架建立的。正则化方法的基本思想是：用一族与原问题相邻近的适定问题的解去逼近原问题的解。这种方法一经提出就引起数学界的广泛关注，许多学者纷纷使用正则化方法来求解反问题或不适定问题，得到了满意的结果，并在此基础上发展了一系列简单易行的正则化方法，如简化的 Tikhonov 正则化方法、Fourier 正则化方法等。

3. Stefan 问题数值求解的常用方法

（1）固定步长的方法　由于空间变量和时间变量的步长是固定的，因此移动界面位置一般都不在网格节点上。例如下面的一维单相 Stefan 问题：

$$\begin{cases} u_t = u_{xx} & (0 < x < s(t)) \\ u_x(0,t) = -1 & (t > 0) \\ u(s(t),t) = 0 & (t > 0) \\ s(0) = 0 \\ \dfrac{\partial u(x,t)}{\partial x}\Big|_{x=s(t)} = -\dfrac{\mathrm{d}s(t)}{\mathrm{d}t} \end{cases} \tag{2.277}$$

先将 $\dfrac{\partial u(x,t)}{\partial x}\Big|_{x=s(t)} = -\dfrac{\mathrm{d}s(t)}{\mathrm{d}t}$ 化为如下等价的积分形式：

$$s(t) = t - \int_0^{s(t)} u(x,t)\mathrm{d}x \tag{2.278}$$

令 $N = \left[\dfrac{s(t_n)}{h}\right]$，其中，$[\cdot]$ 表示取整函数，h 为空间变量的步长。

当 $i = 1, 2, \cdots, N-1$ 时，方程的隐式格式为

$$\frac{u_i^{n+1} - u_i^n}{\tau} = \frac{u_{i-1}^{n+1} - 2u_i^{n+1} + u_{i+1}^{n+1}}{h^2} \tag{2.279}$$

式中，τ 为时间变量步长。

通过三点抛物插值法，可得节点 N 处差分格式为

$$\frac{u_N^{n+1} - u_N^n}{\tau} = \frac{2}{h}\left[\frac{u_{N-1}^{n+1}}{s(t_{n+1}) - (N-1)h} - \frac{u_N^{n+1}}{s(t_{n+1}) - Nh}\right] \tag{2.280}$$

边界条件的离散形式为

$$u_1^{n+1} - u_0^{n+1} = -h \tag{2.281}$$

再根据定积分的矩形积分公式可将积分方程化为

$$s(t_{n+1}) = t_{n+1} - h\sum_{i=1}^{N-1} u_i^{n+1} - \frac{1}{2}[s(t_{n+1}) - (N-1)h]u_N^{n+1} \tag{2.282}$$

这样 Stefan 问题（2.277）数值计算迭代程序为：

① 给定一个猜测值 $s^0(t_{n+1})$；

② 通过差分方程式(2.279)～式(2.282)，求出 u_0^{n+1}，u_1^{n+1}，…，u_N^{n+1}；

③ 再由式(2.282)求出新的 $s^1(t_{n+1})$；

④ 重复步骤②和③，直到 $|s^{m+1}(t_{n+1}) - s^m(t_{n+1})| < \varepsilon$ 为止。

(2) 定空间步长变时间步长的方法　通过调节时间步长 Δt_n，使得 $s(t_{n+1}) - s(t_n)$ 正好为一个空间步长 h 的距离，这样每经过一个时间步长 Δt_n，节点个数正好增加一个，因此式(2.279)的差分方程组为

$$\frac{u_i^{n+1} - u_i^n}{\Delta t_n} = \frac{u_{i-1}^{n+1} - 2u_i^{n+1} + u_{i+1}^{n+1}}{h^2} \quad (i = 1, 2, \cdots, N) \tag{2.283}$$

$$u_{N+1}^{n+1} = 0 \tag{2.284}$$

$$s(t_{n+1}) = t_n + \Delta t_n - \sum_{i=1}^{N} u_i^{n+1} \Delta x = s(t_n) + h \tag{2.285}$$

迭代程序如下：

① 给定一个迭代值 Δt_n^0；

② 通过差分方程(2.281)、(2.283)和(2.284)求出 u_0^{n+1}，u_1^{n+1}，…，u_{N+1}^{n+1}；

③ 再由式(2.285)求出新的 Δt_n^1；

④ 重复步骤②和③，直到 $|\Delta t_n^{m+1} - \Delta t_n^m| < \varepsilon$ 为止。

(3) 定时间步长变空间步长的方法　由于定空间步长的差分格式，需要确定移动界面的位置，通常计算程序都较为复杂。采用固定的时间步长，沿 x 轴方向利用移动界面上的边界条件及能量方程计算得到的移动界面的位置作为网格节点坐标，逐步自动形成网格的划分，通过计算这些节点上的温度变化，寻找下一时间步长移动界面的位置来确定节点的坐标，从而避免了计算区域的变动带来的计算方面的复杂性。

(4) 等温边界移动方法　等温边界移动方法实际上是一种将具有移动边界的 Stefan 问题转化为固定区域的问题。考虑如下简单的一维单相 Stefan 问题：

$$\begin{cases} u_t = u_{xx} & (0 < x < s(t)) \\ u(0, t) = u_0 \\ s(0) = 0 \\ u(s(t), t) = 0 \\ \dfrac{\partial u}{\partial x}\bigg|_{x=s(t)} = -\beta \dfrac{\mathrm{d}s(t)}{\mathrm{d}t} \end{cases} \tag{2.286}$$

根据偏微分方程中极值原理，可知式(2.286)中温度 u 的变化范围为 $0 \leqslant u \leqslant u_0$。如果将 u 看作自变量，x 看作因变量，即 $x = x(u, t)$，那么式(2.286)在 (u, t) 平面上就是一个具有固定界面的半无限带形区域，这样就有利于对式(2.286)进行数值计算。这时，可将式(2.286)转化为如下的定解问题：

$$\begin{cases} \dfrac{\partial x}{\partial t} = \left(\dfrac{\partial x}{\partial u}\right)^{-2} \dfrac{\partial^2 x}{\partial u^2} & (0 < u < u_0) \\ x|_{u=0} = s(t), s(0) = 0 \\ \left(\dfrac{\partial x}{\partial u}\right)^{-1}\bigg|_{u=0} = -\beta \dfrac{\partial x}{\partial t}\bigg|_{u=0} \\ x|_{u=u_0} = 0 \end{cases} \tag{2.287}$$

对于式(2.287)采用显式差分格式即可进行数值求解。

（5）贴体坐标系方法　它的思想是利用自变量变换把运动区域变为固定区域。例如，对于上面的一维单相 Stefan 问题（2.286），x 的变化区域为 $[0,s(t)]$，通过自变量变换 $\xi = \dfrac{x}{s(t)}$，可将 Stefan 问题（2.286）转化为下面的定解问题：

$$
\begin{cases}
\dfrac{\partial u}{\partial t} = \dfrac{1}{s^2(t)} \times \dfrac{\partial^2 u}{\partial \xi^2} - \dfrac{\xi s'(t)}{s(t)} \times \dfrac{\partial u}{\partial \xi} & (0 < \xi < 1) \\[2mm]
u\big|_{\xi=0} = u_0 \\[2mm]
s(0) = 0 \\[2mm]
u\big|_{\xi=1} = 0 \\[2mm]
\dfrac{1}{s(t)} \times \dfrac{\partial u}{\partial \xi}\big|_{\xi=1} = -\beta \dfrac{\mathrm{d}s(t)}{\mathrm{d}t}
\end{cases}
\tag{2.288}
$$

对于式(2.288)采用显式差分格式即可进行数值求解。另外，贴体坐标系法对于高维 Stefan 问题也是适用的。目前，关于冷冻干燥过程数学模型的求解主要还是使用贴体坐标系法。

4. 冷冻干燥过程的逆 Stefan 问题

在冷冻干燥研究领域，如何提高冷冻干燥的速率，一直是人们关注的问题。冷冻干燥过程的正问题通常是在一定的加热条件和真空条件下，确定冻干速率、冻干时间及温度场、水蒸气分压场的分布，而反问题则是在预先设定的升华速率的基础上，通过采取适当的加热和传质方法，使被冻干的物料按照预定的升华速率进行干燥，在这里加热方法和干燥室的真空度均为未知的，是要被确定的量，这就充分体现了人们对冷冻干燥过程的控制能力，因此对冷冻干燥过程反问题的深入研究将是冷冻干燥技术未来发展的重要研究方向之一。由于冷冻干燥过程传热传质非常复杂，涉及的过程参数和控制变量很多，因而对冻干过程反问题的研究将是一条具有广阔前景但又充满挑战的工作。目前关于冻干过程反问题的研究工作还很少，在这方面 Sui Lin 做了开创性的工作，他运用热量和质量的平衡积分法对冷冻干燥过程中由传热控制的单相逆 Stefan 问题进行了研究。研究结果表明，当干燥速率按照反比于时间的平方根规律变化时，与干燥速率变化规律相适应的边界条件应该是物料表面温度和湿分浓度恒定。如果干燥速率按照其他方式变化时，则表面的热湿边界条件一定是时间的函数。

下面考虑一个由传热控制的片形物料冻干过程，经简化其模型方程为

$$
\frac{\partial T_1}{\partial t} = a_1^2 \frac{\partial^2 T_1}{\partial x^2} \quad (0 < x < s(t), t > 0)
\tag{2.289}
$$

$$
\frac{\partial T_2}{\partial t} = a_2^2 \frac{\partial^2 T_2}{\partial x^2} \quad (s(t) < x < l, t > 0)
\tag{2.290}
$$

边界条件为

$$
T_1(s(t),t) = T_2(s(t),t) = 0
\tag{2.291}
$$

$$
\frac{\mathrm{d}s(t)}{\mathrm{d}t} = \left(\lambda_2 \frac{\partial T_2}{\partial x} - \lambda_1 \frac{\partial T_1}{\partial x} \right)\Big|_{x=s(t)}
\tag{2.292}
$$

$$
T_1(0,t) = v(t)
\tag{2.293}
$$

$$
\frac{\partial T_2}{\partial x}\Big|_{x=l} = 0
\tag{2.294}
$$

初始条件为

$$s(0)=b \tag{2.295}$$

$$T_1(x,0)=T_1^0(x) \quad (0<x<b) \tag{2.296}$$

$$T_2(x,0)=T_2^0(x) \quad (b<x<l) \tag{2.297}$$

式中，$s(t)$，$T_1^0(x)$，$T_2^0(x)$ 为给定的连续可微函数；$v(t)$ 是未知函数。

现在的问题是：对于预先设定的升华界面 $s(t)$ 的移动方式，来确定加热方法 $v(t)$，使问题式(2.277)～式(2.285)在相应的区间上存在连续解 $T_1(x,t)$ 和 $T_2(x,t)$。这是一个两相逆 Stefan 问题，下面使用 Tikhonov 正则化方法对其进行求解。

(1) $v(t)$ 满足的卷积型积分方程　令 $E(x,t)=\dfrac{1}{2\sqrt{\pi t}}\exp\left\{-\dfrac{x^2}{4t}\right\}$

$K(x,t,\xi,\tau)=E(x-\xi,t-\tau)$

$G(x,t,\xi,\tau)=E(x-\xi,a_1^2(t-\tau))-E(x+\xi,a_1^2(t-\tau))$

$N(x,t,\xi,\tau)=E(x-\xi,a_2^2(t-\tau))-E(x+\xi-2l,a_2^2(t-\tau))$

$$a_1^2\frac{\partial}{\partial \xi}\left(G\frac{\partial T_1}{\partial \xi}-T_1\frac{\partial G}{\partial \xi}\right)-\frac{\partial}{\partial \tau}(GT_1)=0 \tag{2.298}$$

在区域 $0<\varepsilon<\tau<t-\varepsilon$，$0<\xi<s(t)$ 上对式(2.298)两边进行积分，并令 $\varepsilon\to0$ 可得

$$T_1(x,t)=\int_0^b T_1^0(\xi)G(x,t;\xi,0)\mathrm{d}\xi+a_1^2\int_0^t v(\tau)\frac{\partial G}{\partial \xi}(x,t;0,\tau)\mathrm{d}\tau$$
$$-a_1^2\int_0^t \frac{\partial T_1}{\partial \xi}(s(\tau),\tau)G(x,t;s(\tau),\tau)\mathrm{d}\tau \tag{2.299}$$

类似可得

$$T_2(x,t)=\int_b^L T_2^0(\xi)N(x,t;\xi,0)\mathrm{d}\xi$$
$$-a_2^2\int_0^t \frac{\partial T_2}{\partial \xi}(s(\tau),\tau)N(x,t;s,(\tau),\tau)\mathrm{d}\tau \tag{2.300}$$

对式(2.299)和式(2.300)分别取极限 $x\to s(t)-0$ 和 $x\to s(t)+0$ 可得

$$\int_0^t v(\tau)\frac{\partial G}{\partial \xi}(s(t),t;0,\tau)\mathrm{d}\tau=\int_0^t \frac{\partial T_1}{\partial \xi}(s(\tau),\tau)G(s(t),t;s(\tau),\tau)\mathrm{d}\tau$$
$$-\frac{1}{a_1^2}\int_0^b T_1^0(\xi)G(s(t),t;\xi,0)\mathrm{d}\xi \tag{2.301}$$

$$\int_0^t \frac{\partial T_2}{\partial \xi}(s(\tau),\tau)N(s(t),t;s(\tau),\tau)\mathrm{d}\tau=\frac{1}{a_2^2}\int_b^L T_2^0(\xi)N(s(t),t;\xi,0)\mathrm{d}\xi \tag{2.302}$$

方程 (2.301) 和 (2.302) 均为第一类线性 Volterra 型积分方程，下面再将式(2.301)转化为卷积型方程，将式(2.302)转化为第二类线性 Volterra 型积分方程。

记：$w_1(t)=\dfrac{\partial T_1}{\partial x}(s(t),t)$

$w_2(t)=\dfrac{\partial T_2}{\partial x}(s(t),t)$

对方程 (2.300) 两边关于 x 求导，并令 $x\to s(t)+0$ 可得

$$w_2(t) = 2\int_b^L \frac{\partial T_2^0}{\partial \xi} N(s(t), t; \xi, 0)\mathrm{d}\xi \tag{2.303}$$

$$+ 2a_2^2\int_0^t w_2(\tau)\frac{\partial}{\partial x}N(s(t), t; s(\tau), \tau)\mathrm{d}\tau$$

将式(2.299)改写为如下形式：

$$a_1^2\int_0^t v(\tau)\frac{\partial G}{\partial \xi}(x, t; 0, \tau)\mathrm{d}\tau = T_1(x, t) - \int_0^b T_1^0(\xi)G(x, t; \xi, 0)\mathrm{d}\xi \tag{2.304}$$

$$+ a_1^2\int_0^t w_1(\tau)G(x, t; s(\tau), \tau)\mathrm{d}\tau$$

记：

$$U(x, t) = a_1^2\int_0^t v(\tau)\frac{\partial}{\partial \xi}G(x, t; 0, \tau)$$

$$= \frac{1}{2a_1\sqrt{\pi}}\int_0^t \frac{x}{(t-\tau)^{3/2}}\exp\left(-\frac{x^2}{4a_1^2(t-\tau)}\right)v(\tau)\mathrm{d}\tau \tag{2.305}$$

$$g(x, t) = T_1(x, t) - \int_0^b T_1^0(\xi)G(x, t; \xi, 0)\mathrm{d}\xi$$

$$- a_1^2\int_0^t w_1(\tau)G(x, t; s(\tau), \tau)\mathrm{d}\tau \tag{2.306}$$

$$U_0(t) = \lim_{x \to s(t)-0} g(x, t) \tag{2.307}$$

$$U_1(t) = \lim_{x \to s(t)-0} \frac{\partial g(x, t)}{\partial x} \tag{2.308}$$

计算可得，$U(x, t)$ 满足如下问题：

$$\begin{cases} U_t = a_1^2 U_{xx} \\ U(x, 0) = 0 \\ U(s(t), t) = U_0(t) \\ U_x(s(t), t) = U_1(t) \end{cases} \tag{2.309}$$

由式(2.301)可得

$$U_0(t) = a_1^2\int_0^t w_1(\tau)G(s(t), t; s(\tau), \tau)\mathrm{d}\tau - \int_0^b T_1^0(\xi)G(s(t), t; \xi, 0)\mathrm{d}\xi$$

对式(2.305)两边关于 x 求导，并令 $x \to s(t) - 0$ 可得

$$U_1(t) = \left(1 - \frac{a_1^2}{2}\right)w_1(\tau) - a_1^2\int_0^t w_1(\tau)\frac{\partial}{\partial x}G(s(t), t; s(\tau), \tau)\mathrm{d}\tau \tag{2.310}$$

$$- \int_0^b T_1^0(\xi)\frac{\partial}{\partial x}G(s(t), t; \xi, 0)\mathrm{d}\xi$$

对等式

$$a_1^2\frac{\partial}{\partial \xi}\left(K\frac{\partial U}{\partial \xi} - U\frac{\partial K}{\partial \xi}\right) - \frac{\partial}{\partial \tau}(KU) = 0$$

进行积分可得

$$U(x, t) = a_1^2\int_0^t U_0(\tau)\frac{\partial K}{\partial \xi}(x, t; s(\tau), 0)\mathrm{d}\tau$$

$$- a_1^2\int_0^t K(x, t; s(\tau), \tau)(U_1(\tau) + s'(\tau)U_0(\tau))\mathrm{d}\tau \tag{2.311}$$

在式（2.311）中取 $x=L$ 可得

$$\frac{1}{2\sqrt{\pi}}\int_0^t \frac{L}{(t-\tau)^{3/2}}\exp\left(-\frac{L^2}{4a_1^2(t-\tau)}\right)v(\tau)\mathrm{d}\tau$$

$$= a_1^3\int_0^t U_0(\tau)\frac{\partial K}{\partial \xi}(L,t;s(\tau),0)\mathrm{d}\tau \tag{2.312}$$

$$- a_1^3\int_0^t K(L,t;s(\tau),\tau)(U_1(\tau)+s'(\tau)U_0(\tau))\mathrm{d}\tau$$

方程（2.312）就是关于 $v(t)$ 的卷积方程，为了简洁，再令：

$$\alpha(t)=\begin{cases}\dfrac{1}{2\sqrt{\pi}}t^{-3/2}\exp\left(-\dfrac{L^2}{4a_1^2 t}\right) & (t>0)\\[2mm] 0 & (t\leqslant 0)\end{cases}$$

$$F(t)=\begin{cases}\dfrac{a_1^3}{\sqrt{2\pi}}\int_0^t\left[U_0(\tau)\dfrac{\partial K}{\partial \xi}(L,t;s(\tau),0)-K(L,t;s(\tau),\tau)(U_1(\tau)+s'(\tau)U_0(\tau))\right]\mathrm{d}\tau & (t>0)\\[2mm] 0 & (t\leqslant 0)\end{cases}$$

则有

$$(\alpha * v)(t)=F(t)(t\in R) \tag{2.313}$$

这里 "$*$" 表示卷积运算符。

（2）Fourier 正则化方法　下面通过 Fourier 正则化方法来构造以上方程的正则解族，并从中选出贴近于该方程的真解的正则解。

对 $\alpha(t)$ 进行 Fourier 变换可得

$$\hat{\alpha}(t)=\frac{1}{\sqrt{2\pi}}\int_{-\infty}^{+\infty}\alpha(x)\mathrm{e}^{-ixt}\mathrm{d}x=\frac{1}{\sqrt{2\pi}}\int_0^{+\infty}\alpha(x)\mathrm{e}^{-ixt}\mathrm{d}x$$

$$=\frac{1}{2\pi\sqrt{2}}\int_0^{+\infty}x^{-3/2}\mathrm{e}^{-\frac{L^2}{4a_1^2 t}}\cdot\mathrm{e}^{-ixt}\mathrm{d}x=\frac{a_1}{L\sqrt{2\pi}}\mathrm{e}^{-\frac{L\sqrt{it}}{a_1}} \tag{2.314}$$

其中，$\sqrt{it}=\sqrt{|t|}\,\mathrm{e}^{i\frac{\pi}{4}\mathrm{sgn}(t)}$

复数 $\hat{\alpha}(t)$ 的模为

$$|\hat{\alpha}(t)|=\frac{a_1}{L\sqrt{2\pi}}\mathrm{e}^{-\frac{L\sqrt{|t|}}{\sqrt{2}a_1}} \tag{2.315}$$

设 $v_0(t)$ 为方程（2.313）的相应于 $F=F_0$ 的精确解，则由 Fourier 变换的卷积性质可得

$$\hat{\alpha}(t)\cdot\hat{v}_0(t)=\hat{F}(t) \tag{2.316}$$

对于任意给定的 $\varepsilon>0$，定义如下函数：

$$\varphi(t)=\frac{\overline{\hat{\alpha}(t)}}{\varepsilon+|\hat{\alpha}(t)|^2}\hat{F}(t) \tag{2.317}$$

显然，$\varphi(t)\in L^2(R)$

对 $\varphi(t)$ 进行 Fourier 变换：

$$\hat{\varphi}(t)=\frac{1}{\sqrt{2\pi}}\int_{-\infty}^{+\infty}\varphi(x)\mathrm{e}^{-ixt}\mathrm{d}x \tag{2.318}$$

取正则化解：

$$v_{\varepsilon}(t) = \hat{\varphi}(t) = \frac{1}{\sqrt{2\pi}} \int_{-\infty}^{+\infty} \varphi(x) e^{-\mathrm{i}xt} \mathrm{d}x \qquad (2.319)$$

则有如下结论：

若 $|F - F_0|_2 < \varepsilon$，则有 $|v_{\varepsilon} - v_0|_2 < C\left(\ln \dfrac{1}{\varepsilon}\right)^{-1}$

其中，$|\cdot|_2$ 表示 $L^2(R)$ 中的范数，C 为常数。

以上就是冷冻干燥过程的 Stefan 问题和逆 Stefan 问题的解法。

第三节
果蔬真空冷冻干燥水分在线监测系统研究

物料在冷冻干燥过程中其含水率的测量对于判别冻干过程的实际进程、工艺过程的优化控制和产品质量等是十分重要的。若从升华干燥过程过早地进入解析干燥过程，将导致物料融化；反之，升华干燥过程时间过长，耗时、耗能将太大。若解析干燥过程过早结束，残余水分的含量会过高；反之，解析干燥时间过长，不仅耗时、耗能，而且会使物料中的活性成分因过度脱水而变性失活。目前国产的农产品冷冻干燥生产设备均没有配备冻干物料水分在线测量系统，难以实现冻干工艺过程优化控制，存在冻干能耗大、产品成本高和质量不稳定等问题，为此研究农产品在冷冻干燥过程中水分在线测量系统有重要的现实意义。

冻干过程的判别常采用压力回升技术、温度趋近法和称重法。压力回升技术（pressure rise technique），是根据测量单元的压力回升曲线特点，判断升华和解析干燥过程是否结束。若压力回升曲线的曲线段进入直线段的时间变长，回升曲线接近于直线时，则认为升华干燥阶段已基本结束；若压力回升曲线几乎为一直线，斜率很小时，则认为冻干过程结束。但此法受到测量时间、中隔阀启闭速度、样品装载量、冻干室泄漏、真空压力传感器精度和反应时间等的限制。温度趋近法是根据物料样品内部温度的变化情况来判别冻干过程的。若物料样品内部温度开始上升时，认为升华干燥阶段结束；当物料内部温度上升缓慢，且趋近于加热板温度时，认为解析干燥阶段结束。但物料内部确切温度的测定难度很大，故此法在实际应用中受到限制。称重法是在干燥过程中连续地或定期地称量物料的质量，此法主要适用于试验冻干机，若与温度趋近法结合使用，建立温度与含水量之间的关系，可用于生产实际中。

物料冷冻干燥是在封闭、变温、真空的冻干室内进行的一个连续而缓慢的过程，故物料的含水率需要实时在线测量。物料水分在线测量通常可分为在线取样测量和在线直接测量2种方式，而测量方式的选择取决于测量系统本身的响应速度、测量频率以及被测物料所处的环境条件等，冷冻干燥生产过程中的物料通常是装盘分置在封闭的冻干室隔板上，适合在线取样测量。

用称量传感器实时在线称量冻干物料样品的质量，并基于 DRVI 可重组虚拟仪器平台，设计冻干物料含水率在线测量系统，可实时在线采集物料样品的质量电压信号，计算、存储和显示物料样品的质量、含水率和失水率等相关数据，并绘制其含水率和失水率的变化曲线，为冷冻干燥工艺过程的判别与调控提供准确的数据，达到工艺过程优化控制和降低冻干能耗的目的。

一、测量系统的环境条件及设计要求

所用 JDG-0.2 型真空冻干试验机的结构简图，如图 2.45 所示，主要由冻干室、冷阱、真空系统、制冷系统、电气控制设备、微机控制系统等组成。电加热板和料盘隔板位于干燥仓右部构成冻干室，电加热板以辐射或传导方式向物料供热，最高温度可达到120℃。冷凝管和料盘隔板位于干燥仓左部构成冷阱，最低温度可达到−45℃，既可在冻干时捕获从物料排出的水汽，也可在升华干燥前对盘装物料进行预冻。真空系统用来抽出干燥仓内的空气和其他不可凝气体，使干燥仓内建立起冻干过程所需的压力，仓内压力最低可达到 10Pa。电气控制设备和微机控制系统可按照设定的工艺参数或冻干曲线，进行冻干工艺过程的自动调节与控制，微机控制系统可实时采集、显示和存储冻干过程中的冷阱温度、物料温度、加热板温度、真空度等参数和绘制冻干曲线。在物料

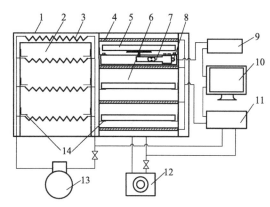

图 2.45　JDG-0.2 型真空冻干试验机结构简图
1—干燥仓；2—冷阱；3—冷凝管；4—电加热板；
5—料盘；6—冻干室；7—称量传感器；8—温度传感器；
9—水分测量系统仪器及设备；10—微机控制系统；
11—电气控制设备；12—真空系统；13—制冷系统；
14—料盘隔板

预冻和干燥过程中，冻干室内的温度通常在−10～+80℃范围内变化，压力的变化范围为10～130Pa。真空泵、制冷机等设备运转产生机械振动。可见，测量系统的测量精度要受到温度和真空度的变化及真空泵、制冷机等设备运转产生的机械振动的不利影响。

经测试，料盘与物料样品的总质量最大约为 900g（料盘质量和物料样品质量分别为450g 和 450g），按常见的果蔬含水量 60％～90％计算，物料样品干燥时将失去 260～390g的水分（实际干燥生产中，常将残余含水量 2％作为干燥终结的指标）。失水量较大，在升华干燥阶段后期和解析干燥阶段，样品质量将减少到初始质量的 12％～42％，且变化量较小，故要求称量传感器应具有较高的测量精度和分辨力，同时又要满足量程的要求。物料冷冻干燥时间一般在 6～12h，冻干时间长，要求称量传感器的时漂小、性能稳定。冻干室内的温度在冻干过程中变化范围较大，安装于冻干室内的称量传感器对温度有一定的敏感度，产生温度漂移，测量物料样品质量时产生附加误差，因此应对称量传感器进行温度补偿。

应用 DRVI 可重组虚拟仪器平台的软件功能，在称量传感器的工作温度范围内实现整体温度补偿。基本思路是：安装一个测温传感器，与称量传感器弹性体紧密接触，用以检测称量传感器体的温度变化。

1. 测量系统的组成

测量系统由称量、测温、数据采集、数据处理及显示 4 部分组成，如图 2.46 所示。称量部分由托盘、称量传感器、HT-1712H 直流稳压电源、YD-28A 型动态电阻应变仪、线路等组成。称量传感器激励电压为 6.5V，由 HT-1712H 型直流稳压电源提供；动态电阻应变仪衰减挡为 1/5，信号放大倍数 400，最大输出电压 4.5V 左右（此时料盘内的物料质量可达到 450g）。

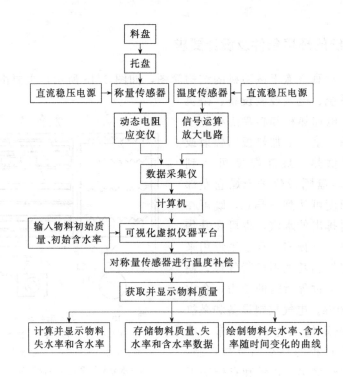

图 2.46　测量系统结构框图

测温部分由 AD590JH 型温度传感器、直流稳压电源、信号运算放大电路、线路等组成。温度传感器采用－12V 和＋12V 双电源作为激励电压，信号运算放大电路的取样电阻 10kΩ，改变调节电阻值使运算放大器最大输出电压达到 4.5V 左右（此时称量传感器体的温度可达到 100℃）。

数据采集仪有 8 个信号输入通道，电平输入范围为－5～＋5V，测量系统使用 2 个信号输入通道分别接收称量传感器、测温传感器的输出电压。采集仪的 USB 信号输出接口与计算机相连，输出信号数据由基于 DRVI 可重构虚拟仪器的测量系统接收、处理、显示和存储。

2. 称量部分的设计

称量部分由料盘、托盘、称量传感器、HT-1712H 直流稳压电源、YD-28A 型动态电阻应变仪、数据采集仪、微型计算机、DRVI 可视化虚拟仪器平台、线路等组成。传感器的激励电压 6.5V，由 HT-1712H 直流稳压电源提供；动态电阻应变仪衰减挡为 1/5，信号放大倍数 400，称量传感器信号输出电压 4.5mV/g 左右；数据采集仪有 8 个信号输入通道，电平输入范围为－5～＋5V，USB 信号输出接口与微型计算机相连，信号数据由基于 DRVI 可重构虚拟仪器的测量系统接收、处理、显示和存储。根据料盘和物料样品的质量，考虑在使用过程中的冲击、振动和偏载等，称量传感器的量程一般为实际最大称量值的 1.5 倍，兼顾量程与测量精度的关系，量程设计为 1500g。采用电阻应变式传感器，弹性体选用铁铬铝合金材料，并作相应的热处理和表面无色阳极化处理，选用 BA120-3AA 型聚酰亚胺应变片，使其能适应－30～＋120℃的工作温度。传感器弹性体采用双连孔悬臂梁式结构，这种结构的梁刚度好，动态特性好，机械滞后小。四个应变片分别粘贴在两孔的上下内壁，并采用差动电桥连接，输出特性的线性好，灵敏度高，且具有一定的温度补偿作用；双连孔悬臂梁有零弯矩区，对力的偏心有自动补偿作用，因此，使用时对料盘内物料分布的均匀性要求较低。根据所用冻干机冻干室的结构尺寸，对称量传感器进行了结构设计，委托中国航天空气动力研究院制作完成。称量传感器及其装置的结构如图 2.47 所示。

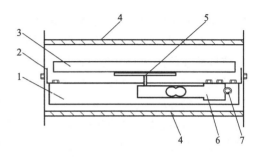

图 2.47 称量传感器及其装置结构
1—传感器固定架；2—中部料盘隔板；3—料盘；4—加热板；5—托盘；6—称量传感器；7—温度传感器

3. 测温部件设计

温度传感器选用美国 AD 公司生产的 AD590JH 电流型集成温度传感器，其主要性能指标如下。电源电压：4~30V；工作温度：-55~+150℃；标定系数：1μA/K，正比于热力学温度；精度：激光校准精度±0.5℃；线性度：满量程范围±1.5℃；输出电压：5~15V，0.2μA/V；重复性：±0.1℃；长期漂移：±0.1℃/月。

AD590JH 型温度传感器是一种两端集成电路式半导体传感器，输出电流与它所感受的温度呈线性关系。

4. 温度传感器的密封与安装

用于测量称量传感器体温度对应的电压值，对称量传感器的温度漂移进行补偿，以获得物料样品质量的准确测量值。温度测量部分要适应整个冻干过程中称量传感器弹性体的温度变化范围，测量精度高，线性度好，抗干扰能力强，输入功率低。温度传感器的金属壳与称量传感器弹性体要紧密接触，使测得的电压信号能准确地反映称量传感器体的温度。在标定冰点时，温度传感器要浸入冰水中，为防止电路短路，应将传感器密封。AD590JH 传感器线路连接后，将温度探头装到尼龙管套内，并用 O 形密封圈和防水胶密封，也便于安装，如图 2.48 所示。

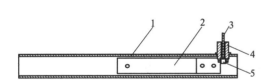

图 2.48 温度传感器的密封与安装
1—传感器固定架；2—称量传感器；3—信号线；4—尼龙套管；5—温度传感器

5. 温度测量部分采用的电路

测温系统采用-12V 和+12V 的双电源作为激励电压，采用运算放大电路。取样电阻 10K，通过调节电阻，使电路放大倍数等于 2，最大输出电压4500mV（此时称量传感器体的温度达到100℃），传感器在工作温度范围内的输出电压范围在-5~+5V 内，满足所用数据采集仪的输入电压范围要求。

输出电压信号输入到数据采集仪，通过采集仪的 USB 信号输出接口传输到微型计算机，信号数据由 DRVI 可视化虚拟仪器平台接收、处理、显示和存储数据等。

6. 测量系统的软件设计平台

采用 DRVI 可视化虚拟仪器平台，接收数据采集仪传输的称量传感器和温度传感器的电压信号，并进行数据实时计算和处理，具有初始数据输入、数据显示、传感器标定、图形绘制、数据存储等功能。采用软件总线开放结构和 COM/DCOM 组件的即插即用特性来设计的具有计算机硬件模块化组装特点的面向用户的可在线编程、调试和重组的新型虚拟仪器技术。该仪器技术的主体为一个带软件控制线和数据线的软主板，其上可插接软内存条、软仪表盘、软信号发生器、软信号处理电路、软波形显示芯片等软件芯片组，并能与 A/D 卡、I/O 卡等信号采集硬件进行组合与连接，构成一个能根据用户需求快速重组的虚拟仪器。该仪器技术的主体为一个带软件控制线和数据线的软主板，其上可插接软内存条、软仪表盘、软信号发生器、软信号处理电路、软波形显示芯片等软件芯片组，并能与 A/D 卡、I/O 卡等信号采集硬件进行组合与连接，构成一个能根据应用需求快速重组的虚拟仪器。系统中采用了软件总线、计算机硬件即插即用和热插拔的设计思想，虚拟仪器重组过程中无需编译、链接和开发环境支持，在虚拟仪器生产者所提供的模块化虚拟仪器平台的基础上，通过简单的可视化插/拔软件芯片和连线，就可以完成对仪器功能的快速裁减、重组和定制过程，直接在线生成虚拟仪器产品。与之相配套的数据采集仪是并口数据采集仪，与 PC 之间通过并行接口电缆连接，采用 EPP 通信模式，集前端信号采集、信号激励输出及软件加密等功能于一体。

7. 软件的功能设计

测量系统能够接收数据采集仪输入的称量传感器和温度传感器的电压信号、键盘输入的传感器标定数据以及冻干物料的初始数据，并具有对输入的数据进行分析计算、数据实时显示、曲线绘制、数据存储等功能，如图 2.49 所示。测量系统应具有对称量传感器主要性能指标测定的功能，能够按照设定的采样时间间隔，采集和存储称量传感器随时间变化的输出电压信号数据，用于测定称量传感器的时漂和温漂；在称量系统的托盘上放置砝码，然后从键盘输入相应的砝码质量值，系统能够采集、存储砝码质量与相应的输出电压，进行称量传感器的标定；把温度传感器和水银温度计平行

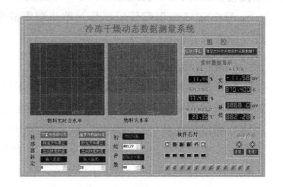

图 2.49 测量系统界面

固定在一起，置入不同的温度环境，读出水银温度计的刻度值，同时从键盘输入相应的温度值，系统能够采集和存储温度传感器所处的环境温度值与相应的输出电压，用于温度传感器的标定；在干燥工艺温度范围内，改变称量传感器体的温度（调节加热板温度），同时采集和存储称量传感器和温度传感器的输出电压信号数据，寻求称量传感器的温度漂移值与温度的数量关系，进行称量传感器的温度补偿，以测得准确的物料质量；从键盘输入冻干物料样品的初始质量和初始含水量，系统能够采集相关数据并计算物料样品的失水率和实时含水量，并在系统界面上显示其数值、绘制其随时间变化的曲线图，用于冻干过程的监测和调节控制；系统能够根据称量传感器的标定和温度补偿的关系式，实时地把采集到的称量传感器的电压信号进行转换，显示在系统界面上，用于观测物料样品质量的变化情况。

8. 测量信号处理流程的设计

称量传感器和温度传感器的输出电压信号经数据采集仪输入到虚拟仪器 USB 数据采集卡，通过接线开关分别传输到不同的波形参数芯片进行数据计算处理，然后把计算处理结果分别输出到不同的数据线上。温度值、砝码质量、物料初始质量和初始含水量等参数从键盘输入，由系统数据输入芯片接收，然后输出到设定的数据线上。由 VB Script 脚本芯片从数据线上获取相关数据，生成称量传感器主要性能指标测定的相关数据文件，进行温度补偿计算、电压信号数据转换、物料实时含水量和失水率计算等，把计算结果输出到数据线上或存储到内存芯片。冻干物料质量、物料实时含水量和失水率等由数码显示芯片在系统界面上实时显示。波形芯片从存储物料实时含水量和失水率的内存芯片上读取数据，绘制冻干过程中

物料失水率和实时含水量的变化情况。测量系统信号处理流程框图如图 2.50 所示。

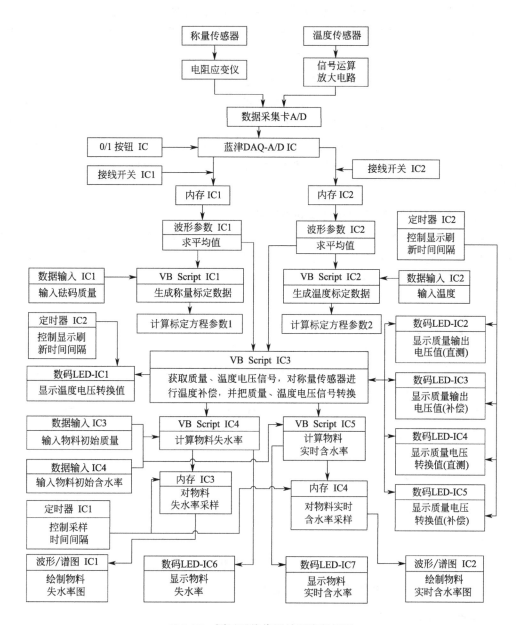

图 2.50　测量系统信号处理流程框图

　　传感器标定包括称量传感器标定和温度传感器标定两部分。称量传感器标定时，砝码质量数据从键盘输入到质量数据输入芯片中，然后再输出到设定的数据线上，采集到的质量输出电压信号经波形参数芯片计算处理后输出到设定的数据线上。温度传感器标定时，温度数据从键盘输入到温度数据输入芯片中，采集到的温度电压信号经波形参数芯片计算处理后输出到设定的数据线上。

9. 温度补偿数据信号处理流程

　　由初步试验可知，称量传感器的温漂较大，需要进行温度补偿。调节冻干室的温度以改变称量传感器的工作环境温度，系统同时采集称量传感器和温度传感器的输出电压信号数据，并保存到数据文件中，寻求称量传感器的温漂值和温度的关系，然后在 VB Script 脚本芯片文件中编写程序，进行称量传感器温度的实时补偿，以获得准确的物料质量，并把数据存放到相应的输线上，为其他脚本芯片和数码显示提供数据。

10. 物料失水率和实时含水量数据信号处理流程

在 VB Script 脚本芯片文件中，首先从数据线上获得称量传感器经温度补偿后的准确物料质量电压信号数据，再根据称量传感器标定的关系式，把物料质量的电压信号转换为质量信号。从数据输入芯片获得物料的初始质量和初始含水量，再根据相应的计算公式求出物料的失水率和实时含水量，同时把数据分别存放到内存芯片中和数据线上，供曲线图形的绘制和数码显示。

11. 初始参数输入和数据显示信号处理流程

物料初始质量、初始含水量等初始参数从键盘输入，由系统数据输入芯片接收，再输出到设定的数据线上，VB Script 脚本芯片从数据线上获取相关数据，进行计算处理。物料质量、失水率、实时含水量、称量传感器体温度等数据从相关的数据线上获取，由数码显示芯片显示；物料的失水率和实时含水量的变化曲线由波形芯片绘制。

12. 称量传感器的标定

为保持传感器体环境温度相对恒定，开启冻干机控制系统，关闭干燥室仓门，加热板温度设定为 $25℃$，常压下使称量传感器体温度略高于室内温度 t_0（$23.8℃$），且保持相对不变。传感器在线称量的范围为 $500\sim750g$，为保证标定的精度，标定质量范围确定为 $0\sim900g$，增量为 $50g$，重复测定正反行程 5 个循环，由基于 DRVI 虚拟仪器的测试系统记录标定数据。

计算时，特性曲线选为最小二乘直线，计算得到最小二乘拟合直线。

正行程：
$$y_0 = 4.3823x + 1.5183, R^2 = 0.9999 \qquad (2.320)$$

反行程：
$$y_0 = 4.3825x + 1.4823, R^2 = 0.9999 \qquad (2.321)$$

正反行程平均：
$$y_0 = 4.3824x + 1.5004, R^2 = 0.9999 \qquad (2.322)$$

以上式拟合直线作为称量部分的特性曲线。

13. 温度传感器的标定

测量温度传感器所处的环境温度与输出电压数据，对温度传感器进行标定，用于测定称量传感器体的温度和补偿。测定仪器及设备：玻璃棒水银温度计、冰柜、真空冻干试验机、测温系统等。标定过程及数据处理启动测量系统，用冰柜制取冰水混合物，将 AD590JH 温度传感器探头置入冰水混合物中，待水银温度计刻度值（$0℃$）稳定约 5min 后，在测量系统温度传感器标定部分"输入温度"数据输入框中输入温度值 0，点击"生成标定数据"命令按钮，把温度值和输出电压值记录到标定数据文件中。其他温度点的标定，将玻璃棒温度计和温度探头置于冻干机加热板上，调节冻干机加热板温度，升温速度约为 $0.1℃/min$，以玻璃棒水银温度计读数作为温度输入数据，分别测定 $10℃$、$20℃$、$30℃$、$40℃$、$50℃$、$60℃$时的输出电压值，并将数据记录到标定数据文件中，重复测定 5 次，测标数据及计算处理见表 2.12。

◉ 表 2.12　温度传感器标定数据及计算处理

环境温度/℃	输出电压/mV						计算内容		
	第 1 次	第 2 次	第 3 次	第 4 次	第 5 次	均值	最小二乘直线输出/mV	非线性偏差/mV	最小二乘线性度/%
0	−8.98	−8.56	−9.22	−8.50	−9.17	−8.89	−3.05	−5.84	0.80
10	202.29	209.69	215.15	211.03	208.41	209.31	199.53	9.78	
20	395.32	403.41	403.83	405.43	410.89	403.78	402.11	1.66	
30	592.25	598.47	601.63	607.41	595.49	599.05	604.69	−5.64	
40	803.29	799.94	807.22	812.60	802.30	805.07	807.27	−2.20	
50	1009.81	1003.58	1014.24	1015.88	1009.89	1010.68	1009.85	0.83	
60	1216.29	1205.97	1212.78	1219.99	1214.21	1213.85	1212.43	1.41	

数据计算处理时，特性曲线选为最小二乘直线，计算得到最小二乘拟合直线：

$$t = 20.258T - 3.0482, R^2 = 0.9999 \tag{2.323}$$

式中，T 为温度传感器所处的环境温度，℃；t 为温度传感器在相应温度下的输出电压，mV。

经计算，该温度传感器的最小二乘线性度为 0.80%。

二、称量部分的性能测试及误差分析

（1）时漂的测定　由于传感器内部各环节性能不稳定，或工作过程中内部温度的变化，当系统的输入和环境温度不变时，输出量会随时间变化，产生时漂，反映了测量系统性能的稳定性。冷冻干燥过程耗时通常为 10h 左右，称量传感器在线测量时间长，故应测定系统的时漂。测定时在托盘上放置 750g 砝码，环境温度维持在室温（23.8℃），测定时间为 8h，见图 2.51。结果表明，系统（称量部分）输出电压终值和初值的差为 0.58mV，输出电压变化量最大为 2.00mV，按式(2.322)称量传感器特性曲线中的灵敏度 4.3824mV/g 计算，测量值的最大绝对误差为 0.45g，相对误差为 0.06%。可见，该测量系统的性能稳定，时漂引起的测量误差可忽略不计。

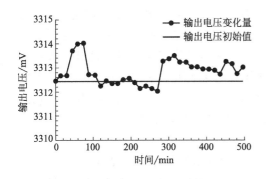

图 2.51　称量传感器输出电压随时间的变化

（2）分辨力的测定　分辨力反映传感器检测输入量微小变化的能力，对正、反行程都适用。传感器的分辨力是指在全部测定范围内，都能够产生可观测输出量变化的最小量的最大值 $\max|\Delta x_{i,\min}|$（$i=1, 2, \cdots, n$）。冷冻干燥过程中，单位时间物料水分含量的变化很小，对称量传感器的分辨力有一定要求。由初步试验知，250g 物料样品在升华干燥过程中失水速度大约为 1g/min。经测定，该称量传感器的分辨力约为 0.2g，满足在线水分测量的要求。

（3）温漂的测定　温漂（temperature drift）是指由外界环境温度变化引起测量系统输出量的变化，一方面是零点漂移（zero drift），即传感器零点处的温漂，反映温度变化引起传感器特性曲线平移而斜率不变的漂移，另一方面是满量程漂移（full scale drift）。测定温漂时，开启冻干机控制系统，加热板温度设定为25℃，使称量传感器体的温度保持在室温（23.8℃），分别测定空载和放置750g砝码时称量传感器的输出电压。同理，把加热板温度设定为80℃，使称量传感器体的温度保持在72℃左右，分别测量空载和放置750g砝码时称量传感器的输出电压。每次测量时，待称量传感器体的温度稳定5min后，再开始采集数据，采样时间为1h，采样间隔为1min。数据处理结果见表2.13。

⊡ 表2.13 温漂测定的数据处理结果

参数	加热板温度/℃	
	25	80
零点漂移	1.15	−98.60
灵敏度漂移	3298.26	3194.41

零点漂移：

$$v = \frac{\bar{y}_0(t_2) - \bar{y}_0(t_1)}{\bar{y}_{FS}(t_1)(t_2 - t_1)} \times 100\% = \frac{-98.6 - 1.15}{3298.26 \times (72.45 - 23.02)} \times 100\% = -0.061\%$$

(2.324)

灵敏度漂移：

$$\beta = \frac{\bar{y}_{FS}(t_2) - \bar{y}_{FS}(t_1)}{\bar{y}_{FS}(t_1)(t_2 - t_1)} \times 100\% = \frac{3194.41 - 3298.26}{3298.26 \times (72.53 - 22.56)} \times 100\% = -0.063\%$$

(2.325)

由测定数据知，加热板温度由25℃升高到80℃，称量传感器输出电压的变化量均值的变化范围为−103.85～−99.75mV，按式(2.322)称量传感器特性曲线中的灵敏度4.3824mV/g计算，测量误差为−23.70～−22.76g。若物料样品的初始质量为300g，初始含水率80%，残余含水率2%，干燥结束时，则物料样品的质量应为66g，但物料样品质量的实测值将为42.30～43.24g，测量相对误差为34.48%～35.90%，故必须对该称量传感器进行温度补偿。

（4）压力和机械振动对系统影响的测定 在称量传感器托盘上放置750g砝码，开启冻干机控制系统和水分监测系统，关闭冻干室仓门。启动制冷机，加热板温度设定为25℃，使冻干室内的温度保持在23.8℃左右。然后，启动真空泵，使冻干室压力由常压逐渐变化到10Pa左右。同时，调节动态电阻应变仪的滤波旋钮，对振动噪声信号进行滤波，选定合适的滤波频率（300Hz），采集称重传感器的输出电压。结果表明，输出电压波动的最大值为0.38mV，按式(2.322)称量传感器特性曲线中的灵敏度4.3824mV/g计算，压力变化和机械振动引起的测量误差最大为0.087g，对测量结果的影响可忽略不计。

按照常规的冻干工艺过程，进行物料预冻（制冷）、抽真空、加热等操作。整个操作过程中，称量传感器体的温度随着加热板温度的变化而变化（由温度传感器测定）。从制冷机启动开始，由测量系统采集并存储称量传感器和温度传感器的输出电压信号数据，采样间隔为1min，如图2.52所示。

由于测量系统主要用于升温干燥阶段的测量，故对升温阶段（即加热系统启动）的数据进行二阶多项式最小二乘曲线拟合，求得温度误差修正数学模型为

$$\Delta y = 0.00002t^2 - 0.1339t + 75.392, R^2 = 0.9996 \tag{2.326}$$

对称量传感器输出电压 y_t 进行修正为

$$y_0 = y_t - \Delta y \tag{2.327}$$

式中，y_0 为修正后称量传感器的输出电压 [同式(2.322)中的输出电压]，mV；y_t 为称量传感器在温度 t 时的输出电压，mV。

在测量系统的 VB Script 脚本芯片文件中，按式(2.322)、式(2.326)和式(2.327)进行计算，可准确地测出物料样品的质量。

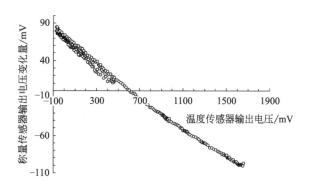

图 2.52　称量传感器输出电压数据

系统主要性能测试：

① 称量性能测试。对称量传感器进行温度补偿后，在托盘上放置 500g 砝码，按照前述测试过程，采集测量系统对砝码质量的测定值，数据计算处理结果，如图 2.53 所示。

结果表明，对称重传感器进行温度补偿后，传感器体温度在 30～77℃ 温度范围变化时，对输入质量的测量值最大绝对误差和最大相对误差分别为 1.70g、0.34％，在 50～75℃ 温度范围内（一般为升华干燥温度），测量值最大绝对误差和最大相对误差分别为 0.89g、0.18％，满足测量精度要求。

② 含水量和失水率测试。在测量系统的 VB Script 脚本芯片文件中，获取物料的初始质量、实时质量和初始含水率，便可求出物料的实时含水率和失水率，并输出到系统

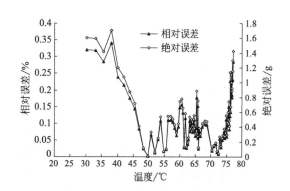

图 2.53　称量性能测试结果

数码显示芯片和波形芯片，把数据和图形显示在系统界面上。以香蕉为试验对象进行测试，将其横向切成 8mm 的圆片，样品初始质量 388.14g，初始含水量 79.87％。将其均匀地装入料盘，置于冷阱中冻结至共晶点（-15℃）以下并维持 1h，然后置于冻干室隔板上。关闭仓门，抽真空，压力设为 20Pa，维持 30min 后开始加热，加热板温度设为 80℃，采集数据并保存到数据文件中，在系统界面上显示相关数据和绘制曲线。

冻干结束时，测量系统显示物料含水率为 3.98％。取出冻干的香蕉片，用感量为 0.01g 的电子天平称其质量，用烘干法测定其含水率为 3.56％，两者的差别为 0.42％，系统测量结果满足测量精度要求。

第四节
运用图像处理技术在线监测真空冻干果蔬含水率

在农业工程领域，应用机器视觉和图像处理技术的研究屡见不鲜，其非接触、无损、高效、高精度和易于实现的优点显著。将这项技术用于果蔬冻干过程含水率的实时监测中，有望探索一种冻干过程物料含水率在线监测的新方法，采用非接触式获取冻干物料水分信息进行真空冻干过程控制。

一、颜色测量技术及其应用研究进展

在农产品加工领域，颜色测量技术是一种重要的质量评价和监控手段，并且极大地影响着消费者对相关产品的视觉和心理感受。颜色测量技术以 CCD 或 CMOS 采集的图像为研究对象，通过提取图像在某种特定彩色空间中的颜色特征值，进而分析特征值和研究目标的相关性，从中找到颜色特征值和研究目标的某种内在联系并建立模型，从而实现研究目标的颜色测量。颜色测量方法主要有两种，一种是利用手持式色度计直接测量，具有灵活、便携的特点；另一种是利用视觉技术测量，主要用于自动化监测中。

Nindo 等使用 CR-200 型色度计测量了芦笋表面的 L、a^* 和 b^* 颜色特征值，并且评估了不同的干燥技术对物料表面颜色特征的影响，还采用 $\Delta E^* = \sqrt{\{(L-L_0)^2 + (a^*-a_0)^2 + (b^*-b_0)^2\}}$ 来描述物料表面的颜色偏差，其中，L_0、a_0 和 b_0 为三个不同的颜色通道。Krokida 等同样利用色度计研究了正常干燥、真空冷冻干燥和微波干燥等不同方法干燥物料后，物料表面的颜色变化特征。Hatcher 等则采用色度计测量了苹果片在整个干燥过程中的表面颜色变化。

在国内，王卓等在 RGB 空间利用 MCS 彩色传感器等设备，设计了一款手持式颜色测量仪，该系统利用 LED 作为照明元件，以保证良好的视场照明条件，保证测量结果准确。以标准比色卡为参照，验证了该颜色测量仪的准确性。卢川英等以改善传统色度计的检测效果和速度为目的，通过引用 TCS230 高分辨率 CCD，重新设计了一部颜色测量仪，该机可在 $2\sim500$kHz 的频率下工作，具有检测精度高、抗干扰能力强等优点。

与便携式或手持式色度计不同，利用机器视觉和图像处理技术的颜色测量方法，由于可以将真实的场景和信息实时反映到计算机中进行分析，因此被广泛用于农产品及食品质量检测、分级，适合工厂化生产及自动检测。检测的对象主要有水果、蔬菜、肉类和鱼类等。

早在 20 世纪 80 年代，机器视觉就已经被用于检测牛肉的颜色变化。人们发现红、绿、蓝三种颜色的标准差和均值在八分熟至全熟的牛排上有显著的差异。后来，Gerrard 等同样考察了牛排肌肉的颜色，并建立了颜色得分预测模型。对模型的回归分析表明，红色和绿色的均值显著不同（模型决定系数为 0.86）。为了进一步提高颜色测量得分，Tan 等使用了模糊逻辑和人工神经网络技术来分析颜色得分，并且实现了 100% 的分类成功率。

Arce-Lopera 等利用基于机器视觉的颜色测量系统检测甘蓝的表面颜色，从而对其新鲜度进行了评价和测定。他们发现视觉上的新鲜度与图像亮度的分布存在一定相关性，并且提出一

个假设模型，最终认为，利用该颜色检测系统可以实现农产品新鲜度的自动、无损评测。

综上，许多研究已经表明了机器视觉颜色测量法的优缺点，特别是在农产品加工及食品品质和质量监控领域。

二、纹理特征分析技术及其研究进展

纹理是一种重要的图像特征，它是人类视觉系统对自然界物体表面现象的一种感知，作为物体表面的一种基本属性存在于自然界中，并且被广泛用于农产品和食品领域的质量检测和评价中。

纹理可认为是灰度（颜色）在空间以一定的形式变化而产生的图案，即纹理是由许多相互接近的、互相编织的元素构成的。进行纹理分析研究的目的在于理解、建模和处理图像中的纹理模式，最终用计算机技术模拟人类视觉对纹理的学习和认知过程。Jackman 等对图像处理中纹理特征的使用进行了深入的讨论，同时认为肉类产品的纹理特征是非常重要的，并对牛肉的纹理进行了综合分析。试验的关键结果是牛肉的可接受性可以通过图像纹理特征信息进行预测，并且该预测模型的决定系数达 0.95。Chandraratne 等也进行了相关的分析，回归分析结果表明，运用纹理分析法比传统方法（$R^2 = 0.75$）的预测结果要好。

对于果蔬的纹理特征分析也有报道。Quevedo 等利用分形维数方法通过监测酶的褐变率进而监测香蕉和梨的褐变过程。Zenoozian 等则运用小波变换技术成功地对南瓜果肉的含水率、形状和颜色特征进行了非常精确的检测，模型的决定系数达 0.99。Vesali 等则使用图像处理与神经网络技术相结合的方法，获取了 100 张苹果片样本的图像并同时测量了每片苹果的质量，利用神经网络具有的回归及预测功能，建立了苹果片含水率与其纹理的关系模型，结果表明，纹理的精度越高，含水率预测的精度也越好。赵杰文利用近红外图像纹理分析技术（共生矩阵法）对包菜和青叶叶片的含水率进行了检测，结果表明，纹理特征量和含水率关系模型不但与试验因素有关，还与图像的灰度级数有关，结论和方法为我们在线检测提供了参考。

总之，对于农产品及食品分级和质量监控而言，基于机器视觉的图像纹理特征检测法是一种强有力的手段。随着检测技术图像处理软件的技术进步，精确性和准确性的不断提高，未来纹理检测技术在农业工程领域必然会有广阔的应用前景。

三、应用颜色测量与分析技术实时监测果蔬冻干含水率

分别对苹果、香蕉、胡萝卜、马铃薯和茄子 5 种果蔬的颜色特征值及其含水率的相关性进行研究，利用带有偏光镜的 LED 环形光源和高速 CCD 组件，采集了各果蔬样本在一个完整冻干周期中表面颜色变化的序列图像，建立果蔬含水率和颜色特征值间的关系模型，可实现冻干仓外物料含水率的在线、非接触测量，从而为冻干过程监控和优化提供依据。

（一）颜色测量法监测果蔬冻干含水率试验方案设计

1. 材料及仪器设备

选取日常生活中常见的苹果、香蕉、胡萝卜、马铃薯和茄子 5 种果蔬作为研究对象，由太谷本地市场购回后，剔除不合格的、有病虫害的和霉变的样本，再按样本大小、色泽和成熟度筛选

出最佳品质的样本，经清洗和去皮后用于试验。在此以太谷本地产红富士苹果为例进行试验。

试验所用仪器设备主要有：JDG-0.2型真空冻干试验机（兰州科近真空冻干技术有限公司），M0814-MP型镜头（Computar，$f=8mm$，F1.4），F201C型CCD（Alliedvision technologies GmbH，$1.875\sim30fps$），RL500W型环形漫反射LED光源（维视数字图像技术有限公司，带偏光镜，9W），1394b数据线，计算机及显示系统，CP1502型电子天平（Ohaus，感量0.01g）和FT6307型三脚架。冻干系统及连接如图2.54所示。其中，JDG-0.2型真空冻干试验机上加设水分在线监测系统实时检测水分变化。

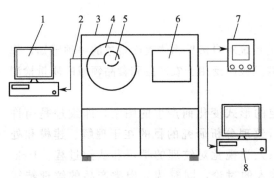

图2.54 冻干系统及连接示意图

1、8—计算机；2—1394b数据线；3—真空冷冻干燥机；
4—冻干室；5—CCD组件；6—冻干机显示及控制系统；
7—水分监测系统仪器及设备

2. 样本准备及预处理

每种果蔬样本分为两组：被 $CuSO_4$ 溶液染色和未被 $CuSO_4$ 溶液染色，其中，未被 $CuSO_4$ 溶液染色的原始样本又分为两组，即被高压脉冲电场处理和未被高压脉冲电场处理，这样分组有以下目的和依据。

预试验发现，在一个完整冻干周期中，未染色原始物料表面的颜色特征在 La^*b^* 模型中变化明显，但在RGB模型中的变化并不十分明显，故利用无水 $CuSO_4$ 遇水变蓝色，失水则变为无色的性质，使染色样本在冻干过程中，随着水分减少，颜色逐渐由蓝变浅，为进一步图像采集和色彩分析提供条件。另外，当其他图像检测方法得到的特征值和物料含水率的相关性不强时，用 $CuSO_4$ 溶液对样本进行染色处理，可以作为一种图像法监测含水率的辅助手段。由 $CuSO_4$ 的物理和化学性质可知，五水硫酸铜很稳定，加热至45℃时失去二分子结晶水，其蓝色变浅，110℃时失去四分子结晶水，蓝色更浅，150℃时失去全部结晶水而成为无水物。根据这一性质，在实际生产中，可从众多片状物料中取一块染色，作为指示物，并不食用，通过建立该指示物（染色样本，仅一片）与原始未染色样本（可以食用）含水率的关系模型，可实现原始未染色物料含水率的间接测量。

此外，在这里所有试验中，冻干仓加热板的最高温度为90℃（解析干燥阶段），$CuSO_4$ 并不会挥发，也不会污染冻干仓中的其他原料。

依据市售真空冻干果品产品规格，将苹果切成 $15mm\times30mm\times4mm$ 的薄片。切片使样本中的多酚类物质流出，与外界氧气接触，在多酚氧化酶催化作用下形成一种邻醌物质，再相互聚合或与蛋白质、氨基酸等作用形成高分子络合物而使样本切割面发生褐变。为降低这种酶促褐变反应对物料表面颜色特征值提取产生的影响，物料一被切片便立即放入清水或 $CuSO_4$ 溶液中，与空气隔离，在一定程度上减轻并控制样本切割后的褐变。预试验测试，苹果、香蕉、胡萝卜、马铃薯和茄子5种果蔬样本从被切片开始，到放入冻干仓前止，其颜色特征值的变化量 ΔE^* 分别为0.5040、0.3572、0.7099、0.7804和0.1522，可见采取浸水措施后，防止样本褐变的效果较好。当物料放入冻干仓开始真空冻干后，由于仓内无氧气，所以在整个冻干过程中，样本不会发生褐变反应，而本研究所采集的30余万张图片均为物料进入冻干仓开始真空冻干，并待各参数稳定后获取，所以其颜色特征值分析不受样本褐变的影响。

取400g样品（YA）均匀放于相应料盘中，并选其中任一苹果片记为MA，称量后放回原处。连接温度传感器后将料盘放入−35℃冰箱中，冷冻12h，以保证物料温度降至其共晶点以下。再取400g样品（YB）置于0.35mol/L CuSO₄溶液中浸泡30h染色，均匀置于料盘，任选其中一苹果片记为MB，其余预处理同YA和MA。

3. 图像数据采集

光源是机器视觉和图像处理的第一步，也是机器视觉应用最关键的部分之一。恰当的光源及照明系统不但可以显著提高被检测目标与无用背景的对比度，将来可以获得锐度较高的目标图像，而且可以大大简化程序结构，降低编程难度，提高编程效率。若使用不恰当的光源，一方面造成原始图像噪点过多，或者曝光过度，将湮没原始图像数据中蕴含的绝大部分珍贵信息，另一方面则增加了图像分割难度，降低了图像检测的准确性和精确性。所以是否正确选择与检测对象及检测意图相适应的光源，将直接影响机器视觉和图像处理编程的效率、难易程度和检测精度。

从目前的使用情况来看，光源主要有白炽灯、氙灯、荧光灯和LED发光二极管等类型，本研究采用LED光源为系统的照明光源。LED光源又分为环形光源、矩形光源、点光源、背光源、线性光源等类型，根据各自特点及应用场合不同，试验选用LED环形光源（西安维视视觉公司）为系统提供照明。该光源的亮度可以从1挡到8挡进行无级调节，由于亮度过低或过高均会使图像质量变差，特别是过高的亮度将湮没掉图像中大量珍贵细节，所以在预试验的基础上，结合镜头及图像采集软件的特性，试验决定始终在5挡的亮度下进行，其照度为1900（lux），色温为6000K。

CPL偏光镜通常由两片光学玻璃组成，它们之间的夹层涂有聚乙烯膜或聚乙烯氰一类的结晶物，这一聚合物涂层可产生极细的栅栏状的结构，像一道细密的栅栏，只允许振动方向与缝隙相同的光通过，其主要功用是有选择地让某个方向振动的光线通过，消除或减弱非金属表面的强反光，因此常用来表现强反光处物体的细节和质感。对于本试验可以突出位于玻璃后面的物料表面图像的纹理和细节。

4. 图像采集设备及参数确定

采用德国Alliedvision公司生产的F201C型工业CCD（1/1.8″）和日本Computar公司生产的M0814-MP型镜头通过螺纹连接在一起作为图像采集组件（如图2.55所示），其最小拍摄距离为40mm，符合图像采集的客观要求。此外，F201C型工业CCD的数据接口为1394b，其性能远优于传统的USB接口。1394Firewire数据传输带宽约为64MB/s，支持的数据线长度约为4.5m，既满足物料含水率监测的实时性要求，又兼顾到了将来实践应用的经济性，因此是一种可选择的低成本方案。

(a) (b) (c) (d)

图2.55 图像采集组件

在预试验阶段须调整和校对图像采集软件（StreamPix，版本为 3.39.0）的相关参数，比如光圈大小、快门速度（曝光时间）和白平衡等指标，保证后期正式试验时图像采集条件的统一、稳定。因为这些重要参数将极大地影响将来采集图像的灰度和锐度，还可能引起图像色温的剧烈变化，使白平衡混乱，进而影响到图像特征值的提取结果。所以应当对 StreamPix 软件中的相关参数进行调整，界面如图 2.56 所示。

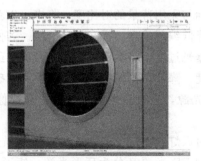　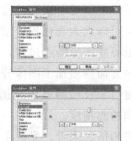

(a) StreamPix界面　　　　　　　　　　(b) 亮度和曝光时间调整界面

图 2.56　StreamPix 软件界面及参数调整

在光源亮度一定的前提下，通过调节校准，试验认为最适宜的 StreamPix 软件亮度值和曝光值分别为 650 和 145，其余参数采用软件默认值。在此条件下采集图像，一方面保证了图像的正常灰度，另一方面又使得图像细节和纹理特征得以清晰展示，利于进一步图像颜色特征值提取。

在上述条件下，根据本课题组前期对苹果、香蕉、马铃薯等相关物料进行真空冻干工艺参数的研究结论，调整冻干机冷阱温度至 −40℃，将 YA 放入冻干室，关闭仓门后设置真空度为 45～50Pa，加热板温度 50℃，每隔 10min 将加热板温度升高 10℃，直至 70℃ 终止。同时设置初始含水率为 89.84%（苹果），该值依据称重法预先测得。启动冻干机，计算机每隔 2min 将自动记录一次含水率，并依据含水率变化和物料温度与板温的差值，确定升华干燥和解析干燥的起止。

测量物料初始含水率的方法为：称取初始质量为 m_1 的物料，放入热风干燥箱内烘干，设置干燥箱温度为 80℃。由于不同物料有不同的干燥时间，为保证物料完全干燥，以 6～9h 为可靠烘干时间，且 4h 后每隔 0.5h 取出物料并称重，观察含水率变化情况，当前后两次称得的质量差不超过 0.01g 时，认为物料已完全干燥，最后称得的物料质量记为 m_2，则 $m_1 - m_2$ 就是物料所含的水分质量，那么该物料的初始含水率 w 可由下式求得。

$$w = \frac{m_1 - m_2}{m_1} \times 100\% \tag{2.328}$$

根据试验设计方案，各分组样本初始含水率测量结果如表 2.14 所示。

⊡ 表 2.14　样本初始含水率

处理方式	苹果/%	马铃薯/%	胡萝卜/%	茄子/%	香蕉/%
原始未处理	89.84	79.53	88.72	93.87	78.33
染色	90.63	77.62	88.09	95.14	84.84
高压脉冲电场预处理	90.84	78.05	88.12	90.15	77.56

注：由于农产品物料产地、品种和生产管理条件的差异，以及测量方法和仪器等不同，同一种物料的初始含水量测量数据有一定程度的差异。

图像采集时，将三脚架、光源及 CCD 组件放置于干燥室仓门玻璃外侧，以便于图像采集。镜头紧贴玻璃并对准 MA，调整焦距等参数后，对冻干过程进行动态图像采集。染色样本 YB 及 MB 的试验方法同 YA 和 MA，YB 的初始含水率为 90.63% 即可。

试验采集到的序列图像如图 2.57 所示（以苹果为例）。其本质是一个由图像信息组成的二维矩阵，矩阵的每个元素代表对应位置上的图像亮度或色彩信息。此外，图像在本质上是具有统计性的，因此，有关图像有用信息和冗余信息的问题可以用概率分布和相关函数来描述。比如，若已知概率分布，则可以用熵（Entropy）来度量图像的信息量。

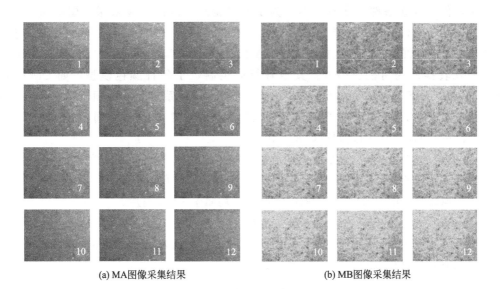

(a) MA图像采集结果　　　　　　　　(b) MB图像采集结果

图 2.57　部分图像采集结果

5. 图像数据存储

目前图像数据的格式纷繁复杂，反映了图像需求的多样化。常见的主要有 jpg，bmp，tif 和 png 等。其中，bmp 是一种与硬件设备无关的图像文件格式，除图像深度（1bit，4bit，8bit 及 24bit）可选外，不需要采用其他任何压缩。因此，bmp 文件所占用的存储空间很大，不适合这里所研究的图像数据实时采集和分析。

jpeg 是一种很灵活的图像格式，具有调节图像质量的功能，适合含水率图像法监测的应用场合，因此，本研究的图像均采用 jpeg 格式进行存储。

综上，在冻干过程中，物料表面图像经镜头、CCD 和 1394b 数据线，以 1.875fps 帧率、1024×768 分辨率，在 RGB 彩色空间里，以常见的 jpeg 格式被连续地、实时地存储到计算机中，形成动态序列图像。

不同光源发出的光线，其颜色并不相同，最典型的就是钨丝灯（普通灯泡）和荧光灯（日光灯）之间的区别了，前者偏红而后者偏蓝。与人眼不同，不论是银盐胶卷还是 CCD 或 CMOS，都只能根据物体反射光线的颜色产生图像。

也就是说，当光源的波长及色温变化时，会使感光元件（CCD 或 CMOS）对白色的定义显著不同，最终使图像的颜色特征值与真实值相比，整体偏移一定的范围。此时得到的数字图像不能准确表达图像客观的颜色特征。这是感光元件将外界光信号转变为电信号时难以避免的，因此，需要根据光源的特点，对感光元件的白平衡进行调整。

试验所采用的光源为 LED 环形光源，并且配有 CPL 偏光镜，当光源亮度一定（5 挡，1900lux）且偏光镜转动至合适位置时，取标准白色板一张，置于镜头前约 50mm 处，垂直于光轴固定。在 StreamPix 软件中，通过调节 whitebalanceVR 和 UB 的值，可对 CCD 白平衡进行设置。通过标定，当 VR 和 UB 的值分别为 519 和 364 时，CCD 白平衡比较准确。本研究所有图像均在此设置下进行采集。

（1）基于色彩空间的颜色特征值提取

① 色彩空间。物体颜色的定量度量是很复杂的，它涉及观察者的视觉生理、视觉心理以及照明条件、观察条件等多种因素，为了能够得到一致的度量效果，国际照明委员会（CIE）规定了一套标准色度系统，称为 CIE 标准色度系统。该系统是近代色度学的基本组成部分，它是一种混色系统，包括 RGB、XYZ、La^*b^* 和 Luv 等系统，使颜色空间的定量描述与相互转换成为可能。另外，其他各行业也制定了各种颜色模型，如 CMY 系统、Munsell 系统、HIS 系统、YIQ 系统、Ohta 系统等，这些系统表示的颜色都有各自的优点和局限性。在农业工程领域中，常见的色彩模型及空间主要有 RGB 空间、HSV 空间、HSI 空间和 La^*b^* 空间等，它们之间可以相互转换。

② RGB 色彩空间。不论是平时人们用数码相机（摄像机）拍摄的照片，还是液晶显示器显示的图文，其色彩范围均在 RGB 空间中，因此，RGB 色彩空间是目前运用最广的颜色模型之一。本试验所用 CCD 组件获取的原始图片均属于 RGB 图片。

RGB 颜色模型是在三基色学说下建立起来的颜色系统。CIE（国际照明委员会）规定以 700nm（红）、546.1nm（绿）和 435.8nm（蓝）三个色光为三基色。由红（R）、绿（G）和蓝（B）相叠加可以形成其他各种颜色，即：

$$C = R(R) + G(G) + B(B) \tag{2.329}$$

其中，C 表示混合后的颜色，（R）、（G）、（B）表示红、绿、蓝三基色，R、G、B 表示三基色的数量。因为三种颜色各自都有 256 个亮度水平级，所以三种颜色叠加就能形成 1670 万种颜色，也就是"真彩色"，它们足以再现绚丽的世界。RGB 模型常常用一个如图 2.58 所示的 RGB 彩色立方体来表示。

在该立方体中，任何一种颜色都可以用一个三维空间点的坐标来表示。例如红、绿、蓝三基色分别对应立方体顶点（1，0，0）、（0，1，0）和（0，0，1），而黑色则对应顶点（0，0，0），白色对应顶点（1，1，1），即原点处三基色的亮度值均为零，离原点最远处三基色的亮度值最大。立方体中剩余的三个点则对应于合成色：洋红色、青色和黄色。

RGB 图像的一个显著特点就是硬件（设备）依赖性。不同的图像采集装置捕获同一场景时，得到的图像色彩并不相同。所以，预试验期间必须调整并设定 CCD 及 StreamPix 软件合适的参数值，正式试验均在设定好的参数下进行，保证图像采集条件的一致和稳定。另外本研究认为，虽然 RGB 图像容易受外界因素的干扰而使其颜色特征值波动，但是从方法研究的角度来讲，一方面图像采集时采用了"遮光"措施，即阻挡外界光线进入冻干仓，保证仓内光照环境恒定，另一方面 RGB 图像可直接用于处理和分析，省去图像彩色空间转换的过程和时间，有利于含水率监测实时性的要求和实现。

③ La^*b^* 色彩空间。La^*b^* 模型也是由 CIE 于 1976 年制定的一种彩色模式。自然界中任何色彩都可以在 La^*b^* 空间表达出来，La^*b^* 色彩空间如图 2.59 所示。其中，L 表示亮度（照度通道），a^* 通道包含的颜色是从深绿（低亮度值）到灰（中亮度值），再到亮

红色（高亮度值），b^*通道则是从蓝紫色（低亮度值）到灰（中亮度值），再到焦黄色（高亮度值）。

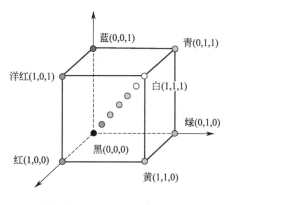

图 2.58 RGB 彩色立方体

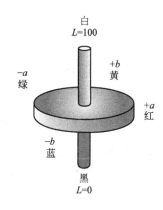

图 2.59 La^*b^* 色彩空间

与 RGB 色彩空间显著不同的是，La^*b^* 色彩空间并不依赖于采集图像的硬件设备，并且处理速度与 RGB 模型同样快。与此同时，在表达色彩范围上，La^*b^* 模型所定义的色彩最多，而 RGB 模型次之。在物料进行真空冷冻干燥过程中，同时提取其表面图像的 R、G、B 和 L、a^*、b^* 颜色特征值更能全面反映样本在冻干周期中的颜色变化，以便于建立颜色特征值和含水率的关系模型。

(2) 颜色特征值提取结果　物料表面颜色变化的序列图像经镜头、CCD，通过 1394b 数据线传至计算机，被保存后，在 MATLAB（2013a）环境中编程，实现图像颜色特征值的提取。根据研究目的和试验设计方案要求，并依据样本是否被染色，是否经高压脉冲电场处理，分别对苹果、土豆、茄子、胡萝卜和香蕉等 5 种果蔬在真空冷冻干燥过程中表面颜色变化动态图像的 R、G、B 和 L、a^*、b^* 颜色特征值进行提取，图片共约 30 万张。在所有 15 个检测结果中，显然可以看出：

① a^* 和 b^* 颜色特征值几乎不随冻干时间的变化而变化。以未染色胡萝卜为例，在整个真空冻干过程中，a^* 和 b^* 的最小值和最大值分别为 155.97、170.90 和 158.59、176.43，相差并不明显，曲线也呈现几乎水平的状态。这是由 La^*b^* 色彩空间的特性造成的，说明 a^* 和 b^* 特征值与物料表面的颜色变化无关。由方差分析可知，这两个特征值也与物料的含水率无关。

② 每种物料、每种处理，其 R、G、B 和 L 颜色特征值均有相同的增减变化规律，但不同物料、不同处理之间，这四个颜色特征值的变化规律并不相同。比如对未染色苹果而言，其 R、G、B 和 L 颜色特征值均表现为单调递减的趋势，且减小的速率先慢后快，直至冻干光彩过程结束，反映到物料本身，则宏观上有"先亮后暗"的变化。而对于未染色马铃薯来说，其 R、G、B 和 L 颜色特征值的变化规律则是先增，从冻干中期直到冻干终了，颜色特征值曲线则以极其缓慢的速度下降。由此可见，不同物料，其表面颜色特征值的变化规律并不相同。

③ R、G、B 和 L 颜色特征值的大小主要取决于物料的品种、特性及处理的方式，尚无规律可循。对于胡萝卜而言，由于其本身具有的橙红（黄）色，故其颜色特征值曲线中，R 颜色特征值高于其他颜色特征值。而对于未染色马铃薯而言，在整个冻干过程中 G 颜色特

征值最高。

④ 不论是 R、G、B 颜色特征值曲线还是 L 颜色特征值曲线，这四条曲线均具有近似的增减趋势。因此，就建模方法而言，本研究首先考虑以 R、G、B 和 L 颜色特征值为自变量，以物料含水率为位移量的多元线性回归方法，以决定系数的大小来评判模型的可信度。再尝试利用主成分分析法，从 R、G、B 和 L 共 4 个颜色特征值中提取主分量，通过主分量建立真空冻干果蔬颜色特征值和含水率的关系模型，对两种方法加以比较，讨论建模的合理性和可行性。

（二）颜色特征值与样本含水率相关性分析及模型建立

1. 样本含水率获取与校正

为建立样本表面图像颜色特征值与其含水率的关系模型，必须获得与图像对应的、准确的物料含水率由 JDG-0.2 型真空冻干试验机测得。该冻干试验机采用基于可重组虚拟仪器的冻干物料含水量在线监测系统，可实时采集、分析计算、存储和显示物料的质量、含水量和失水率等相关参数，并自动绘制含水量和失水率的变化曲线，为冷冻干燥工艺过程的判别与调控提供了相应数据。

校正物料含水率时，使用与正式试验同批次、同品种、同数量及相同处理方法的物料，并从不同料盘、不同区域中选定 2 片样本（尽量缩短测量时间，降低检测误差），依次编号为 1 和 2，作为称重法测量的目标对象。具体校正方法是：自物料放入冻干仓开始冻干，各冻干工艺参数稳定时开始计时，每隔 1h 令冻干机暂停工作，并迅速打开换气阀，使冻干仓内外大气压基本相等，打开仓门后用镊子快速取出 1～2 号样本。分别称量其质量并记录，之后迅速放回原始位置，立即关闭冻干仓门，重新启动冻干机，设置冻干工艺参数继续对物料进行真空冻干，1h 后重复以上操作，直至冻干结束。物料冻干含水率校正数据如表 2.15 和表 2.16 所示。

⊡ 表 2.15　染色果蔬含水率校正原始数据（质量）

品种	马铃薯/g		胡萝卜/g		茄子/g		苹果/g		香蕉/g	
编号	1	2	1	2	1	2	1	2	1	2
初始质量	3.76	4.1	5.74	5.28	4.18	3.37	4.38	4.07	4.01	4.06
1h	2.8	3.03	4.43	3.88	2.85	2.15	3.02	2.68	2.78	2.7
2h	2.04	2.2	3.31	2.79	1.94	1.42	2.06	1.69	1.82	1.63
3h	1.4	1.43	2.32	1.88	1.24	0.87	1.33	0.98	1.16	0.99
4h	1.01	0.89	1.62	1.23	0.8	0.5	0.86	0.58	0.73	0.6
5h	0.81	0.75	1.11	0.81	0.55	0.33	0.58	0.49	0.53	0.52
6h	0.79	0.74	0.81	0.6	0.46	0.33	0.53	0.48	0.52	0.52
7h	0.78	0.74	0.64	0.57	0.45	0.33	0.53	0.48	0.51	0.5
8h	0.77	0.73	0.61	0.55	0.45	0.32	0.53	0.48	0.51	0.5
9h	0.77	0.73	0.61	0.55	0.45	0.32	0.53	0.48	0.51	0.5

⊡ 表 2.16　计算得到的染色果蔬含水率

品种编号	马铃薯/%		胡萝卜/%		茄子/%		苹果/%		香蕉/%	
	1	2	1	2	1	2	1	2	1	2
计算得到的初始含水率	79.52	82.20	89.55	89.58	89.23	90.50	87.90	88.45	87.28	87.68
1h	72.50	75.91	86.46	85.82	84.21	85.12	82.45	82.46	81.65	81.48

品种编号	马铃薯/%		胡萝卜/%		茄子/%		苹果/%		香蕉/%	
	1	2	1	2	1	2	1	2	1	2
2h	62.25	66.82	81.87	80.29	76.80	77.46	74.27	72.19	71.98	69.33
3h	45.00	48.95	74.14	70.74	63.71	63.22	60.15	52.04	56.03	49.49
4h	23.76	17.98	62.96	55.28	43.75	36.00	38.37	18.97	30.14	16.67
5h	4.94	2.67	45.95	32.10	18.18	3.03	8.62	4.08	3.77	3.85
6h	2.53	1.35	25.93	8.33	2.17	3.03	0.00	2.08	1.92	3.85
7h	1.28	1.35	6.25	3.51	0.00	3.03	0.00	2.08	0.00	0.00
8h	0.00	0.00	1.64	0.00	0.00	0.00	0.00	2.08	0.00	0.00
9h	0.00	0.00	0.00	0.00	0.00	0.00	0.00	0.00	0.00	0.00

依据表 2.15 和表 2.16 的测量结果，对于某种物料，假设第 i 小时样本质量为 n_i，物料冻干时的最终质量为 n，则第 i 小时物料的实时含水率为

$$n_r = \frac{n_i - n}{n_i} \times 100\% \tag{2.330}$$

由式(2.330)可计算得到表 2.15 和表 2.16 所示的含水率结果，取 1 号样本和 2 号样本含水率的平均值为计算所用。以 1h 为单位或节点，对 JDG-0.2 型真空冻干试验机测得的物料含水率数据进行分段校正，运用 SAS 统计分析软件中的 glm 非线性回归分析模块和基于MATLAB 的插值方法，得到 5 种果蔬真空冻干实时含水率的较准确的值，可为下一步颜色特征值和含水率关系模型的建立提供依据。

由表 2.16 可以看出，若对 5 种果蔬进行染色处理，冻干约 7h 后即可结束，其中香蕉所需的冻干时间较短。而对于未染色的原始物料，未用高压脉冲电场预处理的果蔬与染色物料所需的冻干时间几乎一致，但用高压脉冲电场预处理后，冻干时间普遍比染色物料及未用高压脉冲电场处理的物料缩短约 1h，即 5～6h 即可达到冻干要求。由此可见，用高压脉冲电场预处理果蔬可以明显缩短冻干时间，提高冻干效率，降低冻干能耗。

另外，就含水率校正的回归结果而言（表 2.17），回归模型的显著性检验概率均小于0.05，检验极显著，模型的决定系数（R^2）也较高，最大为 0.9967，说明该模型可以解释原变量变异的 99.67%，且具有较高的拟合精度，可作为进一步数据分析的依据。

⊡ 表 2.17　含水率校正 SAS 回归结果

项目	回归方程	F 值	显著性检验概率	R^2
未染色苹果	$y = 0.0223x^2 - 1.30x + 17.38$	896.39	<0.0001	0.9967
染色苹果	$y = 0.0347x^2 - 2.75x + 52.66$	563.83	<0.0001	0.9947
未染色马铃薯	$y = -0.00374x^2 + 1.38x - 6.91$	282.74	<0.0001	0.9878
染色马铃薯	$y = 0.01753x^2 - 0.37x + 1.78$	712.96	<0.0001	0.9958
未染色胡萝卜	$y = 0.1012x^2 - 11.53x + 311.40$	59.94	0.0003	0.9600
染色胡萝卜	$y = -0.004576x^2 + 2.25x - 75.28$	1033.29	<0.0001	0.9966
未染色茄子	$y = -0.005416x^2 + 2.87x - 127.20$	163.82	0.0001	0.9879
染色茄子	$y = 0.0996x^2 - 12.97x + 421.31$	802.89	<0.0001	0.9963
未染色香蕉	$y = 0.0273x^2 - 1.13x + 2.01$	97.09	<0.0001	0.9652
染色香蕉	$y = 0.0197x^2 - 0.68x + 5.59$	540.00	<0.0001	0.9954
高压脉冲电场预处理苹果	$y = -0.0556x^2 + 9.15x - 292.983$	26.27	0.0126	0.9460
高压脉冲电场预处理马铃薯	$y = 0.0036x^2 + 0.695x + 7.447$	228.33	<0.0001	0.9870

项目	回归方程	F 值	显著性检验概率	R^2
高压脉冲电场预处理胡萝卜	$y=0.0093x^2+0.229x-0.407$	916.92	<0.0001	0.9967
高压脉冲电场预处理茄子	$y=-0.344x^2+62.73x-2764.23$	35.90	0.0028	0.9472
高压脉冲电场预处理香蕉	$y=0.00621x^2+0.76x-16.54$	521.81	<0.0001	0.9952

由于每冻干周期中，JDG-0.2 型真空冻干试验机记录的含水率值只有 $200\sim300$ 个，而图像采集系统获取的图片约为 3 万张，即 3 万张图片中只有 $200\sim300$ 张图片可以与同时刻的含水率值相对应。为了给其余图片赋予相应的含水率值，根据表 2.17 所示的回归结果，采用 MATLAB 的数值分析模块对经称重法校正的含水率值进行 spline 三次样条插值，使 CCD 采集的所有图片均有对应的含水率值，以便于进一步建立物料表面颜色特征值和含水率的相关关系模型。5 种果蔬不同处理含水率的校正结果如图 2.60～图 2.62 所示。

由图 2.60 可以看出，对于未染色的 5 种原始物料，苹果的含水率变化曲线较理想，从初始的 84.53% 降到冻干终了时的 1.11%，整条曲线的下降呈先慢后快再慢的趋势，与冻干过程升华干燥和解析干燥的特征规律相一致。茄子所用的冻干时间最短，约 5h 后含水率即可达到 2.0%，最终不再降低，且其含水率变化曲线也较为理想。然而马铃薯、胡萝卜和香蕉的含水率变化曲线则随真空冻干进行几乎呈线性的单调递减，其原因一方面与物料品种、品质及其初始含水率有关，另一方面则可能来自于冻干操作过程和冻干机本身的测量误差。

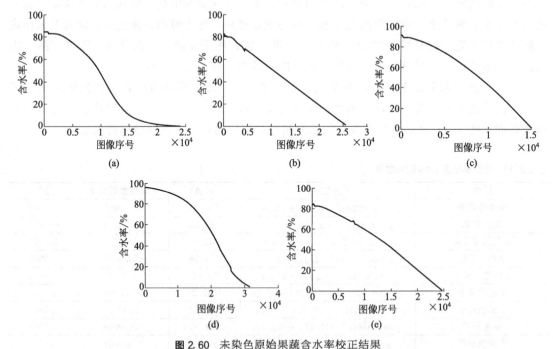

图 2.60 未染色原始果蔬含水率校正结果

(a)～(e) 分别为未染色原始苹果、马铃薯、胡萝卜、茄子和香蕉经校正后的含水率结果

图 2.61 中的图(a)～图(e) 则反映了 5 种染色果蔬含水率的变化过程，曲线较理想，且

均符合冻干理论，可以为下一步含水率模型的建立提供依据。图 2.60～图 2.62 中，各个曲线的横坐标不尽相同，这反映了不同物料的冻干时间并不相同，另外，各曲线的拐点也出现在不同的时刻。

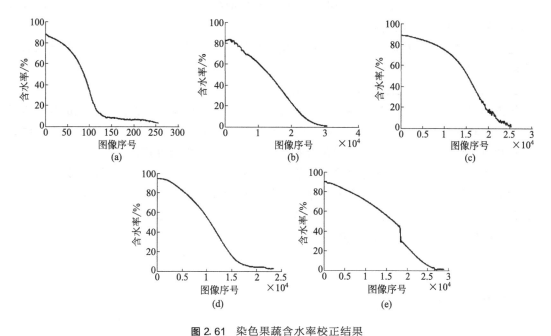

图 2.61 染色果蔬含水率校正结果
（a）～（e）分别为染色苹果、马铃薯、胡萝卜、茄子和香蕉经校正后的含水率结果

图 2.62 则表现了 5 种果蔬经过高压脉冲电场预处理后含水率曲线的变化情况。从图中

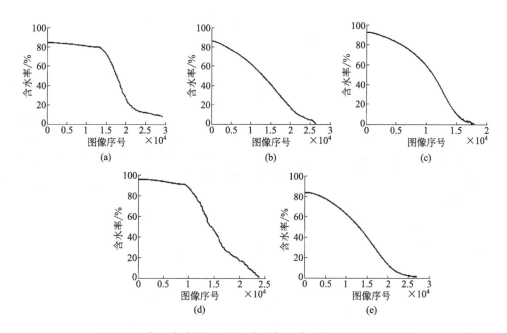

图 2.62 高压脉冲电场预处理未染色原始果蔬含水率校正结果
（a）～（e）分别为高压脉冲电场预处理未染色原始苹果、马铃薯、胡萝卜、茄子和香蕉经校正后的含水率结果

可以看出，胡萝卜及香蕉含水率曲线的变化较理想，而苹果和茄子的含水率曲线则表现为一开始先线性缓慢下降，而后则快速下降，到升华干燥转为解析干燥后，曲线又缓慢下降。总体上，这些曲线的变化趋势均符合相应的冻干理论，与课题组其他成员的相关研究结论是一致的，因此本节通过 SAS 的非线性回归方法及基于 MATLAB 的三次样条插值等方法计算得到的物料含水率值可以作为后续建模的依据。

此外，就同一种物料而言，经高压脉冲电场预处理后，其冻干过程由升华干燥转为解析干燥的时刻均有所提前，以苹果和胡萝卜最为显著。

2. 建立物料颜色特征值与含水率关系模型

将机器视觉和图像处理技术应用到真空冻干物料含水率的实时监测上，得到的物料表面颜色特征值和图 2.60～图 2.62 所示的对应物料及处理方法的含水率值，分别采用多元线性回归法和主成分分析方法来讨论建模的合理性和将来实际应用的可行性。

（1）采用多元线性回归法建立含水率模型　利用多元线性回归方法，可以估计出各回归参数的值及其标准误；对回归参数和整个回归模型做假设检验；对各个自变量的作用大小作出评价；并利用已求得的回归方程对位移量进行预测，对自变量进行控制。以 R、G、B 和 L 颜色特征值为自变量，以物料含水率为位移量进行的多元线性回归分析，其结果如表 2.18、表 2.19 所示。

表 2.18　模型回归方差分析表

材料	处理	自由度	平方和	均方	F 值	$Pr > F$	R^2
苹果	N	4	24312472	6078118	148047	<0.0001	0.9609
	Y	4	237361	59340	1183.73	<0.0001	0.9500
	G	4	24346098	6086524	62020.7	<0.0001	0.8641
马铃薯	N	4	12506024	3126506	49004.1	<0.0001	0.8520
	Y	4	23841122	5960281	234035	<0.0001	0.9683
	G	4	20990750	5247687	1822692	<0.0001	0.9952
胡萝卜	N	4	10729627	2682407	754490	<0.0001	0.9951
	Y	4	23228659	5807165	588253	<0.0001	0.9894
	G	4	16489937	4122484	52763.3	<0.0001	0.9221
茄子	N	4	32120810	8030203	249541	<0.0001	0.9694
	Y	4	27532941	6883235	428734	<0.0001	0.9865
	G	4	27225509	6806377	351572	<0.0001	0.9833
香蕉	N	4	14553057	3638264	95874.2	<0.0001	0.9396
	Y	4	26290416	6572604	127649	<0.0001	0.9413
	G	4	23789079	5947270	566712	<0.0001	0.9882

注：表中"N"表示未染色且未经高压脉冲电场预处理的原始样本，"Y"表示仅经染色处理的样本，"G"表示仅经高压脉冲电场处理的样本。

表 2.19　截距回归方差分析表

材料	处理	参数估计	显著性检验 t 值	$Pr > |t|$
苹果	N	147.17	164.29	<0.0001
	Y	−2860.56	−11.98	<0.0001
	G	504.02	87.51	<0.0001
马铃薯	N	−2134.04	−157.32	<0.0001
	Y	−700.45	−105.41	<0.0001
	G	558.61	661.67	<0.0001

材料	处理	参数估计	显著性检验 t 值	$Pr>|t|$
胡萝卜	N	163.03	21.14	<0.0001
	Y	−278.72	−43.49	<0.0001
	G	−691.63	−87.97	<0.0001
茄子	N	−1619.71	−43.84	<0.0001
	Y	−747.19	−25.27	<0.0001
	G	1063.54	89.04	<0.0001
香蕉	N	−5378.79	−153.29	<0.0001
	Y	−58.76	−251.81	<0.0001
	G	−574.05	−57.08	<0.0001

注：表中"N"表示未染色且未经高压脉冲电场预处理的原始样本，"Y"表示仅经染色处理的样本，"G"表示仅经高压脉冲电场处理的样本。

由回归分析结论可知：所有 15 个模型的 p 值均小于 0.0001，决定系数均大于 0.85，且大部分大于 0.90，最大为 0.9952（高压脉冲电场预处理马铃薯），说明模型极其显著且拟合精度较高，如表 2.18 所示。就各模型的系数而言，其 p 值也均小于 0.0001，在 0.05 水平上它们的检验极显著。以原始苹果样本为例，其含水率主要与 R 颜色特征值和 L 颜色特征值相关，它们的偏相关决定系数分别达 0.8558 和 0.7743。另外，模型中截距的回归结果也较好，其显著性检验 p 值也均小于 0.0001，0.05 水平上检验极显著。

求得回归方程如下：

$$W_{npg}=0.8558\times R+0.6959\times G+0.3828\times B+0.7743\times L+147.17 \qquad (2.331)$$

式中，W 表示含水率；下标 npg 表示未经任何处理的苹果样本。求得复相关系数为

$$R_{npg}=\sqrt{R^2}=\sqrt{0.9609}=0.9803 \qquad (2.332)$$

其余 14 个含水率模型以此类推。通过对物料表面颜色特征值和含水率的相关性分析，建立了含水率模型，在实际生产应用中，可在真空冻干仓监视窗外设置工业摄像头，调校光源、光圈及白平衡等参数后，通过动态采集指示样本在整个冻干周期的图像，分析其表面颜色特征值的变化，根据相应模型就可以实时得到样本含水率的值，实现真空冻干含水率的在线监测。为进一步探索含水率模型，提高含水率在线监测的实时性和准确性，并且考虑到主成分分析法具有减少变量个数和蕴含变量信息的作用，故尝试主成分分析法建模。

(2) 采用主成分分析法建立含水率模型　自然界中的客观事物往往受多种因素影响，因而科学研究就需要考察多个变量。在大部分实际问题中，变量之间有一定相关性，人们自然希望找到较少的几个彼此不相关的综合指标尽可能多地反映原来多个变量的信息。主成分分析（principal component analysis）正是用于研究如何将多个变量指标间的问题转化为几个较少的新指标的问题。这些新指标彼此既不相关，又能综合反映原来多个指标的信息，是原来多个指标的线性组合。主成分分析还常被用作寻找判断某种事物或现象的综合指标，并给综合指标所蕴藏的信息以恰当解释，以便更深刻地揭示事物的内在规律，特别适合多变量、被动观测、共线性强的样本。

主分量由属性变量的线性组合构成，常称为潜在因子。为易于解释问题，仅选取解释能力足够强，即大于 85% 的少数几个主分量用于问题的分析。采用 SAS 中的 Princomp 过程进行基于协差阵或相关阵的主成分分析，过程选项 data 指定分析选项，cov（covariance）指定用协方差计算主分量，默认用相关阵，语句 var 指定构成主分量的原始变量。

① 各组数据，其第 1 主分量 Prin1 的累积贡献率最小为 0.8593，最大为 0.9998，且多

数大于 0.99（常用阈值为 0.80），可见第 1 主分量 Prin1 解释原变量变异的能力最小为 85.93％，最大为 99.98％，故可认为，第 1 主分量 Prin1 中蕴含着物料样本在真空冻干过程中其表面颜色变化的大量重要信息，即将原来 R、G、B 和 L 颜色特征值 4 个变量用 Prin1 来表示是合理且适合的。由于第 1 主分量的累积贡献率较高，所以使第 2 主分量 Prin2 相应的累积贡献率达到 0.999，而 Prin3 和 Prin4 的累积贡献率则均为 1。

② 就第 1 主分量而言，其权重在 R、G、B 和 L 上相差不大，大多在 0.40～0.55，且全为正数，因此第 1 主分量 Prin1 主要蕴含"颜色"因子，其计算公式如下（以高压脉冲电场预处理苹果为例）：

$$\text{Prin1} = 0.4998 \times R + 0.5023 \times G + 0.4956 \times B + 0.5023 \times L \tag{2.333}$$

依照式(2.333)，将对应 R、G、B 和 L 颜色特征值代入即可得出 Prin1 的值。为建立物料含水率和颜色特征值的关系模型，再利用 SAS 回归分析方法，以 Prin1 为自变量，以含水率为位移量，可得到 15 个不同品种及不同处理下的含水率模型。因为只有 1 个自变量，故不存在自变量独立或自变量相关。

利用主成分分析法进行含水率建模，虽然 15 个模型的显著性检验概率均小于 0.0001，模型检验极显著，但是其决定系数却参差不齐。以高压脉冲电场预处理马铃薯为例，其含水率模型的决定系数达 0.9864，说明模型具有较高的拟合精度，可以解释原变量变异的 98.64％。而高压脉冲电场预处理胡萝卜，其含水率模型的决定系数仅为 0.2085，远小于常用阈值 0.80，说明模型的拟合精度不高，在此情况下预测的含水率值有很大误差。应当将原来二次型或三次型模型变为指数型或其他类型的模型，可能得到较理想的结果。

总之，采用主成分分析法来预测物料的含水率，由于部分模型的拟合精度较低，预测误差很大，导致该方法在实际应用中仅适合部分物料和部分处理，普适性并不强；而采用直接建模的方法，具有稳定的、较高的拟合精度。因此，从实际应用的角度考虑，本研究决定只采用后者预测物料含水率。

3. 误差检验

实际应用中，必须对模型预测的准确性进行验证。因为物料的实时含水率就是真空冷冻干燥过程结束的重要依据。若预测误差较大，很可能会造成冻干时间过长，甚至使物料崩塌的不良后果。这一方面增加了冻干能耗，使得冻干成本增加，另一方面也影响了冻干产品的视觉和味觉特征，进而影响产品销售。也有可能使物料在尚未达到要求的情况下提前结束冻干，使物料由于过高的含水率而出现各种质量问题。

采用如下所述的方法对预测误差进行检验：

① 使各样本与对应的含水率模型具有相同的冻干工艺参数，包括真空度和加热板温度等。采集图像时光源亮度、相机光圈、快门、白平衡和图像格式、分辨率以及图像采集帧率等参数也应一致。

② 真空冻干过程样本表面的图像被连续采集并保存在计算机中，与此同时，每张图片的时间属性也被保存下来，以保证后续含水率检验的同时性。

③ 以 GB 5009.2—2016 规定的称重法测得的含水率值作为基准和依据，来衡量所建立的含水率模型的准确性。对于每种样本、每个处理，设置 10 个检测点，用 t_1、t_2、…、t_{10} 表示，其分布如图 2.63 所示。

另外，为保证每次开关冻干机仓门及移动图像采集系统后，摄像头仍能采集到与移动前具有相同视场的图像，试验时采取了两条主要措施：

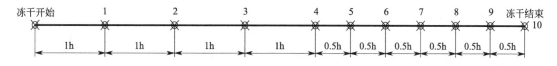

图 2.63 10 个误差检测点分布图

首先，固定试验所用的三脚架及其云台的相对位置，并将三脚架与地面的位置作严格标记，使三脚架再次移回时仍可保持原先位置不变；

其次，使用"磁铁固定"法，用两块磁吸力极强的小磁铁，在其异性磁极表面贴一层泡沫塑料后，其中一块磁铁置于料盘前边沿处，另一磁铁置于目标样本 M 背后靠下 1/5 处，在磁力作用下，M 下方 1/5 处就被牢牢与料盘固定在一起，事先标记好目标样本 M 在料盘中的相对位置以及料盘和冻干仓的相对位置后，就可以使 CCD 和目标样本 M 之间的相对位置在含水率检测过程中保持不变，尽可能地减小频繁开关冻干仓门和图像采集系统频繁移动对误差检验的影响。

依据上述方法和注意事项，以相对误差来衡量颜色测量法监测真空冻干物料含水率的准确性，相对误差根据下式计算：

$$R_{\mathrm{e}} = \frac{W_{\mathrm{Z}} - W_{\mathrm{C}}}{W_{\mathrm{Z}}} \times 100\% \tag{2.334}$$

式中，R_{e} 表示含水率相对误差；W_{Z} 和 W_{C} 分别表示称重法测得的含水率和颜色测量法得到的含水率值。由式(2.334)可计算得到 15 个模型的相对误差检验结果，将其以多变量散点图的形式绘出，如图 2.64 所示。

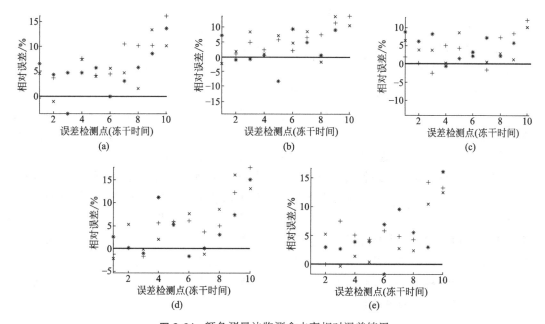

图 2.64 颜色测量法监测含水率相对误差结果

（a）～（e）分别表示苹果、马铃薯、胡萝卜、茄子和香蕉含水率监测的相对误差。

其中，"*""+"和"×"分别表示原始物料、染色物料和高压脉冲电场预处理物料

由图 2.64 可以看出，不论样本品种以及处理方式，所有相对误差均呈现出"先小后大"

的趋势，即冻干开始时，颜色测量法预测物料含水率的相对误差稍小，最小的可以小于1％。随着冻干进行，物料的含水率越来越小，特别是到升华干燥的末期，冻干即将结束的一个时间段内，按照式(2.334)计算相对误差的方法，W_Z减小，使得R_e值越来越大，最大可接近20％，在一些非测量点，个别时刻含水率的相对误差甚至超过30％。

就绝对误差而言，所有15个模型中，绝大多数可控制在0.01％～5％，但是个别极端数据含水率监测的最大绝对误差超过10％，甚至超过20％，试验认为，这些极端误差及其对应的颜色特征值应当剔除，否则会影响数据整体的稳定性。

数据的误差主要来源于：光源亮度及频率的波动和图像采集装置、图像采集软件的性能波动，但最主要的误差来源是试验所用的真空冻干机的机械振动。因为真空冻干机正常工作时，内部的压缩机和真空泵都在振动，这种高频振动必然使冻干仓中的料盘随之振动，进而引起CCD采集的图像发生抖动、模糊，图像的锐度下降，并使图像视场发生变化，必然使图像的颜色特征值随之波动。机械振动越严重，颜色测量法得到的物料含水率值的误差也越大。所以，应当研究一种振动补偿算法或对机械振动不敏感的方法，以补偿冻干机振动引起的图像波动，减小含水率测量误差。

四、应用纹理分析技术实时监测果蔬冻干含水率

物料在真空冷冻干燥过程中，特别是在升华干燥阶段，水分由固态变为气态，并由物料内部逐渐向外表面扩散、逸出，水分的这种运移活动会造成物料表面性质宏观或微观上的改变，物料表面的纹理也会相应发生改变。因此，能用自然纹理变化表达水分的含量，则采用物料表面纹理图像在线监测物料含水率可免去染色方法带来的不便。

纹理（texture）是自然界物体表面的一种基本属性，是描述和区分不同物体的重要特征之一。在图像处理和机器视觉领域，纹理分析是一种重要的区域描述方法。纹理图像的局部区域内呈现了不规则性，而在整体上表现了某种规律性。习惯上也把图像中这种局部不规则的而宏观有规律的特征称为纹理。因此，纹理是一个具有一定的不变性的视觉单元。

纹理算法及测量纹理特征的方法有很多，主要可分为：①统计方法：研究纹理图像某些特征的统计规律，通常用直方图描述纹理；②谱分析方法：用区域自相关方法或傅里叶变换域的能量分析检测纹理；③结构方法：用模式基元和特定排列规律描述纹理；④纹理模型方法：马尔可夫（Markov）随机场、分形维模型、自回归模型等描述纹理。

真空冻干物料表面的纹理就属于自然纹理，故在此采用基于统计特性的纹理分析方法研究物料的含水率。首先，用机器视觉和图像处理的方法验证真空冻干过程中物料表面是否有纹理方面的变化，若有变化，是否有规律可循。其次，重点研究物料表面的纹理变化与其含水率是否存在相关性，若存在相关性，就能通过监测物料表面的纹理变化实现其含水率的实时在线监测，而且这种基于纹理分析的含水率监测方法比第二章所述的颜色测量法有明显的优势：不依赖于物料表面的颜色及其变化。这样从另一个角度研究了含水率监测的方法，更有利于该方法将来在实践中的普及和应用。

1. 试验方案设计

试验在选材、样本预处理、设置真空冻干工艺参数和图像采集装置参数等细节上均与前面一致，讨论颜色测量法时使用的图像数据完全可以用于纹理分析法含水率监测研究。即二者使用同一批数，只是研究和讨论的技术方法不同。

2. 基于统计特性的样本纹理特征提取

纹理可以用图像灰度的空间分布来描述，假设 $\{f(x,y),0\leqslant x\leqslant N-1,0\leqslant y\leqslant N-1\}$ 是具有 G 个灰度级的 $N\times N$ 图像。一阶统计度量纹理图像的灰度值分布，而不考虑像素的邻域关系。通常的一阶统计特征包括均值、方差、平均能量、熵、斜度和对称性。例如，一个像素点在其邻域 R 的方差可以表示为

$$\sigma(x,y)=\frac{1}{MN}\sum_{(s,t)\in R}\mid I(x+s,y+t)-\bar{I}\mid^2 \tag{2.335}$$

$$\bar{I}=\frac{1}{MN}\sum_{(s,t)\in R}I(x+s,y+t) \tag{2.336}$$

3. 灰度直方图和统计矩描述

灰度直方图的形状揭示了图像的特征。例如分布范围狭窄的直方图表示低对比度的图像；单峰直方图描述图像中所含目标的灰度范围相对背景来说具有较窄的灰度范围。由直方图派生的不同特征参数能够反映不同的纹理信息。

直方图表示图像灰度在各个灰度级上出现的频率，可以用函数 $f(r_i),i=0,1,2,\cdots,L-1$ 来表示，r_i 是第 i 个灰度级，L 是可区分的灰度级数目。灰度 r_i 均值的 n 阶矩为

$$\mu_n=\sum_{i=0}^{L-1}(r_i-m)^n f(r_i) \tag{2.337}$$

其中，m 为灰度 r_i 的均值，即

$$m=\sum_{i=0}^{L-1}r_i f(r_i) \tag{2.338}$$

u_n 与 $f(r_i)$ 的分布有直接关系：一阶矩 u_1 恒为零；二阶矩 u_2 是方差，描述了灰度值相对于其均值的分散程度，即表示图像的对比度；三阶矩 u_3 表示直方图斜度，也就是直方图的不对称性程度，反映了图像中纹理灰度起伏分布程度；四阶矩 u_4 表示直方图的分布聚集在均值的集中程度，进一步描述了图像中纹理灰度的反差；五阶矩和更高阶矩不容易同直方图形状联系起来，但它们可以对纹理描述进行更进一步的量化。

另外，图像的纹理特征也常用其粗细程度描述。纹理的粗细程度与其局部结构的空间重复周期有关，周期大的纹理比周期小的纹理看上去粗糙，利用灰度梯度直方图可以表示图像纹理的粗糙程度。设图像中任一点灰度为 $f(x,y)$，则点 (x,y) 与其邻点 $(x+\Delta x,y+\Delta y)$ 的灰度梯度绝对值为

$$f(x,y)=\mid f(x,y)-f(x+x,y+y)\mid \tag{2.339}$$

设灰度梯度可能的取值有 L 级，计算点 (x,y) 与其 3×3 领域内的像素之间的灰度梯度值，统计 $\Delta f(x,y)$ 取各个值的次数，得到其灰度梯度直方图，并可求出 $\Delta f(x,y)$ 取各个值的概率 $p(\Delta f(x,y)),0\leqslant\Delta f(x,y)\leqslant L-1$。基于灰度梯度直方图的纹理参数主要有对比度、熵和平均值。

综上，试验采用以图像灰度直方图的统计属性为基础的纹理分析方法，对冻干物料表面的平均亮度、标准差、平滑度、三阶矩、一致性和熵 6 个纹理指标进行提取和分析，进而建立含水率与纹理特征参数的相关关系模型。

在 MATLAB（R2013a）环境下，自编 *statmoment* 函数和 *statxture* 函数，可以提取不同样本、不同处理的 15 个图像数据集的上述 6 个纹理特征值。以苹果和马铃薯为例，研究分析真空冻干过程中纹理特征值随时间的变化规律。

4. 样本图像平均亮度度量

如前所述，图像的平均亮度 m 可以用式（2.338）表示。由 MATLAB 计算得到的苹果和马铃薯的平均亮度值如图 2.65 所示。

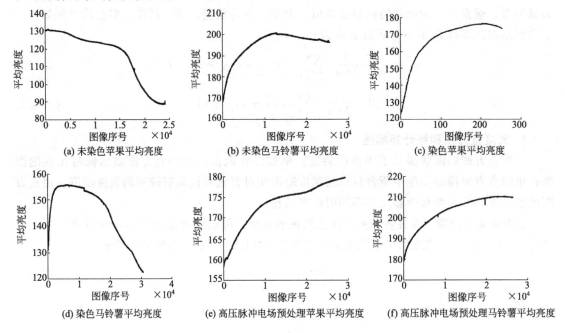

图 2.65　苹果和马铃薯平均亮度度量

由图 2.65 可以看出，在物料冻干过程中，原始苹果样本的平均亮度值 m 呈单调递减的趋势，且递减的速率"先慢后快"，说明随着冻干进行，样本表面的颜色会逐渐变暗，到干燥末期变暗加快。冻干终了时，平均亮度值为 90 左右，比冻干开始时的 130 降低 40 左右，这说明冻干过程物料表面的平均亮度值确实发生了变化，而且这种变化不是由物料褐变引起的，因为在真空冻干过程中，冻干仓一开始就被抽成真空，仓内并没有氧气存在。与苹果样本相反，原始马铃薯样本的 m 值并非单调，而是呈现先快速上升后缓慢下降的趋势，且冻干终了时的 m 值和整个冻干过程 m 的最大值相差并不大，而与开始时的 m 值相差不到 30。本书认为，这种非单调的曲线并不影响将来该项技术的实际应用，因为具有相同 m 值的时间点相差甚远，所以将冻干时间作为一项判别指标，可以解决实际应用的问题。

5. 样本图像标准差度量

图像的标准差 σ 反映冻干物料表面图像平均亮度与背景亮度的比值，即对比度，并能通过统计矩进行定量描述。由于 r_i 表示在区间 $[0, L-1]$ 上离散灰度的离散随变量，$p(r_i)$ 表示灰度值 r_i 出现的概率估计值，所以 r_i 的第 n 个矩的平均值定义为

$$\mu_n(r) = \sum_{i=0}^{L-1} (r_i - m)^n p(r_i) \qquad (2.340)$$

其二阶矩则为

$$\mu_2(r) = \sum_{i=0}^{L-1} (r_i - m)^2 p(r_i) \qquad (2.341)$$

式（2.341）的平方根就是标准偏差，即

$$\sigma = \sqrt{\mu_2(r)} \qquad (2.342)$$

如图 2.66 所示，就原始苹果样本的标准差而言，表现为先缓慢下降，到冻干后期又迅速上升的特点，说明其对比度在冻干前期逐渐减弱，冻干中后期又快速增强。这与样本实际情况相符。冻干初期，物料表面图像相邻像素间的灰度值较一致。随着物料表面水分减少，图像中一些点及其邻域则表现出不同的灰度值，使图像上相邻像素间亮度的差值逐渐增大，造成对比度增加，这种现象一直延续到升华干燥临近结束。到干燥末期，水分减少到一定程度，图像像素点的灰度值趋于统一，相邻像素的灰度值也比较接近，使图像整体对比度又趋于平稳，但此时图像的对比度却比冻干开始时高出近 20。另外，由图 2.66 也可看出，冻干终了时，染色苹果的对比度同样比原始物料低 20 左右。

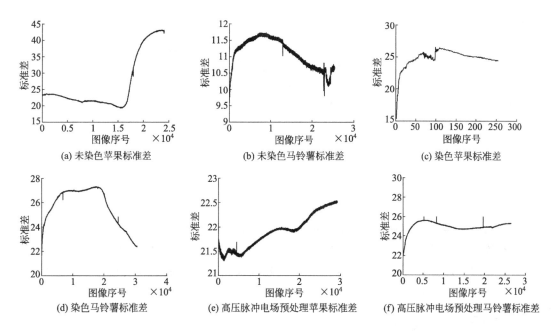

图 2.66　苹果和马铃薯标准差度量

6. 样本图像平滑度度量

平滑度 R_1 表示物料表面亮度的相对平滑程度。对于常亮区域，即 $\sigma = 0$ 时，图像平滑度 $R_1 = 0$；对于对比度趋于无穷大的区域，即 $\sigma = \infty$ 时，$R_1 = 1$。R_1 可由下式算得：

$$R_1 = 1 - 1/(1 + \sigma^2) \tag{2.343}$$

由式（2.342）和式（2.343）可以看出，图像平滑度和图像标准差具有相同的增减性。对于原始苹果样本，其平滑度先缓慢下降后迅速上升直至稳定，原始马铃薯样本则由 1.4×10^{-3} 开始迅速上升至 2.12×10^{-3}，之后随着冻干进行最终降至 1.7×10^{-3} 左右，染色马铃薯样本和经高压脉冲电场预处理的马铃薯样本均有相同的变化规律，只是原始马铃薯样本的平滑度值整体上小于其他两种处理。分析认为，平滑度值变化的根本原因是图像中某一点像素及其邻域内的灰度值变化。当图像对比度增加时，相邻像素的灰度值差别变大，即图像亮度相对不平滑，但图像细节能得到很好的表达。相反，在冻干中后期，物料含水率下降缓慢，图像上各像素点的灰度值越来越统一，即表现为对比度下降，平滑度也随之下降，导致图像中的细节得不到很好的表达，不论哪种处理方式均如此，见图 2.67。

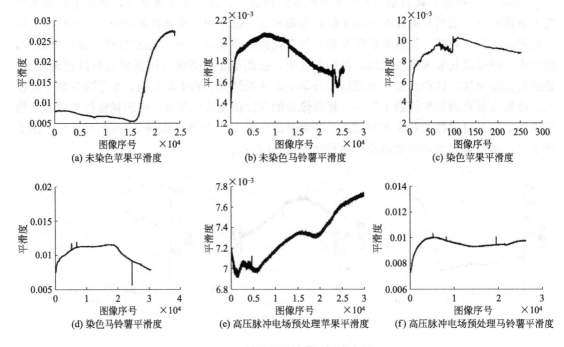

图 2.67　苹果和马铃薯平滑度度量

对原始苹果样本和经高压脉冲电场预处理的苹果样本而言，冻干后期的平滑度值表现出上升的趋势，其原因为冻干后期样本内部所含水分较少，尤其是样本表面部分，在冻干仓内部加热板作用下，表面个别点会由于局部温度较高而出现灰度值加深的现象，这些点并不多，但会直接导致平滑度的改变。

7. 样本图像三阶矩度量

三阶矩 μ_3 表示图像灰度直方图的偏斜。若直方图对称，则三阶矩度量为 0；若直方图向右偏斜，则度量为正值；若直方图向左倾斜，度量为负值。由式（2.340）可知，三阶矩表示为

$$\mu_3 = \sum_{i=0}^{L-1} (r_i - m)^3 p(r_i) \tag{2.344}$$

苹果和马铃薯三阶矩度量如图 2.68 所示。从图中可以看出，原始苹果样本的三阶矩值在真空冻干的前期和中期均表现为极缓慢的下降，由初始的 0.1 下降至 0，冻干后期则迅速下降直至 −1.4，并保持至冻干结束，整体上处于负值区，说明原始苹果样本图像的灰度直方图并不对称，而是向左倾斜。同样，染色苹果的三阶矩值几乎全为负值，并随含水率减少而逐渐减少至 −0.12 稳定，高压脉冲电场预处理的苹果样本也随冻干时间由 0 缓慢减少至 −0.04，可见对苹果样本而言，其图像的灰度直方图均向左倾斜。

原始马铃薯样本的三阶矩值曲线显著粗于其他情况，说明其三阶矩在整个冻干周期中的振幅都较大，这极有可能是真空冻干机的机械振动造成的。但其均为正值，说明其灰度直方图向右偏斜。染色马铃薯样本和经高压脉冲电场预处理的马铃薯样本和对应的苹果样本有相似的三阶矩趋势，且均为负值，说明灰度直方图不对称且向左倾斜。

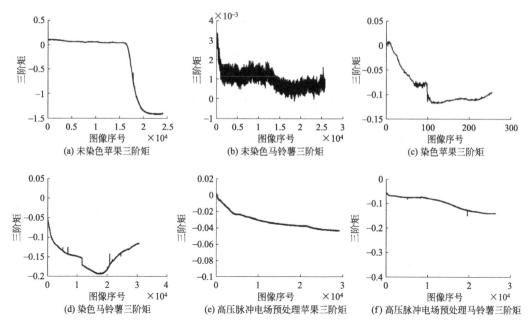

图 2.68 苹果和马铃薯三阶矩度量

8. 样本图像一致性度量

图像一致性 U 表示物料表面在冻干过程中图像直方图的一致性。当图像中所有灰度值相等时，该度量最大，并从此处开始减小。

$$U = \sum_{i=0}^{L-1} p^2(r_i) \tag{2.345}$$

由图 2.69 可知，随冻干进行，原始苹果样本的一致性值在缓慢上升后，经过一个短暂

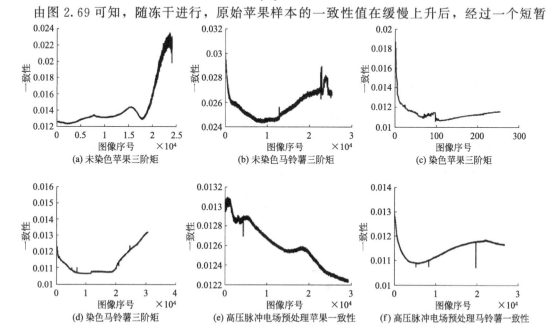

图 2.69 苹果和马铃薯一致性度量

的下降又迅速上升至 0.024 附近，而经高压脉冲电场预处理的苹果样本，其一致性曲线则保持单调下降的趋势，这说明未染色苹果样本表面图像的灰度值随冻干进行越来越相近，而经高压脉冲电场预处理后，苹果样本图像某一点及其邻域内像素点的灰度值对比度增大，导致一致性这一纹理特征值逐渐减小。

马铃薯样本，包括染色的苹果样本，在一致性上均表现为先减后增，这是由于物料在冻干开始时，水分尚未大量散失，图像相邻像素灰度值基本一致，此时一致性度量最大，随着冻干进行，水分减少，图像对比度增加，图像灰度值一致性变差，其值必然减小。到干燥后期，随着物料升华干燥结束和解析干燥开始，物料含水率下降缓慢，图像灰度值基本稳定，对比度减小，使图像一致性度量又增大。

此外，在物料冻干过程中，染色样本的图像一致性度量小于未染色样本，这可由平均亮度和标准差的变化曲线推得。

9. 样本图像熵度量

在信息论中，熵用来度量不确定性。广义熵的定义为

$$J_c^\alpha \left[P(\omega_1 \mid X), P(\omega_2 \mid X), \cdots, P(\omega_c \mid X) \right] = (2^{1-\alpha} - 1)^{-1} \left[\sum_{i=1}^{c} P^\alpha(\omega_i \mid X) - 1 \right]$$

（2.346）

其中，α 是一个正实数。当 $\alpha = 1$ 时，式（2.346）称为香农（Shannon）熵。

就本试验而言，熵反映冻干物料表面图像的随机性，用式（2.347）表示。

$$e = -\sum_{i=0}^{L-1} p(z_i) \log_2 p(z_i)$$

（2.347）

式（2.347）中对数的底为 2，表示熵的单位是位（bit）。

所有马铃薯样本和染色苹果样本均出现了图 2.70 所示的图像熵曲线先增后减的情况，这

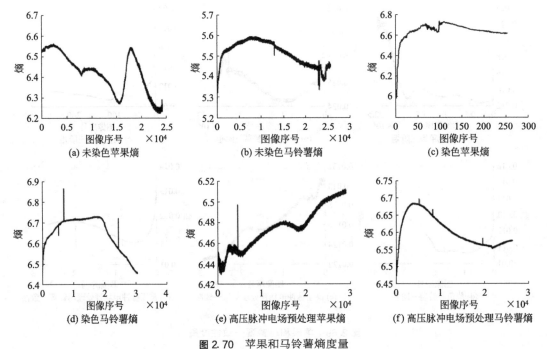

图 2.70 苹果和马铃薯熵度量

说明随着冻干进行和物料表面水分散失，图像对比度增加，伴随着像素点灰度值的随机性逐渐变大。到干燥后期，含水率下降缓慢，图像趋于稳定，像素灰度值的随机性又减小。显然，熵与对比度和平滑度相关，具有相同的变化规律。而且染色样本图像的随机性比未染色样本强。

原始苹果样本和经高压脉冲电场预处理的苹果样本，其熵曲线变化规律恰好与一致性变化规律相反。

综上，不同品种、不同处理，同一纹理特征指标也会有不同的曲线值和规律，这主要与物料本身的性质（内部密度等因素）有关。应将 6 个基于物料表面图像灰度直方图统计特性的纹理特征指标综合考虑，从中找出蕴含样本纹理特征的综合因子，以便于后续数据分析和纹理特征含水率模型的建立。

五、图像纹理特征值与样本含水率相关性分析

由于表达纹理特征的变量共有 6 个，根据主成分分析法可以减少原变量，并能提取众多原变量中所蕴含信息的特点，故纹理特征值分析仍采用主成分分析法，并在 SAS 环境中利用 Princomp 过程实现。

大多数第 1 主分量的贡献率 Prin1 值大于常用阈值 0.80，最大达 0.9494，可解释原变量变异的绝大部分信息，解释能力较强，且第 1 主分量的各权差异较小，故以 Prin1 代表样本图像中所蕴含的总的纹理特征信息合理，但原始马铃薯样本、染色胡萝卜样本、染色茄子样本和染色香蕉样本的 Prin1 值小于 0.80，最小为 0.7279，解释原变量变异的能力为 72.79%，前两个主分量的累积比率达 0.8577，解释原变量的信息量超过 85%，故这种情况下可用前两个主分量研究染色香蕉样本的纹理特征值规律，且以第 1 主分量 Prin1 为主，其余主分量可视作观测误差。

由于第 1 主分量 Prin1 主要蕴含"纹理特征"因子，其计算公式为（以高压脉冲电场预处理苹果为例）

$$\text{Prin1} = 0.3998 \times m + 0.4086 \times \sigma + 0.4083 \times R - 0.3987 \times \mu_3 - 0.4184 \times U + 0.4153 \times e \quad (2.348)$$

1. 图像纹理特征值与样本含水率模型建立

依照式（2.348），将对应 m、U 和 e 等纹理特征值代入即可得出 Prin1 值。为建立物料含水率和纹理特征值模型，再利用 SAS 非线性回归分析方法，以 Prin1 为自变量，以含水率为位移量，可得到 15 个不同品种及不同处理下的含水率模型。纹理主成分与含水率相关性分析结果如表 2.20 所示。

□ 表 2.20　纹理主成分与含水率相关性分析结果

材料	处理	自由度	平方和	均方	F 值	$\text{Pr} > F$	R^2
苹果	N	2	19084189.76	9542094.88	37024	<0.0001	0.8542
	Y	2	232551.87	116275.94	1687	<0.0001	0.9308
	G	2	23836294.21	11918147.10	80385	<0.0001	0.8460
马铃薯	N	2	3080908.27	1540454.13	3392	<0.0001	0.8099
	Y	2	16213856.30	8106928.15	29559	<0.0001	0.6585
	G	2	19735148.21	9867574.10	192066	<0.0001	0.9357
胡萝卜	N	2	7149955.08	3574977.54	14751.7	<0.0001	0.8631
	Y	2	5870652.00	2935326.00	4210	<0.0001	0.7500
	G	2	15668590.72	7834295.36	63088	<0.0001	0.8762

材料	处理	自由度	平方和	均方	F 值	$\mathrm{Pr}>F$	R^2
茄子	N	2	32292950.93	16146475.47	604357	<0.0001	0.9746
	Y	2	13378892.84	6689446.42	10785	<0.0001	0.7794
	G	2	7915883.03	3957941.52	4791	<0.0001	0.7859
香蕉	N	2	11339002.39	5669501.19	33664	<0.0001	0.8321
	Y	2	12311981.93	6155990.97	12542	<0.0001	0.8408
	G	2	23520127.52	11760063.76	575397	<0.0001	0.9770

注：表中"N"表示未染色且未经高压脉冲电场预处理的原始样本，"Y"表示仅经染色处理的样本，"G"表示仅经高压脉冲电场处理的样本。

由表可知，所有 15 个模型的显著性检验概率均小于 0.0001，检验极显著，且绝大多数模型的决定系数大于 0.80，比如高压脉冲电场预处理的香蕉样本，其含水率模型的决定系数达 0.9770，说明该模型可以解释原变量变异的 97.70％，具有较高的拟合精度，可作为含水率预测。但是部分模型，比如染色胡萝卜样本、染色茄子样本，其含水率模型的决定系数均小于 0.80，尤其是染色马铃薯样本，R^2 仅为 0.6585，这说明模型解释原变量变异的能力稍差，仅为 65.85％。但总体上，原始物料样本及高压脉冲电场预处理的物料样本，其含水率模型的决定系数均大于 0.80，因此，从将来实际生产应用的角度考虑，含水率模型回归分析结果较理想，可以作为响应预测的依据。

就回归方程的系数而言，所有模型平方项、一次项和常数项的显著性检验概率均小于 0.0001，模型检验极显著。以高压脉冲电场预处理的香蕉样本为例，其含水率预测模型为（w 表示含水率预测值）

$$w=-0.47\times Prin1^2+54.18\times Prin1-1483.13 \tag{2.349}$$

为验证纹理特征含水率模型的准确性，以国家标准规定的称重法测得的样本含水率值为对照 15 个模型的含水率预测值。取点及检验方法同前所述，检验结果如图 2.71 所示。

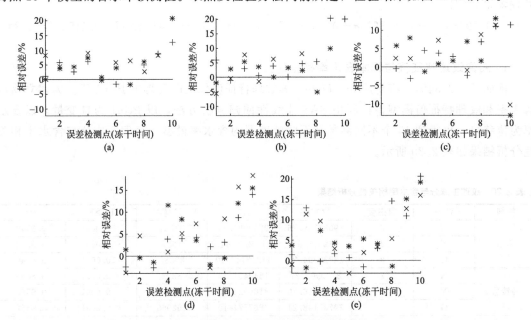

图 2.71 纹理分析法监测含水率相对误差结果

图(a)～图(e)分别表示苹果、马铃薯、胡萝卜、茄子和香蕉含水率监测的相对误差。其中，"＊" "＋"和"×"分别表示原始物料、染色物料和高压脉冲电场预处理物料

由误差分析结果可知，基于图像纹理特征值建立的 15 个含水率模型，其相对误差基本呈现出"先大后小再变大"的趋势，其原因为真空冻干刚开始时，图像采集系统及冻干机工作并不十分稳定，另外还有冻干机本身的机械振动等，这就造成了冻干初期较大的含水率预测相对误差。随着各系统工作逐步趋于稳定，以及样本质量的逐渐减轻，使得样本对机械振动的敏感度下降，这使得图像纹理特征值监测的结果较为准确。到了冻干末期，由于物料本身含水率已经很小，按照相对误差的计算方法，较小的绝对误差将造成较大的相对误差，故相对误差又变大。由图 2.71 可以看出，在 10 个检测点中，最大相对误差值已超过 20%，达 20.88%。在整个冻干过程中，冻干后期某些时刻根据样本表面图像纹理特征值预测得的含水率值，其最大相对误差会超过 30%～40%，同样地，试验认为应当剔除这些极端数据，因为大多数情况下，含水率预测的相对误差可以控制在 20% 以内，特别是在真空冻干后期。

综上，通过分析样本表面图像的纹理特征值，用主成分分析法提取出"总纹理信息"，建立"总纹理信息"和含水率的相关关系模型，进而实现了基于图像纹理特征值的含水率测量。与颜色测量法相比，该方法的最大特点是测量系统受外界光线变化的影响小，实际生产应用时可减小硬件配置的难度，降低应用成本。

2. 多信息融合真空冻干物料含水率监测

颜色测量法和纹理特征法在线监测冻干物料含水率，实质都是通过分析提取样本表面图像的特征值来对含水率进行预测的。首先，图像采集系统获取的物料冻干图像可以同时用于提取颜色特征值和纹理特征值；其次，由图 2.71 可以看出，不论是颜色特征值的主成分提取，还是纹理特征值的主成分提取，其第 1 主分量的累积贡献率都较大，完全可以从众多指标中提取出相应的"总颜色变化信息"和"总纹理特征信息"。因此，若将这两种图像特征值信息融合在一起，共同讨论真空冻干物料含水率的在线监测方法，不但在硬件和软件上易于实现，而且可以同时发挥两种方法的优势，对各自的缺点也可以进行互补。

以 Prin1_c 表示冻干物料表面图像 R、G、B 和 L 等 4 个颜色特征值所蕴含的总的颜色信息（自变量 x_1），以 Prin1_w 表示图像中 m、σ、R_1、μ_3、U 和 e 等 6 个纹理特征值所揭示的总的纹理特征信息（自变量 x_2），同时以物料的实时含水率值为预测目标（位移量 y），研究讨论 x_1、x_2 和 y 之间的相关关系并建立二元一次多项式模型，这样就最大限度地利用了物料表面图像提供的信息，实现了多信息融合的真空冻干物料含水率在线监测。对相关数据重新整理后，同样利用 SAS 统计分析软件进行回归分析。

所有 15 个含水率模型的决定系数均很大，且多数达到 0.9999 和 1.0000，这种情况在回归分析中较为罕见。可见，将纹理特征信息和颜色特征信息合并考虑，整个模型对含水率的解释能力要高，参考价值也高。另外，模型的显著性检验概率也均小于 0.0001，模型检验极显著，且具有极高的拟合精度。

15 个含水率模型中，回归系数的显著性检验概率均小于 0.0001，检验极显著。就各自的决定系数而言，则表现出 Prin1_w 除染色苹果物料外，其余均大于 0.98，而 Prin1_c 的决定系数并无规律可循，其中最小值为 0.0006（染色茄子样本），最大值为 0.9856（原始苹果样本），但总体上小于 Prin1_w 的 R^2 值。

同时，由回归参数估计的结果也可以看出，Prin1_w 的权大于 Prin1_c，说明在整个含水率模型中，以纹理特征为重，即纹理特征对含水率预测值的影响大于颜色特征。

综上所述，将图像的纹理信息和颜色信息同时讨论，可以全面地反映出物料在真空冻干中表面图像关键特征的变化规律，弥补了单一特征对光线和硬件等环境条件的依赖。这样建立的含水率预测模型更全面，也更具客观性，实现了真空冻干物料含水率的非接触、在线测量。以原始苹果样本为例，其含水率预测模型为

$$w = 0.542 \times \text{Prin1}_c - 2.829 \times \text{Prin1}_w - 145.664 \qquad (2.350)$$

将该含水率模型绘制成三维曲面图，如图2.72所示。

就含水率预测的准确性而言（仅以原始苹果样本为例，详细试验方案同前），整个冻干过程中含水率预测值的相对误差较颜色测量法和纹理特征分析法单种方法均有明显减小，特别是冻干末期，不但相对误差的最大值得到显著控制，而且较大相对误差的个数明显减少，可见，联合应用纹理分析法和颜色测量法更适合实际生产中含水率的在线监测。

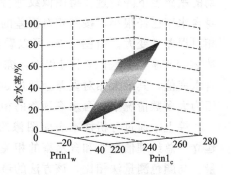

图2.72 原始苹果样本颜色特征、纹理特征和含水率的三维曲面图

另外，在实际应用中，同时考虑颜色特征和纹理特征，与考虑单一因素相比，不会增加任何经济成本，因为一次采集图像可同时获得以上两种样本表面特征。

3. 基于MATLABGUI的含水率在线监测系统设计

颜色测量法、纹理特征分析法和表面图像多信息融合三种真空冻干物料含水率的在线监测方法，结论表明多信息融合是实际应用中较合适的方法，在硬件上也可行。但在进行工厂化生产时，还需有配套软件系统才能完成含水率在线测量任务。利用MATLABGUI交互式图形用户界面直观和灵活的特点，进行了在线监测控制界面和系统设计。依据I/O函数、回调函数以及ActiveX控件的用法，以及MAT文件的结构，设计GUI界面，以实现图像读取、特征值提取、txt或xls格式保存、特征值LED显示和特征值曲线绘制等功能；通过mcc编译，将以上界面转化为独立的exe可执行文件，并说明mcc编译的局限性，最终保证设计界面美观、稳定、可靠，从而为真空冻干物料含水率在线监测提供一种便利方法。

（1）程序执行路线及界面组成　界面设计路线见图2.73。

图2.73　界面设计路线

根据设计路线要求，该界面主要包括以下三个模块：

① 设置模块：主要实现CCD等图像采集设备相关参数的设置，如图像采集帧率、白平衡、图像及数据保存位置和关键系数的输入等；

② 计算模块：主要实现颜色特征值和纹理特征值的实时提取，各自主成分分析及第1主分量Prin1的计算，最终根据含水率模型计算出物料的实时含水率值；

③ 显示与保存模块：实时显示CCD采集的物料表面原图像、图像各特征值、主成分分析结果，以及物料实时含水率，同时绘制物料含水率变化曲线，还有以上各参数的自动、实时保存（Excel表或txt文档）等。

（2）MATLABGUI界面开发　在MATLAB命令行输入guide或点击工具栏上的图

标，生成 GUIDE 快速启动对话框，在 GUIDEtemplates 中选择空白模板，即 BlankGUI (Default)，点击 OK 后进入 GUI 编辑界面。

调整布局区大小，在 GUI 对象选择区布置 8 个按钮（Push Button）、2 个轴对象（Axes）、20 个静态文本（Static Text）、16 个 LEDActiveX 和 2 个按钮组（Button Group）等对象，并摆放于合适位置。其中，2 个 Axes 控件用于显示 GUI 读入的原始图像和绘制物料的实时含水率曲线；16 个 LEDActiveX 控件用于显示图像颜色和纹理特征值以及物料含水率值；16 个 StaticText 控件用于说明 ActiveX 控件和相关坐标轴的名称。界面设计结果如图 2.74 所示。

（3）图像采集帧率设置　设置图像采集的帧率，实质就是设置 CCD 的拍照频率。通过 MAT-LAB 图像获取工具箱函数可以建立起实时监控系统，易于使用，Videoinput 函数可以得到图像获取的硬件资源。

在 MATLAB 默认的路径下能找到独立的可执行文件（.exe），最终使界面脱离 MATLAB 也可运行于 Windows 操作系统中。

总之，MATLABGUI 是实现人机交互的中介，具有强大的功能，可以完成许多复杂的程序模块；但是 mcc 编译本身也具有一定的局限性。

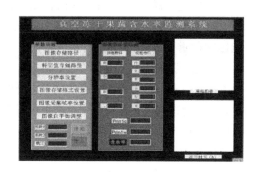

图 2.74　界面设计结果

如只能编译 function 格式的 m 文件、不能使用动态命令方式存取文件和某些调试程序的函数不能正常使用等，应将 VC++引入，同 MATLAB 一起通过混合编程满足真空冻干果蔬含水率在线监测的实际应用要求。

4. 果蔬冻干过程水分扩散及运移规律图像法动态分析

为了进一步探索真空冻干过程中物料内部水分运移及扩散的过程和规律，本章采用视觉测量（摄像测量）技术对物料在冻干过程中横截面图像上已冻干和未冻干边界的变化情况进行精确跟踪测量，即通过建立位移场，将水分扩散界面的运移规律用图像参数表达出来，一方面可以探索微小位移或微小形变的视觉测量方法，以研究冻干边界随时间的变化规律，另一方面也可以将该方法引申到其他需要测量微小变形的场合，进一步拓展位移场视觉测量的应用范围。

摄像测量学（videometrics）是十几年来国际上迅速发展起来的新兴交叉学科。它主要是由传统的摄影测量学（photogrammetry）、光学测量（optical measurement）、计算机视觉（computer Vision）和数字图像处理分析（digital image processing and analysis）等学科交叉、融合，取各学科的优势和长处而形成的，具有精度高、非接触、便于实时测量和易于普及等特点。由于具有诸多的优点，摄像测量技术已经广泛应用于各种精密测量和运动测量，涉及航空航天、国防试验、勘察勘测、交通运输和建筑施工等各个领域。

在此运用摄像测量技术监测和分析原始物料和经高压脉冲电场预处理的物料冻干边界扩散及运移规律，通过图像采集系统获取物料横截面图像，应用位移场理论并结合相关图像处理方法在位移场中提取并分析物料内部水分边界及其位移大小，定量描述边界的二维运动轨迹，并建立边界位移与样本含水率的关系模型。

（1）图像数据采集

① 材料准备及预处理。以本地产茄子为试验材料，清洗、去皮后，将物料切成 10mm ×10mm×10mm 立方体状，数量应大于 50。取 25 块（TA）均匀摆放于料盘中，放入冰箱冷冻至物料共晶点以下，再取 25 块（TB）用高压脉冲电场预处理，之后同样均匀置于料盘并冷冻。详细参数设置同前。

② 图像采集。试验采用人工切割物料并拍照的方式获取物料断层图像，进行真空冻干物料内部水分扩散和运移规律研究。

每隔 1h 采集一次样本断面图像，关键操作有：

a. 令冻干机停止生产后，先打开软件控制的真空阀，而后迅速且全部打开与冻干仓直接连通的通气阀，直至冻干仓门自动打开。

b. 在离冻干仓门最近处准备好事先调平的电子天平，并且保证仓门周围不能有任何可能影响称重等操作的线缆或其他物品。

c. 预试验发现，在冻干的前 3h，由于样本内部仍有大量的冰存在，而一旦将这些低温的物料直接暴露在室温下操作，会使物料内部的冰在操作过程中迅速融化，再次放入冻干仓进行冻干时，已融化的冰会在真空作用下产生大量的气泡从样本表面溢出，从而使试验失败，故前 3 次测量时，还应当使用事先备好的泡沫塑料箱，内部附有冰块，以保证对样本进行称重等操作时其环境温度与物料本身的温度最为接近。冻干中后期的相关操作在室温下进行即可。

d. 使用刀片并在自制工具辅助下完成样本横截面切割，切割时应迅速、彻底，尽可能保证样本横截面平整、光滑。

e. CCD 等图像采集装置，如高度、角度、光圈和快门等重要参数必须事先调整好，包括图像采集软件相关参数的调整，如图像存储路径、格式和白平衡等。为保证极短的拍照时间，须事先设定图像采集软件模式为视频采集，采集帧率为 30fps。同时，试验人员应操作熟练，各司其职，最大限度地减少开关冻干机对正常冻干过程的影响。在上述操作要领下，以 1h 为间隔，连续采集茄子样本在真空冻干过程中的横截面序列图像，可表达物料内部水分扩散过程和规律，如图 2.75 和图 2.76 所示。

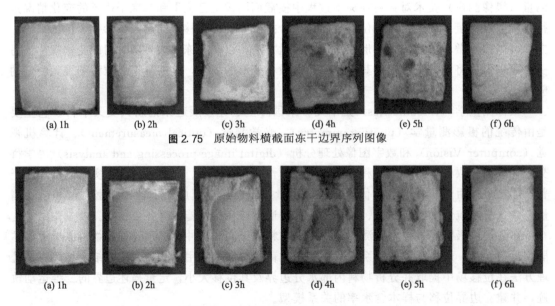

(a) 1h　　(b) 2h　　(c) 3h　　(d) 4h　　(e) 5h　　(f) 6h

图 2.75　原始物料横截面冻干边界序列图像

(a) 1h　　(b) 2h　　(c) 3h　　(d) 4h　　(e) 5h　　(f) 6h

图 2.76　高压脉冲电场预处理物料横截面冻干边界序列图像

图中已冻干部分与未冻干部分的边界呈现出逐渐向内收缩的趋势，并且冻干前期横截面中已冻干区域与未冻干区域的灰度值略有差异，但总体上对比度不大，边缘也不规则，某些区段甚至不锐利，这给下一步的图像分割带来一定难度，而冻干中后期则二者灰度值对比较为明显，有利于图像分割和边缘提取。然后，在 CCD 位置以及视场范围等图像采集参数一定的前提下，不论是原始物料还是经高压脉冲电场预处理的物料，其外形轮廓均与冻干开始时有所差异，这与物料含水率变化以及冻干环境等因素有关。

③ 图像分割。在机器视觉和图像处理领域，图像分割多年来一直受到人们的高度重视，却没有一种方法可以满足任意图像特征的分割要求。即进行图像分割和目标提取时，必须针对具体的图像特征来制定图像分割方案，并且通过不断修正图像处理细节，才能得到理想的分割结果。

就本试验而言，获取物料横截面冻干边界序列图像后，必须清晰、准确地将已冻干区域和未冻干区域分割并且提取出二者的边界，这是由图像处理到水分边界扩散分析的关键步骤。

借助集合的概念，横截面图像冻干区域分割可理解如下。

令 S 代表整个图像区域，对 S 的分割可看作将 S 分成若干个满足以下五个条件的非空子集（子区域）S_1，S_2，…，S_n：

a. $\bigcup_{i=1}^{n} S_i = S$；

b. 对所有的 i 和 j，$i \neq j$，有 $S_i \bigcap S_j = \varnothing$；

c. 对 $i=1, 2, …, n$，有 $P(S_i) = \mathrm{TURE}$；

d. 对 $i \neq j$，有 $P(S_i \bigcup S_j) = \mathrm{FALSE}$；

e. 对 $i=1, 2, …, n$，S_i 是连通的区域。

其中，$P(S_i)$ 是对所有在集合 S_i 中元素的逻辑谓词，$\varnothing$ 是空集。

上述条件 a 指出分割所得的全部子区域的总和应能包括图像中所有像素，即分割应将图像中的每个像素都分进某一个子区域中。条件 b 指出各个子区域是互不重叠的，即一个像素不能同时属于两个子区域。条件 c 指出在分割后得到的属于同一个区域中的像素应具有某些相同的性质。条件 d 指出在分割后得到的属于不同区域中的像素应具有不同的特性。条件 e 要求同一个子区域内的像素应该是连通的。条件 a 和 b 说明分割准则可适用于所有区域和所有像素，条件 c 和 d 说明分割准则应能帮助确定各区域像素有代表性的特性，条件 e 说明每个目标内的像素不仅应该具有某些相同特性，而且在空间上有密切的关系。另外，一幅图像中可以有多个同一类的目标，每个目标对应一个子区域。

区域内部的像素一般具有灰度相似性，而在区域之间的边界上一般具有灰度不连续性，可将图像分割技术分为基于边界的分割方法和基于区域的分割方法。此外，根据分割过程中处理策略的不同，分割技术又可分为并行技术和串行技术。在并行技术中，所有判断和决定都可独立或同时做出，而在串行技术中，前期处理的结果可被其后的处理过程所用。一般串行技术所需时间通常比并行技术长，但抗噪声能力通常也较强。由于图像噪声的存在，本书采用串行处理技术对果蔬横截面图像进行分割。

④ 横截面图像冻干区域分割。从图 2.75 和图 2.76 所示的 12 幅图像可以看出，每幅图像都有各自的特点，故不能按照统一的方法进行图像分割。例如冻干初期样本横截面图像［图 2.75(a)］，此时样本内部绝大部分水分以固体冰的形式存在，用刀片切开后呈现出较淡

的黄色，这部分与已冻干区域（冻干 1h）的对比度相差不大且面积差别也极小，边界不清晰并有部分重叠，因此图像分割应联合多种方法，实现已冻干区域和未冻干区域边界的提取。根据图像特征，同时结合已有的图像分割经验，分割的难度应当逐渐降低，即冻干 1h 的图像分割难度最大，冻干 2h 的物料横截面图像分割难度次之，主要是随着水分逐渐减少，物料内部未冻干部分的横截面积也随之减小，与已冻干部分的边界逐渐清晰明确，故分割难度有所降低。

本书采用阈值分割法、K-Means 聚类算法和伪彩色图像处理三种手段相结合的方式对上述样本图像进行分割。联合应用上述三种方法，以原始茄子样本真空冻干 3h 的横截面图像为例，其未冻干区域的分割过程如图 2.77 所示。

(a) 原始图像   (b) 簇1图像   (c) 簇3图像   (d) 分割结果

图 2.77　茄子样本未冻干区域分割过程

可以看出，只有簇 3 图像真实表达了样本未冻干区域的提取结果，图中无关信息的去除也较为理想，所以选簇 3 图像做进一步处理。对簇 3 图像运用 Otsu 法，即可得到图 2.77 (d) 所示的最终分割结果。照此方法，其余图像的分割结果如图 2.78 和图 2.79 所示。其中，白色部分为未冻干区域。

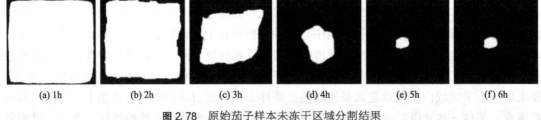

(a) 1h   (b) 2h   (c) 3h   (d) 4h   (e) 5h   (f) 6h

图 2.78　原始茄子样本未冻干区域分割结果

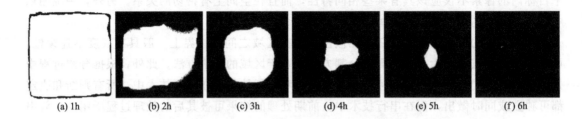

(a) 1h   (b) 2h   (c) 3h   (d) 4h   (e) 5h   (f) 6h

图 2.79　高压脉冲电场预处理茄子横截面冻干区域图像分割结果

未冻干区域面积减小的程度直接反映真空冻干的速率。由图 2.78 可以看出，对于原始茄子样本，随着冻干时间的延长，未冻干部分（白色区域）面积减小的速率逐渐增加，且不规则，直至冻干 6h 后，样本横截面图像中已无明显的冰存在，图像灰度值趋于统一、稳定，故最后的分割结果表现为图像灰度值是零（黑色）。试验在现有的技术条件下完成了样本横截面图像的采集和分割，在此基础上联合多种图像分割方法获得了较为满意的分割结果，为下一步冻干边缘提取和物料内部水分运移规律的定量分析提供了基础和保证。

⑤ 边缘提取。为了定量分析物料内部水分在真空冻干过程中的扩散及运移规律，建立边界扩散位移与含水率的关系模型，除了对未冻干区域进行分割外，还必须对区域边界进行提取。在图像处理中，边缘是指其周围像素灰度急剧变化的那些像素的集合，是图像最基本的特征之一。

MATLAB 中，IPT 通过 bwmorph 函数来产生二值图像中所有区域的骨骼。骨骼化后的边缘检测结果如图 2.80 所示，边界动态变化的过程如图 2.81 所示。

图 2.80 反映了与图 2.78 和图 2.79 相同的水分扩散及运移规律。为进一步表达水分边界的动态变化过程，依据"外廓对齐"准则（不采用重心对齐的方式），将各个边界叠加在一起，最终形成了样本真空冻干水分边界动态变化图（如图 2.81 所示）。

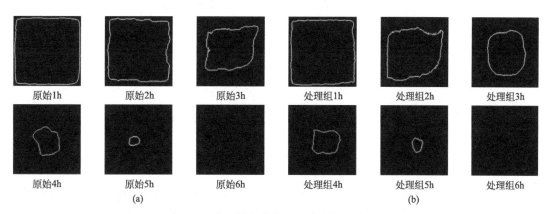

图 2.80 茄子样本未冻干区域边缘检测结果

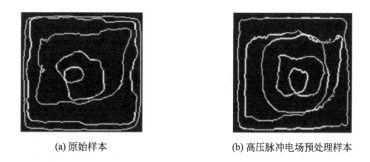

(a) 原始样本   (b) 高压脉冲电场预处理样本

图 2.81 样本真空冻干水分边界动态变化图

（2）边界动态变化位移与样本含水率相关关系的位移场分析

① 位移场建立。位移场是力学中的一个概念，主要表达位移状态随空间点的变化，即位移的某种变化规律。本书将这个概念引入到真空冻干物料水分扩散及运移规律的研究上，期望将水分边界的位置变化以位移量在位移场中表达，并通过位移场分析，探索水分边界位移与含水率的相关关系模型。

在图 2.81 基础上，设定 x 轴和 y 轴，在一个二维平面场中分析边界的动态变化过程，具体方法为：以样本的初始尺寸为依据，选取样本横截面的几何中心为坐标原点，水平方向为 x 轴，竖直方向为 y 轴，建立坐标系，并规定 x 轴向右为正，y 轴向上为正。在 MAT-LAB 中构造坐标系，首先利用 size 函数获得图像尺寸，即图像分辨率 $m \times n$，而后用 zeros 函数构造一个 m 行、n 列的零矩阵 a，同时令：

$$a(:,0.5*m)=1$$
$$a(0.5*n,:)=1$$

这样就将坐标系添加到图像中，形成一个位移场，在这个场中对水分边界变化参数进行精确测量，以此来分析水分边界位移与物料含水率的相关关系。

为便于表达和分析，对图 2.81 进行"取反"操作，建立的位移场如图 2.82 所示。

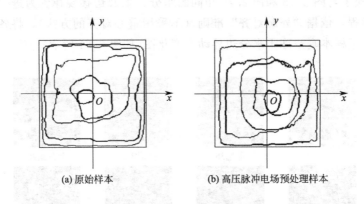

(a) 原始样本　　　　　　　　　(b) 高压脉冲电场预处理样本

图 2.82　样本真空冻干水分边界位移场

② 图像标定。普通图像处理只需图像本身，并不涉及相关标定问题。但是在摄影测量中，为了从图像中定量检测物体的几何信息，特别是本书所述的样本冻干边界的位移测量，更需要对图像采集系统进行严格的标定。只有通过系统标定，才能得到图像中每个像素所代表实际尺寸的大小，才能将图像中相应的像素数转化为冻干边界沿 x 轴和 y 轴实际发生的位移，因而这一步骤十分重要。另外，标定的精度对研究结论有一定影响。因此，为了建立水分边界沿 x 轴和 y 轴产生的位移与含水率之间的关系模型，得出图像中一个像素代表的实际长度和面积的大小，拟采用传统的线性标定方法对位移场图像进行标定。假设 n_1、n_2 分别为标定参照物的实际尺寸和图像尺寸，则令：

$$\mu = \frac{n_1}{n_2} \tag{2.351}$$

μ 就是图像中一个像素所代表的实际尺寸大小。若图像中测得的某尺寸为 h 像素，则：

$$s = h \cdot \mu \tag{2.352}$$

s 表示实际尺寸的大小。就本次标定而言，由于硬盘盘芯在生产和制作时的尺寸要求极其严格，具有极高的加工精度，故选取 2.5in 硬盘盘芯作为标定参照物。对于 2.5in 标准硬盘盘碟，其中心孔的实际尺寸（直径）为 20.00mm，在 CCD 与标定物之间距离、镜头放大倍数和图像分辨率均一定的前提下，在 MATLAB 中应用 Otsu 法对标定块图像进行精确分割。

regionprops 函数作为 MATLAB 中 IPT 的主要工具，可以实现标定物中心孔直径的精

确测量。该函数的通用语法为

$$G = \text{regionprops}(K, \text{properties})$$

式中，K 为一个标记矩阵（用 bwlabel 函数实现）；G 为一个长度是 max((K：)) 的结构数组。该结构的域表示每个区域的不同度量。变量 properties 可以是字符串列表，也可以是单个字符串 'all' 或者 'basic'。properties 的有效字符串有：'area' 'boundingbox' 'centroid' 'convexarea' 'convexhull' 'extent' 和 'image' 等，在 IPT 中有十分丰富的功能。由于其中的 'boundingbox' 选项可以计算包含区域的最小矩形（1×4 向量），故本书根据这一特征，计算得到标定物中心孔的直径为 320（像素），长度标定结果为

$$\mu = \frac{20.00}{320} = 0.0625 (\text{mm/像素}) \tag{2.353}$$

即图像中的每个像素代表的实际尺寸为 0.0625mm。

对于面积标定而言，既可以利用 regionprops 中的 'area' 选项，又可以直接使用 'bwarea' 函数，二者均可以求出标定物的图像面积。在 MATLAB 中选用 'bwarea' 函数，计算得到的标定物中心孔面积为 80424（像素），由于该中心孔的实际面积为 314.1593mm^2，故面积标定结果为

$$\frac{314.1593}{80424} = 3.906 \times 10^{-3} (\text{mm}^2/\text{像素}) \tag{2.354}$$

即图像中的一个像素可表示实际面积 $3.906 \times 10^{-3}\text{mm}^2$。

③ 水分边界位移测定。经过系统标定后，可以利用摄像测量法对冻干边界的纵向位移和横向位移进行测量。以高压脉冲电场预处理茄子样本为例，具体的测量方法和步骤为：

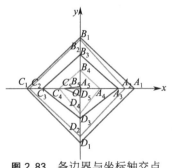

图 2.83　各边界与坐标轴交点的连线（原始样本）

a. 令第 1h 获得的水分边界与 x 轴正半轴、y 轴正半轴、x 轴负半轴和 y 轴负半轴的交点分别为 A_1、B_1、C_1 和 D_1，以此类推，第 5h 水分边界与坐标系的交点则分别为 A_5、B_5、C_5 和 D_5，如图 2.83 所示。显然，在同一个半轴上相邻两点之间的距离就是水分边界在 1h 内对应的横向位移或纵向位移。

b. 运用哈里斯角点检测器（Harris corner detector）提取水分边界与坐标轴的交点，即拐点。这类点主要由边界上曲率较大或多条曲线的交点所构成，其算法为：

假设一幅二维灰度图像为 f，取出一个图像块 $W \in f$，并平移 Δx，Δy。图像块 W 内的图像灰度值与其平移后的图像之差的平方和为

$$S_W(\Delta x, \Delta y) = \sum_{x_i \in W} \sum_{y_i \in W} (f(x_i - y_i) - f(x_i - \Delta x, y_i - \Delta y))^2 \tag{2.355}$$

将平移图像用一阶泰勒展开式近似，可表示为

$$f(x_i - \Delta x, y_i - \Delta y) \approx f(x_i, y_i) + \left[\frac{\partial f(x_i, y_i)}{\partial x}, \frac{\partial f(x_i, y_i)}{\partial y} \right] \begin{bmatrix} \Delta x \\ \Delta y \end{bmatrix} \tag{2.356}$$

此时，$S_W(\Delta x, \Delta y)$ 的最小值有解。

$$S(x,y) = \sum_{x_i \in W} \sum_{y_i \in W} \left(f(x_i, y_i) - f(x_i, y_i) - \left[\frac{\partial f(x_i, y_i)}{\partial x}, \frac{\partial f(x_i, y_i)}{\partial y} \right] \begin{bmatrix} \Delta x \\ \Delta y \end{bmatrix} \right)^2$$

$$= \sum_{x_i \in W} \sum_{y_i \in W} \left(- \left[\frac{\partial f(x_i, y_i)}{\partial x}, \frac{\partial f(x_i, y_i)}{\partial y} \right] \begin{bmatrix} \Delta x \\ \Delta y \end{bmatrix} \right)^2$$

$$= \sum_{x_i \in W} \sum_{y_i \in W} \left(\left[\frac{\partial f(x_i, y_i)}{\partial x}, \frac{\partial f(x_i, y_i)}{\partial y} \right] \begin{bmatrix} \Delta x \\ \Delta y \end{bmatrix} \right)^2 \qquad (2.357)$$

因为 $\boldsymbol{u}^2 = \boldsymbol{u}^{\mathrm{T}} \boldsymbol{u}$，故：

$$S(x,y) = \sum_{x_i \in W} \sum_{y_i \in W} [\Delta x, \Delta y] \left(\begin{bmatrix} \dfrac{\partial f}{\partial x} \\ \dfrac{\partial f}{\partial y} \end{bmatrix} \left[\frac{\partial f}{\partial x}, \frac{\partial f}{\partial y} \right] \right) \begin{bmatrix} \Delta x \\ \Delta y \end{bmatrix}$$

$$= [\Delta x, \Delta y] \left(\sum_{x_i \in W} \sum_{y_i \in W} \begin{bmatrix} \dfrac{\partial f}{\partial x} \\ \dfrac{\partial f}{\partial y} \end{bmatrix} \left[\frac{\partial f}{\partial x}, \frac{\partial f}{\partial y} \right] \right) \begin{bmatrix} \Delta x \\ \Delta y \end{bmatrix}$$

$$= [\Delta x, \Delta y] \boldsymbol{A}_W(x,y) \begin{bmatrix} \Delta x \\ \Delta y \end{bmatrix} \qquad (2.358)$$

其中，$\boldsymbol{A}_W(x, y)$ 就是 Harris 矩阵，它是 S 在点 $(x, y) = (0, 0)$ 处的二阶导数：

$$\boldsymbol{A}(x,y) = \begin{bmatrix} \displaystyle\sum_{x_i \in W} \sum_{y_i \in W} \frac{\partial^2 f(x_i, y_i)}{\partial x^2} & \displaystyle\sum_{x_i \in W} \sum_{y_i \in W} \frac{\partial f(x_i, y_i)}{\partial x} \frac{\partial f(x_i, y_i)}{\partial y} \\ \displaystyle\sum_{x_i \in W} \sum_{y_i \in W} \frac{\partial f(x_i, y_i)}{\partial x} \frac{\partial f(x_i, y_i)}{\partial y} & \displaystyle\sum_{x_i \in W} \sum_{y_i \in W} \frac{\partial^2 f(x_i, y_i)}{\partial y^2} \end{bmatrix}$$

$$(2.359)$$

将以上算法在 MATLAB 环境中编程，通过计算每个像素的 Harris 响应值，在 3×3 或 5×5 的邻域内进行非极大值抑制，局部极大值点就是图像中的角点。这样就实现了水分边界的角点检测，用红色 "+" 标出，如图 2.84 所示（以冻干 3h 图像为例说明）。

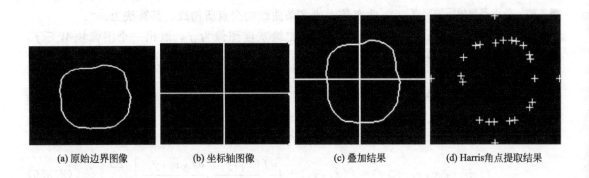

(a) 原始边界图像　　　　(b) 坐标轴图像　　　　(c) 叠加结果　　　　(d) Harris 角点提取结果

图 2.84　图像角点提取过程

MATLAB角点检测源代码省略：检测得到的角点及其坐标值将全部被自动保存在事先设置好的 Excel 表中。由图 2.84 可以看出，提取到的角点并非只有水分边界与坐标轴的交点，在冻干边界上还有其他角点，可采取下述方法去除其他角点：

根据 x 轴上的两个角点具有相同的 y 值，y 轴上的两个角点具有相同的 x 值，又由于图片的几何中心坐标已知，故只需在 Harris 角点检测程序后附加 for 循环语句，遍历得到角点坐标矩阵，就可以提取出水分边界与坐标轴的交点坐标，即落在 x 轴和 y 轴上的四个角点的坐标值。

在此必须特别指出，机器视觉和图像处理的研究对象——数字图像，其本身的坐标原点并不在图片的几何中心，而是在图片的左上角点，故此时得到的四个角点的坐标值均是相对于图像左上角点而言的。

依照这种规则，提取出需要的所有角点 A_i、B_i、C_i 和 D_i（$i=1$，2，3，4，5）的坐标值后，通过简单运算即可得出每隔 1h 水分边界的横向或纵向位移，此时得出的位移其单位是像素，通过与标定系数相乘，即可得到水分边界实际的位移值。表 2.21 展示了角点坐标检测结果。

◻ 表 2.21　角点坐标检测结果（以高压脉冲电场预处理样本为例）

冻干时间/h	A_i	B_i	C_i	D_i
0	(160,80)	(80,0)	(0,80)	(80,160)
1	(154,80)	(80,10)	(8,80)	(80,155)
2	(137,80)	(80,19)	(19,80)	(80,142)
3	(122,80)	(80,34)	(37,80)	(80,127)
4	(118,80)	(80,63)	(61,80)	(80,105)
5	(97,80)	(80,76)	(75,80)	(80,94)
6	(80,80)	(80,80)	(80,80)	(80,80)

注：图片分辨率为 160×160。

由表 2.21，结合标定结果，可计算出水分边界扩散实际位移量大小，结果如表 2.22 所示。

◻ 表 2.22　水分边界扩散位移量检测结果（以高压脉冲电场预处理样本为例）

冻干时间/h	A_i/mm	B_i/mm	C_i/mm	D_i/mm
1	0.375	0.625	0.5	0.3125
2	1.0625	0.5625	0.6875	0.8125
3	0.9375	0.9375	1.125	0.9375
4	0.25	1.8125	1.5	1.375
5	1.3125	0.8125	0.875	0.6875
6	1.0625	0.25	0.3125	0.875

表 2.22 定量展示了真空冻干过程中水分边界扩散的位移量，其中，A、C 列数值可反

映横向位移大小，B、D列数值可反映纵向位移大小，且各位移量值均与图像信息相符。为进一步探索水分边界位移量（当前水分边界的位置）与物料含水率的关系，将表 2.22 中点与点之间的位移量数据整理为某一点与初始点之间的位移，结果如表 2.23 所示。

□ 表 2.23　水分边界扩散累积位移量（以高压脉冲电场预处理样本为例）

冻干时间/h	A_i/mm	B_i/mm	C_i/mm	D_i/mm	含水率/%
1	0.375	0.625	0.5	0.3125	91.30
2	1.4375	1.1875	1.1875	1.125	86.36
3	2.375	2.125	2.3125	2.0625	76.00
4	2.625	3.9375	3.8125	3.4375	40.00
5	3.9375	4.75	4.6875	4.125	17.00
6	5	5	5	5	0.00

（3）水分边界位移量与含水率相关性分析　表 2.23 用位移场理论从一个侧面表达了水分扩散随时间变化的运移规律。以物料含水率为因变量，以四个角点的累积位移值为自变量，运用 SAS 统计分析软件对表 2.23 数据进行可线性化的非线性回归，首先通过数据变换将因变量的平方项转化为一次项，再利用 glm 过程进行回归分析，分析结果如表 2.24 和表 2.25 所示。

□ 表 2.24　水分边界位移量与含水率相关性分析结果

方差来源	平方和	自由度	均方	F 值	Pr>F
模型	69393183.82	4	17348295.95	$2.024×10^7$	0.0002
误差	0.86	1	0.86		
总和	69393184.68	5		$R^2=0.9998$	

□ 表 2.25　回归参数估计及显著性检验

变量	参数估计	标准误差	t 值	Pr>$|t|$
截距	9641.60	1.05	9200.46	<0.0001
A_i	368.88	1.80	204.60	0.0031
B_i	−2725.53	5.22	−522.00	0.0012
C_i	665.99	5.34	124.75	0.0051
D_i	−237.70	3.50	−67.85	0.0094

由表 2.24 和表 2.25 可以看出，模型显著性检验概率＜0.0001，决定系数达 0.9998，说明模型检验极显著，而且是一个很好的拟合。回归参数的检验结果表明，四个角点的位移量对物料含水率平方的效应极显著（显著性检验概率分别为 0.0031、0.0012、0.0051 和 0.0094），说明可用该回归模型解释物料冻干水分边界位移与含水率的关系，回归方程为

$$w^2 = 368.88 \times a - 2725.53 \times b + 665.99 \times c - 237.70 \times d + 9641.60 \quad (2.360)$$

式中，w 表示物料的含水率；a、b、c 和 d 分别表示 A_i、B_i、C_i 和 D_i（$i=1$，2，3，4，5）的位移量。

上述模型表达了物料含水率与真空冻干水分边界位移量的相关关系，说明将位移理论用于在线监测物料真空冻干时的含水率是可行的，即只要水分边界发生极小的位移，都可以通过模型反映到物料的含水率上。将来在实际应用中，也可以通过螺旋断层扫描等手段获取物料冻干过程中的横截面图像，运用本书所述的图像处理方法即可获得物料的实时含水率值。

第三章

>>>>>>>

果蔬高压脉冲电场预处理参数优化与作用机理研究

第一节
高压脉冲电场预处理果蔬介电特性与脱水特性相关性研究

果蔬物料属于电介质，对果蔬电学参数进行测量可以获取其生理信息。当测量条件一定时，水分含量和存在形式是影响果蔬介电特性的主要因素之一。建立含水量与介电特性相关关系有助于对果蔬物料干燥过程进行监控。目前，针对高压脉冲电场预处理果蔬的介电特性以及利用介电特性信息对果蔬干燥过程水分监控的研究还较少。研究旨在探索高压脉冲电场预处理条件下果蔬介电特性与脱水特性的相关关系，为生产实际中果蔬真空冷干过程的监控提供新的思路及理论支持。同时通过比较不同预处理强度对不同种类物料介电特性的影响，进一步了解高压脉冲电场对果蔬细胞的作用机理。

一、高压脉冲电场预处理工艺参数

描述高压脉冲电场的工艺参数主要包括脉冲波形、电场强度、脉冲宽度、脉冲个数以及脉冲间隔。高压脉冲电场波形可以采用矩形波（square wave）、指数衰减波（exponential decay wave）、交替指数衰减波（alternate exponential wave）、钟形波（bell wave）等几种形式。其中矩形波上升和下降时间极短，能保证脉冲绝大部分时处于峰值状态，比较适合脉冲电场处理技术应用；而指数衰减波上升时间虽然也比较短，但下降时间较长，这使得脉冲在大部分时间里处于低幅值状态，对物料（或果蔬）细胞没有击穿作用，只会产生电加热效果，所以指数衰减波形不适合脉冲电场干燥预处理技术应用。钟形波情况同指数衰减波类似。此外，矩形波的脉冲宽度的绝大部分以最高电压释放能量，因而矩形波的效果要优于指数衰减波和钟形波。脉冲波分为单极和双极两种形式。单极脉冲是指脉冲方向是单一的，要么总是正脉冲，要么总是负脉冲，也就是说电极上的电量大小随时间变化，但电荷性质不变。双极脉冲是指脉冲方向和大小均随时间作交替变化，这种形式的脉冲电场电极上电量和电荷性质均随时间变化，又称为交替脉冲波。采用单极高压矩形脉冲波对果蔬进行干燥前预处理，其中脉冲宽度是指脉冲持续的时间，具体是指脉冲上升沿 33％至下降沿 67％之间的时间。

二、高压脉冲电场预处理技术在果蔬干燥中的应用

传统的脱水工艺会导致果蔬缩水、变色，改变果蔬的质地和味道。真空冷冻干燥技术能够最大限度保证物料原有物性，但存在加工时间长、能耗大的缺点。高压脉冲电场作为一种非热预处理方式可以在基本不改变物料结构的前提下，在很短时间内增强生物细胞膜通透性，提高物料在随后干燥加工中的传质效率，从而缩短干燥时间，降低能耗。影响预处理效果的高压脉冲电场参数主要有电场强度、脉冲宽度、脉冲个数。B. I. O. Ade-Omowaye 等研究表明高压脉冲电场预处理提高了红辣椒的干燥速率和传热传质系数，对经过高压脉冲电场预处理的甘薯、苹果片对流干燥影响效果的研究中发现，预处理样本较未处理样本热风干燥的平均脱水率高 3.83％。我们研究了高压脉冲电场预处理参数脉冲强度、作用时间和脉冲个数分别对白萝卜和苹果真空冷冻干燥速率的影响，并应用 BP 神经网络 L-M 训练法分析HPEF 预处理参数与不同时间段干燥速率之间的关系均有较好的效果。一定高压脉冲电场预处理不仅可以提高胡萝卜热风干燥速率，缩短干燥时间，还可使干燥产品更好地保留胡萝卜素及具有更好的复水效果。对胡萝卜中类胡萝卜素含量和白萝卜中维生素 C 含量的影响研究发现：电场强度和脉冲宽度对类胡萝卜素的含量有一定影响，对维生素 C 影响较小，且脉冲宽度对类胡萝卜素和维生素 C 含量影响的程度显著于电场强度。当电场强度、脉冲宽度和脉冲个数分别为 1493V/cm、10μs、73 个和 1137V/cm、33μs、72 个时作用效果最显著：类胡萝卜素含量达到 127.65mg/kg（增高 20.25％）；维生素 C 含量达到 105.23mg/kg（降低 25.37％）。

三、农业物料介电特性概念及测量

当物料受到外加电场作用时，一部分电场能量被物料中载荷子的摩擦运动所损耗转化为热能（电阻损耗），另一部分电场能量通过物料组分的电极化而存储起来。物料对外加电场的反应可以通过其电导率和介电常数表达，电导率衡量了物料的导电能力，而介电常数用来衡量物料的电极化情况。由于电场能量不是被消耗就是被储存，因此电导率和介电常数是两个相关的物理量。物料的复电导率（σ^*）和复绝对介电常数（ε^*）可以用公式 $\sigma^* = \sigma + j\omega\varepsilon'$，$\varepsilon^* = \varepsilon' - j\sigma/\omega$ 表达，其中 σ 为电导率（S/m），ε' 为绝对介电常数（F/m），ω 为角频率（rad/s），$j = \sqrt{-1}$。实际中常用相对介电常数，即绝对介电常数与真空介电常数的比值来描述物质的介电特性，物质的复相对介电常数为

$$\varepsilon_r^* = \varepsilon'_r - j\varepsilon''_r = \frac{\varepsilon'}{\varepsilon_0} - j\frac{\varepsilon''}{\varepsilon_0} \tag{3.1}$$

式中，ε_r^* 为复数相对介电常数；ε'_r 为复数相对介电常数的实部，称为介电常数；ε''_r 为复数相对介电常数的虚部，称为介质损耗因子；ε_0 为真空时的介电常数，等于 8.854×10^{-12}F/m；ε' 为复数绝对介电常数的实部；ε'' 为复数绝对介电常数的虚部。

影响生物介电特性的因素主要是离子以及偶极矩，偶极矩的最重要来源是水分子以及构成细胞膜和界面的蛋白质及脂质分子。电荷运动引起传导效应，偶极子极化导致介电弛豫，大多数生物组织的电导率在低频时数值较小，此时电导率主要取决于细胞外液的容积率；当频率升高到 $10 \sim 100MHz$ 范围内时，电导率趋于稳定，此时电导率主要对应细胞内和细胞外的离子电导率；然后由于水的介电弛豫，物料的电导率随频率提高呈现大幅升高。电导率随频率升高的过程伴随着介电常数的下降，这一阶段性变化称为耗散。

四、电磁场参数对农业物料介电特性的影响

物料的介电特性就是生物材料中的束缚电荷在外加电场作用下的频率响应特性，因此电磁场参数对于物料介电特性的影响最广泛，电磁场参数主要包括电场频率和电压。电场频率对于生物材料介电性质的影响人们较为关注，对鹰嘴豆粉的研究表明，介电常数和介质损耗因子在 $10 \sim 1800MHz$ 范围内均随着测试频率的增加而减小，频率与介质损耗因子的对数曲线在低频呈现负线性相关性。

对于果蔬介电性质随电磁场参数变化，Mclendon 和 Brown 的研究结果表明，在 $0.5 \sim 5kHz$ 频率范围内梨的介电常数和损耗角正切随频率提高而呈减少趋势，但随着梨的逐渐成熟，两者均逐渐增大。S. O. Nelson 最早用自己研制的系统在微波频率段（$0.2 \sim 20GHz$）检测了几种果蔬切片的介电特性，发现水果的相对介电常数随水果种类的不同而不同，且所测试水果的介电常数随频率增加均稳定减少。

研究发现，除了频率，电压对于部分果蔬介电特性的影响也较为显著，并且在频率一定时存在电压临界值。对苹果、梨和猕猴桃介电参数的电压特性研究表明信号频率一定时，果品介电参数值随信号电压而变，且存在电压临界值，10kHz 下苹果、梨和猕猴桃介电参数的电压临界值分别为 0.8V、1.4V 和 1.8V，且电压临界值与信号频率密切相关。在 $5 \sim 100kHz$ 的频率段内，猕猴桃的电压临界值随着测试频率的变化而变化，30kHz 时出现峰值。在不同的电压下，频率对猕猴桃介电参数的影响有一定差异。

五、温度对农业物料介电特性的影响

温度影响生物材料中带电粒子的运动，从而在 $20 \sim 121.2℃$ 的温度范围内，乳清蛋白制品的介电常数在 27MHz 和 40MHz 的频率下随着温度的升高而增大，介质损耗因子随着温度升高而急剧增大；介电常数在 915MHz 和 1800MHz 的频率下随着温度的升高而减小，介质损耗因子随着温度的升高缓慢增大。频率 $100Hz \sim 1MHz$ 温度 $20 \sim 45℃$ 的测试范围内。

六、外形参数对农业物料介电特性的影响

物料外形参数对农业物料介电特性影响的研究目前主要针对其微波加热特性，对于不同形状（球体、圆柱体、正方体固体或容器装液体）和尺寸的玉米油、冻肉、冷冻蔬菜、火腿、未经加工的马铃薯和水的微波加热的试验表明，能量吸收效率随着试材的体积增大先增后减；当试材的外形参数一定时，在相同条件下两类试材进行混合加热时的相对能量吸收与它们各自进行单独加热时是相同的。

七、水与离子行为对农业物料介电特性的影响

水是表征和维持农业物料生理活动的重要指标和必需物质，它作为一种强极性分子，有很强的电偶极矩，当对物料施加电场或物料自身生理状态发生变化时，水在农业物料中的含量、存在形式、存在状态等也会相应改变，这些都对物料的介电特性有显著的影响。此外，液态水是一种重要溶剂，生物组织溶液中的离子在水的相态和溶质浓度等改变时，其行为相应的变化对介电性质也有着显著的影响。在生产实际中，可以利用水在农业物料中的变化与电性质的相关性表达物料特性，控制加工过程等。生物材料在低温保存过程中常受到冰晶的损伤，目前在生物低温保存领域，探索如何控制溶液中冰晶形成有一定的应用意义。

物料的含水量和离子种类、浓度等影响其介电参数和加工特性。在 40℃ 的恒定温度下，随着盐度（钠离子数量的）增加，黄油（含水量 17%～19%）的介电谱发生了明显变化，介电常数随钠离子水平的提高而逐渐减小，介电损耗随之显著增大。水是果蔬的主要成分，包括自由水和结合水，一般占新鲜水果重量的 2/3 以上，水的存在形态改变引起果蔬物理化学方面的变化，从而影响成熟度、新鲜度、损伤、含糖量、酸度等表征果蔬品质的指标。由于果蔬含水量高，水的变化对于果蔬介电特性的影响更为显著，将含水率以及果蔬品质指标与介电参数相结合，可以实现果蔬内部品质的实时破坏性、非破坏性检测和分级。

苹果的等效阻抗随频率增大而减小，新鲜度越高，等效阻抗越大；相对介电常数会在苹果腐烂或有损伤时明显增大；而损耗因数随频率的变化却比较复杂。将新鲜苹果剖开，内部填充腐烂果肉，测得的相对介电常数和等效电容明显增加，表明利用电特性参数对外表新鲜完好而内部有缺陷的苹果能有良好的检测区分。

八、高压脉冲电场预处理果蔬介电特性与脱水特性相关性试验研究

（一）试验材料与方法

将苹果和白萝卜去皮切成 20mm×20mm×3mm 的片状样本，由第二章试验结果，白萝卜按照垂直于纤维方向切取样本。每种样本分成两组，一组作为处理组进行高压脉冲电场预处理，另一组作为对照组不作预处理。根据第二章得到的使果蔬干燥最快的高压脉冲电场预处理水平，分别对苹果和白萝卜进行干燥前预处理。苹果样本高压脉冲电场预处理水平为：电场强度 3kV/cm，脉冲宽度为 65μs，脉冲间隔为 500ms，脉冲个数为 92；白萝卜样本高压脉冲电场处理水平为：电场强度 1.5kV/cm，脉冲宽度为 109μs，脉冲间隔为 500ms，脉冲个数为 30。

1. 介电参数的测定

使用果蔬介电特性测量系统对苹果和白萝卜电容及空板电容进行测量，并计算相对介电常数。由于使用三端电极，被保护极与上极板间形成的电场为匀强电场，当物料充满电极板时，物料的相对介电常数用物料电容与空气电容的比值表示，即 $\varepsilon_r = C/C_0$。计算介电常数时，先对物料电容 C 进行测量，然后将电极板空置，调节调距旋钮使极板距离等于物料厚度，测量此时的空气电容 C_0。由于当频率较低时，LCR 无法测得空气电容，因此选定测量频率范围为 $1×10^3 ～ 1×10^6$ Hz，选定 7 个频率测试点，分别为 1kHz，5kHz，10kHz，50kHz，100kHz 和 1MHz。

干燥过程中物料会发生缩水，为了讨论利用介电特性检测果蔬连续干燥过程的可行性，

模拟实际生产情况，使电极板间距始终等于物料初始厚度。

2. 含水率与干燥速率的测定

使用电热恒温鼓风干燥箱对果蔬进行干燥，选取含水率以及干燥速率作为果蔬干燥过程中脱水的衡量指标。样品称重采用精度为 0.01g 的电子天平。

$$a_t = \left[1 - \left(1 - \frac{a_{t_0}}{100}\right)\frac{W_{t_0}}{W_t}\right] \times 100\% \tag{3.2}$$

$$\varphi = \frac{W_{t_0} - W_t}{t - t_0} \tag{3.3}$$

式中，a_{t_0} 为初始物料含水率；a_t 为 t 时刻物料含水率；φ 为干燥速率，g/h；W_{t_0} 为初始物料质量，g；W_t 为 t 时刻物料质量，g。

3. 试验结果与讨论

以高压脉冲电场预处理结束作为介电特性测量起始时刻，测量物料介电参数后进行称重，计算物料含水率和干燥速率。将对照组和处理组样本同时置入 80℃ 热风烘箱，烘干相同时间后，同时取出测量样本的介电参数和脱水特性指标。由预试验知，果蔬样本在从干燥箱中取出的 3min 内，其表面及内部果肉温度可恢复到室温（20℃）。因此每次测量介电参数前先使物料在室温条件下冷却 3min，确保每次介电特性的测量在同一温度下进行，避免温度对测量结果的影响。

（二）不同预处理条件下果蔬介电特性与脱水特性相关性研究

运用前述试验仪器及装置测取干燥过程中不同时刻苹果、白萝卜电容和介电常数，根据试验数据，使用 MATLAB 软件绘制最优高压脉冲电场预处理条件下，果蔬物料在不同测试频率下介电参数随时间变化曲线（图 3.1～图 3.4）。图 3.1、图 3.3 分别为不同测量频率下对照组苹果、白萝卜在干燥过程中电容、介电常数随干燥时间的变化规律，图中 0 时刻代表干燥起始时刻。图 3.2、图 3.4 分别为不同测量频率下处理组苹果、白萝卜样本在高压脉冲电场预处理前后以及干燥过程中电容、介电常数随干燥时间的变化规律，图中 0 时刻代表高压脉冲电场预处理前，1 时刻代表高压脉冲电场预处理后即处理组苹果干燥起始时刻。

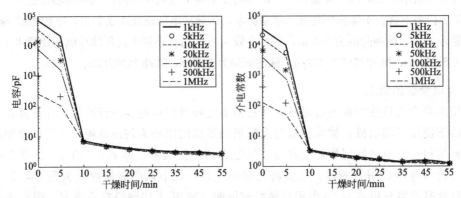

图 3.1 不同测量频率下对照组苹果电容、介电常数随干燥时间的变化规律

由图 3.1、图 3.3 可知，干燥前未处理果蔬电容随频率的增大而减小，0 时刻苹果和白萝卜在 1kHz 时的电容值分别是 1MHz 的 300 倍和 50 倍左右。由于高压脉冲电场预处理会

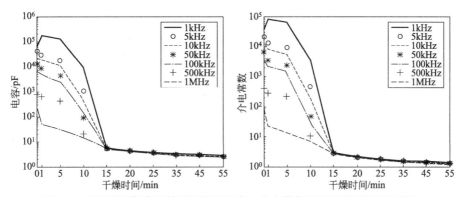

图3.2 不同测量频率下处理组苹果电容、介电常数随干燥时间的变化规律

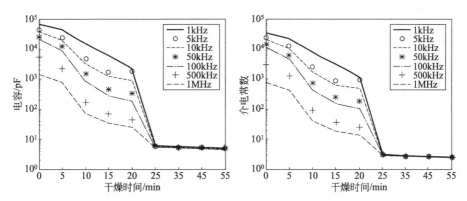

图3.3 不同测量频率下对照组白萝卜电容、介电常数随干燥时间的变化规律

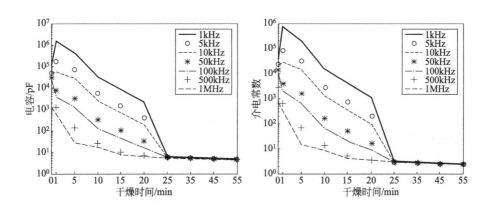

图3.4 不同测量频率下处理组白萝卜电容、介电常数随干燥时间的变化规律

使果蔬电容与介电常数在 α 耗散频段和 β 耗散频段内分别较处理前有所提高和降低，因此图3.2、图3.4 中，在 1kHz 测量频率下 1 时刻苹果电容较 0 时刻有所上升，在 1～10kHz 频率下 1 时刻白萝卜电容较 0 时刻有所上升，而其他测量频率下有相反规律。从图3.1 和图3.2 中可以看出，对照组和处理组苹果样本在最初干燥 10min 和 15min 内，电容的变化幅度较大，在这一时间范围内，两组苹果样本含水率分别由初始含水率降低到了 82% 和 75% 左右；而由图3.3 和图3.4 可知，对照组和处理组白萝卜样本在最初干燥 25min 内，电容的变化幅

度较大，在这一时间范围内，两组白萝卜样本的含水率分别由初始含水率降低到了79%和73%左右。此时电容的变化主要由样本失水引起，之后样本的缩水出现明显缩水，使得空气在两极板间所占比例明显上升，而空气电容远小于果蔬物料电容，由式（3.4）电容串联公式可知：

$$C = \frac{1}{C_1} + \frac{1}{C_2} = \frac{C_1 + C_2}{C_1 C_2} \tag{3.4}$$

当大电容和小电容串联时，两者的串联值会被小电容拉低到一个较低的数值，因此苹果和白萝卜干燥一段时间后测得电容数量级较小，且在随后的干燥时间段内电容的数值变化幅度较小。由于空气电容在各测量频率点上差别不大，因此果蔬介电常数与电容在不同测量频率下随时间的变化趋势基本一致。

（三）不同预处理条件下果蔬介电特性与脱水特性相关性方程的建立

使用一阶指数递减函数对果蔬样本在整个干燥过程中电容与含水率、干燥速率的关系进行拟合，建立不同频率下的相关关系方程并进行优选，得到决定系数最大的拟合方程及最优频率。R^2 称为决定系数，用于表征非线性回归中变量的相关性程度。使用果蔬介电常数与含水率、干燥速率进行拟合得到的关系模型与使用电容进行拟合得到的关系模型相比较，虽然各项系数有所不同，但模型决定系数总体相差不大，考虑到实际生产中利用电容进行水分在线检测更加简便易行，因此果蔬介电常数与脱水特性相关性模型在此不作讨论。由于测量电容可能对物料的干燥过程产生一定干扰，导致对照组和处理组苹果样本薄片在干燥55min后平均含水率分别达到11.86%和5.99%，白萝卜样本分别达到17.23%和10.84%，并在0.5h内不再发生变化，因此曲线拟合对干燥0～55min区间内的数据点进行。

1. 苹果电容与含水率、干燥速率的关系模型建立及检验

对于对照组苹果样本，当测试频率在1kHz～10kHz范围内时，电容和含水率的拟合结果较差，决定系数在0.4左右。在50kHz～1MHz的频率范围内拟合结果较好，最优的三组拟合方程和决定系数如下：

100kHz：$y = 83.96479 - 427.5787e^{-x/1.40465}$ $R^2 = 0.99017$

500kHz：$y = 83.84586 - 415.02058e^{-x/1.3966}$ $R^2 = 0.99171$

1MHz：$y = 83.84576 - 406.94453e^{-x/1.40381}$ $R^2 = 0.99231$

对于处理组苹果样本，在整个频率范围内电容和含水率的拟合结果均较好，最优的三组拟合方程和决定系数如下：

100kHz：$y = 80.60815 - 308.86022e^{-x/1.84759}$ $R^2 = 0.99030$

500kHz：$y = 80.53109 - 293.83108e^{-x/1.85469}$ $R^2 = 0.99165$

1MHz：$y = 80.57943 - 286.77956e^{-x/1.87141}$ $R^2 = 0.99203$

根据拟合方程决定系数，确定对照组和处理组苹果在整个干燥过程中电容与含水率的最优拟合频率均为1MHz。

对于对照组苹果样本，在整个频率范围内电容和干燥速率的拟合结果均较好，模型的决定系数随着频率升高先增大后减小，决定系数均大于0.96。给出三组最优的拟合方程和决定系数：

50kHz：$y = 2.20149 - 13.20129e^{-x/1.3759}$ $R^2 = 0.99232$

100kHz：$y = 2.20066 - 12.79019e^{-x/1.38237}$ $R^2 = 0.99222$

$500\text{kHz}: y = 2.19549 - 12.34409\mathrm{e}^{-x/1.37706} \quad R^2 = 0.99137$

对于处理组苹果样本，模型的决定系数随着频率升高先增大后减小，当测量频率为1kHz和5kHz拟合效果较差，决定系数在0.6左右。处理组苹果电容和干燥速率的三组最优拟合方程和决定系数如下：

$10\text{kHz}: y = 2.19916 - 7.70275\mathrm{e}^{-x/2.1179} \quad R^2 = 0.98855$

$50\text{kHz}: y = 2.19964 - 7.09014\mathrm{e}^{-x/2.17535} \quad R^2 = 0.98668$

$100\text{kHz}: y = 2.19962 - 6.83392\mathrm{e}^{-x/2.20512} \quad R^2 = 0.98521$

由决定系数，确定对照组和处理组苹果样本在整个干燥过程中电容与干燥速率的最优拟合频率分别为50kHz和10kHz。根据测量数据使用OriginPro 7.5软件绘制对照组和处理组苹果电容与含水率、干燥速率的拟合曲线，如图3.5、图3.6所示，其中（a）、（b）分别为对照组和处理组苹果电容与脱水特性的相关关系曲线。

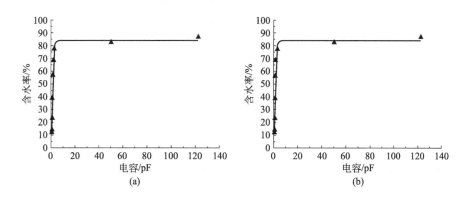

图3.5 苹果电容与含水率拟合曲线

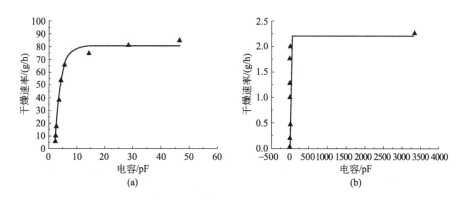

图3.6 苹果电容与干燥速率拟合曲线

2. 白萝卜电容与含水率、干燥速率的关系模型建立及检验

对于对照组白萝卜样本，在整个测试频率范围内电容和含水率的拟合结果较差，决定系数大多等于0.57左右。在1MHz时决定系数最大，约为0.85，此时的拟合方程为

$1\text{MHz}: y = 92.05159 - 7046.40946\mathrm{e}^{-x/0.96665} \quad R^2 = 0.84983$

对于处理组白萝卜样本，电容和含水率拟合的结果略优于未处理样本，决定系数基本等于0.90左右，其中最优的三组拟合方程和决定系数如下：

100kHz：$y=90.12999-4762.17104e^{-x/1.09474}$　$R^2=0.92433$

500kHz：$y=91.63594-4219.46382e^{-x/1.11579}$　$R^2=0.94067$

1MHz：$y=90.55886-30782.61191e^{-x/0.75904}$　$R^2=0.97710$

由决定系数，确定对照组和处理组白萝卜在整个干燥过程中电容与含水率的最优拟合频率均为1MHz。

对于对照组白萝卜样本，整个频率范围内电容与干燥速率拟合效果均较差，模型的决定系数随着频率升高先减小后增大，最优的拟合方程及其决定系数为

1kHz：$y=2.22413-1.30817e^{-x/3168.02849}$　$R^2=0.80946$

对于处理组白萝卜样本，电容和干燥速率的拟合结果略优于未处理样本，最优的三组拟合方程和决定系数如下：

100kHz：$y=2.51382-2.18257e^{-x/21.93738}$　$R^2=0.85127$

500kHz：$y=2.48177-10.32862e^{-x/2.7709}$　$R^2=0.91137$

1MHz：$y=2.48986-24.59041e^{-x/1.85908}$　$R^2=0.93345$

由决定系数，确定对照组和处理组白萝卜在整个干燥过程中电容与干燥速率的最优拟合频率分别为1kHz和1MHz。

根据测量数据使用 OriginPro 7.5 软件绘制对照组和最优高压脉冲电场预处理组白萝卜电容与含水率、干燥速率的拟合曲线，如图3.7、图3.8所示，其中（a）、（b）分别为对照组和处理组白萝卜电容与脱水特性的相关关系曲线。

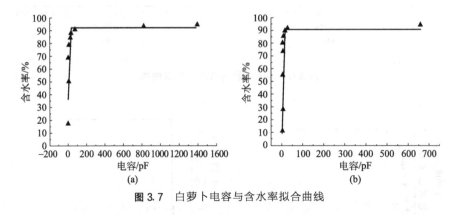

图 3.7　白萝卜电容与含水率拟合曲线

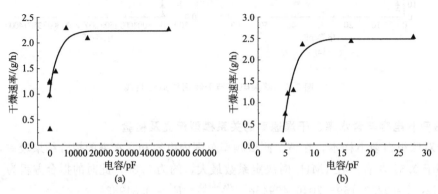

图 3.8　白萝卜电容与干燥速率拟合曲线

综上，使用一阶指数递减函数对果蔬介电特性与脱水特性关系进行回归，得到的最优回归模型决定系数 R^2 达 0.80946~0.99232，表明果蔬介电特性能较好地表达果蔬干燥过程中水分变化情况。

（四）果蔬介电特性与脱水特性相关性方程检验及误差分析

根据得到的拟合模型，以干燥法得到的数据为果蔬实际含水率和干燥速率基准，对利用介电特性测量方法得到的数据进行误差检验。选取果蔬干燥过程中不同时刻为检验点，检验结果如表 3.1~表 3.8 所示。

⊡ 表 3.1　对照组苹果含水率测量误差检验

参数	对照组苹果含水率					
实际含水率/%	82.36	76.40	67.63	33.61	12.94	11.86
测量含水率/%	83.85	77.05	65.08	26.97	11.73	13.04
绝对误差/%	1.49	0.65	−2.55	−6.64	−1.21	1.18

⊡ 表 3.2　处理组苹果含水率测量误差检验

参数	处理组苹果含水率					
实际含水率/%	81.02	74.63	64.71	32.57	20.12	5.99
测量含水率/%	80.58	80.58	58.91	38.07	20.97	5.59
绝对误差/%	−0.44	5.95	−5.80	5.50	0.85	−0.40

⊡ 表 3.3　对照组苹果干燥速率测量误差检验

参数	对照组苹果干燥速率					
实际干燥速率/(g/h)	2.10	1.98	1.50	0.72	0.42	0.12
测量干燥速率/(g/h)	2.20	2.01	1.64	0.65	0.30	0.11
绝对误差/(g/h)	0.10	0.03	0.14	−0.07	−0.12	−0.01

⊡ 表 3.4　处理组苹果干燥速率测量误差检验

参数	处理组苹果干燥速率					
实际干燥速率/(g/h)	2.40	2.08	1.12	1.00	0.36	0.24
测量干燥速率/(g/h)	2.20	2.20	1.10	0.88	0.46	0.27
绝对误差/(g/h)	−0.20	0.12	−0.02	−0.12	0.10	0.03

表 3.1~表 3.4 的检验结果表明，在选取的测试时刻，利用苹果与空气串联电容进行苹果含水率和干燥速率测量具有一定的可行性。对于选取的检验样本，当未处理苹果样本实际含水率分别为 76.40% 和 33.61% 时，用苹果与串联混合电容计算苹果含水率相对误差分别为最小和最大；对于高压脉冲电场预处理样本，当苹果实际含水率分别为 5.99% 和 74.63% 时，测量误差分别为最小和最大。

对于选取的检验样本，当未处理苹果样本实际干燥速率为 0.12g/h 时，用苹果与空气串联电容计算苹果干燥速率误差最小，而实际干燥速率为 1.5g/h 时，使用介电特性方法测量干燥速率误差最大；对于高压脉冲电场处理样本，当苹果实际干燥速率为 1.12g/h 时测量误差最小，干燥速率为 2.40g/h 时测量误差最大。

根据得到的拟合模型，以干燥法得到的数据为白萝卜实际含水率、干燥速率基准，对电容测量方法得到的数据进行误差检验。选取白萝卜热风干燥过程中不同时刻为检验点，检验结果如表 3.5~表 3.8 所示。

⊡ 表 3.5 对照组白萝卜含水率测量误差分析

参数	对照组白萝卜含水率					
实际含水率/%	92.65	87.73	84.04	68.02	51.60	17.23
测量含水率/%	92.05	91.97	89.90	50.56	33.60	20.40
绝对误差/%	-0.60	4.24	5.86	-17.46	-18.00	2.17

⊡ 表 3.6 处理组白萝卜含水率测量误差分析

参数	处理组白萝卜含水率					
实际含水率/%	92.14	89.78	85.66	74.07	34.99	10.84
测量含水率/%	90.56	90.56	89.91	59.57	28.97	9.60
绝对误差/%	-1.58	0.78	4.25	-14.50	-6.02	-1.24

⊡ 表 3.7 对照组白萝卜干燥速率测量误差分析

参数	对照组白萝卜干燥速率					
实际干燥速率/(g/h)	2.24	2.16	1.48	1.20	1.28	0.84
测量干燥速率/(g/h)	2.22	2.20	1.36	0.92	0.92	0.92
绝对误差/(g/h)	-0.02	0.04	-0.12	-0.28	-0.36	0.08

⊡ 表 3.8 处理组白萝卜干燥速率测量误差分析

参数	处理组白萝卜干燥速率					
实际干燥速率/(g/h)	2.48	2.32	2.24	1.12	0.88	0.16
测量干燥速率/(g/h)	2.49	2.49	2.19	1.02	0.55	0.33
绝对误差/(g/h)	0.01	0.17	-0.05	-0.10	-0.33	0.17

表 3.5～表 3.8 的检验结果表明，在选取的测试时刻，利用白萝卜与空气串联电容进行白萝卜含水率和干燥速率测量具有一定的可行性。对于选取的检验样本，当未处理白萝卜样本实际含水率分别为 92.65% 和 51.60% 时，用白萝卜与空气混合电容计算得到的含水率误差分别为最小和最大；对于高压脉冲电场处理样本，当实际含水率为 89.78% 和 74.07% 时测量误差分别为最小和最大。

对于选取的检验样本，当未处理白萝卜样本实际干燥速率分别为 2.24g/h 和 1.28g/h 时，用白萝卜与空气混合电容计算得到的干燥速率误差分别为最小和最大；对于高压脉冲电场预处理样本，当实际干燥速率分别为 2.48g/h 和 0.88g/h 时测量误差分别为最小和最大。

第二节
高压脉冲电场预处理果蔬干燥温度对介电特性的影响

研究几种大众果蔬高压脉冲电场预处理，在不同温度条件的干燥过程中介电参数的变化规律，分析干燥温度对预处理果蔬介电特性的影响机理，为进一步研究利用介电特性在线监测果蔬干燥过程水分含量提供试验依据。

一、试验材料与方法

1. 试验材料与仪器
选取山西太谷产的红富士苹果、马铃薯、白萝卜和胡萝卜作为试验材料，挑选新鲜成熟、无损伤的个体。主要仪器（见图 3.9）有：美国 BTX 公司生产的 ECM830 型高压脉冲电场发生器；HIOKI3532-50 型 LCR 电桥测量仪；DHG-9023A 型电热恒温鼓风干燥箱；AE200 电子分析天平，精度为 0.01g。

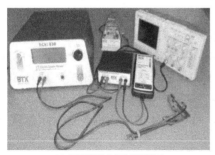
(a) 高压脉冲电场试验装置

(b) 介电特性测试装置

图 3.9　试验仪器与装置

2. 试验方法及步骤

为了满足试验要求，需要在不间断干燥过程的情况下测量果蔬的介电参数，因此设计了与 LCR 测试仪配合使用的两探头式探针电极装置。探针由不锈钢针和耐热绝缘材料制成，长度为 10mm，直径为 1mm，测量时两针间距保持在 15mm。探针可刺入样本组织并将其放入恒温干燥箱内进行干燥，试样电信号通过探针电极反馈给电桥测量仪，从而实现果蔬介电特性的实时测量。试验测试系统由 HIOKI3532-50 型 LCR 电桥测量仪、两探头式探针电极、测试软件和计算机组成。

LCR 电桥测试仪内置信号发生器，可以根据需要选择串联或并联模式来测量阻抗、电阻、电容和电感等多项电特性参数。两探针电极分别与 LCR 测试仪高低输入端连接，用以反馈样本信息，测试电压为 1V，测试频率范围为 100～1000kHz。HIOKI3532-50 测试软件可以根据施加在被测样本两端的电压 U，流经样本的电流 I，电压与电流的相位角 θ，以及对应于测试频率的角速度 ω，计算出所需的电参量。

3. 高压脉冲电场预处理试验

取新鲜的苹果、马铃薯、白萝卜和胡萝卜洗净去皮，切成 20mm×20mm×10mm 的薄片，用聚乙烯薄膜密封保存待用。其中白萝卜和胡萝卜组织横纵方向结构有差别，各向异性特征明显，分别按平行和垂直于组织纤维的方向切取样本。采用 ECM830 型高压脉冲电场发生器对试样进行预处理，即将它置于电极为 20mm×20mm 的方形不锈钢平板间受脉冲电场作用。试验中处理不同果蔬样本所需的高压脉冲电场参数选取课题组研究获取的最优参数，具体数值如表 3.9 所示。

▫ 表 3.9　四种果蔬的最优高压脉冲电场预处理参数

果蔬品种	电场强度/（V/cm）	脉冲宽度/μs	脉冲间隔/ms	脉冲个数
苹果	3000	65	500	92
马铃薯	1500	120	500	45
白萝卜	1500	109	500	30
胡萝卜	1500	80	500	75

由于每种试样的干燥过程需要一定的时间，所以下一步进行电场预处理果蔬干燥过程中

介电参数测量时，上述操作是根据试验需要依次重复进行的。

4. 果蔬干燥过程中介电参数的测定

采用电桥测量仪测量 100～1000kHz 频率范围内高压脉冲电场预处理果蔬的阻抗、电容、电阻等介电参数。测试过程：开启计算机以及与它连接的电桥测量仪，预热 20min，然后对电桥测量仪进行开路补偿和短路补偿；将两探头式探针装置的两个电极连接到电桥测量仪上，并将两探针刺入样本组织，两探针间距保持在 15mm，随后将样本放入 DHG-9023A 型电热恒温鼓风干燥箱内进行干燥。干燥过程中每隔 5min 用 LCR 测试软件对样本的介电参数值进行一次记录并保存，直到样本完全干燥。试验中电热恒温鼓风干燥箱的温度设置选取 5 个水平：60℃、70℃、80℃、90℃、100℃，每种果蔬试样分别在这 5 个温度下进行干燥试验。

二、试验结果与分析

1. 干燥温度对苹果介电特性的影响试验及分析

通过上述步骤测得 100～1000kHz 频率范围内四种果蔬干燥过程中的介电参数，表明：随电场强度的增大，阻抗和电导率在整个测量频率范围内分别下降和上升；电容则出现分段性变化，即在 α 耗散频段（几赫兹到几千赫兹）大幅上升，在 β 耗散频段（几千赫兹到几兆赫兹）略有下降，变化较为平缓。在研究干燥温度对预处理果蔬介电参数影响的试验中，需要固定测试频率，以排除它对介电特性的干扰，比较测量结果，得出最佳测试频率为 100kHz。使用 SAS 软件对苹果干燥 90min 内的介电参数进行完全随机方差分析和邓肯（Duncan's）均值多重比较，结果如表 3.10 所示。表中用大小写字母标注法给定两个检验水平，大写字母代表 0.01 水平，小写字母代表 0.05 水平。

▣ 表 3.10　苹果干燥试验邓肯均值多重比较

干燥温度/℃	Z/Ω	$\sigma/(ms/cm)$	$C/\mu F$
100	1451.2aA	0.10834aA	0.000157dD
90	1122.9bAB	0.11024aA	0.000207cCD
80	993.9bB	0.11122aA	0.000247bBC
70	952.8bB	0.11252aA	0.000285bAB
60	897.0bB	0.11332aA	0.000326aA

从表 3.10 所示检验结果可以看出温度对电容有较大影响，但温差较大时，才能观察到电容有明显的变化。根据试验数据，运用 MATLAB 软件获得苹果在 5 个温度水平干燥过程中的阻抗、电导率和电容频谱图。图 3.10 为不同干燥温度下高压脉冲电场（HPEF）预处理苹果阻抗、电导率和电容随时间的变化规律。

由图 3.10(a) 可知，随着干燥时间的延长和干燥温度的升高，电场预处理苹果的阻抗均呈递增趋势。图 3.10(b) 看出，苹果试样在整个干燥脱水过程中，电导率先略微增大后逐渐减小；随着温度的升高，其电导率逐渐下降，且在干燥开始的 35min 内下降趋势不明显，随后观察到比较明显的下降趋势。由图 3.10(c) 可知，苹果试样的电容随干燥时间的增加而单调递减，随干燥温度的升高而逐渐下降，每个温度水平之间电容下降幅度较均匀。

2. 干燥温度对马铃薯介电特性的影响试验及分析

选取干燥 90min 内高压脉冲电场预处理马铃薯的介电参数，使用 SAS 软件对数据进行

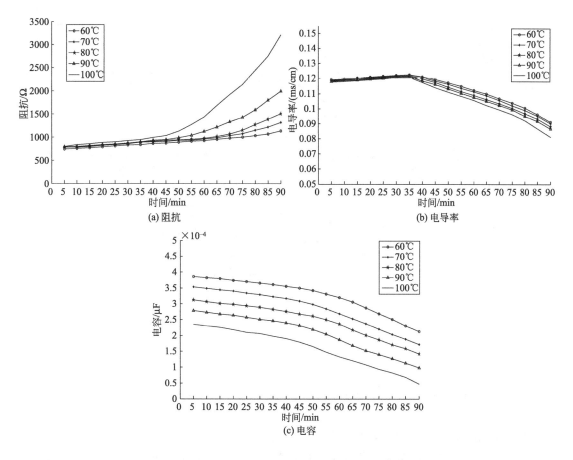

图 3.10　不同干燥温度下 HPEF 预处理苹果介电特性随时间变化规律

方差分析，邓肯均值多重比较结果如表 3.11 所示，表中大小写字母分别代表 0.01 和 0.05 两个检验水平。

▣ **表 3.11　土豆干燥试验邓肯均值多重比较**

干燥温度/℃	Z/Ω	$\sigma/(\text{ms/cm})$	$C/\mu\text{F}$
100	698.69aA	0.21334dD	0.000520cC
90	522.61bAB	0.23164cC	0.000452cC
80	481.82bB	0.24260bcBC	0.000742bB
70	440.77bB	0.25449abAB	0.000903bB
60	384.34bB	0.26108aA	0.001253aA

根据试验数据，运用 MATLAB 软件获得马铃薯在 5 个温度水平干燥过程中的阻抗、电导率和电容频谱图。图 3.11 为不同干燥温度下 HPEF 预处理马铃薯阻抗、电导率和电容随时间的变化规律。

由图 3.11（a）可知，马铃薯试样的阻抗随干燥时间的延长而增大，随干燥温度的升高而上升。图 3.11（b）显示，在整个干燥过程中，马铃薯试样的电导率随加热时间的延长先增大后减小，变化的幅度不大。图 3.11（c）表明，马铃薯试样的电容随干燥时间的延长而逐渐减小；随着干燥温度的升高，电容有明显的下降趋势。

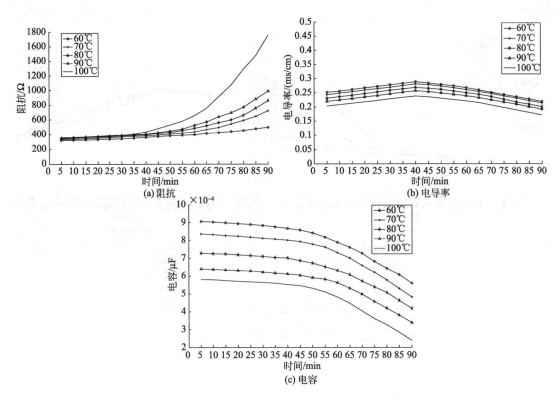

图 3.11 不同干燥温度下 HPEF 预处理马铃薯介电特性随时间变化规律

3. 干燥温度对白萝卜介电特性的影响试验及分析

白萝卜各向异性特征明显，分别从平行和垂直于果肉纤维的方向取样，进行介电参数测量，对试验结果分别进行讨论。根据试验数据，运用 SAS 软件分别对白萝卜平行和垂直方向介电参数进行方差分析，结果显示温度与三个介电参数相关度较高，说明干燥温度对白萝卜介电参数影响显著。邓肯均值多重比较结果如表 3.12 和表 3.13 所示，表中大小写字母分别代表 0.01 和 0.05 两个检验水平。

☐ 表 3.12 平行纤维方向白萝卜干燥试验邓肯均值多重比较

干燥温度/℃	Z/Ω	σ /(ms/cm)	$C/\mu F$
100	1208.9aA	0.2703eE	0.001197eE
90	790.5bB	0.3030dD	0.001294dD
80	672.9bcB	0.3327cC	0.001392cC
70	553.3bcB	0.3532bB	0.001513bB
60	491.1cB	0.3777aA	0.001592aA

从方差分析结果可知，对于阻抗 Z，0.01 或 0.05 水平上，100℃对阻抗影响均极显著高于其他温度水平，达到 1208.9Ω，其余均不显著，说明平行纤维方向白萝卜经高压脉冲电场预处理后，100℃干燥时阻抗均值比其他温度下干燥阻抗均值大得多，其余温度之间阻抗差值较小。对于电导率 σ，0.01 或 0.05 水平上，每个温度水平之间电导率均值差异都显著，说明温度对电导率整体影响较大。对于电容 C，0.01 或 0.05 水平上，5 个温度水平之间电容均值差异均显著，说明温度对电容影响较大，随温度升高电容均值增长幅度较大。

干燥温度/℃	Z/Ω	$\sigma/(\text{ms/cm})$	$C/\mu\text{F}$
100	1149.9aA	0.156350eC	0.000808eE
90	846.5bAB	0.175883dB	0.000897dD
80	754.5bAB	0.188280cB	0.001006cC
70	697.1bB	0.204509bA	0.001124bB
60	646.2bB	0.218895aA	0.001234aA

⊡ 表 3.13　垂直纤维方向白萝卜干燥试验邓肯均值多重比较

由表 3.13 可知，对于阻抗 Z，0.01 或 0.05 水平上，100℃对其影响均极显著高于其他温度水平，达到 1149.9Ω，其余温度水平之间差异不显著，说明 100℃干燥过程中垂直纤维方向白萝卜的阻抗均值明显高于其他温度处理，且其余四个温度干燥时阻抗均值差异不明显。对于电导率 σ，0.05 水平上，每个温度水平间电导率均值差异都显著，但 0.01 水平上，60℃和 70℃之间与 80℃和 90℃之间差异不显著，其余差异显著，说明干燥温度对电导率有较大影响，但部分温度干燥之间电导率差值不大。对于电容 C，0.01 或 0.05 水平上，各温度条件下干燥电导率均值差异都极显著，说明干燥温度对电容影响较大，电容值随干燥温度的变化有较明显改变。

使用 MATLAB 软件分别绘制出平行与垂直纤维方向白萝卜在 5 个温度水平干燥过程中的阻抗、电导率和电容频谱图。图 3.12～图 3.14 分别为不同干燥温度下 HPEF 预处理白萝卜阻抗、电导率和电容随时间的变化规律。图中(a)、(b) 分别表示沿平行和垂直于纤维方向白萝卜试样的介电参数频谱图。

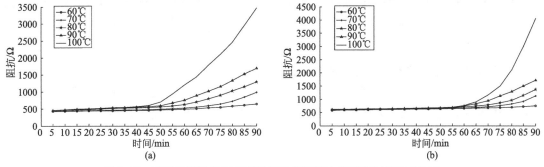

图 3.12　不同干燥温度下 HPEF 预处理白萝卜阻抗随时间变化规律

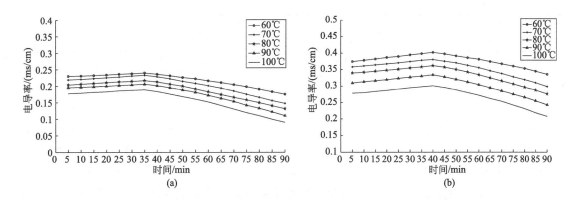

图 3.13　不同干燥温度下 HPEF 预处理白萝卜电导率随时间变化规律

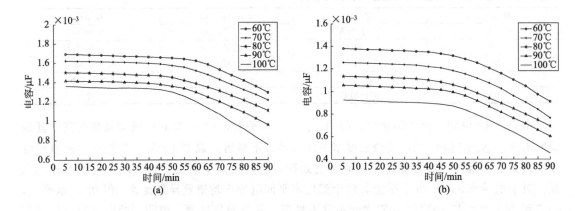

图 3.14　不同干燥温度下 HPEF 预处理白萝卜电容随时间变化规律

　　由图 3.12（a）、（b）可知，经高压脉冲电场预处理的白萝卜，干燥过程中阻抗单调递增，且随着干燥温度的升高而增大。在不同干燥温度下，白萝卜垂直纤维方向阻抗值均大于平行方向。图 3.13（a）、（b）表明，电场预处理白萝卜在整个干燥过程中，电导率变化表现出先增大后减小的趋势，随着温度的升高，其电导率逐渐下降，下降的幅度较均匀。干燥过程中，白萝卜垂直纤维方向的电导率测量值总比平行方向小。图 3.14（a）、（b）显示，白萝卜试样电容大体随干燥时间的增加而减小，但在干燥开始的一段时间内，变化不是很明显，随后有较明显的减小趋势；随着干燥温度的升高，其电容逐渐减小，且降幅较明显。同一干燥条件下，白萝卜垂直纤维方向电容小于平行方向。白萝卜平行和垂直纤维方向的介电参数之间存在明显的差异。

4. 干燥温度对胡萝卜介电特性的影响试验及分析

　　分别切取平行和垂直于纤维方向的胡萝卜样本，进行干燥过程介电特性测量。根据试验数据，使用 SAS 软件对试验数据进行方差分析，进行均值多重比较，结果如表 3.14 和表 3.15 所示，表中大写字母代表 0.01 检验水平，小写字母代表 0.05 检验水平。

表 3.14　平行纤维方向胡萝卜干燥试验邓肯均值多重比较

干燥温度/℃	Z/Ω	$\sigma /(ms/cm)$	$C/\mu F$
100	692.73aA	0.362541eE	0.000794eE
90	536.96bAB	0.378226dD	0.000924dD
80	507.06bAB	0.391486cC	0.001002cC
70	454.24bB	0.403224bB	0.001120bB
60	436.30bB	0.418772aA	0.001250aA

　　表 3.14 显示，对于胡萝卜平行方向的阻抗 Z，0.01 或 0.05 水平上，100℃影响极显著高于其他处理，达到 692.73Ω，其余温度之间差异不显著，说明干燥温度在 60～90℃阻抗随温度变化的趋势不明显，达到 100℃时，阻抗均值明显增大。对于电导率 σ 和电容 C，0.01 或 0.05 水平上，5 个温度干燥试验之间均值差异均显著，说明温度对电导率和电容的影响显著。

干燥温度/℃	Z/Ω	σ /(ms/cm)	C/μF
100	651.55aA	0.205868cB	0.000624eE
90	516.53bB	0.217283bcAB	0.000715dD
80	497.25bB	0.223186abAB	0.000715cC
70	479.36bB	0.229431abA	0.000958bB
60	459.94bB	0.237929aA	0.001096aA

　　表 3.15 显示，对于胡萝卜垂直方向的阻抗 Z，0.01 或 0.05 水平上，100℃ 干燥时均值极显著高于其他处理，其余温度之间差异不显著，说明 100℃ 干燥过程中阻抗明显增大。对于电导率 σ，60℃ 和 70℃ 之间与 80℃ 和 90℃ 之间均值差异不显著，其余差异显著，说明干燥温度对胡萝卜垂直方向电导率有一定程度的影响，但部分温度范围内电导率测量值差别不明显。对于电容 C，0.01 或 0.05 水平上，各干燥温度之间差异均显著，说明电容受干燥温度的影响较大，且不同温度干燥时电容变化较明显。

　　使用 MATLAB 软件分别绘制出平行与垂直纤维方向的胡萝卜在 5 个温度水平干燥过程中的阻抗、电导率和电容频谱图。图 3.15～图 3.17 分别为不同干燥温度下 HPEF 预处理胡萝卜阻抗、电导率和电容随时间的变化规律。图中(a)、（b）分别指平行和垂直于纤维方向胡萝卜介电参数变化曲线图。

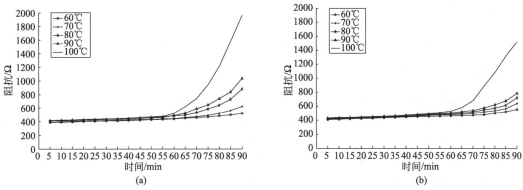

图 3. 15　不同干燥温度下 HPEF 预处理胡萝卜阻抗随时间变化规律

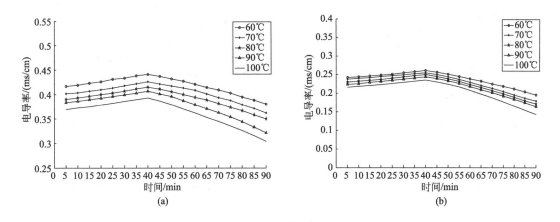

图 3. 16　不同干燥温度下 HPEF 预处理胡萝卜电导率随时间变化规律

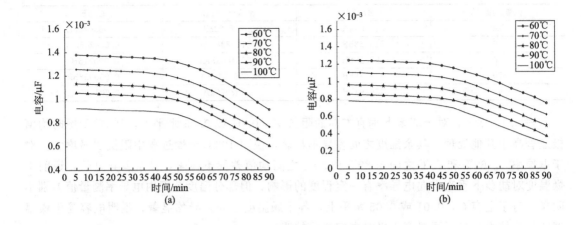

图 3.17 不同干燥温度下 HPEF 预处理胡萝卜电容随时间变化规律

由图 3.15(a)、(b) 可以看出，高压脉冲电场预处理的胡萝卜在干燥过程中，阻抗随加热时间的延长而增大，随干燥温度的上升而增加。大多数情况下，胡萝卜垂直方向阻抗大于平行方向阻抗。图 3.16(a)、(b) 显示，在整个干燥脱水过程中，胡萝卜试样电导率先增大后减小，但相同干燥条件下，胡萝卜垂直方向电导率总比平行方向小。

由图 3.17(a)、(b) 可知，干燥过程中，胡萝卜试样电容单调递减。随着干燥温度的升高，其电容逐渐减小，且减小的幅度较均匀。对比 (a)、(b) 两图，明显看出相同干燥条件下，胡萝卜垂直方向的电容均小于平行方向。

5. 干燥温度对电场预处理果蔬脱水特性影响试验及分析

运用 MATLAB 软件处理试验数据，获得四种果蔬预处理样本在不同干燥温度下干燥含水率随时间的变化曲线。图 3.18～图 3.21 依次为不同干燥温度下高压脉冲预处理苹果、马铃薯、白萝卜和胡萝卜干燥过程中含水率的变化情况。其中图 3.20（a）和（b）分别指沿平行与垂直于纤维方向的白萝卜含水率变化情况。

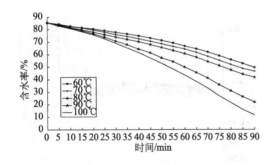

图 3.18　不同干燥温度下 HPEF 预处理
苹果含水率随时间的变化情况

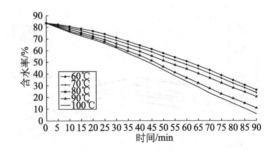

图 3.19　不同干燥温度下 HPEF 预处理
马铃薯含水率随时间的变化情况

由图 3.18～图 3.21 可以看出，高压脉冲电场预处理苹果、马铃薯、白萝卜和胡萝卜在每个温度水平恒温干燥过程中，含水率逐渐减小，不同果蔬含水率下降的程度有所不同。

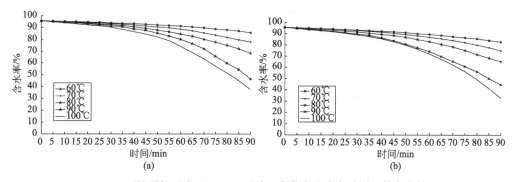

图 3.20 不同干燥温度下 HPEF 预处理白萝卜含水率随时间的变化情况

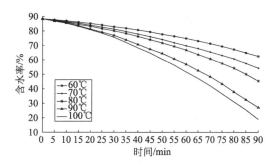

图 3.21 不同干燥温度下 HPEF 预处理胡萝卜含水率随时间的变化情况

第三节
高压脉冲电场预处理对果蔬介电、脱水特性影响机理分析

一、高压脉冲电场预处理对果蔬介电特性影响机理分析

果蔬细胞主要由细胞壁、细胞膜、细胞质构成。细胞壁具有由不同成分层构成的复杂多孔隙结构，可以保证细胞与外界环境中的小分子进行交换。细胞壁含有的大量多糖及其他天然聚合物上存在电基团，使细胞壁具有离子交换器的性质。细胞膜是由磷脂双分子层及镶嵌其中的大量蛋白质分子构成的，离子能否通过细胞膜受到跨膜通道蛋白的严格控制，通常情况下细胞膜可以看作高度不导电物质。细胞质中包含着大量的盐、蛋白质、核酸和各种小分子，大多数情况下细胞质可近似看作含有高浓度可溶有机质、具有高度导电性的盐溶液。

通常情况下，果蔬物料介电特性体现频率依赖性。果蔬物料属于电介质，其带电粒子被原子、分子的内力或分子间的力紧密束缚着，只要物料导电能力不完全依赖自由电荷，也依赖束缚电荷，那么电导率就存在频率依赖性。电导率在低频时数值较小，此时主要取决于细胞外液的容积率，当频率升高到 $10 \sim 100 MHz$ 范围内时，电导率趋于稳定，此时主要对应细胞内和细胞外的离子电导率，然后由于水的介电弛豫，物料的电导率随频率提高呈现大幅升高。电介质在外电场作用下产生极化，即介质内部正、负束缚电荷产生相对位移，介电常数是综合反映介质电极化过程的物理量，它是频率的函数，当频率为零或很低时，电介质中存在电子极化、取向极化和位移极化三种作用，此时介电常数对于一定电介质而言为常数；随着频率的增加，分子固有电矩的转向极化逐渐落后于外场的变化，这时介电常数取复数形式，实部 ε' 随频率的增加而下降，同时虚部介质损耗出现峰值；当频率再增加，实部 ε' 降至新恒定值，而介质损耗则变为零，这反映了分子固有电矩的转向极化已经完成，对外电场不再作出响应。

反映这一极化特征的是德拜方程（Debye 模型）：

$$
\begin{cases}
\varepsilon_r^* = \varepsilon_\infty + \dfrac{\varepsilon_0 - \varepsilon_\infty}{1 + i\omega\tau} \\[2mm]
\varepsilon_r' = \varepsilon_\infty + \dfrac{\varepsilon_0 - \varepsilon_\infty}{1 + \omega^2\tau^2} \\[2mm]
\varepsilon_r'' = \dfrac{(\varepsilon_0 - \varepsilon_\infty)\omega\tau}{1 + \omega^2\tau^2} \\[2mm]
\tan\delta = \dfrac{\varepsilon_r''}{\varepsilon_r'}
\end{cases}
\tag{3.5}
$$

式中，ε_r^* 为复相对介电常数；ε_0 为静态相对介电常数；ε_r' 为 ε_r^* 的实部，相对介电常数；ε_∞ 为光频相对介电常数；ε_r'' 为 ε_r^* 的虚部，介质损耗；τ 为松弛时间，s。

为了方便探讨高压脉冲电场预处理对果蔬介电特性的影响，需建立果蔬介质的等效电路模型。尽管果蔬是一种非线性的不均匀介质，置于电场后果蔬的不同部位导电和介电特性也各不相同，但新鲜果蔬属于电介质，这里将果蔬作为具有等价介电常数的整体来研究其介电特性。

果蔬组织可以看作是由 n 层（基本层）$H \times L \times d$ 的长方体叠加而成的（$l = nd$），每层长方体又可以划分为 $a \times b \times d$ 的小长方体，每个长方体代表一个独立细胞。对于完好果蔬细胞，细胞膜两端（内部和外部）出现的异性自由电荷形成了跨膜电压；当对细胞施加高压脉冲电场时，细胞膜两端电荷的积累提高了跨膜电压从而加强了电荷引力对细胞膜的挤压作用，使细胞膜变薄，当压应力超过了细胞膜某一区域的弹性极限时，细胞膜出现电穿孔。图 3.22（a）基本层中黑色小长方体表示受到高压脉冲电场作用细胞膜受损的细胞；白色小正方体表示正常完好细胞；黑白相间小长方体表示组织中的不均匀内含物质。

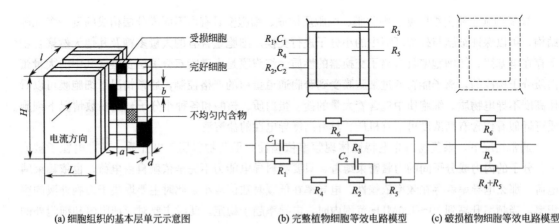

(a) 细胞组织的基本层单元示意图　　(b) 完整植物细胞等效电路模型　　(c) 破损植物细胞等效电路模型

图 3.22　果蔬物料等效电路模型

R_1，R_2 为原生质膜和液泡膜电阻；C_1，C_2 为原生质膜和液泡膜电容；R_3 为沿电流方向液泡周围细胞质阻抗；R_4 为沿液泡方向细胞质阻抗；R_5 为液泡内部电阻；R_6 为细胞外部空间阻抗。复阻抗是包含果蔬电介质介电常数和电导率信息的电参数，因此以复阻抗为例进行高压脉冲电场预处理对果蔬介电特性影响机理分析。在图 3.22 的等效模型中，由受损细胞、完好细胞以及非细胞部分并联而成的果蔬样本总复阻抗可以用下式表示：

$$Z(j\omega)^s = \frac{n}{m}\left[\frac{i}{Z(j\omega)^i} + \frac{P}{Z^p} + \frac{g}{Z^g}\right]^{-1} \tag{3.6}$$

式中，ω 为角频率，等于 $2\pi f$，f 为测量频率；$j = (-1)^{1/2}$；i、p 和 g 分别为完好细胞、受损细胞及不均匀内含物占基本层细胞总数的比例，$i + p + g = 1$；Z^g 为细胞内附加体积元的电阻；Z^p 为基本层受损细胞的电阻，由图 3.22（c），可以由下式表示：

$$Z^p = \frac{(R_4 + R_5)R_3 R_6}{(R_4 + R_5)(R_3 + R_6) + R_3 R_6} \tag{3.7}$$

$Z(j\omega)^i$ 是一个基本层中具有完好膜结构的细胞复阻抗，可以用下式表示：

$$Z(j\omega)^i = \frac{R_6[Z(j\omega)_1 + Z(j\omega)_{c+v}]}{R_6 + Z(j\omega)_1 + Z(j\omega)_{c+v}} \tag{3.8}$$

$Z(j\omega)_1$ 为细胞质膜的复阻抗，可以用下式表示：

$$Z(j\omega)_1 = \frac{R_1[-jX_1(j\omega)]}{R_1 - jX_1(j\omega)} \tag{3.9}$$

式中，$X_1(j\omega) = (2\pi f C_1)^{-1}$；$Z(j\omega)_{c+v}$ 为细胞质的复阻抗，包括液泡和液泡膜，可以用下式表示：

$$Z(j\omega)_{c+v} = \frac{R_3[R_4 + R_5 + Z(j\omega)_2]}{R_3 + R_4 + R_5 + Z(j\omega)_2} \tag{3.10}$$

$Z(j\omega)_2$ 为液泡膜的复阻抗，可以用下式表示，其中 $X_2(j\omega) = (2\pi f C_2)^{-1}$：

$$Z(j\omega)_2 = \frac{R_2[-jX_2(j\omega)]}{R_2 - jX_2(j\omega)} \tag{3.11}$$

对于没有受到破坏、只由完好细胞构成的同质果蔬样本（$i = 1$；$p = 0$；$g = 0$），式（3.6）可写作：

$$Z(j\omega)^s = \frac{nZ(j\omega)^i}{m} \tag{3.12}$$

设 $A = HL$，$A_c = ba$；又 $m = A/A_c$，$n = l/d$，式（3.12）可进一步写作：

$$Z(j\omega)^s = \frac{A_c}{A}\frac{l}{d}Z(j\omega)^i \tag{3.13}$$

可知，未经破坏的整个果蔬组织样本的阻抗是基本层阻抗的线性函数，函数的斜率由细胞的形状参数决定。

当频率趋于 0 时，细胞质膜和液泡膜的电阻和电容很大，电流只流经细胞外液，$X_1(j\omega)$ 和 $X_2(j\omega)$ 趋于无穷，$R_3 \ll R_1$，此时：

$$Z(j\omega)^i = Z(j\omega)_0^i = \frac{R_1 R_6}{R_1 + R_6} \tag{3.14}$$

当频率趋于无穷时，细胞质膜和液泡膜电容很小，细胞外液和细胞内液均有电流流过，导致电阻明显减小，$X_1(j\omega)$ 和 $X_2(j\omega)$ 趋于 0，此时：

$$Z(j\omega)^i = Z(j\omega)_\infty^i = \frac{R_3 R_6(R_4 + R_5)}{(R_4 + R_5)(R_3 + R_6) + R_3 R_6} \tag{3.15}$$

由以上计算可知，对于完好果蔬样本，复阻抗在低频和高频时均为常数，不随频率发生变化即没有频率依赖性；当所有细胞均遭到破坏时，样本复阻抗同样为常数。

当频率大约在 $5\mathrm{MHz} > f > 5\mathrm{kHz}$ 范围内时，果蔬样本复阻抗 $Z(\mathrm{j}\omega)^s$ 因含有受频率影响的 $Z(\mathrm{j}\omega)^i$ 而存在频率依赖性。因此，虽然不同种类果蔬样本因组织成分、结构和含水率的不同，使得随着频率的增大，复阻抗数值减小的速率不同，但其频谱应基本体现如图 3.23 所示的变化规律：

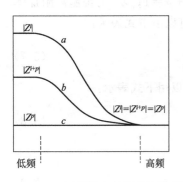

图 3.23 果蔬样本在几千赫兹到数十兆赫兹频率范围内阻抗变化规律

曲线 a 代表未经破坏果蔬样本阻抗频谱，曲线 b 为不完全受损果蔬样本阻抗频谱，曲线 c 代表完全破坏果蔬样本阻抗频谱。图 3.23 与苹果和白萝卜在高压脉冲电场处理前后阻抗的频谱图具有相似的变化规律，一定程度上验证了试验的有效性。细胞膜的穿孔导致细胞膜容抗阻抗下降，使得高压脉冲电场预处理前后果蔬介电参数在低频范围有较显著的变化：一方面是由于当频率较高时，完好细胞阻抗较小，电容性质可以忽略，因此介电特性与受损细胞差别不大；另一方面是由于细胞膜电势差对细胞 β 耗散的影响有限，对 α 耗散的影响较大。此外，高压脉冲电场处理前后苹果和白萝卜介电参数频谱中 α 和 β 耗散的临界点不同，与高压脉冲电场处理强度及果蔬细胞膜厚度有关：细胞膜厚度越大，耗散越大，同时也降低弛豫频率；高压脉冲电场预处理后形成的电穿孔增加了细胞膜上离子通道（孔状）的数量而延长了离子通道的总周长，从而增大了耗散。

苹果与白萝卜以及不同纤维方向白萝卜样本在细胞完好时的介电特性差异及其对高压脉冲电场预处理的不同反应与物料组织形态与结构、细胞尺寸、细胞内空间分布等有关，有待进一步结合微观试验分析进行讨论。

二、高压脉冲电场预处理对果蔬脱水特性影响机理分析

高压脉冲电场预处理对果蔬脱水特性的影响机理可以主要从两个方面考虑。一方面，矩形高压脉冲波对果蔬细胞的力学作用，体现在对细胞微观结构的破坏如质膜、液泡膜穿孔，破坏甚至可能改变果蔬材料性质。高压脉冲电场对果蔬生物力学的研究表明，经高压脉冲电场处理后，试样有明显的渗水增多、质构变软等现象，并伴随有颜色的变化，且电场作用时间越长，脉冲强度越大，这种现象越明显。高压脉冲电场对果蔬组织结构的改变可以在细胞表面上形成新的水分传输通道，加快水分蒸发速度，当然也可能对原有水分通道产生破坏作用而抑制水分的排除，这需要综合考虑试材本身组织结构特点及处理强度等。

另一方面，高压脉冲电场引起的物化反应对果蔬脱水特性也有一定影响。如细胞内极性分子水分子电学性质的改变。水分子团与其他物质一样，存在着固有频率，当外加引起共鸣的能量场时，水发生共鸣现象并因此极有可能引起水的结构的改变。高压脉冲电场预处理会使果蔬的水分子在电场力的作用下，分子间一些氢键断开，较大的水分子团变为较小的水分子团或单个水分子，从而加快了水分子的输运过程，使得果蔬在整个干燥过程特别是恒速干燥阶段干燥速率有所提高。

此外，高压脉冲电场对物料有一定的加热作用，还有可能导致细胞内发生一些化学反应，这些均有可能对物料的脱水特性产生一定影响，需要进一步研究探明。

第四章

>>>>>>>

高压脉冲电场预处理对果蔬冻干加工过程的影响

第一节
高压脉冲电场对果蔬冻干细胞结构及冻干速率的作用效应

研究高压脉冲电场预处理对果蔬微观结构的影响，可从机理上了解高压脉冲电场作用果蔬的效应，主要采用的方法为图像处理技术和扫描电镜技术。经过脉冲电场预处理的果蔬干燥之后，其整体密度和缩水率有所降低，而多孔性提高，平均气孔的尺寸明显小于未经电场处理的样品尺寸，而且高压脉冲电场预处理可以改变细胞的结构和排列，使细胞间隙增大，多面体结构破坏。不同的电场参数对果蔬细胞的影响不同，Ersus 和 Barrett 研究了脉冲频率对细胞结构的影响，结果表明当脉冲强度为 333V/cm，脉冲宽度为 $100\mu s$，脉冲个数为 10，脉冲频率为 1Hz 时，薄壁细胞、维管束以及表皮细胞出现了不同程度的损伤。Asavasanti 等在此研究基础上进一步证实了当脉冲频率为 $0.1\sim1$Hz 时，高压脉冲电场预处理的洋葱细胞有较高的通透性，而且大多数细胞出现了不同程度的破裂。当脉冲频率为 0.1Hz 时细胞膜的通透能力最高，当脉冲频率为 5kHz 时，细胞的结构较完整，没有损坏现象。这与 Lebovka 等的结论相同，即频率越低，对细胞的破坏程度越大。

国内关于高压脉冲电场预处理对果蔬微观结构的影响方面研究较少，主要集中在不同的干燥方式对果蔬微观结构的影响方面。其中，涉及较多的是 SEM 法。

扫描电子显微镜简称 SEM，是一种新型的电子光学仪器。扫描电子显微镜以观察样品的表面形态为主，因此扫描电子显微镜样品的制备，必须满足以下要求：保持完好的组织和细胞形态；充分暴露要观察的部位；具有良好的导电性和较高的二次电子产额；保持充分干燥的状态。它具有制样简单、放大倍数可调、图像的分辨率高、景深大等特点。目前，

SEM 的样品制备方法主要有化学方法和冷冻断裂方法。化学方法对技术要求较高，而且切片可能对细胞结构造成破坏，影响观察效果。冷冻断裂方法虽能观察到不同劈裂面的微细结构，可以更好地研究细胞内的膜结构及内含物结构，但是断裂面多产生在样品结构最脆弱的部位，无法有目的地选择。因此本节采用化学和冷冻断裂两种方法相结合对苹果进行扫描电镜试验。

（一）化学方法

采用美国 BTX 公司的 ECM830 型高压脉冲电场发生器。真空冷冻干燥机选用中国科学院兰州近代物理所研制的 JDG-0.2 型冻干机，最低温度可达到 $-45℃$，真空系统最低冻干室压力可达到 10Pa，以及山西农业大学研制的可重组虚拟仪器的冻干物料样品含水率在线测量系统，可实现水分等相关参数的在线采集及监控；微观扫描电镜试验采用了 JDF-320 冷冻干燥设备、LDM-150D 型离子溅射仪、JSM-6490LV 扫描电镜。附属设备：海尔 DW-40L92 型冰箱；精度为 1% 的电子天平。

结合前期试验结果选择试验参数为：脉冲强度 $1000\sim1500V/cm$，脉冲宽度 $60\sim120\mu s$，脉冲个数 $15\sim45$，脉冲间隔时间 500ms。在此试验范围内预处理果蔬，参数选择见表 4.1，未处理组为对照组。

⊡ 表 4.1 脉冲电场预处理果蔬工艺参数

序号	电场强度/(V/cm)	脉冲宽度/μs	脉冲个数
1	0	0	0
2	1000	60	15
3	1250	90	30
4	1500	120	45

为了减少试验材料的物性差异，购买时选择苹果的形态、色泽等尽量相近。将试验所需的苹果一次性购回，在冰箱中贮藏保鲜，试验前测定其初始含水率。取新鲜表皮无损伤的富士苹果，洗净去皮，切成厚度为 10mm，边长为 $17mm\times17mm$ 的方块。由于苹果是各项异性材料，因此在采用化学方法制备样品时，分别对苹果的横向和纵向方向进行扫描电镜试验。为了确保样品的统一性，所有样品均在距离表皮 10mm 处取样。

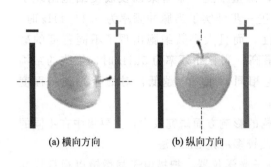

(a) 横向方向　　　(b) 纵向方向

图 4.1 苹果进行电场预处理时的方向

化学方法制备样品的程序通常是：清洗、化学固定、干燥、喷镀金属。植物材料的取材一般切成薄片状，经适当固定后再切成小方块。它要求取材的动作要迅速，最好在材料离体后 1min 内就进入固定液，最好不要超过 10min。固定液常采用醛类（主要是戊二醛和多聚甲醛）与四氧化锇双固定，固定后通常采用临界点干燥法。其原理是：适当选择温度和压力，使液体达到临界状态（液态和气相间界面消失），从而避免在干燥过程中由水的表面张力所造成的样品变形。对含水生物材料直接进行临界点干燥时，水的临界温度和压力不能过高

（37.4℃，218Pa）。通常用乙醇或丙酮等使材料脱水，再用一种中间介质，如醋酸戊酯，置换脱水剂，然后在临界点干燥器中用液体或固体二氧化碳、氟利昂 13 以及一氧化二氮等置换剂置换中间介质，进行临界干燥。将干燥的样品用导电性好的黏合剂或其他黏合剂粘在金属样品台上，然后放在真空蒸发器中喷镀一层大约 50～300 埃厚的金属膜，以提高样品的导电性和二次电子产额，改善图像质量，并且防止样品受热和辐射损伤。如果采用离子溅射镀膜机喷镀金属，可获得均匀的细颗粒薄金属镀层，提高扫描电子图像的质量。

1. 新鲜样品

按照试验设定参数进行高压脉冲电场预处理，对处理后及对照组的样品进行切片，用 3%（PH7.2）戊二醛固定样品 24h；然后用乙醇系列梯度脱水，30%～100%，每级 15min；采用真空干燥法干燥，100% 叔丁醇置换 2 次；在低温真空干燥器内抽真空，升华 2～3h；用碳导电胶将干燥好的样品粘在样品托上，采用离子溅射仪在样品上喷金；然后进行扫描电镜试验。

电镜微观分析结果：对新鲜的苹果样品进行扫描电镜（平均含水率为 83.86%），并对试验结果进行分析。图 4.2 中，(a)、(b)分别指横向方向放大 100 倍、500 倍，(c)、(d)分别指纵向方向放大 100 倍、500 倍。

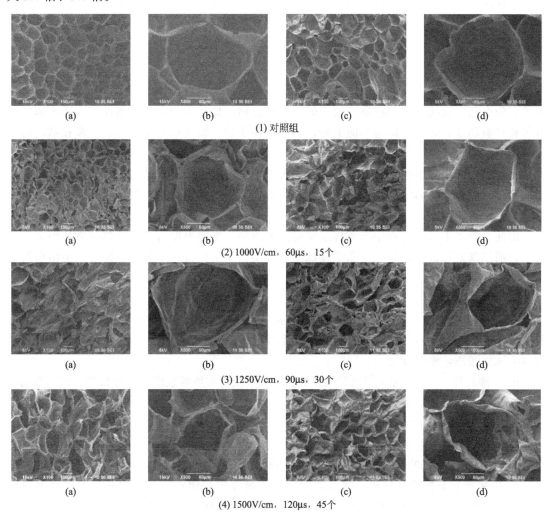

(1) 对照组

(2) 1000V/cm，60μs，15个

(3) 1250V/cm，90μs，30个

(4) 1500V/cm，120μs，45个

图 4.2　不同电场预处理参数新鲜苹果的扫描电镜图

图 4.2 显示的是不同电场预处理参数情况下，新鲜苹果的扫描电镜图，其中图（1）显示的是没有经过预处理的新鲜苹果的微观结构，从中可以看出，苹果细胞呈均匀性和各向异性，细胞饱满、光滑清晰、结构完整、形状规则，呈六边形，并以网格形式紧凑排列。图 4.2 中图（2）、图（3）和图（4）是经过高压脉冲电场预处理后的苹果样品，可以看出细胞表面的微观形貌出现了明显的变化，具体表现为细胞结构排列不整齐、结构松散、变形较严重、细胞边缘有卷曲现象。从中可以看出，随着脉冲强度、脉冲宽度和脉冲个数的逐渐增大，细胞的间隙越大，细胞变形越明显。当脉冲电场参数为 1000V/cm、60μs、15 个，100 倍观察时，横向方向可以清楚看出细胞的形状，细胞的排列较紧凑，细胞有轻微变形，而纵向方向细胞变形较严重，部分细胞有塌陷的现象，失去原来的多面体结构。500 倍观察时，可以发现有少量的溶质附着于细胞壁和细胞间隙内。当脉冲电场参数为 1250V/cm、90μs、30 个时，细胞边缘模糊，细胞粘在一起，细胞间隙变小，出现这种情况可能是试验中的误差所致，当脉冲电场处理后，苹果组织有变软现象，在一定程度上增加了切片的难度。当脉冲电场参数为 1500V/cm、120μs、45 个时，细胞间隙增大，细胞收缩，细胞壁之间出现裂隙，细胞卷曲现象较严重。

图 4.2 中没有观察到电穿孔现象，这可能与制备方法有关。未经高压脉冲电场预处理和处理后样品的差异，主要是因为高压脉冲电场预处理可以改变样品内部的组织结构，增强其细胞膜的通透性，进而影响细胞结构的变形，导致细胞膨压变化和力学性质的降低，这和高压脉冲电场预处理后果蔬的力学性质有降低的趋势结果相符合。

2. 崩塌时的样品

在物料干燥过程中，当干燥物料层的温度达到某一值时材料微结构刚性降低，发生崩塌现象，失去物料疏松多孔的性质，使干燥的产品发黏，比重增加，颜色加深，造成水蒸气扩散的孔道被堵塞，导致干燥速率的下降，引起这种变化的温度成为崩塌温度。多孔结构的表面被堵塞，会在一定程度上增加传质的阻力，导致干燥能耗的增大，干燥时间的延长。当温度达到物料的崩塌温度时，样品会出现崩塌现象，崩塌现象会造成冰结晶在升华过程中所形成的部分或者全部的脉络系统被堵塞，从而导致产品的持香能力差、复水率低、干燥不均匀等现象，严重影响冻干产品的品质。

因此，升华干燥的过程中应重视崩塌温度的控制。崩塌温度可通过差热分析法等试验来确定，崩塌现象可以通过显微冷冻干燥试验观察得到。下面将对苹果在干燥过程中出现崩塌现象时的样品进行扫描电镜试验。

① 试样准备

a. 高压脉冲电场预处理及预冻：按照试验设定参数进行高压脉冲电场预处理，每组重复处理 10 次，未处理样品为对照组，共 40 个样品，放入物料盘中称重并记下初始质量。随即放入冰箱预冻，温度设定为 -30℃。

b. 干燥过程：开启冷冻干燥试验机及数据测量系统，加热板温度设定为 25℃。预热数据测量系统约 1h 后，对测量系统调零；将物料从冰箱中取出至冻干室隔板上，启动真空机，当干燥室内的压力达到设定值时，开始记录时间和电度表读数；抽真空约 0.5h 后，开启加热系统，设定加热板温度，数据测量系统开始记录数据。其中，温度设定为 75℃，冻干室压力为 40~45Pa。在试验过程中观察样品的变化情况，当样品出现崩塌现象时，停止试验，取出样品。

② 电镜微观分析样品制备　按照真空冷冻干燥设定步骤进行干燥试验。当样品出现崩塌现象时，停止试验。制备样品的步骤和上述制备新鲜的样品步骤相同。

③ 电镜微观分析结果　测得苹果的初始含水率（平均值）为 83.86%。对在干燥过程中

出现崩塌现象时的样品进行扫描电镜，并进行分析。在试验过程中可以发现当 DIVR 平台采集的含水率达到 47.08% 时未处理的样品出现了微崩塌现象，当含水率达到 35.94% 时未处理样品全部出现崩塌现象，而经高压脉冲电场预处理后只有个别样品出现了轻微的崩塌现象，此时停止干燥试验，取出样品即刻进行扫描电镜试验。

图 4.3 表示的是不同电场预处理参数情况下，出现崩塌现象时苹果样品的扫描电镜图。其中图(1)是未经过高压脉冲电场预处理的样品，图(2)、图(3)和图(4)分别为不同高压脉冲电场预处理参数情况下苹果细胞的扫描电镜图；图(a)和图(b) 代表的是苹果的横向方向的细胞结构，图(c) 和图(d) 代表的是苹果纵向方向的细胞结构。

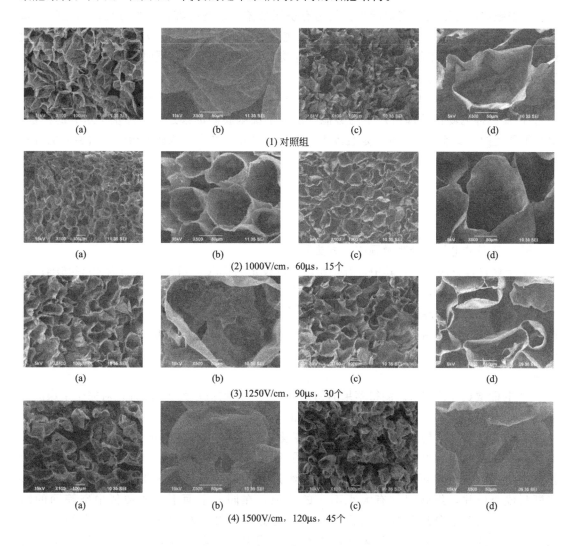

(a)　　　　　(b)　　　　　(c)　　　　　(d)
(1) 对照组

(a)　　　　　(b)　　　　　(c)　　　　　(d)
(2) 1000V/cm，60μs，15个

(a)　　　　　(b)　　　　　(c)　　　　　(d)
(3) 1250V/cm，90μs，30个

(a)　　　　　(b)　　　　　(c)　　　　　(d)
(4) 1500V/cm，120μs，45个

图 4.3 不同电场预处理参数出现崩塌现象时苹果的扫描电镜图

对于未处理样品，从图 4.3(1) 中可以看出，细胞结构发生了明显的变形与收缩，细胞塌陷现象较严重。100 倍观察时，细胞边缘出现明显的卷曲现象，细胞轮廓不清晰。细胞间隙缩小且不规则。图 4.3(1)(b) 中细胞表面有明显的褶皱和折叠现象。进行干燥时，苹果组织结构塌陷主要是由于干燥温度过高，使细胞内的水分和糖分快速

蒸发，水分损失和固形物增量越多，细胞组织结构塌陷越严重。图 4.3(1)(c) 中可以看出细胞的截面孔洞周围有小碎片，这主要是由于真空冷冻干燥的膨化作用而使细胞膨胀断裂成小碎片。500 倍观察时，细胞组织有不同程度的塌陷，而且大量的溶质附着于细胞壁和细胞间隙内。

从图 4.3(2)中图(b) 可以看出，干燥后细胞膨胀为孔蜂窝状结构，有利于物料中水分的扩散，同时可以有效改善细胞的传质方式和速度。横向方向相对于细胞的纵向方向，细胞结构排列较整齐，而纵向方向细胞有轻微的变形现象。

当脉冲电场强度为 1250V/cm，脉冲宽度为 $90\mu s$，脉冲个数为 30 时 [图 4.3(3)]，可以看出细胞内部有断裂，变形严重，细胞有挤压现象，细胞内容物清晰可见，细胞间隙增大。其中图(b) 和图(d)细胞内部出现裂纹，主要是由于高压脉冲电场作用于果蔬细胞，使细胞表面受到不同程度的破坏，部分细胞被击穿，形成细胞孔洞，同时由于真空冷冻干燥的膨化作用，使细胞出现了狭长形裂纹。

当增加脉冲强度、脉冲宽度和脉冲个数时，果蔬细胞的断裂现象更为明显，见图 4.3(3)。高压脉冲电场预处理所产生的势能，加强了细胞膜间的渗透性，加快了水分的扩散，提高了果蔬的干燥速率，可在一定程度上避免崩塌现象的产生，从而保留了物料原有的骨架结构。

3. 干燥样品

① 真空冷冻干燥

a. 试样准备。

b. 高压脉冲电场预处理及预冻。方法同上。

c. 干燥过程方法同上，其中，升华阶段温度设定为 75℃，冻干室压力为 40～45Pa；解析阶段温度设定为 90℃，冻干室压力为 30～35Pa。

② 电镜微观分析样品制备。按照真空冷冻干燥设定步骤进行干燥试验。当物料解析阶段结束，物料完全干燥时，停止试验，取出样品。取出样品后即刻切片，切片后直接用碳导电胶将干燥好的样本粘在样品托上，采用离子溅射仪在样品上喷金；然后进行扫描电镜试验。

③ 电镜微观分析结果。测得苹果的初始含水率（平均值）为 83.82％。对完全干燥的样品进行扫描电镜试验，并进行分析，结果见图 4.4。

干燥造成苹果结构组织中水分分布的变化，改变水分子与水分子之间的结合力，从而导致苹果微观组织结构的变化。图 4.4 是不同电场预处理参数情况下，冻干苹果的扫描电镜图。从图中可以看出，苹果样品经过真空冷冻干燥后，细胞壁变薄，细胞膨胀断裂成小碎片，细胞间均有大小不一的孔隙，在同一平面上形成类似中空筛网的结构，为物料内部水分迁移提供通道。通过对比分析可知，相对于高压脉冲电场预处理的苹果样品的疏松结构，未处理样品的细胞有明显的塌陷现象，但组织整体结构相对完整 [图 4.4(1)]。500 倍观察时，相对于电场处理后的样品，未处理样品的细胞大多完好，但是细胞有明显的褶皱。经过高压脉冲电场预处理的样品，干燥过后细胞膨胀断裂成小碎片，而且细胞排列稀疏。从图中可以看出 [图 4.4(2)～图 4.4(4)]，细胞有明显的裂痕，大多呈狭长形的断口。随着脉冲强度、脉冲宽度、脉冲个数的增大，细胞排列越稀疏，细胞内破裂现象越明显，这可能是由于高压脉冲电场预处理使样品出现细小的穿孔现象，而真空冷冻干燥后细胞逐渐膨胀至破裂。细胞破裂后增加和增

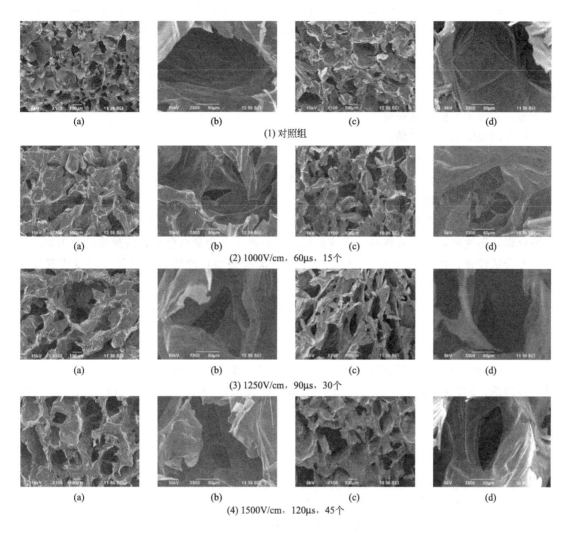

(a)	(b)	(c)	(d)

(1) 对照组

(a)	(b)	(c)	(d)

(2) 1000V/cm，60μs，15个

(a)	(b)	(c)	(d)

(3) 1250V/cm，90μs，30个

(a)	(b)	(c)	(d)

(4) 1500V/cm，120μs，45个

图4.4　不同电场预处理参数冻干苹果的电镜图

大了水分扩散的通道，从而提高了苹果的真空冷冻干燥速率，缩短了干燥时间。通过图中可以看出，苹果的横向和纵向方向差别不大。

（二）冷冻断裂方法

冷冻断裂又称冷冻蚀刻（freeze etching）或冷冻复型（freeze replica）。标本先置于低温下冷冻，再使其断裂，暴露出内部结构，然后在断裂面上制作复型膜。因此，在电镜下观察到的是标本断面微细结构的复型。此技术专门用于研究细胞的各种膜结构，包括质膜、核膜及细胞器膜的各种变化情况。断裂过程中基本上不发生塑弹性变形，能较好地保留材料"在原位"的结构情景。同时由于结构在不同的区域力学性能不同，断裂面有可能显示某些结构单元和它们的聚集情况。在冷冻断裂时，由于标本质地既硬又脆，在受到断裂刀片的打击时，标本不是被刀切断，而是顺着外力方向断裂开。断裂处一般是在膜的薄弱处即膜结构的疏水层处裂开。因此冷冻蚀刻法可以从不同角度、不同层次大面积地暴露出膜的表面结构，这是一般超薄切片法难以达到的。而且在标本制备过程中，可以不受化学固定、脱水、包埋等的不利影响，能观察到更接近实际状态的细胞微细结构。因此，冷冻蚀刻是一种研究膜结构的理想技术方法。冷冻断裂时，先将组织标本放在液氮中冷冻，然后将冷冻后的标本放到真空喷镀仪中用特殊的装置快速断裂，再在真空中升温使断裂面上冷凝的水分升华，导致微细结构暴露。最后在断面上喷镀铂和碳，制成铂碳复型膜，取出复型膜将黏着的组织残渣清洗干净，就可用透射电镜观察。

冷冻断裂的基本步骤是：

(1) 断裂前的固定和处理　取材后用 3％戊二醛固定 1h（4℃），用 0.1mol/L 磷酸缓冲液清洗，再用 1％锇酸固定 4h，磷酸缓冲液清洗。固定后的样品依次经 12.5％、25％、50％的二甲亚砜各处理 0.5h。

(2) 断裂　向断裂器注入氮液，待断裂台和液氮冷平衡后，向断裂台上加一滴 50％的二甲亚砜，迅速向液滴加入样品。当液氮固化，由透明变为灰白色时，将预冷的冰刀置于样品上方合适位置，以小锤击冰刀，样品断裂。冷冻断裂是在冷冻条件下使样品变得又硬又脆，用刀劈裂样品，暴露其观察面。因为是用刀劈裂的样品，断裂往往发生在细胞被冻结后较脆弱的部位，多数是沿细胞及细胞器的膜裂开。由于断裂面是凸凹不平的，所以图像立体感强。冷冻断裂时，刀的作用在于劈裂，而不是切割，所以刀刃不必锋利，但不能有缺口、油污和水分，还需保持清洁干燥。

(3) 断裂后的处理　断裂后的样品在 50％的二甲亚砜（室温）中解冻，0.1mol/L 磷酸缓冲液清洗。3％戊二醛固定 0.5～1h，乙醇梯度脱水，30％～100％，每级 15min。JFD-320 冷冻干燥仪进行干燥，LDM-150D 型离子溅射仪在样品上喷金，利用 JSM-6490LV 高压扫描电镜进行试验。

1. 新鲜样品

试验步骤同上，并按照低温断裂方法的步骤进行扫描电镜试验。

电镜微观分析结果：测得苹果的初始含水率（平均值）为 84.63％。对新鲜的样品进行扫描电镜试验，并按照预处理参数的不同分别进行分析，结果见图 4.5。

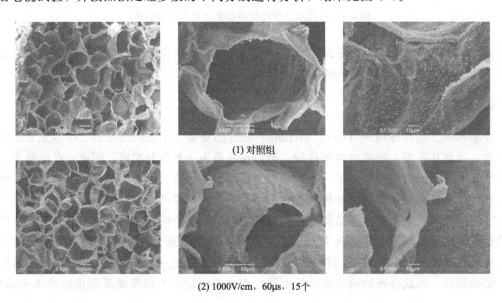

(1) 对照组

(2) 1000V/cm，60μs，15个

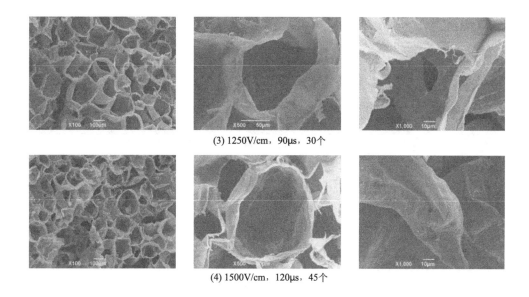

(3) 1250V/cm，90μs，30个

(4) 1500V/cm，120μs，45个

图4.5　不同电场预处理参数新鲜苹果的扫描电镜图

　　未经过高压脉冲电场预处理的样品，细胞拥有较完整的腔结构，而且没有明显的收缩现象，细胞饱满，骨架基本保持。细胞主要呈圆形、六边形，有明显的细胞间隙和多层结构。细胞放大到1000倍观察，可以看到薄壁细胞内包含一定数量的淀粉粒。

　　经过高压脉冲电场预处理后，样品有明显的裂痕，随着高压脉冲电场作用强度的增加，裂痕增大且裂痕数量增多，细胞大多成片状断裂，可以清楚地看到细胞内容物分散在细胞的内部。经过高压脉冲电场预处理的样品，细胞壁的间层逐渐消失，细胞壁变薄，细胞间隙变大，多层结构消失。当膜分子发生转向，形成微孔，在脉冲电场周期性的作用下，微孔会有所扩大，使离子穿过细胞膜所需的能量减少，离子很容易穿过细胞膜，导致细胞膨胀，细胞膜变薄，从而引起微孔迅速变大，形成电穿孔。

2. 崩塌时的样品

　　干燥步骤同上并按照低温断裂方法的步骤进行扫描电镜试验。

　　电镜微观分析结果：测得苹果的初始含水率（平均值）为84.68%。对出现崩塌现象的样品进行扫描电镜，并按照预处理的类型分别进行分析，结果见图4.6。

　　图4.6是在不同的电场预处理参数情况下，出现崩塌现象时苹果的扫描电镜图。由于冷冻断裂是在冷冻的条件下使样品变得又硬又脆，用刀劈裂样品，使断裂面往往发生在细胞被冻结后较脆弱的部位，多数是沿细胞及细胞器的膜裂开。所以从图中可以看出，大部分的断裂位置是沿细胞器的膜裂开。未处理样品在试验停止时，样品出现了崩塌现象，样品外壁表面大都发生了不同程度的凹陷或萎缩，细胞结构基本可辨，排列相对较紧凑，细胞褶皱现象明显，这种现象在低倍镜观察时尤为明显［图4.6(1)］。未处理样品的塌陷程度远大于经过高压脉冲电场预处理后的样品。而且与经过高压脉冲电场预处理的样品不同的是，未处理样品的断裂面是从细胞中间断裂，这与化学方法制备样品时的剖面图相似，而经过高压脉冲电场预处理的样品，断裂面大多是从细胞间隙断裂，这与高压脉冲电场预处理后，细胞出现电穿孔，细胞间隙扩大有关。当样品出现崩塌现象时，

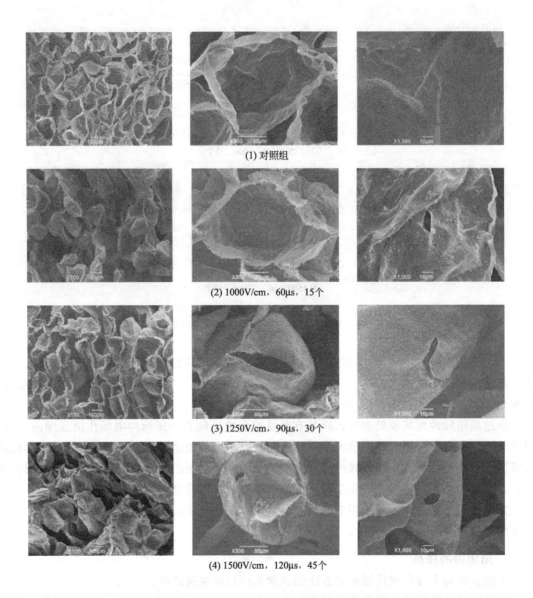

(1) 对照组

(2) 1000V/cm，60μs，15个

(3) 1250V/cm，90μs，30个

(4) 1500V/cm，120μs，45个

图 4.6　不同电场预处理参数出现崩塌现象时苹果的扫描电镜图

从苹果的扫描电镜图中可以看出，经过高压脉冲电场预处理的样品由于失水较多，细胞出现了凹陷的现象，而且细胞的表面和内部均具有大量的穿孔，穿孔密度很高，细胞结构松散，细胞内容物和细胞器官在干燥作用下大部分都流失或者不完整了。随着脉冲电场参数的增大，这些现象越明显。

3. 干燥样品

试验步骤同上并按照低温断裂方法的步骤进行扫描电镜试验。

电镜微观分析结果：测得苹果的初始含水率（平均值）为 84.50%。对干燥样品进行扫描电镜试验，并按照不同的预处理参数分别进行分析，结果见图 4.7。

从图 4.7(1)可以看出，未经高压脉冲电场预处理的苹果样品，细胞褶皱现象较明显。100 倍观察时细胞粘在一起，同时截面边缘还散落有因为干燥而膨胀断裂的小碎渣。由于在

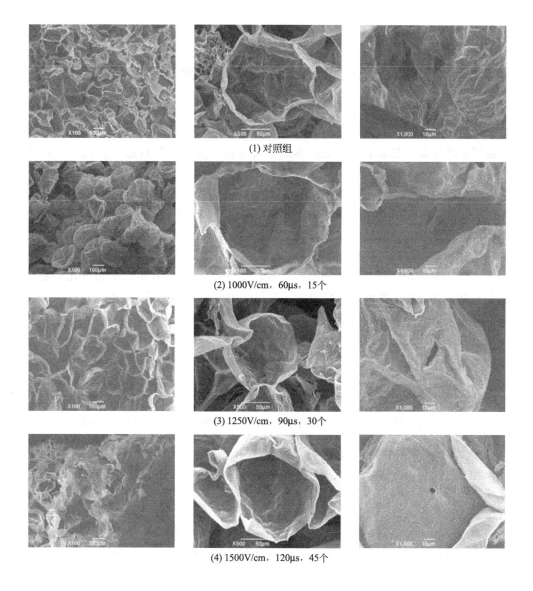

(1) 对照组

(2) 1000V/cm，60μs，15个

(3) 1250V/cm，90μs，30个

(4) 1500V/cm，120μs，45个

图 4.7 不同电场预处理参数冻干苹果的电镜图

冷冻断裂制备样品的处理过程中，样品要首先固定，固定液中含有极少量的水分，所以样品又出现了类似于轻微复水的现象，500 倍和 1000 倍观察时，细胞基本拥有膨胀的结构，相对于化学方法制备的干燥样品，采用冷冻断裂方法制备的样品细胞间隙较小，细胞结构基本完整。

从图 4.7 中看出，经过高压脉冲电场预处理的样品，细胞结构大多完整，细胞因为失水严重而发生萎缩现象，细胞穿孔现象明显，而且穿孔密度较高。脉冲强度越大，细胞穿孔越多。真空冷冻干燥样品结构疏松，易形成粉末状的结构，见图 4.7（4）100 倍观察时的图片，粉末状的结构大多位于样品的边缘。1000 倍观察时，细胞有电穿孔现象。

第二节
基于格子玻耳兹曼（Boltzmann）方法分析果蔬真空冷冻干燥速率

多孔介质干燥过程模型的研究一直广受关注，Whitaker 和 Slattery 在 1967 年首次提出基于"连续介质假设"基础上所建立的体积平均方法，模型变量描述了多孔介质内水分的"统计平均量"。Mohammad、袁越锦等采用孔道网络模型研究多孔介质的干燥过程，实现了多孔介质干燥的可视化表达。Khaled 将植物组织材料看作由相互分离的细胞和互相连通的空隙组成，其中连通的空隙可以使小分子物质、水分、无机盐等通过。刘玲霞等在考虑果蔬组织生理学结构及其特征的基础上提出了果蔬干燥过程的水分跨膜传输模型。在真空冷冻干燥过程中，物料内部的传热传质过程强烈地依赖于所形成的多孔孔隙微观结构特性，描述真空冷冻干燥过程的理论模型有稳态模型、准稳态模型、解析-升华模型和近几年提出的多维非稳态模型，这些模型都假设物料的冻结层和已干层内部是均质的。刘永忠采用基于压汞法的热力学关系分形模型，表征冻干牛肉和腊牛肉孔隙结构呈现出显著的分形特性，其分形维数可用于表征其孔隙结构特性。

为了更细致地反映果蔬冻干过程微观结构变化的水分运移扩散规律，以多孔介质类的果蔬为研究对象，建立了实际冻干过程多孔介质孔隙度变化模型，并运用 LBM 方法，在 Guo 等工作的基础上，模拟多孔介质真空冷冻干燥过程水分扩散速度分布规律，并以苹果为试材进行了试验验证，为果蔬真空冷冻干燥过程参数优化和冻干机理分析提供参考。

一、格子 Boltzmann 方法简介

多孔介质的内部结构是十分复杂的，当流体在多孔介质内流动的时候，尽管固体骨架的表面对流体起边界作用，但还是很难用精确的方式描述与之相关的运动、质量输运等。近年来，格子 Boltzmann 方法（lattice Boltzmann method，简写为 LBM）作为一种新的流体力学计算方法，已被普遍认可。该方法是一种完全离散和并行运行的局部动力学模型，不需建立和求解复杂的偏微分方程，具有其他数值方法所没有的优点。多孔介质中流体运动是大量微观运动的集结，虽然分子间相互作用方式可以改变流体的某些输运特性（如黏滞性），但只要满足基本守恒定律和必要的对称性，就不会改变宏观渗流的动力学特性。由于宏观渗流问题的特征尺度和特征时间相对于分子间的距离及碰撞时间大得不可比拟，个别流体分子的行为几乎就不影响大量分子统计平均后的宏观物理量。所以在研究宏观渗流运动时，可以把本来是一个大量的离散流体粒子的运动问题近似看作连续充满整个多孔介质孔隙空间内的流体质点运动问题，并且每个空间和时刻都有确定的物理量，而这些物理量都是空间坐标和时间的连续函数。这种宏观不依赖于微观的观点是用简单的方法刻画复杂的系统。这就是格子 Boltzmann 方法的基本思想。

最简单也最常用的格子 Boltzmann 模型是采用 Bhatnagar-Gross-Krook 碰撞松弛模型的 BGK 模型，BGK 模型的演化方程为

$$f_i(\boldsymbol{x}+c\boldsymbol{e}_i\Delta t, t+\Delta t)-f_i(\boldsymbol{x},t)=-\frac{f_i(\boldsymbol{x},t)-f_i^{eq}(\boldsymbol{x},t)}{\tau} \tag{4.1}$$

式中，f_i 是时刻 t 定义在格点 x 处沿方向 e_i 上的粒子密度分布函数；$f_i^{eq}(x, t)$ 是相应的局部平衡态分布函数；$c = \Delta x / \Delta t$ 为粒子速度；τ 表示粒子分布函数达到平衡态的松弛时间。流体的宏观密度和宏观速度由下式确定：

$$\rho = \sum_i f_i = \sum_i f_i^{eq}, \rho u = \sum_i e_i f_i = \sum_i e_i f_i^{eq} \tag{4.2}$$

二、果蔬真空冷冻干燥过程模型的建立

1. 果蔬冻干过程中孔隙度的变化

果蔬真空冷冻干燥是将含水果蔬低温冻结后，在适当的温度和真空度下，使果蔬内部的冰晶直接升华为水蒸气并逸出，从而获得果蔬干制品。在低温冻结阶段，细胞间隙中的水分先被冻结形成冰晶，造成其周围附近溶液的浓度增大，就会和细胞内的汁液产生浓度差，进而形成渗透压差，在此渗透压差和细胞间隙不断增大的冰晶体的挤压下，细胞内的水分不断向外界扩散，聚集在冰晶体的周围，形成饱和状态孔隙度为 0。进入升华、解析干燥阶段，上、下加热板把热量传递到果蔬表面，再将热量传递到升华界面。升华干燥从果蔬外表面逐步向内部推进，冰晶升华后的区域为干燥层，干燥层与冻结层的分界面为升华界面。随着干燥过程果蔬的干燥层不断增大，冻结层逐渐缩小，冰晶升华后干燥层呈多孔海绵结构，当冻结层厚度为 0 时，升华界面完全消失，升华干燥结束。果蔬中初始含水率的 90% 都在升华干燥过程由冰晶升华而去除，而且冰晶升华后物料的物理结构不改变，化学结构变化也很小，因此在真空冷冻干燥后果蔬原有的骨架结构基本不变，孔隙度只是随着干燥使水分扩散运移消失而变化。升华干燥结束后，解析干燥开始，多孔性结构的基质内还残留少量水分，这部分水分在解析干燥过程去除，这个阶段对孔隙度的影响可忽略。

果蔬在冻干过程中孔隙度随着冰晶的升华而发生相应变化，果蔬干燥层因冰晶升华孔隙度逐渐增大，中心区是干燥的最后区域，在整个冻干过程中果蔬中心的孔隙度可认为不发生变化，而边缘因其最先升华干燥，其孔隙度随着干燥过程逐渐达到最大。基于果蔬在实际冻干加工时多采用方形样本，故作如下假设：

① 将冻干过程的果蔬物料看作孔隙度从中心线性增大到边缘长为 L 的方形多孔介质。

② 冻干过程果蔬物料体积保持不变，物料上下面温度分别为 T_s 和 T_x。

③ 流体不可压，流动形式属于层流，布西涅斯克（Boussinesq）理论近似成立。

④ 方形多孔介质内流体的流速分布可用中心宽度处的纵向速度分布来表示，V、U 分别表示 X、Y 方向流体的流速。

根据修正的 Brinkman-Forchheimer-Darcy 模型，结合质量、动量和能量守恒定律，干燥过程传热的宏观控制方程为

$$\frac{\partial u}{\partial t} + u \cdot \nabla \left(\frac{u}{\phi} \right) = -\frac{1}{\rho f} \nabla(\phi p) + \nabla \cdot (v_e \nabla u) + F \tag{4.3}$$

$$\sigma \frac{\partial T}{\partial t} + u \cdot \nabla T = \nabla(\alpha_e \nabla T) \tag{4.4}$$

$$F = -\frac{\phi v}{K} u - \frac{\phi F_\phi}{\sqrt{K}} |u| u + \phi G \tag{4.5}$$

式中，p 和 T 分别为对应的压力和温度；u 为流体的体积平均速度，g/(h·m)；t 为时间，s；ϕ 为多孔介质孔隙度；v_e 为有效黏性系数（Pa·s）；$\sigma = \phi + (1 - \phi)\rho_s c_{ps}/\rho_f c_{pf}$ 为

多孔介质内固体骨架和孔隙内流体的热容之比；α_e 为有效热扩散系数（m^2/s）。c_{ps}、c_{pf}、ρ_f、ρ_s 分别为固体和流体的热容量[$J/(kg \cdot K)$]和密度（kg/m^3）。式（4.3）为流体在介质中所受的合力(N)，其中 $F_\phi = 1.75/\sqrt{150\phi^3}$ 为几何形状因子，$K = \phi^3 d/[150(1-\phi)^2]$ 为渗透率，d 为介质有效半径（m），$\boldsymbol{G} = -g\beta(T-T_0)$，$\beta$ 为热膨胀系数，T_0 为系统的平均温度（K）。式（4.3）、式（4.4）和式（4.5）控制的方程可以用下面无量纲参数描述：$Da = K/L^2$ 为 Darcy 数，L 为特征长度（m），$J = v_e/v$ 为黏滞系数比，v 为黏滞系数，$Ra = g\beta\Delta T L^3/(v\alpha e)$ 为 Rayleigh 数，$\Delta T = T_x - T_s$，g 为重力加速度（m/s^2），$Pr = v/\alpha e$ 为 Prandtl 数。

$t=0$ 时，$U=V=0$，$T=0$；

$X=0$ 时，$U=V=0$，$\dfrac{\partial T}{\partial n}=0$；

$Y=0$ 时，$U=V=0$，$T=T_x$；

$X=L$ 时，$U=V=0$，$\dfrac{\partial T}{\partial n}=0$；

$Y=L$ 时，$U=V=0$，$T=T_s$。

2. 应用格子 Boltzmann 方法模拟分析果蔬冻干速率

近年来，Guo 等运用 LBM 模型，成功模拟了许多多孔介质内流体的流动。这里采用二维九速（D2Q9）模型来模拟冻干过程水蒸气的扩散速度变化。演化方程为

$$f_i(\boldsymbol{Y}+\boldsymbol{e}\Delta t, t+\Delta t) = f_i(\boldsymbol{Y},t) - \frac{f_i(\boldsymbol{Y},t)-f_i^{eq}(\boldsymbol{Y},t)}{\tau} + F_i\Delta t \tag{4.6}$$

$$f_i^{eq} = \omega_i\rho\left[1+\frac{\boldsymbol{e}_i\cdot\boldsymbol{u}}{c_s^2}+\frac{\boldsymbol{u}\boldsymbol{u}(\boldsymbol{e}_i\boldsymbol{e}_i-c_s^2\boldsymbol{I})}{2\phi c_s^4}\right] \tag{4.7}$$

式中，$i=0,1,\cdots,8$；f_i 为分布函数；f_i^{eq} 为平衡分布函数；$c=\Delta Y/\Delta t$，ΔY 为格子步长，Δt 为时间步长；F_i 为第 i 个流体质点所受的合力；$c_s=c/\sqrt{3}$，τ 为松弛时间；$\boldsymbol{I}$ 为单位张量；$\boldsymbol{e}_i$ 为离散速度；ω_i 为权系数，在 D2Q9 模型式（4.6）和式（4.7）中：

$$\omega_i = \begin{cases} \dfrac{4}{9} & (i=0) \\ \dfrac{1}{9} & (i=1,2,3,4) \\ \dfrac{1}{36} & (i=5,6,7,8) \end{cases} \tag{4.8}$$

$$\boldsymbol{e}_i = \begin{cases} 0 & \\ \left(\cos\dfrac{(i-1)\pi}{2}, \sin\dfrac{(i-1)\pi}{2}\right) & \\ \sqrt{2}\left(\cos\left[\dfrac{(i-5)\pi}{2}+\dfrac{\pi}{4}\right], \sin\left[\dfrac{(i-5)\pi}{2}+\dfrac{\pi}{4}\right]\right) & \end{cases} \tag{4.9}$$

$$F_i = \omega_i\rho\left(1-\frac{1}{2\tau}\right)\left[\frac{\boldsymbol{e}_i\cdot\boldsymbol{F}}{c_s^2}+\frac{\boldsymbol{u}\boldsymbol{F}(\boldsymbol{e}_i\boldsymbol{e}_i-c_s^2\boldsymbol{I})}{2\phi c_s^4}\right] \tag{4.10}$$

其中：密度 $\rho = \sum_i f_i$，$\boldsymbol{u} = \dfrac{\boldsymbol{V}}{c_0+\sqrt{c_0^2+c_1|\boldsymbol{V}|}}$，$c_0 = \dfrac{1}{2}\left(1+\phi\dfrac{v\Delta t}{2K}\right)$，$c_1 = \phi\dfrac{F_\phi\Delta t}{2\sqrt{K}}$，

$$V = \sum_i f_i \frac{e_i}{\rho} + \frac{\Delta t}{2} \phi G \text{。}$$

式（4.3）中有效黏性系数 $v_e = (\tau - 0.5) c_s^2 \Delta t$。

边界条件的处理，采用 Guo 等提出的外推方法，假设 Y_b 在边界的格点上，Y_f 在它相邻的格点上，则 $Y_f = Y_b + e_i \Delta t$，边界处的分布函数满足关系：

$$f_i(Y_b) - f_i^{eq}(Y_b) = f_i(Y_f) - f_i^{eq}(Y_f) \tag{4.11}$$

平衡态分布函数满足关系：

$$f_i^{eq}(Y_b) = \omega_i \rho(Y_b) \left[1 + \frac{e_i \cdot u(Y_f)}{c_s^2} + \frac{u(Y_f) u(Y_f)(e_i e_i - c_s^2 I)}{2c_s^4} \right] \tag{4.12}$$

根据实际干燥情况，设定模拟参数：网格密度 160×160，松弛时间 $\tau = \tau_T = 0.556$，Pr=1，Ra=10^6，Da=10^{-5}，$J/\sigma = 1$。运用 Mathematic 7.0 和 Origin 8.5 分析软件运行程序和处理数据。

图 4.8 给出的是孔隙度线性变化的多孔介质模型，中心区域孔隙度很小，边缘孔隙度较大。

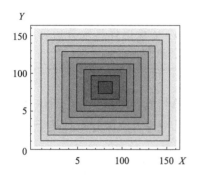

图 4.8 孔隙度线性变化的多孔介质模型

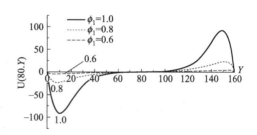

图 4.9 不同边缘孔隙度 ϕ_1 的水分扩散速度分布

取中心孔隙度都为 $\phi_0 = 0.4$，边缘孔隙度 ϕ_1 分别为 1.0、0.8、0.6 表示孔隙度变化快、中、慢 3 种情况，模拟不同孔隙度变化情况下的多孔介质冻干过程水分扩散速度分布，如图 4.9 所示。从图中的速度分布曲线可以看出，速度的最大值出现在边界附近，说明在边界处发生了滞流现象；在多孔介质的相同位置即相同 Y 值处，由于孔隙度的线性变化，边缘孔隙度 ϕ_1 越大，即孔隙度变化快时对应的相同 Y 值处的孔隙度也越大，在冻干过程水分扩散的速度就越大，表明孔隙度变化可以用来表达冻干速率。

三、模型的验证

1. 试验装置

JDG-02 试验冻干机，冻干物料样品含水率在线测量系统，DHG-9023A 电热恒温鼓风干燥箱，DW-40L188 立式低温冰箱，扫描电子显微镜（CJEOLJEM-6490LV，日本电子光学实验室），离子溅射镀膜仪（JEOLJFC-1600，日本电子光学实验室），CP1502 型电子天平（奥豪斯上海有限公司，精度为 0.001g），游标卡尺等。

2. 试验材料和方法

样品预处理：选用太谷当地产新鲜无损伤的富士苹果，洗净去皮，切成 10mm×17mm×17mm 的块状样本，置于温度为 −30℃冰箱预冻 12h。将冷冻的样品置于冻干机内进行冻干试验。在干燥过程中，升华阶段加热板温度设定为 70℃，真空度设定为 40~45Pa，解析阶段加热板温度设定为 90℃，真空度设定为 30~35Pa。冷冻干燥过程中应用果蔬冻干过程水分检测系统实时记录样本冻干过程含水率变化的实时数值。

测量样品初始含水率：用电子天平测量初始物料质量 m_1/g 后，放入鼓风干燥箱内烘干，4h 后每隔 0.5h 取出物料并称量，当 2 次称得的质量差不超过 0.01g 时，记录物料质量为 m_2. $(m_1−m_2)/m_1$ 的值即为物料初始含水率。取 4 个样品测量，计算平均值。新鲜苹果的初始含水率为 84.36%。

电镜样品制备：取新鲜苹果样本和真空冷冻干燥 1h、3h、5h、7h 苹果样品的水分边界处进行切片，用戊二醛（pH 值 7.2，质量分数 3%）固定样本 24h。用乙醇（体积分数 30%~100%）梯度脱水，每级 15min。真空干燥法干燥，叔丁醇（体积分数 100%）置换 2 次。将低温真空干燥器内抽真空升华 2~3h。离子溅射仪对样品喷金后进行电镜扫描。每个处理重复 2 次。

测量水分边界的位置：对真空冷冻干燥 1h、3h、5h、7h 的样品，按如图 4.10 所示的方法，每个样品选取同一水分边界处的 A、B、C、D 4 个不同位置，用游标卡尺测量各位置到样品边缘的距离，计算平均值 l，用关系式 $x=(17/2)−l$ 求出样品水分边界与中心点 O 的距离，即水分边界的位置。

3. 样品孔隙度

多孔介质是指多孔固体骨架构成的孔隙空间中充满单相或者多相介质，固体骨架多孔介遍及多孔介质所占据的体积空间，研究多孔介质内部的孔隙率及空隙分布对其干燥过程传热传质机理分析有重要作用。

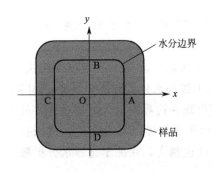

图 4.10　水分边界处的不同位置

孔隙率的测试方法有多种，目前有压汞实验法、光学法或电子光学法、小角度 X 射线散射法、气体吸附法等。近年来，Photoshop 和 MATLAB 软件得到了广泛的应用，利用 SEM 图像处理法也可测定样品的孔隙率，实际的 SEM 照片虽然反映的是有一定起伏度的断面，但 SEM 照片测算出的孔隙参数与通常三相图计算的孔隙参数有关联，且该方法已应用于介孔碳、纳米纤维膜、黏土、泥沙、岩石和冻干果蔬等方面。对 SEM 照片进行图像处理和统计分析，提取其中定量化的结构信息，可以了解包括粒组成分、颗粒长轴定向度以及孔隙率或孔隙比等蕴含的结构信息，具体步骤为对 SEM 的灰度图调整亮度后，进行涂色增加对比度，再进行去噪声处理和阈值分割，获得二值化图像，按像素面积比例可得到样品孔隙率即孔隙度。

本试验运用 Adobe Photoshop CC 2015 和 MATLAB 7.0 软件，编写 MATLAB 相应程序对电镜扫描图片进行处理，获得样品孔隙度。试验数据处理和分析采用 Origin 8.5 软件。

4. 试验结果与分析

新鲜苹果的初始含水率为 84.36%，对电镜扫描的图像进行孔隙度信息采集处理，图像处理过程如图 4.11 所示。先将原图调整亮度后，进行涂色增加对比度，再进行去噪声处理和阈值分割，获得二值化图像，按像素面积比例计算不同干燥时间苹果样品的孔隙度并求出各自的平均值。

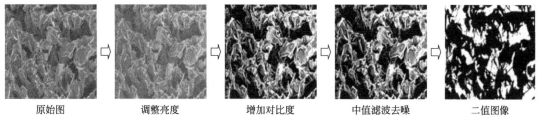

| 原始图 | 调整亮度 | 增加对比度 | 中值滤波去噪 | 二值图像 |

图 4.11　图像处理过程

5. 样品不同位置处孔隙度的变化规律

随着干燥的进行，冻干物料的水分扩散边界位置逐渐向中心延伸，所以 x 值越来越小。用 Origin 8.5 软件对水分边界位置和孔隙度试验数据进行线性分析，得到如下关系：

$$\phi = 0.07612x + (4.88646 \times 10^{-4}) \tag{4.13}$$

其中 x 表示样品水分边界位置，ϕ 表示 x 处对应的孔隙度，其相关系数为 0.99591。图 4.12 各点为试验值，直线为对应的线性关系。在冻干过程中，苹果样品的孔隙度随着水分边界值的减小线性减小。说明冻干过程物料孔隙度由内向外线性增大，证明所用孔隙度模型是正确的。

6. 孔隙度与含水率的关系

孔隙度直接影响了多孔物料中水分及溶质的传递过程，从而影响了干燥速率。随着干燥的进行，冻干物料内的水分越来越少，物料的含水率越来越小。用 Origin 8.5 软件对孔隙度和含水率的试验数据进行拟合，得到如下关系：

$$w = 90.36841\phi + 67.64132 \tag{4.14}$$

式中，w 表示含水率；ϕ 表示水分边界 x 处的孔隙度。相关系数为 0.96214。将上式两边对时间求导，得到如下关系式：

$$\frac{\mathrm{d}w}{\mathrm{d}t} = 180.73682 \frac{\mathrm{d}\phi}{\mathrm{d}t} + 67.64132 \tag{4.15}$$

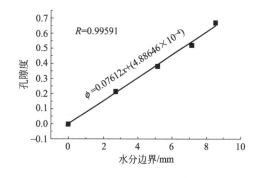

图 4.12　冻干过程孔隙度的变化

式中，$\mathrm{d}w/\mathrm{d}t$ 为干燥速率 v；$\mathrm{d}\phi/\mathrm{d}t$ 为孔隙度变化率。

$$v = 180.73682 \frac{\mathrm{d}\phi}{\mathrm{d}t} + 67.64132 \tag{4.16}$$

上式关系表明孔隙度变化越大，干燥速率越大。孔隙度的变化可以表达干燥速率，这与模拟所得结论相一致。

① 格子 Boltzmann 方法可用于分析果蔬冻干过程水分的运移。

② 多孔介质的孔隙度可作为物料内部流体传输的表征参数，果蔬可简化为多孔介质类，因此可应用孔隙度的变化来表达冻干速率。

③ 试验表明果蔬物料在冻干过程中孔隙度变化由内向外线性增加，与冻干过程水分扩散显著相关。

在真空冷冻干燥过程中，果蔬多孔介质的孔隙微观结构对水分运移有重要的影响，关于这方面的研究仍需进行更为深入的试验验证。该结论为果蔬真空冷冻干燥过程参数优化和冻干过程控制等提供了一种分析方法。

第三节
高压脉冲电场对果蔬冻结过程及其冰晶形成的影响

一、高压脉冲电场对果蔬冻结过程及其微结构与品质的影响

冷冻加工是果蔬及其他食品保鲜的常用方法之一，在冷冻降温过程中，由于果蔬含有大量的水分，水分结晶膨胀会对果蔬细胞造成损伤，破坏了果蔬品质。大量的研究指出，在果蔬的冻结过程中，如果果蔬可以快速通过最大冰晶生成带，则果蔬内形成的冰晶尺寸就减小，分布也会变得更均匀，对果蔬细胞的损伤大大降低，可以保持果蔬的品质不被破坏。高压脉冲电场技术是近年来研究最多的非热加工技术之一，在此采用高压脉冲电场预处理方法，研究对果蔬总冻结时间和各阶段冻结时间的影响，并分析冻结微观结构的变化和解冻果蔬质构变化，探索对果蔬冻结过程的影响，为果蔬冻结和冻干工艺参数优化提供基础和理论依据。

1. 试验材料

选用山西太谷产红薯、马铃薯、苹果、梨等果蔬为试验材料。

2. 试验设备

UT320 型热电偶，ECM830 高压脉冲电场发生器（美国 BTX 公司），TA. XT. Plus 物性分析仪（英国 Stable Micro System 公司），光学显微镜（南京奥力科学仪器有限公司），冰冻切片机（Leica-CM1900 德国 Leica 公司）。

3. 试验方法

（1）材料制备　取新鲜果蔬洗净去皮，切成 $10mm \times 17mm \times 17mm$ 的方块，经不同高压脉冲电场处理后放入 $-40℃$ 冰箱预冻。解冻时置于 $5℃$ 冰箱解冻 6h。

（2）高压脉冲电场参数　参照本课题组前期关于研究高压脉冲电场对果蔬性质影响的相关研究基础，本试验高压脉冲电场参数由弱到强设 3 种梯度：$1000V/cm$、$60\mu s$、15 个；$1250V/cm$、$90\mu s$、30 个；$1500V/cm$、$120\mu s$、45 个。

（3）冻结特性　将温度计热电偶插入果蔬物料几何中心，将果蔬样品放入冰箱后开始计时并监测果蔬温度，每隔 30s 记录样品温度，以冻结时间为横坐标、中心温度为纵坐标绘制样品的冻结曲线。为了统一分析，该试验果蔬总的冻结阶段是指果蔬样品温度从初始温度开始到最后达到冻结温度；初冷阶段指从初始温度下降到 $0℃$ 阶段；之后通过最大冰晶生成区所需要的时间指从 $0℃$ 下降到 $-5℃$ 所用的时间，此阶段曲线平坦；深冷阶段指再次快速降温，达到冻结温度所用的时间。

（4）解冻过程硬度的测定　采用 TA. XT. Plus 物性分析仪来测定解冻过程中的果蔬的硬度。测试采用穿刺模式，P-50 圆柱形探头，设置测试前、中、后速度分别为 $1mm/s$、

2mm/s、10mm/s，力量感元0.59N，硬度以应力（时间）曲线最大峰值（g）表示，取8次测定的平均值。

（5）解冻后质构的测定　质构是评价冷冻果蔬品质好坏的重要指标，试验使用TA. XT. Plus物性TPA分析法，该方法是利用力学方法来模拟人咀嚼食物时的口腔运动来测试样品的质地特性。

测试时使用P/36R圆柱探头。设置测试前、中、后速度分别为1mm/s、5mm/s、5mm/s，两次压缩中间停顿，停顿时间为5s，触发值为5g。每个处理重复8次。

（6）微观结构观察　准备工作：提前4h打开冰冻切片机，设置温度为-35℃。将载玻片预先放入切片机内冷却，调节好光学显微镜以及拍照和图像处理软件。

操作过程：取预先处理的冻结样品置于冷冻切片机的包埋头上，将样品用OTC包埋剂包埋好后固定，调节好切片机的刀片到样品的距离，快速将包埋剂切除后即可获得样品切片，调节切片厚度为4~30μm，将切片用毛笔展平于载玻片上，快速置于显微镜下观测拍照。为了更好地获得冷冻样品的组织结构，将室内温度调至-18℃。

（7）数据统计方法　多次测量取平均值，采用SPSS13.0进行方差和差异显著性（$P<0.05$）分析，采用Origin 8.5.1软件进行制图。

4. 结果与讨论

不同的高压脉冲电场处理后，果蔬的冻结曲线如图4.13~图4.16所示，可以看出各果蔬冻结曲线都有明显的冻结3阶段，符合典型曲线特点。冻结曲线在冻结不同阶段都发生了不同程度的变化，在最大冰晶生成带和深冷阶段变化更为显著。

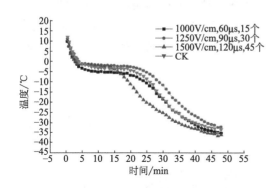

图4.13　红薯冻结曲线

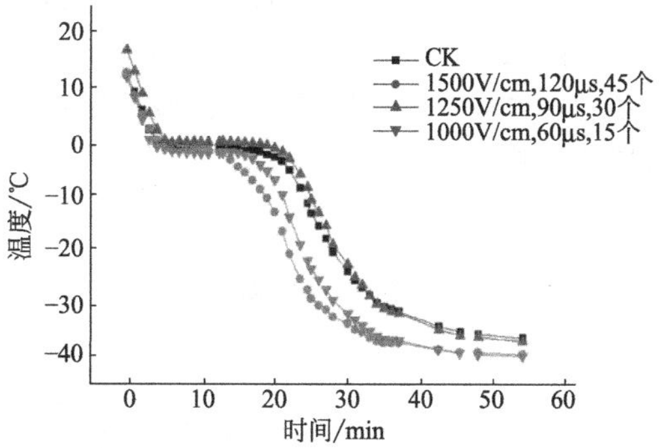

图4.14　马铃薯冻结曲线

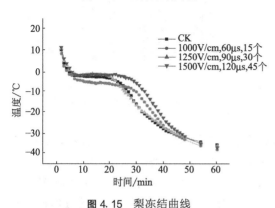

图4.15　梨冻结曲线

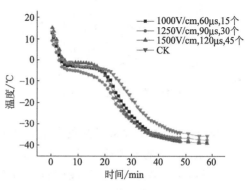

图4.16　苹果冻结曲线

图 4.13 为不同的高压脉冲电场处理后红薯冻结曲线，曲线中可明显看出 1000V/cm、60μs、15 个的处理的曲线在平稳阶段温度最低；1500V/cm、120μs、45 个的处理的曲线平稳阶段最短，最先进入深冷阶段；1250V/cm、90μs、30 个的处理的曲线平稳阶段最长。

图 4.14 为不同的高压脉冲电场处理后马铃薯冻结曲线，曲线中可明显看出 1000V/cm、60μs、15 个和 1500V/cm、120μs、45 个的处理的曲线平稳阶段明显缩短；1250V/cm、90μs、30 个的处理的曲线平稳阶段最长，最后进入深冷阶段。

图 4.15 为不同的高压脉冲电场处理后梨冻结曲线，1000V/cm、60μs、15 个的处理的曲线平稳阶段温度最低；1500V/cm、120μs、45 个的处理的曲线平稳阶段最长。

图 4.16 为不同的高压脉冲电场处理苹果冻结曲线，所有高压脉冲电场处理的曲线平稳阶段都变短了；1250V/cm、90μs、30 个的处理的曲线平稳阶段温度最低。

二、不同高压脉冲电场处理对果蔬冻结速度的影响

图 4.17 为高压脉冲电场处理后各果蔬总冻结时间。结合冻结曲线可以看出高压脉冲电场对果蔬的冻结过程和总冻结时间有显著的影响。1000V/cm、60μs、15 个和 1500V/cm、120μs、45 个的处理显著（$P<0.05$）缩短了马铃薯和苹果总冻结时间，对马铃薯和苹果冻结有显著促进作用；相反，1250V/cm、90μs、30 个的处理显著增加了红薯和马铃薯总冻结时间，对红薯和马铃薯的冻结有明显的不利影响。从实验结果可以看出高压脉冲电场影响了果蔬的冻结时间，有的电场可加快果蔬冻结，相反，有些电场使果蔬冻结减慢，说明对于不同果蔬，给予特定的高压脉冲电场作用，可以大大提高冻结速率。

总的冻结时间并不能全面反映高压脉冲电场对果蔬冻结过程的影响，果蔬整个冻结过程分为 3 阶段：0~10℃的初冷阶段，−5~0℃的最大冰晶生成阶段，−38~5℃的深冷阶段。高压脉冲电场对果蔬冻结 3 个阶段的影响是不同的，为此分别讨论高压脉冲电场对冻结 3 个阶段的影响。

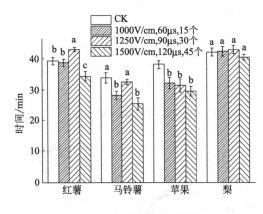

图 4.17　各果蔬总冻结时间

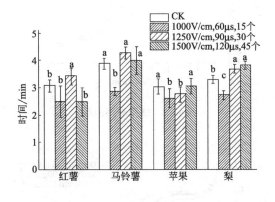

图 4.18　各果蔬冻结初冷阶段时间

初冷阶段，随着大量显热的释放，果蔬的温度会快速下降。如图 4.18 所示，1000V/cm、60μs、15 个的处理都可以显著缩短果蔬此阶段冻结时间；1250V/cm、90μs、30 个的处理显著增加了梨的初冷阶段时间，却显著减少了苹果的初冷阶段时间；1500V/cm、120μs、45 个的处理显著增加了梨的初冷阶段时间，却显著减少了红薯的初冷阶段时间。果

蔬含有大量的水分和许多种固体物质，且不同果蔬理化性质不同，所以不同的果蔬在外加高压脉冲电场后表现出不同的结果。

图 4.19 为各果蔬冻结最大冰晶生成阶段的时间。1000V/cm、60μs、15 个的处理都可以显著缩短果蔬通过最大冰晶生成阶段的时间；1250V/cm、90μs、30 个的处理显著缩短苹果通过最大冰晶生成阶段的时间；1500V/cm、120μs、45 个的处理显著缩短苹果、红薯和马铃薯通过最大冰晶生成阶段的时间。尽快通过最大冰晶生成阶段是提高冻结果蔬品质的重要手段，因此适当强度的高压脉冲电场可以提高冻结果蔬的品质。

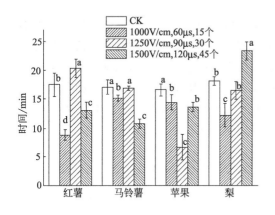

图 4.19　各果蔬冻结最大冰晶生成阶段时间

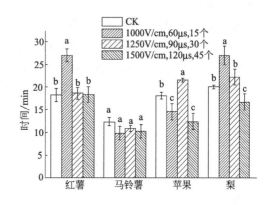

图 4.20　各果蔬冻结深冷阶段时间

图 4.20 为各果蔬冻结深冷阶段时间。虽然 1000V/cm、60μs、15 个的处理能够显著缩短果蔬初始冻结阶段和最大冰晶生成区冻结时间，却显著延长了梨的深冷阶段冻结时间；1250V/cm、90μs、30 个的处理显著延长了苹果的深冷阶段冻结时间；1500V/cm、120μs、45 个的处理缩短了果蔬深冷阶段冻结时间，苹果和梨表现显著。

三、不同高压脉冲电场处理对果蔬成核的影响

成核是冷冻过程中的重要参数，成核决定了冰晶在果蔬内的形态、大小和分布。表 4.2 显示了高压脉冲电场对红薯成核温度及其时间的影响。从表中可以看出，采用 1000V/cm、60μs、15 个的高压脉冲电场显著降低了红薯的成核温度（$P < 0.05$）。1000V/cm、60μs、15 个和 1500V/cm、120μs、45 个的高压脉冲电场作用对红薯成核温度影响不显著，但作用后红薯冷冻过程到达成核温度所用时间显著减少，说明合适剂量的高压脉冲电场处理可以诱导红薯成核提前发生。

▣ 表 4.2　高压脉冲电场（HPEF）处理对红薯成核温度及其时间的影响

HPEF 处理	成核温度/℃	成核温度时间/min
1000V/cm,60μs,15 个	−2.12±0.54b	3.76±0.31b
1250V/cm,90μs,30 个	−1.35±0.53a	5.4±0.39a
1500V/cm,120μs,45 个	−1.25±0.55a	3.68±0.40b
CK	−1.27±0.39a	5.34±0.61a

1000V/cm、60μs、15 个的高压脉冲电场处理显著降低了红薯、马铃薯和梨的成核温

度；1250V/cm、90μs、30 个的高压脉冲电场处理显著降低了苹果的成核温度。结合前述试验结论发现，成核温度显著降低，对应的通过最大冰晶生成带时间也显著缩短。

Geidobler 等观察了−5℃和−15℃的成核温度下冰晶的生长状况，发现−5℃的成核温度的冰晶数量少，尺寸大，冻结速率较慢；−15℃的成核温度的冰晶数量多，尺寸小，冻结速率快。Nakagawa 等试验证明成核温度与冰晶尺寸之间存在着相关性，在−2.04℃的温度下的冰晶平均当量直径约是−7.39℃下得到的冰晶平均当量直径的两倍，即成核温度越高，冰晶尺寸越大；但关于高压脉冲电场与冰晶大小、成核温度之间的直接定量关系仍需要进一步的研究探讨。

水结晶由成核和冰晶生长两个阶段组成，其中成核决定了冰晶在食品内的形态、大小和分布，而最大冰晶生成阶段是果蔬大部分冰晶生成的阶段，通过最大冰晶生成阶段的时间越短，生成的冰晶体体积就越小，对果蔬造成的机械损伤就越小。综合这两项因素，结合上述试验结果，1000V/cm、60μs、15 个高压脉冲电场预处理作用于红薯、马铃薯和梨的冻结过程，1250V/cm、90μs、30 个的高压脉冲电场处理作用于苹果的冻结过程，将大大改善其冻结特性，证明高压脉冲电场可作为一种辅助技术应用于果蔬的冻结过程中。

四、不同高压脉冲电场处理对解冻果蔬品质的影响

图 4.21 和图 4.22 是不同高压脉冲电场处理后，红薯中心处和距中心一半处在解冻过程中（100min 内）硬度变化情况。从图中可以看出，随着解冻过程时间的延长，红薯体内冻结的冰晶逐渐融化，红薯的硬度也逐渐降低。解冻过程红薯中心处的硬度远大于距中心一半处的硬度，说明解冻由外向内逐步进行。在解冻的初始阶段，1000V/cm、60μs、15 个和 1250V/cm、90μs、30 个的高压脉冲电场作用后，红薯硬度较高，1500V/cm、120μs、45 个的高压脉冲电场处理的红薯硬度偏低。但在解冻 1h 以后，硬度的变化差异性不显著。解冻初始阶段冰晶仍然大量存在，此时硬度不同表明红薯样品在冻结过程中形成的冰晶大小以及分布状态不同，说明高压脉冲电场处理可以改变冻结过程冰晶的大小分布。1000V/cm、60μs、15 个和 1500V/cm、120μs、45 个的高压脉冲电场都显著缩短了通过最大冰晶生成带和总冻结时间，但在解冻初始阶段，1000V/cm、60μs、15 个处理的红薯硬度远高于 1500V/cm、120μs、45 个处理的红薯硬度，表明高压脉冲电场除对冻结过程的第二阶段即最大冰晶生成带有影响外，对之后的深冷阶段也有不同程度的影响，最终导致硬度发生变化。

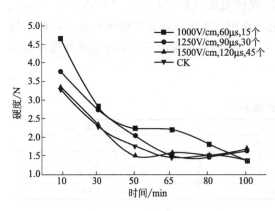

图 4.21　解冻红薯中心处的硬度

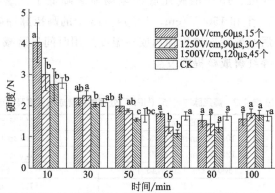

图 4.22　不同高压脉冲电场处理对解冻红薯硬度的影响

五、不同高压脉冲电场处理对果蔬解冻后质构的影响

从硬度变化结果可以看出 1000V/cm、60μs、15 个的 HPEF 处理的红薯的硬度提高，但差异性不显著。1250V/cm、90μs、30 个的 HPEF 处理的红薯的硬度显著降低。对于其他参数，1000V/cm、60μs、15 个的 HPEF 处理较好保持了红薯的黏着性、弹性、凝聚性和咀嚼性，1250V/cm、90μs、30 个和 1500V/cm、120μs、45 个 HPEF 处理的影响规律相同，都显著降低了红薯的硬度、黏着性和回复性，对红薯的弹性、凝聚性和咀嚼性影响不显著。用同样的方法分析梨和苹果解冻后质构。高压脉冲电场显著提高了解冻苹果的回复性和凝聚性，但各处理间差异性不显著。1250V/cm、90μs、30 个的处理显著提高了解冻苹果的硬度，除此外，其他参数差异性不显著。对于梨，高压脉冲电场对其黏着性、凝聚性、回复性影响不显著，1500V/cm、120μs、45 个处理降低了梨的硬度、弹性和咀嚼性。1000V/cm、60μs、15 个处理显著提高了梨的硬度和咀嚼性。

研究指出，果蔬冻结过程时间越长，对细胞微观结构造成的破坏越大，而冻结时间越短，对细胞微观结构造成的破坏就越小。细胞微观结构的坍塌和形态的变化最终体现为解冻后硬度的变化。除 1500V/cm、120μs、45 个 HPEF 处理外，1000V/cm、60μs、15 个和 1250V/cm、90μs、30 个 HPEF 处理后红薯质构变化与冻结时间变化明显相关。1000V/cm、60μs、15 个 HPEF 作用，加快了红薯的冻结速率，抑制了质地品质的下降。同样 1000V/cm、60μs、15 个 HPEF 作用于梨和 1250V/cm、90μs、30 个 HPEF 作用于苹果，不仅促进了冻结过程，也保持了好的解冻品质。

六、高压脉冲电场对果蔬微观结构的影响

图 4.23 为各种处理的红薯细胞结构。新鲜无冻结的红薯细胞如图 4.23(a) 所示，细胞结构清晰且规则地排列着。图 4.23(b)~(e) 分别为 0，1000V/cm、60μs、15 个，1250V/cm、90μs、30 个和 1500V/cm、120μs、45 个 HPEF 处理后冻结红薯细胞，从图中可以看出，冷冻后红薯的细胞结构均发生了不同程度的损伤，其中，(c) 图红薯细胞变形程度较

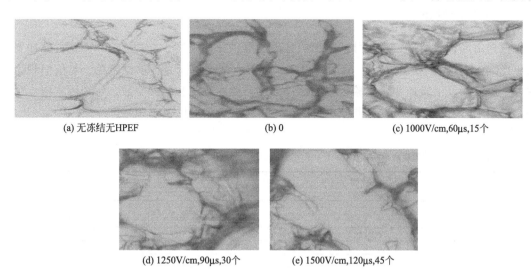

| (a) 无冻结无HPEF | (b) 0 | (c) 1000V/cm,60μs,15个 |

(d) 1250V/cm,90μs,30个   (e) 1500V/cm,120μs,45个

图 4.23　各种处理的红薯细胞结构

小，虽然细胞间空隙增大，但细胞基本结构仍清晰可见。(b)、(d)、(e)图红薯细胞与(a)图细胞相比，细胞变形严重，(e)图已无法看清细胞结构。这个结果说明，适当的高压脉冲电场处理，如(c)红薯对应的1000V/cm、60μs、15个处理，由于过冷度的增大，冻结速率增加，根据冻结理论，冻结形成的冰晶体积减小且分布均匀，抑制了冰晶体对细胞结构的损伤，所以细胞结构才能相对完整。相反，其他电场处理和未处理红薯在冻结过程形成大的冰晶体对红薯细胞产生了机械损伤，破坏了细胞原有的结构，导致细胞结构的一些断裂，表现为红薯解冻后品质的显著下降。

生成带的时间。根据果蔬的冻结过程理论可知，当冻结速率加快时，细胞内外冰晶同时生成，抑制了大冰晶生成，减少了对果蔬细胞的损伤，而且冰晶分布均匀。在解冻后果蔬内部水分仍与未冻结果蔬内水分分布相同，汁液流失率降低，使果蔬品质得到保持。

七、高压脉冲电场预处理果蔬低能耗冻干工艺研究

前面从生物力学、微观结构变化以及崩塌现象分析了高压脉冲电场参数对果蔬细胞通透性的影响，以提高果蔬的干燥速率为目的，得到了最佳的高压脉冲电场预处理参数范围。理论分析的目的是为生产实际提供指导，因此我们对选择的参数范围进行真空冷冻干燥的验证试验，验证所选取的参数范围是否符合生产实际的要求，分析高压脉冲电场对果蔬干燥特性以及干燥过程的影响，并在此参数范围内寻求更佳的参数组合，为高压脉冲电场预处理在真空冷冻干燥中的广泛应用提供基础支持。

(一) 试验材料与方法

选用太谷本地产的新鲜无损伤的苹果和马铃薯作为试验材料。采用美国 BTX 公司生产的 ECM830 型高压脉冲电场发生器；真空冷冻干燥机选用中国科学院兰州近代物理所研制的 JDG-0.2 型冻干机，以及山西农业大学研制的可重组虚拟仪器的冻干物料样品含水率在线测量系统，可实现水分等相关参数的在线采集及监控。

(二) 试验设计

根据前期试验结果，确定脉冲电场的参数范围：脉冲强度 1000~1500V/cm，脉冲宽度 60~120μs，脉冲个数 15~45，脉冲间隔为 500ms。试验指标为：单位能耗、单位面积生产率、干燥时间及干燥速率，试验因素为脉冲强度、脉冲宽度和脉冲个数，每个因素取 3 个水平，选用 L(3) 正交试验表，进行 9 次试验，其因素和水平见表 4.3。

▢ 表 4.3　$L_9(3^3)$ 正交试验因素水平

名称	A—脉冲强度/（V/cm）	B—作用时间/μs	C—脉冲个数
1	1(1000)	1(60)	1(15)
2	1	2(90)	2(30)
3	1	3(120)	3(45)
4	2(1250)	1	2
5	2	2	3
6	2	3	1
7	3(1500)	1	3
8	3	2	1
9	3	3	2

（三）试验过程及要求

（1）原材料准备 选用太谷本地产的新鲜无损伤的苹果和马铃薯作为试验材料。试验前用鼓风干燥箱测定其初始含水率。分别取新鲜表皮无损伤的富士苹果和马铃薯，洗净去皮，切成 10mm×17mm×17mm 的方块。

（2）高压脉冲电场预处理及预冻 按照试验设定的参数进行高压脉冲电场预处理，每次处理 40 个样品，放入物料盘中称重并记下初始质量。随即放入冰箱预冻，温度设定为 −30℃。

（3）干燥过程 为了保证测试系统采集数据的准确性，在试验前先预热 1h，使干燥系统达到稳定状态，预热温度设定为 25℃。预热数据测量系统约 1h 后，对测量系统调零，输入物料的初始质量和初始含水率。当冷阱温度降为 −40℃，称重传感器温度达到 14℃ 左右时，启动干燥机，将进行预冻的物料置于称重传感器托盘上，插入相应的温度探头，开始记录时间和电度表读数。观察升华阶段和解析阶段水分的变化情况。其中升华干燥过程步骤为：加热板温度设定为 40℃，冻干室压力设定为 40～45Pa，每 10min 加热板温度增加 10℃，直至最高升华温度 70℃。观察水分检测系统中含水率曲线的变化情况和数值显示。待含水率变化很小且趋于平稳时，表明升华干燥即将结束，维持大约 30min 后可认为干燥进入解析阶段。解析干燥过程的步骤为：加热板温度设定为 80℃，10min 后增加至最高温度 90℃，冻干室压力设定为 30～35Pa，当含水率曲线趋于平稳而且不再变化时认为干燥结束，此时停止试验，即刻对物料进行称重。

（四）试验指标

真空冷冻干燥的试验指标分别为干燥速率、单位面积生产率、单位能耗及干燥时间，具体计算公式如下：

$$\varphi = \frac{M - M_d}{T} \tag{4.17}$$

$$Q = \frac{M_d}{TS} \tag{4.18}$$

$$\eta = \frac{P}{M} \tag{4.19}$$

式中，φ 为干燥速率，g/h；M 为物料鲜重，g；M_d 为物料干重，g；T 为干燥时间，h；Q 为单位面积生产率，g/(h·m²)；S 为物料盘面积，其中 $S = 0.36 \times 0.20$m²；η 为单位能耗，kJ/g；P 为耗电量，kJ。

其中干燥时间为升华阶段开始（即放入物料的时间）到整个干燥过程结束所经历的时间。耗电量是从电度表上读取，干燥结束时读取的电表读数与放入物料时电表读数的差值即为耗电量。

（五）极差分析法

极差分析法又称为直观分析法（R 法），它具有设计计算简单、直观形象、简单易懂等优点，是分析正交试验结果最常用的方法。它是通过对每一因素的平均极差来分

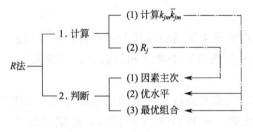

图 4.24 极差分析法示意图

析问题。极差就是平均效果中最大值和最小值的差。它包括计算和判断两个步骤，如图 4.24 所示。

图中，k_{jm} 为第 j 列因素 m 水平所对应的试验指标和，$\bar{k}_{jm}$ 为 k_{jm} 的平均值。由 $\bar{k}_{jm}$ 的大小可以判断 j 因素的优水平和各因素的优水平组合，即最优组合。

R_j 为第 j 列因素的极差，即 j 列因素各水平下的指标值的最大值与最小值之差。

$$R_j = \max(\bar{k}_{j1}, \bar{k}_{j2}, \cdots, \bar{k}_{jm}) - \min(\bar{k}_{j1}, \bar{k}_{j2}, \cdots, \bar{k}_{jm}) \tag{4.20}$$

R_j 反映了第 j 列因素的水平变动时，试验指标的变动幅度。R_j 越大，说明该因素对试验指标的影响越大，因此也就越重要。所以根据极差 R_j 的大小，就可以判断出因素的主次。一般来说，各列的极差是不相等的，这说明各因素的水平改变对试验结果的影响是不相同的，极差越大，表示该列因素的数值在试验范围内的变化会导致试验指标在数值上有越大的变化，所以极差最大的那一列，就是因素的水平对试验结果影响最大，也就是最主要的因素。

通过极差分析可以找到影响指标的主要因素，并可以帮助我们找到最佳的因素水平组合，即优方案。优方案是指在所做的试验范围内，各因素较优的水平组合。各因素优水平的确定与试验指标有关，若指标越大越好，则应选取使指标大的水平，即各列 k_i 中最大的那个值所对应的水平；反之，若指标越小越好，则应选取使指标小的那个水平。通过极差分析得到的优方案，一般情况下并不包含在正交表中已做过的试验方案中，这正体现了正交试验设计的优越性。得到优方案后，需要进行验证试验，与已做的试验方案进行比较，确定所得到的优方案是否满足要求。

(六) 高压脉冲电场预处理苹果和马铃薯的真空冷冻干燥试验研究

1. 正交试验结果

测得未处理苹果和马铃薯的初始含水率分别为 $87.10^{+0.50\%}_{-0.50\%}$、$80.09^{+0.50\%}_{-0.50\%}$，而经高压脉冲电场预处理后苹果和马铃薯的平均初始含水率分别为 $87.39^{+0.50\%}_{-0.50\%}$、$81.62^{+0.50\%}_{-0.50\%}$。在干燥试验中，脉冲强度用 A 表示、脉冲宽度用 B 表示、脉冲个数用 C 表示，试验结果及数据处理见表 4.4、表 4.5。

▫ 表 4.4　苹果的 $L_9(3^3)$ 正交试验设计表及数据处理

序号	因素			指标			
	A—脉冲强度 /(V/cm)	B—脉冲宽度 /μs	C—脉冲个数	单位面积生产率 /[g/(h·m²)]	单位能耗 /(kJ/g)	干燥时间 /h	干燥速率 /(g/h)
1	1(1000)	1(60)	1(15)	23.46	347.93	7.18	12.33
2	1	2(90)	2(30)	25.32	371.13	7.00	12.44
3	1	3(120)	3(45)	25.34	343.59	6.83	12.47
4	2(1250)	1	2	23.60	376.94	7.18	11.85
5	2	2	3	24.00	366.08	7.27	11.89
6	2	3	1	26.60	375.64	7.07	12.06
7	3(1500)	1	3	24.08	403.31	7.37	11.64
8	3	2	1	21.38	387.94	7.57	11.75
9	3	3	2	27.12	370.33	7.00	12.50

☐ 表 4.5 马铃薯的 $L_9(3^3)$ 正交试验设计表及数据处理

序号	因素			指标			
	A—脉冲强度 /(V/cm)	B—脉冲宽度 /μs	C—脉冲个数	单位面积生产率 /[g/(h·m²)]	单位能耗 /(kJ/g)	干燥时间 /h	干燥速率 /(g/h)
1	1(1000)	1(60)	1(15)	23.77	362.03	9.00	11.19
2	1	2(90)	2(30)	26.28	334.82	8.83	11.65
3	1	3(120)	3(45)	28.70	321.48	8.92	11.48
4	2(1250)	1	2	27.44	390.33	9.18	11.53
5	2	2	3	30.02	346.41	8.50	12.03
6	2	3	1	28.56	361.63	9.00	11.32

表 4.4 是苹果的正交试验结果及数据处理，当以单位面积生产率为试验指标时，高压脉冲电场预处理参数的最优组合为 $B_3C_2A_1$；以单位能耗为试验指标时，最优组合为 $A_1B_3C_1$；以干燥时间为试验指标时，最优组合为 $B_3A_1C_2$；以干燥速率为试验指标时，最优组合为 $A_1B_3C_2$。综合考虑 4 个试验指标，得出高压脉冲电场预处理参数的最优组合为 $B_3A_1C_2$，即脉冲强度为 1000V/cm，脉冲宽度为 120μs，脉冲个数为 30，这时真空冷冻干燥的结果最优。在正交试验中，R 值表示极差，它是该因素中最大的平均值和最小平均值的差值，以 R 值的大小决定主要因素。R 越大，因素对试验指标影响性越大。所以高压脉冲电场预处理参数对试验指标影响的重要性程度依次为脉冲宽度、脉冲强度和脉冲个数。表 4.5 是马铃薯的正交试验结果及数据处理，当以单位面积生产率为试验指标时，高压脉冲电场预处理参数的最优组合为 $C_3A_2B_3$；以单位能耗为试验指标时，最优组合为 $A_3C_3B_3$；以干燥时间为试验指标时，最优组合为 $C_2B_3A_3$；以干燥速率为试验指标时，最优组合为 $C_2B_3A_2$。综合考虑 4 个试验指标，得出高压脉冲电场预处理参数的最优组合为 $(C_2)C_3A_3(A_2)B_3$，即脉冲强度为 1000V/cm 或者 1500V/cm，脉冲宽度为 120μs，脉冲个数为 30 或 45，这时真空冷冻干燥的结果最优。对马铃薯真空冷冻干燥效果影响最重要的因素是脉冲个数，其次是脉冲强度和脉冲宽度。

从试验结果可以看出，经过高压脉冲电场预处理果蔬的真空冷冻干燥的效果要优于未处理的果蔬样品，这表明试验参数的选择较为合理。下面具体分析高压脉冲电场对果蔬的干燥速率、干燥时间、单位面积生产率以及单位能耗的影响。

2. 高压脉冲电场预处理对苹果和马铃薯干燥速率的影响

图 4.25 是在不同高压脉冲电场预处理情况下，苹果和马铃薯的干燥速率随着干燥时间的变化规律。干燥速率的定义是物料的含水量在时间 t_{i-1} 和 $(t_i - t_{i-1})$ 时间段内的变化情况。

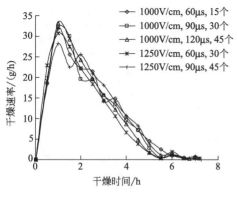 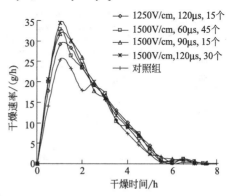

(a) 苹果

图 4.25

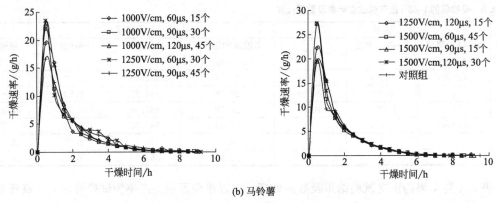

(b) 马铃薯

图 4.25　干燥速率与干燥时间的关系曲线

试验结果表明，高压脉冲电场预处理的苹果和马铃薯的干燥速率（平均值）分别为 12.10g/h、11.61g/h，而未处理的苹果和马铃薯的干燥速率分别为 11.03g/h、10.76g/h。因此经过高压脉冲电场预处理样品的干燥速率明显增大，在脉冲强度 1500V/cm、脉冲宽度 120μs、脉冲个数 30 时尤其明显。从图中可以看出，苹果和马铃薯的干燥速率在开始干燥的第一个小时内迅速降低。当干燥试验超过 5h 后，干燥速率随着干燥时间的增大而逐步趋于稳定。在干燥结束时，经过高压脉冲电场预处理的苹果样品的最终含水量可以达到 0.01%，经过高压脉冲电场预处理的马铃薯最终含水量可以达到 0.1%。而未处理（对照组）苹果和马铃薯样品的最终含水率达到 5% 左右时，随着干燥时间的逐渐延长，含水率保持不变，如图 4.26 所示。

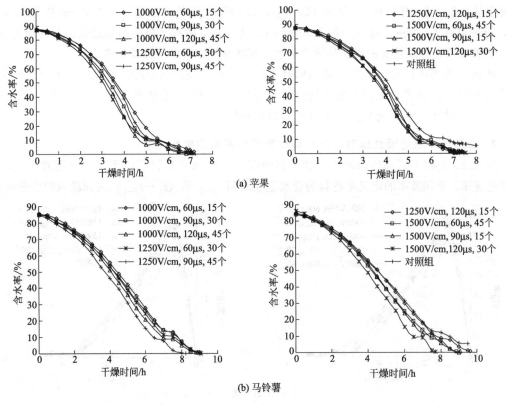

图 4.26　含水率随干燥时间的变化曲线

由于电场力的作用使细胞内的部分弱结合水从细胞内游离出来，达到干燥彻底的效果。当脉冲电场作用后，细胞内的离子沿着电场移动到膜表面，在细胞膜的磷脂双分子层两侧积聚电荷，使细胞在脉冲电场作用下受到电荷的挤压作用力。当作用力超过某一极限值时，在膜上形成一定半径的穿孔。当细胞的跨膜电位达到临界值时，细胞出现穿孔。穿孔的大小依赖于细胞膜的电压。也就是说，高压脉冲电场预处理可以改变苹果细胞膜的通透性，从而提高干燥速率。

3. 高压脉冲电场预处理对苹果和马铃薯干燥时间的影响

苹果和马铃薯预处理组的平均干燥时间分别为 7.16h、8.78h，而未处理的苹果和马铃薯样品的干燥时间分别为 8h、9.50h。通过对比可以发现，经过高压脉冲电场预处理后，样品的干燥时间平均缩短了 1h 左右。在干燥过程中，经高压脉冲电场预处理的样品在升华阶段含水率迅速下降，而未处理样品含水率的变化相对缓慢。这是由于细胞膜经高压脉冲电场预处理后通透性提高，在电场力的作用下，细胞内的水分更容易透过细胞膜向外扩散，水分容易失去，避免了崩塌现象的发生，从而缩短了干燥时间。未处理的样品直接进行干燥时，其细胞膜的通透性低，加热温度过高，其内部的水分子不易游离出来，而果蔬的力学性质在温度和电场力的作用下迅速降低，骨架结构被破坏，出现了崩塌现象，从而导致了干燥时间的延长。

4. 高压脉冲电场预处理对苹果和马铃薯单位面积生产率的影响

经过高压脉冲电场预处理的苹果和马铃薯的单位面积生产率分别为 24.54g/(h·m²) 和 27.81g/(h·m²)，而未处理的苹果和马铃薯的单位面积生产率分别为 22.63g/(h·m²) 和 24.13g/(h·m²)，因此经高压脉冲电场预处理样品的单位面积生产率均高于未处理的样品。在电场力的作用下细胞出现了细小的微孔，干燥过程中微孔在温度和压力的作用下膨胀断裂，有利于水分的扩散，从而缩短了干燥时间，提高了单位面积生产率。同时由于高压脉冲电场是一种非加热处理技术，可以提高物质的传输速率，在预处理过程中物料的温度不升高，可以有效保留物料中的营养成分不受损失。

5. 高压脉冲电场预处理对苹果和马铃薯单位能耗的影响

由于高压脉冲电场预处理过程中的平均单位能耗（单位质量）小于 1kJ/g，与干燥过程中的平均单位能耗 357.30kJ/g 相比，预处理过程中的能量消耗较小，所以在计算过程中不作考虑。

经过高压脉冲电场预处理的苹果和马铃薯的单位能耗分别为 371.43kJ/g、343.16kJ/g，而未处理的苹果和马铃薯的单位能耗分别为 413.69kJ/g、391.14kJ/g，因此高压脉冲电场预处理可以大大降低果蔬的干燥能耗。电场产生的作用力作用于果蔬内部和表面层的水分子，影响了果蔬内部水分子团中分子间氢键，降低了分子之间相互作用的影响。而且，表面的水分子进一步由离子风吹送到外界环境中，从而使内部水分子不断运输到表面层，进而加快了水分子的运输过程。在水分的蒸发过程中，随着水分扩散率的增大，扩散过程中产生较少的热量使物料的温度几乎不变，能耗减小，这就是高压脉冲电场的非加热性。在这种情况下，物料内部的热量交换较少，所消耗的能量也就相对降低。因此高压脉冲电场干燥可以在节约干燥能耗的同时，避免因物料温度升高而造成的品质损害。

为了保证选取工艺参数的可行性，对苹果和马铃薯优选的方案分别进行试验验证，验证结果见表4.6。对于苹果而言，在最优方案即脉冲强度为1000V/cm，脉冲宽度为120μs，脉冲个数为30的条件下，得到了苹果的单位面积生产率为29.08g/(h·m²)，单位能耗为329.05kJ/g，干燥时间为6.20h，干燥速率为14.01g/h。通过比较分析可知，优化参数组合的试验结果的各项指标值均优于正交试验表中的结果值。这说明试验选取的参数合理。与未处理组相比，单位面积生产率提高了28.50%，单位能耗降低了20.46%，干燥时间缩短了22.50%，干燥速率提高了27.02%。

◫ 表4.6 试验验证结果

名称		单位面积生产率 /[g/(h·m²)]	单位能耗 /(kJ/g)	干燥时间 /h	干燥速率 /(g/h)
苹果	处理组平均值	24.54	371.43	7.16	12.10
	对照组	22.63	413.69	8.00	11.03
	验证试验	29.08	329.05	6.20	14.01
马铃薯	处理组平均值	27.81	343.16	8.78	11.61
	未处理	24.13	391.14	9.50	10.76
	验证试验1	33.04	305.75	6.48	12.67
	验证试验2	31.92	326.25	6.51	12.30

马铃薯的最优参数组合为（C_2）C_3A_3（A_2）B_3，即脉冲强度为1000V/cm或者1500V/cm，脉冲宽度为120μs，脉冲个数为30或45。所以最优参数组合有4组，其中1000V/cm、120μs、45个和1500V/cm、120μs、30个的参数组合在正交试验中已经包含，因此只需要对参数组合1000V/cm、120μs、30个和1500V/cm、120μs、45个进行试验验证，结果见表4.6。其中参数组合1000V/cm、120μs、30个为验证试验1，参数组合1500V/cm、120μs、45个为验证试验2。

通过对正交试验结果和验证试验结果的对比可知，验证试验1的结果最优，即说明最佳的参数组合为1000V/cm、120μs、30个。得到的单位面积生产率为33.04g/(h·m²)，单位能耗为305.75kJ/g，干燥时间为6.48h，干燥速率为12.67g/h，说明试验选取参数合理。与未处理组相比，单位面积生产率提高了36.93%，单位能耗降低了21.83%，干燥时间缩短了31.79%，干燥速率提高了17.75%。

6. 高压脉冲电场预处理参数对果蔬干燥特性的影响

（1）脉冲强度对果蔬干燥特性的影响　通过对干燥试验以及第二章的分析可知，对果蔬干燥特性影响最主要的因素是脉冲强度。图4.27是脉冲强度对苹果和马铃薯的单位面积生产率、单位能耗、干燥时间和干燥速率的影响。图4.27(a)是脉冲强度对苹果和马铃薯单位面积生产率的影响，从图中可以看出，随着脉冲强度的逐渐增大，单位面积生产率逐渐降低，在脉冲强度为1250V/cm时达到最高。单位面积生产率随着脉冲强度呈先增大后减小的趋势。所以要提高果蔬干燥的单位面积生产率，脉冲强度并不是越大越好，而是选择在1250V/cm左右为最佳。图4.27(b)是脉冲强度对苹果和马铃薯单位能耗的影响。不同的果蔬品种，单位能耗随脉冲强度的变化趋势不同。苹果的单位能耗随着脉冲强度的增大而呈递增趋势，而马铃薯的单位能耗随着脉冲强度的增大而呈先增大后减小的趋势。所以在干燥过程中降低干燥能耗，苹果应选择较低的脉冲强度，而马铃薯应选择较高的脉冲强度，这种差异是由于果蔬组织结构的不同而造成的。图 4.27（c）是脉冲强度对苹果和马铃薯干燥时间的影响。与图 4.27（b）相似，脉冲强度对两种果蔬品种干燥时间的影响不同，对于苹果而言，干燥时间随着脉冲强度的增大呈递增趋势，但是变化不明显。对于马铃薯而言，干燥时间随着脉冲强度的增大而呈递减趋势。所以缩短干燥时间，苹果的脉冲强度选择在脉冲强度的最小值处，而马铃薯应选择在脉冲强度的最大值处。图 4.27（d）是脉冲强度对苹果和马铃薯干燥速率的影响。苹果和马铃薯的干燥速率均随着脉冲强度的增大而逐渐降低。所以要提高果蔬的干燥速率，脉冲强度应选择在最小值处。

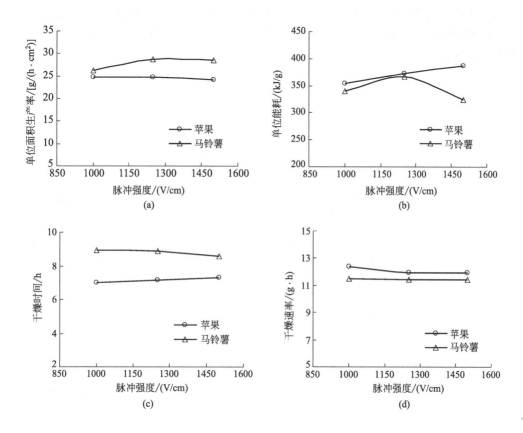

图 4.27　脉冲强度对果蔬干燥特性的影响

　　综合考虑，提高苹果的干燥特性，脉冲强度选择在 1000～1250V/cm 最合适，而提高马铃薯的干燥特性，脉冲强度的选择范围较广，需要考虑对其他干燥特性的影响。在电场作用下果蔬组织内部的受力与电场强度的平方是成正比的。在电场强度达到临界值时，膜发生了电击穿，如果电场强度没有进一步的增加，细胞会发生不完全的电通透化。此场强范围可以认为是过渡状态。在一定程度上增大脉冲强度可以提高果蔬物料的干燥特性，但是超过物料的临界值反而会降低物料的干燥特性。这是由于脉冲电场的作用是以一种机械冲击力的形式将细胞膜击穿，使其通透性增强，从而提高了干燥速率，缩短了干燥时间，但是一旦细胞膜穿孔超过作用力的临界值时，细胞膜破坏，此时脉冲电场强度就不再是主要的影响因素，所以果蔬的干燥特性指标出现了降低的趋势。

（2）脉冲宽度对果蔬干燥特性的影响　图 4.28 是脉冲宽度对果蔬干燥特性的影响。其中图 4.28(a) 是脉冲宽度对果蔬单位面积生产率的影响，随着脉冲宽度的增大，苹果和马铃薯的单位面积生产率均随之增大。所以提高果蔬的单位面积生产率，脉冲宽度应取最大值。图 4.28(b) 是脉冲宽度对果蔬单位能耗的影响，随着脉冲宽度的增大，苹果和马铃薯的单位能耗均降低，因此，在真空冷冻干燥中降低果蔬的干燥能耗，需要增大脉冲宽度，即脉冲宽度取最大值。图 4.28(c) 是脉冲宽度对果蔬干燥时间的影响，从图中可以看出，苹果和马铃薯的干燥时间随着脉冲宽度的增大而增大，为了缩短果蔬的真空冷冻干燥时间，应适当增大脉冲宽度。图 4.28(d) 是脉冲宽度对果蔬干燥速率的影响，图中表明随着脉冲宽度的增大，苹果和马铃薯的干燥速率呈递增趋势，即脉冲宽度越大，果蔬的干燥速率越高。

综合考虑，随着脉冲宽度的增大，果蔬的单位面积生产率和干燥速率均随之提高，而单位能耗和干燥时间则降低。因此增大脉冲宽度可以解决果蔬真空冷冻干燥目前面临的主要难题即干燥能耗大、干燥时间长的问题。

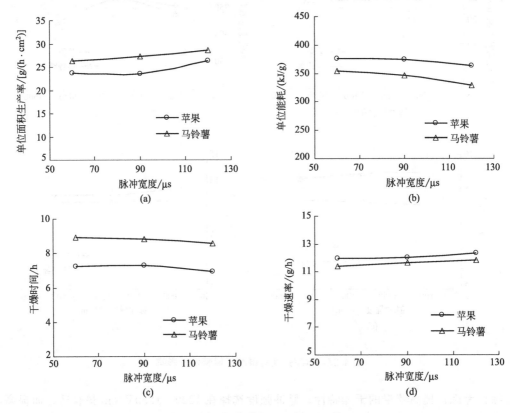

图 4.28　脉冲宽度对果蔬干燥特性的影响

目前对脉冲宽度的作用机理有较为广泛的研究，大多认为脉冲宽度的下限必须比膜充电的时间和膜的弹性恢复时间长，才能保持孔洞的开放。脉冲宽度太大会导致细胞膜的不稳定，使其不能自我修复从而使细胞膜永久被破坏。同样，如果脉冲宽度太小，则细胞膜的跨膜电位低于电穿孔的最低跨膜电位而不能实现细胞膜的电穿孔。

（3）脉冲个数对果蔬干燥特性的影响　图 4.29 是脉冲个数对果蔬干燥特性的影响。图(a) 是脉冲个数对果蔬单位面积生产率的影响，从图中看出，当脉冲个数在 15～30 时，苹果和马铃薯的单位面积生产率均随着脉冲个数的增大而增大；当脉冲个数在 30～45 时，苹果的单位面积生产率不再发生变化，而马铃薯的单位生产率随着脉冲个数的增大而迅速增大。所以提高单位面积生产率，对苹果而言，脉冲个数为 30 为宜，而马铃薯为 45 个。图 4.29(b) 是脉冲个数对苹果和马铃薯单位能耗的影响。苹果的单位能耗随着脉冲个数的增大呈现先增大后减小的趋势，而马铃薯的单位能耗随着脉冲个数的增大而逐渐降低，因此，脉冲个数为 45 时，果蔬的单位能耗最低。图 4.29(c) 是脉冲个数对苹果和马铃薯干燥时间的影响，苹果和马铃薯的干燥时间随着脉冲个数的增大而呈现先增大后减小的趋势，所以脉冲个数为 30 时，干燥时间最短。从图 4.29(d) 可以看出苹果和马铃薯的干燥速率随着脉冲个数的增大而逐渐增大，即脉冲个数越大，干燥速率越高。综合考虑，当脉冲个数为 30～45 时，果蔬的干燥特性最优。

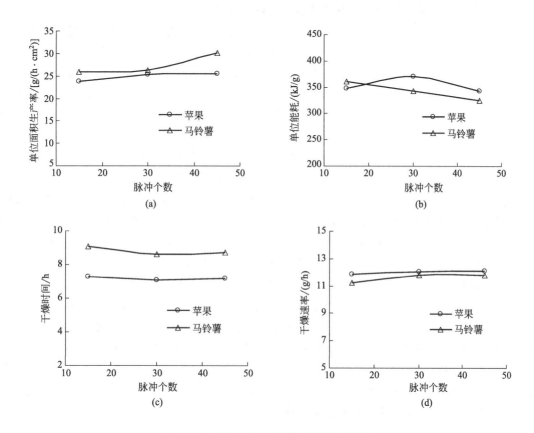

图 4.29 脉冲个数对果蔬干燥特性的影响

研究指出，增加脉冲个数显然能增大细胞膜的电穿孔效率，从而提高细胞膜的通透性。但是脉冲个数的选择应该依赖于细胞膜通透性的可逆性。由于脉冲电场为重复性的周期信号，在相同的电场作用下，脉冲使细胞由于积累效应而击穿。当电场作用后，细胞膜上会形成一定数量的微孔，在微孔密度还没有大幅度降低的情况下，新一轮的脉冲作用又开始，这样引起微孔量循环累积，对细胞膜造成不可恢复性的破坏。由于影响因素比较多，只有在合适的脉冲电场参数的作用下，细胞膜的通透性才能满足提高干燥速率的要求。

7. 高压脉冲电场预处理对果蔬干燥过程的影响

升华干燥和解析干燥是冷冻干燥的两个主要过程。各过程的作用、机理和工艺操作参数是截然不同的。因此，高压脉冲电场对果蔬各阶段的干燥特性影响也不同，需要具体分析各阶段的含水率的变化情况。其中，水分在线测量系统是从升华干燥阶段开始采集果蔬样品含水率的变化情况，采样间隔为1min，在测量系统界面上自动绘制物料实时含水率随时间变化的动态干燥曲线，并把相关数据存储到数据文件。测量系统中物料含水率 W_t 的计算公式为

$$W_t = \frac{m_t - m_d}{m_t} \times 100\% \tag{4.21}$$

式中，m_t 为物料干燥至 t 时刻的质量，g；m_d 为物料干燥后的质量，g。

8. 高压脉冲电场预处理对果蔬升华阶段干燥的影响

升华干燥是冷冻干燥的主要过程，其原理是将物料冷冻，使其含有的水分变成冰晶，然后在真空下使冰升华而达到干燥的目的。其本质是一个传热、传质同时进行的过程。升华所需要的潜热必须由热源通过外界传热过程传送到被干燥物料的表面，然后再通过内部传热过程传送到物料内冰升华的实际发生处。所产生的水蒸气必须通过内部传质过程到达物料的表面，再通过外部传质过程转移到冷阱中。因此只有同时提高传热、传质效率，才能取得更快的干燥速率。

由水分测量系统测量及处理得到的数据绘制出苹果样品的含水率随时间的变化曲线，如图4.30所示，其中图4.30(a) 是未处理苹果样品的含水率随干燥时间的变化曲线，图4.30(b) 是当脉冲强度为1500V/cm，脉冲宽度为120μs，脉冲个数为30时苹果样品的含水率随干燥时间的变化曲线。从图中可以看出干燥过程从 a 点开始，此时物料的干燥层比冻结层薄很多，传热和传质阻力均较小，故物料含水率迅速下降，随着升华界面不断向内移，干燥层逐渐变厚，而冻结层逐渐变薄，此时干燥层与冻结层的厚度接近，含水率持续下降。干燥过程进行到 b 点之后，物料内部的冰晶全部升华而消失，干燥曲线变化趋于平缓，一直持续到 c 点，c 点可作为升华干燥的结束点。这时在物料多孔性结构的基质内，还残留少量的水分。对于未处理样品，此时含水率在11%~12%，经过高压脉冲电场预处理的苹果样品的含水率在5%~6%，因此高压脉冲电场预处理可以提高样品的失水率，使干燥提前进入解析阶段。

从图4.30中可以看出，对于未处理样品，当干燥时间为360min时，含水率不再发生变化，而经过高压脉冲电场预处理的样品，干燥时间为300min时含水率不再发生变化，因此，高压脉冲电场预处理可以缩短升华干燥时间约1h。

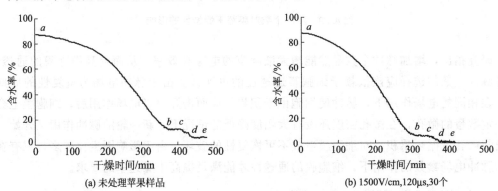

图4.30 升华阶段果蔬含水率随干燥时间的变化曲线

9. 高压脉冲电场预处理对果蔬解析阶段干燥的影响

在第一阶段干燥结束后，产品内还存在 10% 左右的水分吸附在干燥物质的毛细管壁上，这一部分的水是未被冻结的。这些水分将为微生物的生长繁殖和一些化学反应提供条件。因此，解析过程就是要让吸附在干燥物质内部的水分子解析出来，达到进一步降低农产品水分含量的目的，以确保农产品长期贮存的稳定性，这就是解析干燥的目的。由于这一部分水是通过范德华力、氢键等弱分子力吸附在农产品上的结合水，因此要除去这部分水，首先要克服分子间的力，这就需要更多的能量，而这种能量可以由高压脉冲电场的电场能来实现。试验时，解析阶段加热板温度设定为 90℃，冻干室压力设定为 30~35Pa。从图 4.30 可以看出，c 点是升华阶段的结束点也是解析阶段的开始点。当增加加热板温度的同时降低冻干室压力，含水率随干燥时间迅速降低至 d。对于未处理样品，含水率由 c 点的 11%~12% 降至 d 点的 5%~6% 之后便不再下降，含水率维持在 5%~6% 大约 30min 后停止试验。对于经过高压脉冲电场预处理的样品（1500V/cm、120μs、30 个），含水率由 c 点的 5%~6% 降至 d 点的 0.01%~1% 后不再下降，直至干燥结束点 e，含水率一直保持不变。

因此干燥结束后，未处理样品的残余含水率一般可以控制在 5% 左右，符合农产品干燥的标准。但是干燥至 5% 时，由于温度过高，样品出现崩塌现象，损害了样品的结构形态，影响其复水性，不利于贮藏。而经过高压脉冲电场预处理的样品，其最终含水率可以控制在 0.01%~1%，不仅符合农产品干燥的标准，而且样品结构形态、品质等均可符合实际生产需求，所以高压脉冲电场预处理技术在真空冷冻干燥中有着广阔的应用前景。

第五章

果蔬介电特性的研究与应用

▶▶▶▶▶▶▶

第一节
果蔬介电特性检测及可调探针式电极的设计与试验

果蔬介电特性测试方法虽有多种，但若在真空冷冻干燥环境下，在真空冻干装备的冻干仓内实现在线检测果蔬介电常数，探针式电极装置属于可选择的形式，因此本研究自行研制了可调探针式果蔬介电特性测试装置。

一、果蔬介电特性与电学模型的建立

果蔬作为一种生物电介质材料，一般情况下，果蔬内的电子在束缚力的作用下不能够自由移动，当外界给它施加一个电场时，果蔬内部电荷作用力的平衡被打破，电子挣脱束缚，根据电场的作用进行移动，从而在果蔬内部产生电流，形成果蔬的介电特性。果蔬介电特性的表达首先需要建立电学模型。在一定测量频率下，由于果蔬是由细胞结构组成，细胞由细胞膜、细胞内液和细胞外液组成，细胞液中包含多种无机盐、水和带电粒子，在一定条件下，可以形成一定的电流，但是细胞膜是由纤维素、果胶和脂肪等导电性非常差的物质组成，在一定程度上阻隔了带电粒子的游移和扩散，电阻值增大，所以就整个细胞而言，可以看作是由一个电阻和一个电容串联或并联而成，无数细胞组成了果蔬，也就代表果蔬是由无数的电阻和电容串联或并联形成，总的来说，果蔬可以看作是由等效电容和电阻串联或并联而成的电学系统。果蔬电学模型如图 5.1 所示。

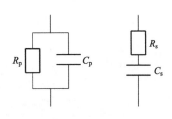

图 5.1　果蔬电学模型

果蔬的相对介电常数：

$$\varepsilon_\gamma' = \frac{C}{C_0} \tag{5.1}$$

式中，C_0 为被测果蔬样品的几何电容，即形状、尺寸与被测样品完全相同，介质为真空的电容。

可调探针式电极有两种，分别为 2 针型探针式电极和 4 针型探针式电极，2 针型探针式电极可以看作一个电容的两极，4 针型探针式电极由一个中心探针式电极和 3 个外围探针式电极组成，将外围 3 个电极连在一起可以看作电容的一个电极，中心探针可以看作另一个电极。在输出电压恒定的情况下，随着电极间距增大，电极间形成的电场会被削弱，能量耗散增加，测量信号就更加容易受到其他外界因素的影响。另外，各探针有不同的优缺点，2 针型探针式电极的优点是可以降低对测量样品的扰动，但是 2 针型探针式电极形成的电磁场不均匀，在测试过程中信号容易由于外部干扰而出现丢失，相对来说，4 针型探针式电极形成的电磁场比较均匀密集，在一定程度上可以避免信号的缺失和保证测量的准确性（图 5.2、图 5.3）。

图 5.2 探针式 2 针型和 4 针型电极的电磁场分布图　　**图 5.3** 可调探针式 2 针型和探针式 4 针型电极

各探针式电极相互平行，主要通过螺旋传动实现间距的调节，探针均选用 1.2mm 粗的不锈钢针，绝缘材料为蓝色和白色尼龙棒，连续耐温均在 100℃ 以上。并且，2 探针式电极的探针总长为 14mm，间距可调节范围在 3～20mm；4 探针式电极总长为 25mm，间距可调节范围在 4～16mm。

探针式电极介电特性测试装置主要由可调探针式电极装置和计算机、LCR 测量仪组成，该测试装置是基于电桥法对果蔬介电特性进行测量，如图 5.4 所示。

图 5.4 测试装置结构图

通过计算机根据选择的果蔬电学模型（串联或并联）来设置检测的介电特性参数，并将信号输入到 LCR 测量仪中，LCR 测量仪中设置有信号发生器，施加信号在电极两端，从而测出果蔬的阻抗、电容等介电特性参数（表 5.1），最后将测试结果输回到计算机中，从计算机中输出。

项目	串联等效电路模式	并联等效电路模式
Z	$\|Z\| = \dfrac{V}{I} \left(= \sqrt{R^2 + X^2} \right)$	
Y	$\|Y\| = \dfrac{1}{\|Z\|} \left(= \sqrt{G^2 + B^2} \right)$	
R	$R_s = ESR = \|Z\|\cos\theta\|$	$R_p = \left\| \dfrac{1}{\|Y\|\cos\phi} \right\| \left(= \dfrac{1}{G} \right)$
X	$X = \|Z\|\sin\theta\|$	—
G	—	$G = \|Y\|\cos\phi\|$
B	—	$B = \|Y\|\sin\phi\|$
L	$L_s = \dfrac{X}{\omega}$	$L_p = \dfrac{1}{\omega B}$
C	$C_s = \dfrac{1}{\omega X}$	$C_p = \dfrac{B}{\omega}$
D	$D = \left\| \dfrac{1}{\tan\theta} \right\|$	
Q	$Q = \|\tan\theta\| \left(= \dfrac{1}{D} \right)$	

设计的系统中，LCR 测试仪选用的等效模型为并联电路等效模型，设定恒定电压为 1V。

二、可调探针式电极参数对苹果介电参数测量的影响试验

试验装置主要有探针式电极介电特性测试装置（包括 2 针型和 4 针型）、AE200 电子分析天平（精度 0.01g）、游标卡尺、电热恒温鼓风干燥箱和高压脉冲电场发生器。美国产 ECM830 型高压脉冲电场发生器，脉冲波形为矩形波，脉冲电压在 5～3000V，脉冲宽度在 $10\mu s$～10s，脉冲个数在 1～99，脉冲间隔 100ms～10s，处理室为 20mm×20mm 的方形平行电极板，间距可调节，配有稳压器恒定电压。

试验材料选用太谷产的新鲜、无损伤纸袋装红富士苹果，首先，取新鲜苹果洗净去皮，将其切成 20mm×20mm×10mm 的方块，初始含水率为 88.29%，称重后将其用聚乙烯薄膜密封保存等待试验。

1. 试验方法与步骤

高压脉冲电场预处理苹果选用参数：脉冲强度 1000V/cm，脉冲宽度 $120\mu s$，脉冲个数 30。苹果干燥包括热风干燥和真空冷冻干燥，真空冷冻干燥过程中含水率测定通过冻干物料含水率在线监测系统进行苹果含水率的实时检测，热风干燥过程中含水率测定通过称重法。采用 2 针型探针式电极的探针间距（d）的 6 个水平值分别为 3mm、6mm、9mm、12mm、15mm 和 18mm，探针插入深度（h）的 7 个水平值分别为 2mm、4mm、6mm、8mm、10mm、12mm 和 14mm。4 针型探针式电极探针间距和探针插入深度的 4 个水平值均为 4mm、6mm、8mm 和 10mm。分别在不同电极物理参量下进行苹果介电特性试验，研究不同电极种类、探针间距（d）和探针深度（h）分别对苹果介电参数测量结果的影响。

在室温 25℃下测量果蔬介电特性，果蔬样品的电学模型由并联等效电阻与等效电容组成，选择阻抗 Z、等效并联电阻 R_p、等效并联电容 C_p 和等效并联抗阻 L_p 作为测量的果蔬介电特性参数，测量频率为 100Hz～100kHz，从中选择 11 个频率点作为测试频率进行试验。

2. 高压脉冲电场预处理试验

取新鲜苹果洗净去皮，将其切成 20mm×20mm×10mm 的方块，选取表面平整的苹果样品分为两部分，一部分未处理样品用聚乙烯薄膜密封保存等待试验；另一部分进行高压脉冲电场预处理，预处理参数：脉冲强度 1000V/cm，脉冲宽度 120μs，脉冲个数 30。处理后马上对苹果进行测试，随后对未处理样品进行试验。高压脉冲试验研究对比高压脉冲电场预处理前后 2 针型探针式电极参数对苹果介电参数的影响，所以两组试验分别是 2 针型探针式电极探针间距固定为 9mm 探针插入深度对介电参数测量结果的影响试验和 2 针型探针式电极探针插入深度固定为 10mm 探针间距对介电参数影响试验。

3. 可调探针式电极参数对苹果介电特性测量结果的影响

首先利用 SAS 软件对试验数据进行方差分析，测试频率均为 1000Hz 时，结果如表 5.2～表 5.4 所示。

表 5.2 可调探针式 2 电极试验的方差分析

介电特性参数	方差来源	F 值	$Pr>F$	R^2
阻抗 Z/Ω	探针间距	26.91	0.0010	0.9489
	探针插入深度	19.16	0.0018	
电阻 R_p/Ω	探针间距	25.99	0.0011	0.9467
	探针插入深度	18.21	0.0020	
抗阻 L_p/H	探针间距	55.65	0.0001	0.9785
	探针插入深度	54.33	<0001	
电容 $C_p/\mu F$	探针间距	10.49	0.0287	0.8683
	探针插入深度	6.20	0.0110	

表 5.3 探针间距邓肯多重比较

介电特性参数	探针间距/mm	均值	观察个数	显著性 0.05	显著性 0.01
阻抗 Z/Ω	15	18699	4	A	A
	9	13390	4	B	A
	3	7948	4	C	B
电阻 R_p/Ω	15	19151	4	A	A
	9	13745	4	B	AB
	3	8159	4	C	B
抗阻 L_p/H	15	13.8170	4	A	A
	9	9.5939	4	B	B
	3	5.7877	4	C	C
电容 $C_p/\mu F$	3	5.6195	4	A	A
	9	3.0997	4	B	AB
	15	2.0420	4	B	B

表 5.4 探针插入深度邓肯多重比较

介电特性参数	探针插入深度/mm	均值	观察个数	显著性 0.05	显著性 0.01
阻抗 Z/Ω	2	20668	3	A	A
	6	13479	3	B	B
	4	10268	3	BC	B
	10	8967	3	C	B

介电特性参数	探针插入深度/mm	均值	观察个数	显著性	
				0.05	0.01
电阻 R_p/Ω	2	21119	3	A	A
	6	13801	3	B	B
	10	10564	3	BC	B
	14	9255	3	C	B
抗阻 L_p/H	2	16.1710	3	A	A
	6	10.0316	3	B	B
	10	7.0117	3	C	BC
	14	5.8171	3	C	C
电容 $C_p/\mu F$	14	5.3450	3	A	A
	10	4.4771	3	AB	A
	6	2.8087	3	BC	A
	2	1.7175	3	C	A

探针间距和探针插入深度对阻抗、电阻和抗阻影响非常显著，对电容较显著。对其进行均值多重比较，可以看出：在 0.05 水平上，探针间距在不同水平下，阻抗、电阻和抗阻均值差异性最显著。探针插入深度各水平下的电容的均值差异性不显著，决定系数 R^2 大于 0.8，结论较可靠。

（1）探针间距对果蔬介电特性的影响　探针插入苹果的深度固定为 10mm，取来自同一个苹果的样品进行试验，保证了含水率的相同。

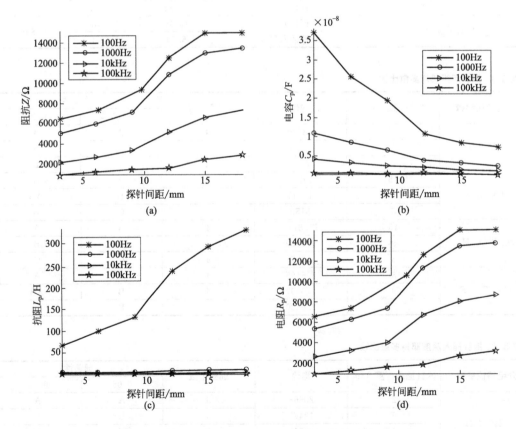

图 5.5　不同频率下探针间距对果蔬介电特性测量结果的影响

由图 5.5 可以看出，在不同测试频率下，随着探针间距的增大，阻抗 Z、抗阻 L_p 以及电阻 R_p 在增大，电容 C_p 在减小。频率越小，介电参数变化幅度越大，在频率为 100Hz 时，介电参数变化幅度最大。并且，测试频率越大，各介电参数的值越小。在一定的测试频率下，对各介电参数与探针间距进行一元线性回归（表 5.5）。

▣ 表 5.5 苹果在不同测试频率下各介电特性参数与探针间距的线性回归分析

介电参数	测量频率/Hz	线性回归模型	Pr>F	R^2
阻抗 Z/Ω	100	$Y=667.44x+3845.5$	0.0016	0.9356
	1k	$Y=641.01x+2564.9$	0.0011	0.9466
	10k	$Y=377.70x+598.85$	0.0004	0.9663
电阻 R_p/Ω	100	$Y=665.51x+3916.9$	0.0016	0.9346
	1k	$Y=643.21x+2901.2$	0.0013	0.9427
	10k	$Y=452.95x+832.42$	0.0009	0.9507
抗阻 L_p/H	100	$Y=19.437x+9.2288$	0.0004	0.9678
	1k	$Y=0.54948x+0.07377$	0.0005	0.9638
	10k	$Y=0.010970x+0.01202$	0.0006	0.9616
电容 $C_p/\mu F$	100	$Y=-1.9808x+38.925$	0.0032	0.9087
	1k	$Y=-0.58320x+12.024$	0.0010	0.9484
	10k	$Y=-0.21190x+4.6832$	0.0004	0.9664

回归模型显著性检验概率均超过 0.004，决定系数达到 0.9 以上，说明：上述回归模型均显著，拟合精度很高。在已知探针间距的条件下计算出苹果各介电参数在上述频率下的值，当频率为 10kHz 时，预测结果最准确。

（2）探针插入深度对果蔬介电特性的影响　探针间距固定为 9mm，得到的试验结果如图 5.6 所示。

可以看出，随着探针插入苹果深度的增大，阻抗 Z、抗阻 L_p 以及电阻 R_p 都在减小，而电容 C_p 在增大。为了更加清晰地了解探针插入深度对各介电特性的影响，在一定的测试频率下，对各介电参数进行一元线性回归（表 5.6）。

▣ 表 5.6 苹果在不同测试频率下各介电参数与探针插入深度的线性回归分析

介电参数	测量频率/Hz	线性回归模型	Pr>F	R^2
阻抗 Z/Ω	100	$Y=-1379.8x+26718$	0.0005	0.9247
	1k	$Y=-1194.7x+22827$	0.0006	0.9236
	10k	$Y=-716.2x+12402$	0.0011	0.9002
电阻 R_p/Ω	100	$Y=-1393.8x+26927$	0.0006	0.9236
	1k	$Y=-1216.6x+23511$	0.0005	0.9252
	10k	$Y=-833.74x+15065$	0.0007	0.915
抗阻 L_p/H	100	$Y=-14.842x+349.39$	0.0007	0.9157
	1k	$Y=-0.8999x+15.17$	0.0016	0.8849
	10k	$Y=-0.0216x+0.3498$	0.0027	0.8584
电容 $C_p/\mu F$	100	$Y=0.7672x+0.5672$	0.0002	0.9547
	1k	$Y=0.3850x+0.7947$	<0.0001	0.996
	10k	$Y=0.1896x+0.0313$	<0.0001	0.9983
	100k	$Y=0.0505x+0.0926$	<0.0001	0.995

在苹果含水率保持不变的情况下，利用 SAS 软件对探针插入深度与介电特性参数进行

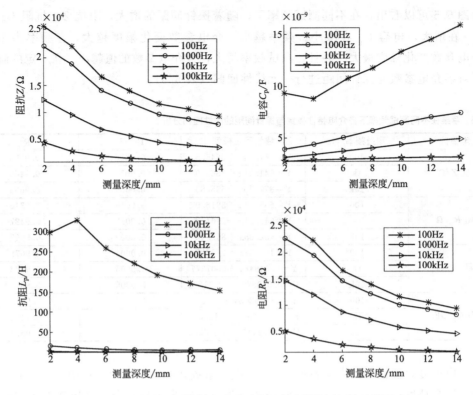

图 5.6 不同频率下探针插入深度对苹果介电特性测量结果的影响

一元线性回归，回归模型的显著性检验概率均小于 0.003，决定系数 R^2 均大于 0.85，回归极显著，2 针型探针式电极物理参量均与介电参数线性相关，且相关性很高，对其进行多元逐步回归，最优模型如表 5.7 所示。

⊡ 表 5.7 苹果介电参数的多元回归分析

介电参数	回归模型	Pr > F	R^2
阻抗 Z/Ω	$Y = 8913.0329 + 1343.9671x_1 - 453.7794x_2 - 56.0123x_1x_2$	< 0.0001	0.9318
电容 $C_p/\mu F$	$Y = 1.7069 + 0.6433x_2 - 0.0366x_1x_2$	< 0.0001	0.9549
抗阻 L_p/H	$Y = 10.4672 + 0.6691x_1 - 0.8445x_2$	< 0.0001	0.9234
电阻 R_p/Ω	$Y = 5441.2042 + 1687.7988x_1 - 96.4816x_1x_2$	< 0.0001	0.9097

回归模型显著，拟合精度高。

4. 测量频率对苹果介电特性的影响

在含水率、探针间距和探针插入深度不变的情况下，测量频率不同，介电参数的值也不同。选择探针间距为 9mm，探针插入深度为 10mm，研究测量频率对果蔬介电参数测量结果的影响。由图 5.7 可以看出，测量频率越大，各介电参数的值越小，而且各介电参数随测量频率减小的幅度也随测量频率而变化，测量频率越大，减小的幅度越小，根据这一特点，对各介电参数和测量频率进行乘幂回归。

回归模型非常显著，概率均小于 0.0001，结果可靠性高，决定系数 R^2 均大于 0.86，特别是抗阻 L_p 达到 0.99，拟合精度非常高，而且测量频率与各介电参数相关性高（表5.8）。

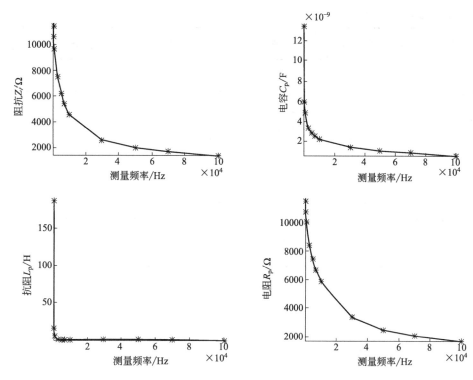

图 5.7 测量频率对苹果介电参数的影响

▫ **表 5.8 苹果介电参数与测量频率的回归分析**

介电参数	回归模型	Pr>F	R^2
阻抗 Z/Ω	$Y=83484.85x^{-0.3339}$	<0.0001	0.9104
电阻 R_p/Ω	$Y=69974.94x^{-0.2952}$	<0.0001	0.8673
抗阻 L_p/H	$Y=271064.19x^{-1.5803}$	<0.0001	0.999
电容 $/\mu F$	$Y=93.102x^{-0.4197}$	<0.0001	0.9863

三、4 针型探针式电极参数对苹果介电特性测量结果的影响

受苹果样品尺寸影响，4 针型探针式电极的探针间距和探针插入深度水平值均设为 4 个，分别为 4mm、6mm、8mm 和 10mm。在测试频率为 1000Hz 时，对试验中影响苹果样品介电参数测量结果的因素进行方差分析，结果如表 5.9～表 5.11 所示。

▫ **表 5.9 可调节探针式 2 电极试验的方差分析**

介电特性参数	方差来源	F 值	Pr>F	R^2
阻抗 Z/Ω	探针间距	23.43	0.0001	0.9662
	探针插入深度	62.34	<0.0001	
电阻 R_p/Ω	探针间距	17.66	0.0004	0.9590
	探针插入深度	52.56	<0.0001	
抗阻 L_p/H	探针间距	75.35	<0.0001	0.9834
	探针插入深度	101.97	<0.0001	
电容 $C_p/\mu F$	探针间距	10.62	0.0026	0.8532
	探针插入深度	6.82	0.0108	

⊡ 表 5. 10　探针间距邓肯多重比较

介电特性参数	探针间距 / mm	均值	观察个数	显著性	
				0.05	0.01
阻抗 Z/Ω	10	8720.3	4	A	A
	8	7338.8	4	B	A
	6	7332.1	4	B	A
	4	5056.7	4	C	B
电阻 R_p/Ω	10	9059.1	4	A	A
	6	7713.3	4	B	A
	8	7626.9	4	B	A
	4	5434.6	4	C	B
抗阻 L_p/H	10	5.1381	4	A	A
	8	4.3071	4	B	B
	6	3.7632	4	C	B
	4	2.1987	4	D	C
电容 $C_p/\mu F$	4	14.4588	4	A	A
	6	7.3343	4	B	B
	8	6.5491	4	B	B
	10	5.3319	4	B	B

⊡ 表 5. 11　探针插入深度邓肯多重比较

介电特性参数	探针插入深度 / mm	均值	观察个数	显著性	
				0.05	0.01
阻抗 Z/Ω	4	10406.6	4	A	A
	6	7497.3	4	B	B
	8	5826.9	4	C	C
	10	4717.1	4	D	C
电阻 R_p/Ω	4	10904.8	4	A	A
	6	7852.7	4	B	B
	8	6123.2	4	C	C
	10	4953.2	4	D	C
抗阻 L_p/H	4	5.7708	4	A	A
	6	4.0887	4	B	B
	8	3.0617	4	C	C
	10	2.4857	4	D	C
电容 $C_p/\mu F$	10	12.2634	4	A	A
	8	9.6527	4	AB	AB
	6	7.0656	4	BC	AB
	4	4.5923	4	C	AB

方差分析表明：探针插入深度和探针间距变化引起的阻抗、电阻和抗阻差异性显著，概率均不大于 0.0004；探针间距对电容影响较探针插入深度显著。通过邓肯多重比较发现，探针间距为 4mm 时，各介电参数均与其他间距的介电参数差异显著，阻抗、电阻和抗阻取得最小值，电容取得最大值。0.05 水平上，探针插入深度各水平下的阻抗、电阻和抗阻均值差异非常显著，探针插入深度越大，测量结果越大；电容差异不显著，在探针插入深度为 10mm 时取得最大值。决定系数均大于 0.85，结论可靠。

1. 探针间距对果蔬介电特性的影响

4 针型探针式电极探针间距可以达到的最大距离为 10mm，而可调探针式 4 电极可达到的最小间距为 4mm，在这个范围内研究探针间距大小对苹果各介电参数测量结果的影响。探针插入深度固定为 10mm，测量频率为 1000Hz 时，试验结果如图 5.8 所示。

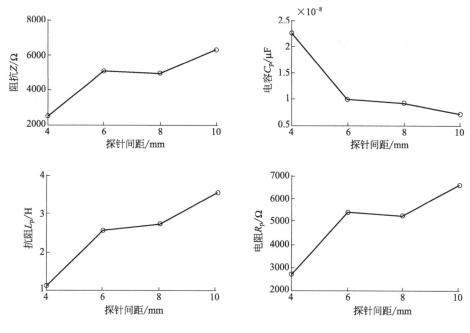

图 5.8　探针间距对苹果介电特性的影响

随探针间距增大，苹果阻抗、抗阻和电阻均增大，电容减小。对其进行回归分析，见表 5.12。

⊡ **表 5.12　不同测量频率下探针间距与苹果介电特性的回归分析**

介电参数	测试频率/Hz	线性回归模型	F 值	$Pr>F$	R^2
抗阻 Z/Ω	1k	$y=-23312.2892\dfrac{1}{x}+8456.7292$	21.80	0.0429	0.9160
	10k	$y=-11089.6064\dfrac{1}{x}+3884.9577$	42.44	0.0228	0.9550
	100k	$y=-3360.3855\dfrac{1}{x}+1381.6618$	27.83	0.0341	0.9329
电阻 R_{p}/Ω	1k	$y=-23846.0402\dfrac{1}{x}+8778.5023$	20.21	0.0461	0.9099
	10k	$y=-14670.6185\dfrac{1}{x}+4987.4617$	35.21	0.0272	0.9463
	100k	$y=-3866.7823\dfrac{1}{x}+1533.5363$	34.14	0.0281	0.9447
抗阻 L_{p}/H	1k	$y=-15.0065\dfrac{1}{x}+4.8930$	39.30	0.0245	0.9516
	10k	$y=-0.2610\dfrac{1}{x}+0.0980$	60.98	0.0160	0.9682
电容 $C_{\mathrm{p}}/\mu F$	1k	$y=102.8281\dfrac{1}{x}-4.2319$	22.22	0.0422	0.9174
	10k	$y=30.2380\dfrac{1}{x}+0.1433$	24.31	0.0388	0.9240

回归模型显著性概率小于0.05，较显著，决定系数均大于0.9，结论可靠。4针型探针式电极探针间距与苹果介电参数呈倒数关系。测试频率为10kHz时，回归模型拟合度最高。探针式4电极在中心电极周围形成一个比较均匀的电场，对果蔬介电特性变化比较敏感，测量结果比较准确。

2. 插入深度对果蔬介电特性的影响

随着探针插入深度增大，阻抗、抗阻和电阻均在减小，电容在增大，而且测试频率越小，各介电参数随探针插入深度变化的幅度越大，即测试频率越小，探针插入深度对测量结果影响越大。在不同测试频率下对苹果各介电参数进行一元线性回归，回归模型的决定系数均达到0.95以上，下面列举介电参数与探针插入深度最优回归模型：

阻抗 $Z(\Omega)$，频率为1000Hz，回归模型为 $y = 15107 - 912.43x$，决定系数 R^2 为0.9696；

抗阻 $L_p(H)$，频率为100Hz，回归模型为 $y = 247.388 - 13.224x$，决定系数 R^2 为0.9861；

电阻 $R_p(\Omega)$，频率为1000Hz，回归模型为 $y = 15601 - 934.59x$，决定系数 R^2 为0.9705；

电容 $C_p(F)$，频率为100kHz，回归模型为 $y = 2.9066 \times 10^{-11}x + 6.1947 \times 10^{-11}$，决定系数 R^2 为0.9866。

苹果介电参数与探针间距成反比，与探针插入深度成正比，在1000Hz下，对各介电参数进行多元线性的逐步回归，取得最优回归模型如下：

阻抗 $Z(\Omega)$ 最优模型：$y = 13671 - 449.7875x_2 - 3036.8492\dfrac{1}{x_1}$；决定系数为0.9171；

电容 $C_p(nF)$ 最优模型：$y = -1.3557 + 8.6821\dfrac{x_2}{x_1}$，决定系数为0.9321；

抗阻 $L_p(H)$ 最优模型：$y = 10.6601 - 0.5441x_2 - 18.6989\dfrac{1}{x_1}$，决定系数为0.9492；

电阻 $R_p(\Omega)$ 最优模型：$y = 14313 - 493.7173x_2 - 30.26.4482\dfrac{x_2}{x_1}$，决定系数为0.9143。

式中，x_1 为探针间距；x_2 为探针插入深度。

最优回归模型的显著性检验概率均小于0.0001，决定系数在0.9以上，回归模型拟合精度非常高。

3. 测量频率对果蔬介电特性的影响

4针型探针式电极测量苹果介电参数试验中，测量频率不同，苹果介电参数也不同，试验研究4针型探针式电极测量苹果介电参数过程中，测试频率对介电参数测量结果的影响。

苹果介电参数均随频率的增大而减小，当探针插入深度与探针间距均为8mm时，对其进行回归分析：

阻抗 $Z(\Omega)$，回归模型 $y = 42128x^{-0.2888}$，决定系数为0.9570；

电阻 $R_p(\Omega)$，回归模型为 $y = 47693x^{-0.2917}$，决定系数为0.9465；

抗阻 $L_p(H)$，回归模型为 $y = 19648x^{-1.2865}$，决定系数为0.9773；

电容（μF），回归模型为 $y = 11289.2x^{-0.7135}$，决定系数为 0.9297。

在利用 4 针型探针式电极装置进行试验时，测试频率与苹果介电参数呈乘幂关系，拟合精度高，决定系数均在 0.92 以上，特别是抗阻。

4. 高压脉冲预处理对苹果介电特性的影响

利用 2 针型探针式电极装置试验研究高压脉冲电场预处理前后电极参数对果蔬介电特性的影响。

5. 探针间距对苹果介电特性的影响

选取表面平整的苹果样品进行高压脉冲电场预处理，处理后马上利用 2 针型探针式电极进行试验。探针插入深度为 10mm，研究高压脉冲前后探针间距对苹果介电特性的影响。

测试频率为 1000Hz，探针插入深度为 10mm 时，进行高压脉冲预处理苹果和对照组的对照。从图 5.9 中可以看出，预处理苹果的电阻、阻抗和抗阻均减小，电容增大，说明苹果内部带电粒子移动阻力减小，导电能力增强，介电常数增大。与未处理果蔬相比较，高压脉冲预处理苹果的电阻、抗阻和阻抗变化趋势更加平稳，对其进行一元线性回归。

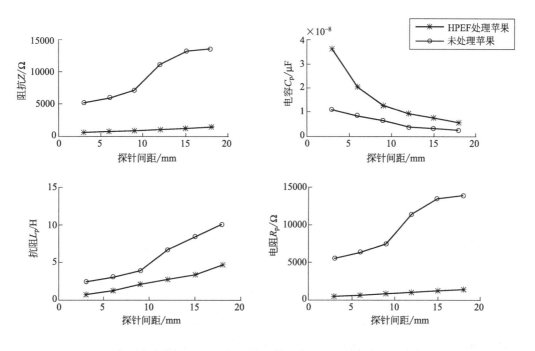

图 5.9 高压脉冲电场（HPEF）预处理前后苹果介电参数随探针间距的变化

阻抗的回归模型为 $y = 60.438x + 258.58$，决定系数为 0.9955；
抗阻的回归模型为 $y = 0.2493x - 0.1995$，决定系数为 0.9843；
电阻的回归模型为 $y = 60.387x + 260.94$，决定系数为 0.9954。
高压脉冲电场预处理苹果介电参数与探针间距线性相关，模型显著。而苹果的电容变化速度出现先快后慢的趋势，对其进行回归，回归模型为 $y = 109.48\dfrac{1}{x} + 0.4061$，决定系数为 0.9933。2 针型探针式电极的两个电极等效为电容器的两个极板，电容与极板间距呈倒数，高压脉冲预处理苹果的电容拟合模型符合。

高压脉冲电场处理果蔬的介电特性变化很明显，特别是电阻，几乎减小为原来的十分之一，预处理后，苹果电阻等与探针间距的线性关系更加显著，直线拟合精度更高，电容与电极间距呈倒数关系。

6. 探针插入深度对苹果介电特性的影响

高压脉冲电场预处理对苹果介电特性影响很大。测试频率为 1000Hz，探针间距为 9mm，试验研究高压脉冲预处理前后探针插入深度对苹果介电特性的影响。

如图 5.10 所示，与未处理苹果（对照组）相比较，高压脉冲预处理苹果介电参数发生很大变化，阻抗、抗阻和电阻均减小，而且探针插入深度越小，减小幅度越大。高压脉冲预处理苹果电容增大，增大的幅度较大。高压脉冲预处理苹果电阻、阻抗和抗阻均随探针插入深度增大而减小，电容随探针插入深度增大而增大。对其进行一元线性回归：

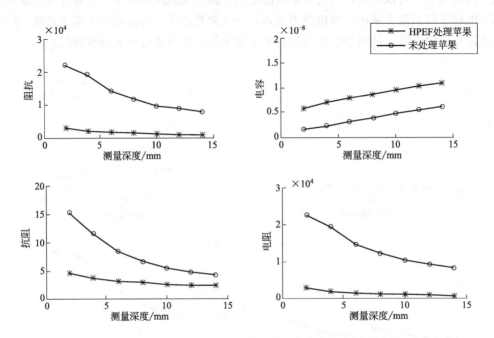

图 5.10 高压脉冲电场（HPEF）预处理前后苹果介电参数随探针插入深度的变化

阻抗回归模型为 $y=-152.1475x+257.9284$，决定系数为 0.8477；
电容回归模型为 $y=0.4415x+5.0656$，决定系数为 0.9875；
抗阻回归模型为 $y=-0.1719x+4.4672$，决定系数为 0.9044；
电阻回归模型为 $y=-153.038x+2658.0538$，决定系数为 0.8471。

回归模型较显著，从回归模型可以看出，电阻的变化速率最大，最小为抗阻速率，与未处理苹果相比较，除了电容变化速率增大，其他均减小。

7. 测量频率对苹果介电特性的影响

探针间距为 9mm，探针插入深度为 10mm，利用探针式 2 电极测量高压脉冲预处理苹果的介电参数。

如图 5.11 所示，与未处理的对照组相比，高压脉冲电场预处理苹果介电参数变化很大，需要定义一个参数来描述预处理引起的介电参数的变化。定义介电参数变化比 B：

$$B = \frac{t_0 - t_1}{t_0} \tag{5.2}$$

式中，t_0 为未处理果蔬介电参数；t_1 为高压脉冲预处理果蔬介电参数。

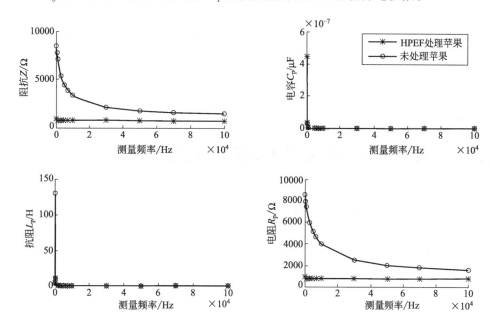

图 5.11　高压脉冲电场（HPEF）前后苹果介电参数随测量频率的变化

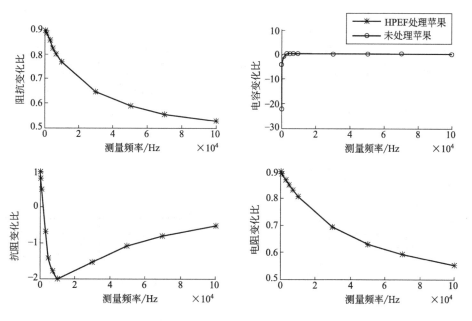

图 5.12　高压脉冲预处理对苹果介电参数变化比的影响

由图 5.12 可以看出，随着频率增大，阻抗和电阻变化比逐渐减小，电容变化比先快速增大，到某一个值后不再变化，当频率达到 3000Hz 以上，电容变化与测量频率几乎无关，抗阻先减小后增大，转折点频率为 10kHz 时，高压脉冲预处理苹果介电参数变化很大，阻抗、抗阻和电阻均减小，电容增大，而减小幅度随频率减小而增大；预处理苹果的电阻、阻抗和抗阻与探针间距线性相关，拟合精度更高，电容与探针间距呈倒数关系，负相关；预处理苹果的电阻、阻抗、电容和抗阻与探针插入深度线性相关，决定系数均达 0.8 以上。

在含水率和测试频率一定的情况下，对苹果各介电参数进行方差分析和均值多重比较发现：除了 4 针型探针式电极探针插入深度对电容响应不显著，其他探针式电极探针间距和探针插入深度均对各介电参数响应显著，探针间距和探针插入深度的均值差异显著。

第二节
果蔬冻干过程含水率无线监测系统设计与试验

结合实际需要的基础上，设计了基于 ZigBee 协议的探针式介电常数测量系统，给出了系统各模块的构成框图，论述了探针电容测量介电常数的原理，详细介绍了系统各模块的设计，最后试验检验了系统的精准度。

一、系统设计总述

设计的探针式介电常数测量系统包括测量装置、收发器和上位机软件。测量装置结构如图 5.13 所示，包括电容传感器、温度传感器和 ZigBee 终端节点，其中电容传感器和温度传感器分别用于测量相对介电常数和冻干箱内温度，ZigBee 终端节点用于驱动传感器，并读取传感器测量数据，最后发送测量数据到收发器。收发器包括 ZigBee 协调器节点和串口转 USB 电路，其中 ZigBee 协调器节点用以接收测量装置中的 ZigBee 终端节点发送的数据，串口转 USB 电路用以发送数据到上位机，从而建立测量装置与上位机软件之间的通信。上位机软件接收数据，并对数据进行实时处理、显示、保存，并画介电常数随时间变化图。收发器与上位机连接方式如图 5.14 所示。

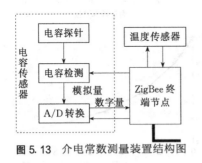

图 5.13 介电常数测量装置结构图

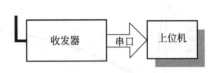

图 5.14 收发器与上位机连接方式

数据采集过程：测量装置放置在冻干箱内，该装置的电容传感器和温度传感器分别检测果蔬的相对介电常数和冻干仓的温度，ZigBee 终端节点采集检测数据并将数据按照一定的数据格式重新组织封装成 ZigBee 协议数据包，通过芯片上的射频发射器将数据包发送到射频网络中；冻干箱外部的收发器从射频网络中接收数据包，从数据包中解析出检测数据后通过串口转 USB 口将数据发送到上位机；上位机软件从 USB 口读取数据，并对数据进行处理、实时显示、曲线描绘、定时保存。

二、测量装置设计

测量装置包括电容传感器、温度传感器和 ZigBee 终端节点三个部分。电容传感器通过差分式开关电容电路、电压补偿电路将果蔬介电常数转化为相应的电压信号,然后 ADC 将电压信号转化为数字量。同时,温度传感器检测冻干箱内温度并将数据发送到 ZigBee 节点。ZigBee 终端节点用以初始化电容传感器和温度传感器,然后实时采集电容和温度数字量,最后通过无线射频网络将采集数据发送到冻干仓外部的收发器。

三、电容传感器设计

目前按照介电参数测量原理可将介电常数测量方案分为同轴探头法、传输/反射法、自由空间法、谐振腔法和电容器法。与其他方法相比,电容器法测量介电参数具有低成本、低能耗、适用于恶劣环境等优点。因此,本书采用该原理设计电容传感器,传感器包括传感器探头、电容检测模块、A/D 转换模块。

1. 传感器探头

传感器探头很大程度上决定了传感器的性能。电容传感器一般采用平行板电容器作为探头,但平行板电容器不仅易受磁场干扰,而且对干燥速率影响较大。为此创新设计了基于探针式电容器的介电常数测量装置,探头不仅不影响果蔬干燥速率而且不易受磁场干扰。探针采用直径 1.3mm、长 11mm 的不锈钢针,两针之间的距离为 10mm。探针模型如图 5.15 所示。

图 5.15　探针模型图

2. 电容检测模块

利用 RCL 测试仪对苹果的冷冻干燥预实验表明,冻干过程中电容传感器的探针电容变化范围为 0.2～5pF,且在 5～150kHz 频率范围内相对介电常数与含水率有较好的相关性。可见冻干试验过程中电容值较小,变化范围较窄,这就要求电容传感器有较高精度,并且能够在 5～150kHz 范围内工作。

根据测量原理不同,电容检测电路设计方案主要分为交流电桥法、差动脉宽调制法、调频法、电荷法和运算放大器法。相比其他方案,电荷法具有更高的灵敏度、稳定性和分辨率,特别适用于动态测量。

差分式开关电容电路是电荷法的一种实现电路,差分式开关电容电路如图 5.16 所示。

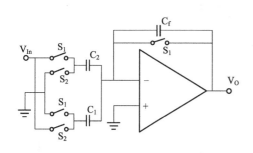

图 5.16　差分式开关电容电路

当 S_1 闭合,S_2 断开时,C_2 充电,C_1 和 C_f 放电,运算放大器负输入端的电荷量等于 C_2 储存电荷,此时运算放大器负输入端的电荷量为

$$Q_1 = V_{In} C_2 \qquad (5.3)$$

当 S_2 闭合,S_1 断开时,C_2 放电,C_1 和 C_f 充电,运算放大器负输入端的电荷量等于 C_1 和 C_f 储存电荷,此时运算放大器负输入端的电荷量为

$$Q_2 = V_{In} C_1 + V_O C_f \qquad (5.4)$$

利用电荷守恒定律得知 $Q_1 = Q_2$,得到输出电压:

$$V_O = V_{In} \frac{C_2 - C_1}{C_f} \qquad (5.5)$$

由输出电压的公式(5.5)可知，输入电压 V_{In} 和反馈电容 C_f 保持不变时，差分式开关电容电路的输出电压与两输入电容的差值成正比。因此，可以通过测量该电路的输出电压得到输入电容变化量。上述电路中求得的公式(5.5)是假定开关和运算放大器为理想情况，但开关不可避免地存在延迟，造成输出电压有噪声，另外运算放大器总是存在缺陷使其虚地效果不理想，继而引起输入端产生失调电压，最终造成输出电压中引入偏置电压。

采用了 MS3110，该芯片基于差分式开关电容电路设计。为消除开关延迟问题引起的干扰，该芯片集成了低通滤波电路消除高频开关产生的干扰。另外，为解决运算放大器缺陷造成的电压偏移，芯片集成了电压补偿电路。

该芯片用幅值相同、相位相反的方波信号作为电路的激励源，实现对电容变化的调制。调制信号通过电荷积分放大电路将其电容的变化量转换为电压的变化量，后经过低通滤波电路与信号增益电路的处理，得到与电容变化量成正比的电压信号。MS3110 的原理框图如图5.17 所示，芯片在集成了增益和补偿之后，电容-电压转换公式为

$$V_O = GAIN \times V2P25 \times 1.14 \times \frac{CS2_T - CS1_T}{CF} + VREF \qquad (5.6)$$

式中，GAIN 为内部可调增益，可配置为 2 或 4，本系统配置为 GAIN = 2V/V；V2P25 为芯片参考电压，默认值为 2.25V，为保证芯片的精准测量，需要配置寄存器使得 V2P25 保持在 2.24 ~ 2.26V；$CS1_T$、$CS2_T$ 为可配置电容，$CS1_T = CS1$，$CS2_T = CS2 + CIN$；VREF 为可配置为 0.5/2.25V，本系统配置为 0.5V。

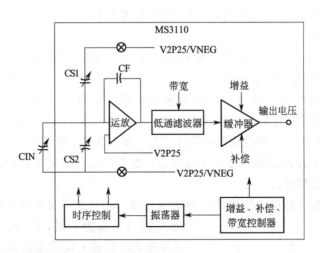

图 5.17 MS3110 原理框图

在果蔬冻干试验中电容变化范围为 0.2 ~ 5pF，为满足量程需要的前提下提高精度，配置芯片寄存器使本系统检测范围为 0 ~ 7pF。另外，芯片的工作频率为 100kHz，适合果蔬冻干试验要求。

3. A/D 转换模块设计

电容检测模块只是将电容转换为与之成比例的电压模拟信号，需要通过 A/D 转换模块将模拟信号转换为数字信号才能进行数据传输。MS3110 的电容检测精度达到 4aF/rtHz，但只有配合高分辨率的 A/D 转换模块才能达到高精度测量。

本书采用 ADI 公司的高精度工业级 A/D 转换芯片 AD7710，调节器输出信号通过芯片内部的数字滤波器处理，数字滤波器的第一槽口可由 AD7710 的控制寄存器控制，使得调节截止频率和稳定时间成为可能。冻干试验环境温度不稳定，但该芯片上的自校准模式能够有效消除温漂的影响，从而消除零点和满量程误差。

该芯片具有两个差分模拟输入端口和一个差分基准参考电源输入端口。AD7710 的两个差分模拟输入端口分别用于检测 MS3110 的参考电压 V2P25 和输出电压 V_O，而差分基准参考电源输入端口用于连接外部基准电压。由于检测电压的范围在 $0.5\sim4V$（MS3110 的输出电压 V_O 的变化范围），为满足量程要求情况下提高精度，采用精密且微功率电压参考芯片 REF194 作为 AD7710 的基准电压输入端，其基准电压为 4.5V。基准芯片 REF194 使用了专用的温度漂移曲率校正电路、高稳定的激光微调和薄膜电阻等技术，实现了极低温度系数和极高的精准度。

AD7710 有三个 24 位的寄存器，分别为控制寄存器、数据寄存器和校验寄存器。控制寄存器用以控制该芯片的运行模式、输入增益、通道选择、节能状态、数据长度、滤波截止频率等参数的配置；数据寄存器用于临时存放一次 A/D 转换结果；校验寄存器用于存储自校验结果。通过 AD7710 串行通信接口，外部处理器可写控制寄存器以完成 AD7710 的初始化，可读数据寄存器以采集 A/D 转换数据。需要特别指出的是，AD7710 包含两个输入端口，而数据寄存器只有一个，每次读取不同输入端数据时需要重新初始化控制寄存器。

四、温度传感器设计

在冻干初期阶段，冻干箱内温度不断升高，果蔬介电特性受温度影响较大，在冻干箱温度达到稳定时，找到果蔬相对介电常数与其含水率之间的关系，因此测量装置添加了温度传感器。

DS18B20 是美国 DALLAS 半导体公司推出的一线式数字温度传感器。它仅有一根数据线进行数据读写，温度变化功率也来源于数据总线，总线本身还可以向所挂接的 DS18B20 供电，但本系统提供了 3.3V 的外部供电以保障芯片更加稳定地工作。DS18B20 主要有 4 个部件组成：64 位光刻 ROM、温度传感器、非挥发的温度报警触发器、配置寄存器。光刻 ROM 主要用于一根总线上挂载多个 DS18B20；温度传感器的测量范围为 $-55\sim+125℃$，固有的测温分辨率为 0.5℃；温度传感器内部包含一个高速缓冲 RAM 和一个 EEPROM，EEPROM 用于存放高温和低温报警温度 TH 和 TL；配置寄存器用于配置 DS18B20 的工作模式。DS18B20 是单总线数据通信方式，这就要求通信需要按照严格的时序协议。控制器完成对 DS18B20 的一次操作需要五个步骤：

发送复位脉冲→接收存在脉冲→发送 ROM 指令→发送存储器操作指令→执行或数据读写。

在总线上仅挂载了一个 DS18B20，不设置报警温度而只进行温度读取，每次温度读取只需两次操作。

第一次操作命令 DS18B20 进行温度转换，操作流程为：

发送复位脉冲→接收存在脉冲→跳跃 ROM 指令→温度转换指令→等待执行。

第二次操作读取转换结果，操作流程为：

发送复位脉冲→接收存在脉冲→跳跃 ROM 指令→从 RAM 读取数据指令→接收数据。

芯片出厂默认采用 12 位分辨率的转换方式，这种设置可以得到较高的精度，但需要约750ms 的等待时间。果蔬的冷冻干燥过程通常需要数小时，甚至达到几十小时，因此对时效要求不高。本设计使用出厂默认转换方式，无需修改配置寄存器。

五、 ZigBee 终端节点设计

设计意在为冻干厂商提供更为方便、快捷的在线检测含水率的方案，为此采用具有自组网、低功耗、低成本、短延迟的 ZigBee 技术。随着 ZigBee 协议的完善，市场上逐步推出了支持 ZigBee 协议的芯片。TI 公司推出的片上系统 CC2530 是市场最主流的 ZigBee 网络处理器，将复杂的 ZigBee 网络协议处理为简单的用户接口命令，用户只需简单的函数调用就可以通过该芯片实现 ZigBee 网络的控制，主要特点：优良的收发器，低能耗，大存储，优良的 MCU，强大的外设。

本系统将 CC2530 作为测量装置的微控制器，不仅完成温度传感器和电容传感器的初始化，而且实现数据的采集和传输，如图 5.18 所示。

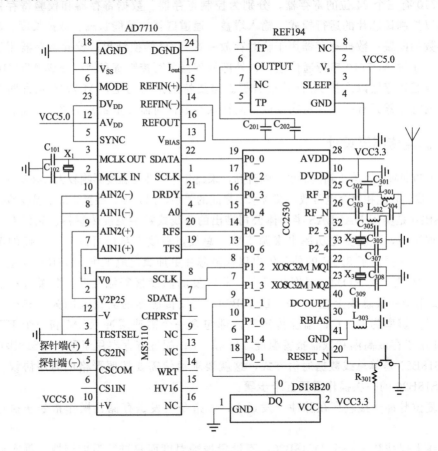

图 5.18 传感器模块电路原理图

CC2530 专为 ZigBee 协议的实现而设计，使得硬件设计更简单，但随着 ZigBee 协议越来越完善，实现协议需要大量的代码。为此，TI 公司设计了 ZigBee 协议栈（Z-Stack™）作为 ZigBee 网络开发的核心代码，用户无需编写 ZigBee 协议实现代码，只需按照协议栈标准添加用户程序实现特定目的。协议栈嵌入了实时操作系统，用于网络加入、数据收发等功能的统一调度。在此使用了带有 C/C＋＋编译器和调试器的集成开发环境 IAR Embedded Workbench（简称 IAR）进行程序开发。

ZigBee 网络中包括终端节点、路由器节点和协调器节点。终端节点首先初始化实时操作系统以实现网络的加入，之后初始化两个传感器并采集检测结果，最后将数据发送到协调器节点。终端节点循环采集数据过程以实现实时监测工作温度和介电常数。

六、收发器设计

收发器通过射频网络从测量装置接收试验数据，并通过串口转 USB 电路将数据上传到上位机。收发器也采用 CC2530 作为其微处理器，该节点是 ZigBee 网络的协调器节点，硬件电路使用与终端节点相同的晶振、天线等外围器件。

另外，收发器连接了串口转 USB 芯片 CH340，从而实现收发器与上位机的通信，如图 5.19 所示。通过串口转 USB 电路，用户能够在 PC 上实时地监控数据，方便进行调试和分析（图 5.20）。

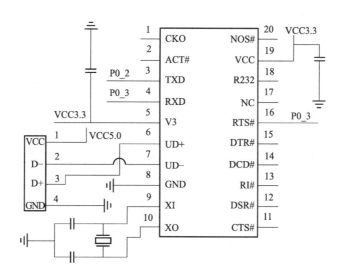

图 5.19　CH340 连接图

七、上位机软件设计

Visual Basic（VB）是一种功能强大、简单易学、可视化的上机软件开发工具。采用面向对象开发软件 VB 6.0 设计上位机管理软件，实现了数据的实时读取、自动处理、快速显示和定时存储。上位机软件主要使用了 MSComm、CommandButton、Timer（定时）、PictureBox（作图）等控件，通过设置控件属性和简单的程序就能达到目的。利用 CommandButton 创建多按键，实现数据清空、串口打开、暂停记录等功能。多控件共同作用从而实现上位机软件对数据读取、处理、显示和保存等。

八、果蔬无线检测装置性能评估实验

设计本系统是为了建立果蔬相对介电常数与含水率的关系模

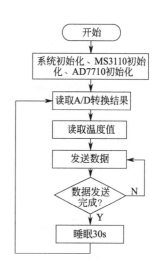

图 5.20　终端节点程序流程图

型，利用此模型和本系统实时测定的相对介电常数计算出实时含水率，并根据实时含水率优化真空冷冻干燥工艺。但本系统应用于真空冷冻干燥之前，需要检验系统的测量精度，验证系统能够准确测定果蔬相对介电常数。本系统利用电容法测量相对介电常数，因此只需测量电容传感器测量电容的精度，只要系统能够精准测量电容就能精准测量果蔬的相对介电常数。

1. 实验方法及步骤

在室温下，以稳定性高、绝缘性好的瓷片电容为测量电容，使用 3532-50 型 RCL 测试仪（HIOKI，精度 160nF）测量测定 8 个大小不同的瓷片电容，以 RCL 测量值为电容的真实值。然后用本系统测量同样的 8 个瓷片电容，比较不同仪器的测量结果。

上述实验是在室温下进行，测量结果只能用于评估电容传感器在室温下的测量精度，但真空冷冻干燥试验是在高温下进行的，需要检验电容传感器在高温环境下的测量精度。使用铁板制作简易平板电容，电容形状较大但温漂很小，适用于检测温度对传感器的影响。多数果蔬真空冻干的最优温度在 70℃左右，该系统分别在常温与 70℃下对大小不同平板电容进行测量，评估系统在 70℃的检测精度。

2. 结果分析

在室温下，RCL 测试仪和电容传感器的测量结果如表 5.13 所示，电容传感器的相对误差小于 3%，说明传感器具有较高精度，能够在室温下精准测量电容。

▢ 表 5.13　室温精度测量

RCL 测量值/pF	传感器测量/pF	绝对误差/pF	相对误差/%
3.0204	3.0969	0.0765	2.5328
5.4042	5.4588	0.0546	1.0103
2.1896	2.2539	0.0643	2.9366
2.9658	3.0327	0.0669	2.2557
5.1321	5.1997	0.0676	1.3172
1.2312	1.2539	0.0227	1.8437
2.9069	2.9481	0.0412	1.4173
5.2911	5.3422	0.0511	0.9658

在室温和 70℃下，传感器对平板电容的测量结果如表 5.14 所示，相对误差小于 0.5%。说明传感器具有较好的温度稳定性，装置能够在真空冷冻干燥试验过程中精准测量电容。

▢ 表 5.14　高温精度测量

常温值/pF	70℃/pF	绝对误差/pF	相对误差/%
0	0.003498	0.003498	—
0.250457	0.2518	0.001344	0.5364
0.54008	0.540297	0.000217	0.0402
0.868017	0.871161	0.003144	0.3622
1.764051	1.762124	0.00193	0.109
3.329241	3.329137	0.0001	0.0031
5.62963	5.624873	0.00476	0.084

性能评估试验说明本系统能够准确检测电容值，并且具有很好的温度稳定性。因此，该系统能够在冻干试验过程中准确检测果蔬相对介电常数。

第六章

▶▶▶▶▶▶

高压脉冲电场对果蔬生物力学性质的影响

第一节
对果蔬宏观力学性质的影响

研究高压脉冲电场预处理对果蔬生物力学性质的影响，需要进行果蔬压缩、剪切及硬度等试验研究，这些性质的测定可采用常规试验方法。近年来在高压脉冲电场预处理对果蔬生物力学性质影响方面的研究，国内外的相关报道较少，而且主要集中在果蔬榨汁、加工和机理等方面的研究。我们课题组近年来在相关方面已有一定的研究基础。在此针对苹果、马铃薯、梨、西葫芦等大众果蔬进行全面系统的生物力学性质试验，研究内容主要包括剪切试验、压缩试验及硬度试验，旨在探索高压脉冲电场预处理对果蔬生物力学性质的影响规律，确定合适的高压脉冲电场参数，为高压脉冲电场预处理果蔬的真空冷冻干燥技术最优工艺参数的确定提供参考。研究中进行了试验方法的创新，探索了果蔬的压痕试验法，测定不同的果蔬品种在弹性范围内的压痕深度和果蔬力学性质之间的关系，以数学模型为基础标定出用压痕量来表达果蔬材料力学性质的对应关系，为果蔬材料力学性质的测量寻求一种新的测试方法，为果蔬的生物力学性质的研究提供基础支持。

一、果蔬宏观力学性质试验方案及设计

（一）试验材料及仪器

分别选取太谷本地产的苹果、马铃薯、梨、西葫芦、西芹等为研究对象；采用美国 BTX 公司 ECM830 高压脉冲电场发生器，其脉冲宽度、重复频率和脉冲的电压幅度均可调节，脉冲波形为矩形波，处理室形状为方形，电极为 20mm×20mm，电极间距可调，其绝缘材料为环氧树脂，将样

品置于两极板之间进行高压脉冲电场预处理；采用 INSTRON 和 CMT6104 微机控制电子万能材料试验机，测试时能实现计算机自动控制和数据自动采集；DHG-9023A 型电热恒温鼓风干燥箱，温度调节范围为 50～200℃；MP2002 电子天平，量程为 0～1510g，精度为 1%。试验仪器见图 6.1

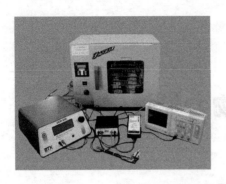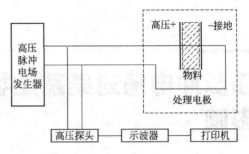

(a) 高压脉冲电场试验装置及系统示意图

(b) 电子万能材料试验机　　　　　(c) INSTRON材料试验机

图 6.1　试验仪器

取新鲜的胡萝卜、白萝卜、苹果、西葫芦、西芹、梨、马铃薯等洗净去皮，对于胡萝卜、西芹等长轴方向假设为纵向，苹果和梨等赤道方向为横向。沿横向方向切成长×宽×高＝17mm×17mm×10mm 的方块，每组取 6 个样本，用于剪切和硬度试验。另取长×宽×高＝10mm×10mm×17mm 的方块用于压缩试验，每组试验重复 6 次，结果取平均值。

选取脉冲强度、脉冲宽度和脉冲个数 3 个预处理参数，按照试验设计要求进行预处理，处理后放入无损塑料袋内密封，随即进行测定。以未处理样品为对照组，预处理样品与对照组样品同时进行力学性质测定试验。根据 GB 5009.3—2016 测定果蔬的含水率，首先取样品少许，去皮切碎后放入一定器皿中，用电子天平称重后放入 DHG-9023A 型电热恒温鼓风干燥箱内，每隔 30min 取出称重，直至两次所称重量的差值小于 0.01g 为止。鼓风干燥温度设定为 90℃，风速 1m/s。

（二）试验设计

预试验结果表明，在脉冲强度为 2000～3000V/cm 时，由于脉冲强度过大，果蔬表层出现灼伤等明显电击穿现象，造成果蔬品质的损坏，所以本书只列出了脉冲强度在 5～2000V/cm 范围内相关的力学性质测试结果。由于脉冲强度的参数范围（5～2000V/cm）比较大，为了使试验结果不产生较大的偏差，试验按照脉冲强度分两段区域进行，即水平 1 和水平 2，其具体参数选择范围见表 6.1。

□ 表 6.1　试验参数选择范围

名称	水平 1	水平 2
脉冲强度/(V/cm)	5～1000	1000～2000
脉冲宽度/μs	10～200	10～150
脉冲个数	1～99	1～99

　　主要研究果蔬经过高压脉冲电场预处理后其力学性质的变化以及力学性质与影响高压脉冲电场的 3 个因素，即脉冲强度、脉冲宽度和脉冲个数之间的关系。由于试验因素的取值范围较大，选择正交旋转试验方法。

　　正交旋转组合设计一方面基本保留了回归正交设计的优点，如试验次数少、计算简单，部分地消除了回归系数间的相关性等，虽然舍弃了部分的正交性，但是获得了旋转性；另一方面有助于克服回归正交设计中回归预测值的方差依赖于试验点在因子空间中位置的缺点。采用响应曲面法对试验结果进行分析。响应曲面法在多因子试验中将因子与试验结果（响应值）的相互关系用多项式拟合，把因子和试验结果的关系函数化。因而，可通过对函数的面进行分析，研究因子与响应值之间、因子与因子之间的相互关系，是一种优化反应条件和加工工艺参数的有效方法。通过响应曲面法可以得出试验结果与参数变量间的关系，并求得参数变量的系数，最终建立响应面与参数变量间的函数关系。

　　根据 Box-Behnken 模型，试验次数为 $2^k + 2k + n_0$，其中 k 是自变量的个数，n_0 是试验在中心点重复的次数（$k=3$，$n_0=9$），共 23 次试验。根据 $k=3$，$n_0=9$ 确定星号臂 $\gamma = 1.682$，然后对试验因素 X_j（$j=1$，2，3）的各水平进行线性变换。水平编码公式为

$$Z_j = \frac{X_j - X_{j0}}{\Delta_j} \tag{6.1}$$

　　式中，Z_j 为因素 X_j 的规范变量；X_{j0} 为因素 X_j 的零水平；Δ_j 为间距，$\Delta_j = \frac{X_{jr} - X_{-jr}}{2\gamma}$，其中 X_{jr} 为因素 X_j 的上限，X_{-jr} 为因素 X_j 的下限。例如脉冲强度在 5～1000V/cm 范围内，间距 $\Delta_j = \frac{X_{jr} - X_{-jr}}{2\gamma} = \frac{1000-5}{2 \times 1.682} = 295.78$，脉冲强度的零水平 $X_{j0} = \frac{X_{jr} + X_{-jr}}{2} = \frac{5+1000}{2} = 502.5$。所以规范变量 $-1.682 = \frac{X_1 - 502.5}{295.78}$，可以得到规范变量 γ 的实际值为 5V/cm。依此方法可以得到规范变量所对应的实际值。

　　由于仪器有分辨率，各因素的调节并不是连续的。在设计试验时，所选择的数据必须圆整为仪器所能显示的调节数字。水平 1、水平 2 各因素及水平编码具体见表 6.2 和表 6.3。

□ 表 6.2　水平 1 试验因子及水平编码

变量名称	零水平	间距 Δ	编码变量设计水平 γ=1.682				
			$-\gamma$	-1	0	1	γ
脉冲强度/(V/cm)	500	295.78	5	205	500	800	1000
脉冲宽度/μs	105	56.48	10	50	105	160	200
脉冲个数	50	29.13	1	20	50	79	99

变量名称	零水平	间距 Δ	编码变量设计水平 $\gamma=1.682$				
			$-\gamma$	-1	0	1	γ
脉冲强度/(V/cm)	1500	297.27	1000	1205	1500	1800	2000
脉冲宽度/μs	80	41.62	10	38	80	122	150
脉冲个数	50	29.13	1	20	50	79	99

针对 ECM830 高压脉冲电场发生器，以脉冲强度、脉冲宽度和脉冲个数 3 个因子为自变量，选择三元二次正交旋转组合设计方案试验。

二、果蔬剪切性质试验研究

剪切试验可以模拟果蔬被切割、剪断的过程，所获得的剪切力、剪切功等数据对于指导果蔬加工机械的研制开发具有一定的实际价值。果蔬的剪切力学性能指标，如剪切力、剪切强度等反映了果蔬的抗剪切能力。在某种程度上可以表达材料的质构、脆度、密度等情况。

1. 测试方法

将自制的剪切装置安装到 CMT6104 电子万能材料试验机的上、下夹具内，并将试样放入剪切装置内，如图 6.2 和图 6.3 所示。本试验以 70mm/min 的试验速度对试样施加拉应力，试验结束后计算机自动输出最大剪切载荷。

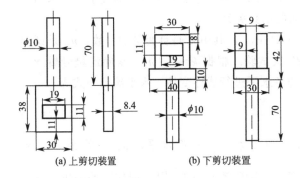

(a) 上剪切装置　　　(b) 下剪切装置

图 6.2　剪切装置示意图

图 6.3　果蔬剪切试验

本试验采用双面剪切来测定样品的剪切强度。若样品断裂时的最大载荷为 F，则样品的剪应力为

$$\tau=\frac{F}{2A} \tag{6.2}$$

试样的剪切面积 $A=10\text{mm}\times17\text{mm}=170\text{mm}^2$，$\tau$ 即剪切强度。

2. 结果与分析

经测定苹果、胡萝卜、白萝卜、梨、西葫芦、西葫芦芯、马铃薯及西芹的初始含水率分别为 86.64%、87.77%、95.34%、88.20%、95.34%、94.26%、78.43% 和 95.84%。试验分为两个水平进行，其中 x_1 为脉冲强度，x_2 为脉冲宽度，x_3 为脉冲个数。

在试验过程中，经高压脉冲电场预处理后，试样有明显的发热、渗水增多、质构变软等现象，并伴随有颜色的变化。电场强度越大，这种现象越明显，这表明经高压脉冲电场预处理果蔬的材料性质发生了明显的变化。

未处理的胡萝卜、白萝卜、苹果、梨、西葫芦、西葫芦芯、马铃薯和西芹的剪切强度（平均值）分别为 0.467MPa、0.262MPa、0.154MPa、0.049MPa、0.152MPa、0.047MPa、0.328MPa 和 1.021MPa。经过高压脉冲电场预处理后胡萝卜、白萝卜、苹果、梨、西葫芦、西葫芦芯、马铃薯和西芹的剪切强度（平均值）分别为 0.367MPa、0.229MPa、0.070MPa、0.069MPa、0.133MPa、0.041MPa、0.253MPa 和 1.235MPa。

因此，在预处理的范围内，与对照组相比，胡萝卜、白萝卜、苹果、西葫芦、西葫芦芯和马铃薯的剪切强度（平均值）分别降低了 21.28%、12.55%、54.25%、12.05%、12.86% 和 22.95%，而梨和西芹的剪切强度（平均值）则分别增加了 40.42% 和 20.98%。从试验结果总体来看，预处理后胡萝卜、白萝卜、苹果、西葫芦、西葫芦芯和马铃薯的剪切强度均比对照组降低，而梨和西芹的剪切强度则高于对照组。这种差异除了与试验的误差有关之外，还可能与果蔬自身的物料特性有关。因此，高压脉冲电场预处理后，果蔬的剪切强度有降低的趋势。

根据对照组的试验结果，各种果蔬的剪切强度从大到小依次为：西芹＞胡萝卜＞马铃薯＞白萝卜＞苹果＞西葫芦＞梨＞西葫芦芯。

果蔬的剪切强度与含水率成反比关系，而含水率又和细胞膨压成正比关系。高压脉冲电场在一定程度上会降低果蔬的剪切强度。

3. 模型的建立

利用 SAS 统计软件对试验结果进行回归分析，分别建立剪切强度 τ 的三元二次回归模型，并进行回归检验。再根据回归方程进行模拟寻优，从回归模型中推导、筛选出最佳的参数组合，得到的分析结果见表 6.4，其中 x_1 为脉冲强度，x_2 为脉冲宽度，x_3 为脉冲个数。

⊡ 表 6.4　剪切强度回归模型及模拟寻优结果

名称		P 值	自变量重要性	优化结果	二次回归模型
水平 1	胡萝卜	0.043 (＊)	$x_1 > x_2 > x_3$	$\tau_{胡萝卜 max} = 0.439$MPa (70V/cm、149μs、41 个)	$\tau_{胡萝卜} = 0.2266 + 0.0004x_1 + 0.0021x_2 + 0.0022x_3 - 0.0000002x_1^2 - 0.000002x_1x_2 - 0.00001x_2^2 - 0.000001x_1x_3 - 0.000003x_2x_3 - 0.00002x_3^2$
	苹果	0.0004 (＊＊)	$x_3 > x_1 > x_2$	$\tau_{苹果 max} = 0.114$MPa (875V/cm、80μs、21 个)	$\tau_{苹果} = 105.7420 - 0.0256x_1 - 0.0915x_2 - 1.2216x_3 + 0.0001x_1^2 - 0.0002x_1x_2 + 0.0003x_2^2 - 0.0001x_1x_3 - 0.00004x_2x_3 + 0.0075x_3^2$
	西葫芦芯	0.033 (＊)	$x_1 > x_3 > x_2$	$\tau_{西葫芦芯 max} = 0.064$MPa (87V/cm、87μs、24 个)	$\tau_{西葫芦芯} = 0.1373 - 0.0002x_1 - 0.0006x_2 - 0.0016x_3 + 0.0000001x_1^2 - 0.0000008x_1x_2 + 0.000002 + 0.0000004x_1x_3 + 0.000004x_2x_3 + 0.000009x_3^2$
	马铃薯	0.019 (＊)	$x_1 > x_2 > x_3$	$\tau_{马铃薯 max} = 0.309$MPa (820V/cm、74μs、84 个)	$\tau_{马铃薯} = 0.1226 + 0.0002x_1 + 0.0014x_2 - 0.0002x_3 - 0.0000009x_1^2 - 0.000002x_1x_2 - 0.000002x_2^2 + 0.000002x_1x_3 + 0.0000004x_2x_3 - 0.000004x_3^2$

名称		P 值	自变量重要性	优化结果	二次回归模型
水平 2	胡萝卜	0.010 (**)	$x_2 > x_1 > x_3$	$\tau_{胡萝卜max} = 0.440\text{MPa}$ (1261V/cm、19μs、43 个)	$\tau_{胡萝卜} = 759.4813 - 0.1387x_1 - 4.1669x_2 - 2.6409 x_3 - 0.00004x_1^2 + 0.0015x_1x_2 + 0.0095x_2^2 + 0.0009x_1x_3 - 0.0056x_2x_3 + 0.0131x_3^2$
	苹果	0.001 (**)	$x_1 > x_3 > x_2$	$\tau_{苹果max} = 0.116\text{MPa}$ (1529V/cm、130μs、16 个)	$\tau_{苹果} = -682.6792 + 0.9809x_1 + 0.5715x_2 + 1.4329x_3 - 0.0003x_1^2 + 0.0001x_1x_2 - 0.0027x_2^2 - 0.0003x_1x_3 - 0.0048x_2x_3 - 0.0122x_3^2$
	西葫芦	0.035 (*)	$x_1 > x_3 > x_2$	$\tau_{西葫芦max} = 0.179\text{MPa}$ (965V/cm、114μs、15 个)	$\tau_{西葫芦} = -0.5451 + 0.0009x_1 - 0.0002x_2 + 0.0006x_3 - 0.0000003x_1^2 + 0.0000004x_1x_2 - 0.000006x_2^2 - 0.000001x_1x_3 + 0.00001x_2x_3 - 0.00001x_3^2$
	西葫芦芯	0.047 (*)	$x_1 > x_3 > x_2$	$\tau_{西葫芦芯max} = 0.499\text{MPa}$ (1360V/cm、113μs、15 个)	$\tau_{西葫芦芯} = -0.3657 + 0.0005x_1 + 0.0017x_2 - 0.0002x_3 - 0.0000002x_1^2 - 0.0000005x_1x_2 - 0.000004x_2^2 + 0.0000006x_1x_3 - 0.000007x_2x_3 - 0.000005x_3^2$
	马铃薯	0.034 (*)	$x_1 > x_3 > x_2$	$\tau_{马铃薯max} = 0.310\text{MPa}$ (1275V/cm、31μs、30 个)	$\tau_{马铃薯} = 0.2589 + 0.00002x_1 - 0.0002x_2 + 0.0005x_3 - 0.000001x_1^2 + 0.0000004x_1x_2 - 0.0000005x_2^2 + 0.0000002x_1x_3 - 0.00008x_2x_3 + 0.0000007x_3^2$

注："*"为显著相关关系，"**"为极显著相关关系。

4. 结果分析

由于农产品加工领域涉及的物料对象在试验中影响因素的多样性和不确定性，部分模型拟合不恰当（95％置信区间），结果分析中没有考虑。

从表 6.4 中的最优结果可知，果蔬的剪切强度最大时，脉冲强度的范围为 965～1529V/cm，脉冲宽度的范围为 31～130μs，脉冲个数的范围为 15～43，而且影响果蔬剪切强度最重要的参数是脉冲强度，其次是脉冲个数和脉冲宽度。

下面以苹果为例，采用响应面分析方法建立连续变量曲面模型，分析高压脉冲电场参数（水平 2）对果蔬剪切强度的影响。F 检验反映的是回归模型的有效性，包括失拟性检验和回归方程的显著性检验。t 检验是对回归模型的系数进行显著性检验。利用 SAS 中 Rsreg 程序对苹果的试验数据进行多元回归分析，回归方程的方差分析结果见表 6.5。$P = 0.001$，说明以剪切强度为响应值所建立的回归模型是极显著的，模型的拟合性较好，无需建立更高次的模型。$R^2 = 0.821$ 说明预测值与试验值之间有较好的相关性，模型可以用来估测在高压脉冲电场预处理下苹果的剪切强度。模型的线性项（$P = 0.030$）和平方项（$P = 0.0001$）显著，说明响应值的变化相当复杂，实验因子对响应值的影响不是简单的线性关系；各因素值和响应值之间的关系可以用回归模型来函数化表达。模型交叉项（$P = 0.788$）不显著，说明试验因子之间不存在交互效应。

⊡ 表 6.5　回归方程方差分析

方差来源	自由度	平方和	F	$P(Pr > F)$
线性项	3	4019.00	4.09	0.030
平方项	3	15177	15.46	0.0001
交叉项	3	346.21	0.35	0.788
总模型	9	19542.22	6.64	0.001

系数项	自由度	系数估计值	标准误差	t 值	$P(\mathrm{Pr}>|t|)$
截距	1	-682.6792	145.0153	-4.71	0.0004
x_1	1	0.9809	0.1644	5.97	<0.0001
x_2	1	0.5715	0.9189	0.62	0.5447
x_3	1	1.4329	1.2938	1.11	0.2881
$x_1 x_1$	1	-0.0003	0.0001	-6.33	<0.0001
$x_2 x_1$	1	0.0001	0.0005	0.26	0.8012
$x_2 x_2$	1	-0.0027	0.0026	-1.02	0.3251
$x_3 x_1$	1	-0.0003	0.0008	-0.37	0.7168
$x_3 x_2$	1	-0.0048	0.0052	-0.92	0.3721
$x_3 x_3$	1	-0.0122	0.0053	-2.30	0.0385

表 6.6 表示的是回归模型参数估计值及其 t 检验结果，由表 6.6 可以看出，x_1、x_1^2、x_3^2 对剪切强度的影响较为显著（$P<0.05$）；其余项对剪切强度的影响不显著（$P>0.05$）。根据各变量的显著性检验，可以得出 3 个因素对苹果剪切强度影响最重要的是脉冲强度（x_1），其次是脉冲个数（x_3）和脉冲宽度（x_2）。其中脉冲强度（x_1）、脉冲个数（x_3）对剪切强度 τ 值的影响显著（$P<0.05$）；脉冲宽度（x_2）对剪切强度 τ 值的影响不显著（$P>0.05$）。

以剪切强度 τ 为因变量，脉冲强度 x_1、脉冲宽度 x_2 和脉冲个数 x_3 为自变量，建立三元二次回归模型：

$$\tau=-682.6792+0.9809x_1+0.5715x_2+1.4329x_3-0.0003x_1^2+0.0001x_1x_2-$$
$$0.0027x_2^2-0.0003x_1x_3-0.0048x_2x_3-0.0122x_3^2 \tag{6.3}$$

由表 6.7 可知，3 个因素的特征值均为负值，表明二次响应面为凸面，存在极大值，预测响应面的基本方向与 3 个因素有关坐标轴的正向相反。为了确定各因素的最优值，利用 SAS 软件中的 Rsreg 程序进行典型分析，通过分析后得到 x_1、x_2、x_3 的代码值分别为 0.0569、0.7165、-0.6877，与之换算得出相应的实际值分别为：脉冲强度（x_1）$=$ 1528.46V/cm，脉冲宽度（x_2）$=$130.16μs，脉冲个数（x_3）$=$16.30，此时剪切强度 τ 的理论值为 0.116MPa。

□ 表 6.7　脉冲强度、脉冲宽度和脉冲个数 3 因素的特征值

特征值	x_1	x_2	x_3
-9.518037	0.04740	0.9208	-0.3872
-32.685704	-0.0442	0.3892	0.9201
-81.519260	0.9979	-0.0265	0.0592

利用 SAS 软件对二次回归模型进行规范分析，得到 3 个重要影响因子之间的响应面立体分析图及相应的等高线图，见图 6.4、图 6.5 和图 6.6。等高线的形状可反映出交互效应的强弱大小，椭圆形表示两个因素之间交互作用显著，而圆形则与之相反。由等高线图可以看出，存在极值的条件应该在圆心处。比较图 6.4、图 6.5 和图 6.6 可知，脉冲强度（x_1）对苹果剪切强度的影响最为显著，表现为曲线较陡；而脉冲个数（x_3）与脉冲宽度（x_2）次之，表现为曲线较为平滑，且随其数值的增加或减少，响应值的变化较小。

从图 6.4 可以看出，脉冲强度 x_1 和脉冲个数 x_3 的交互作用未能达到显著水平（$P>$

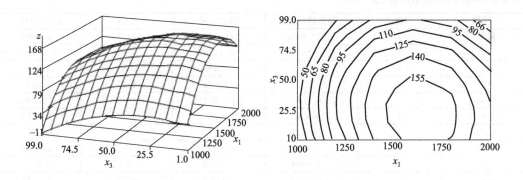

图 6.4 脉冲强度（x_1）与脉冲个数（x_3）对剪切强度影响

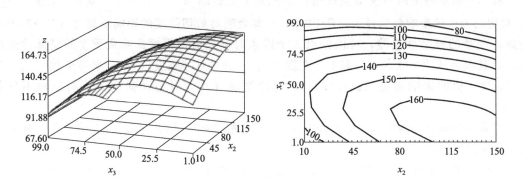

图 6.5 脉冲宽度（x_2）与脉冲个数（x_3）对剪切强度影响

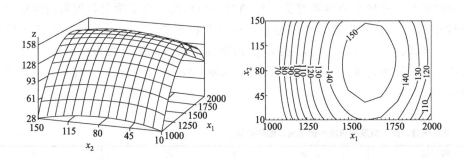

图 6.6 脉冲强度（x_1）与脉冲宽度（x_2）对剪切强度影响

0.05）。当脉冲宽度 x_2 固定在零水平时，随着脉冲强度 x_1 的增大，脉冲个数 x_3 的减小，剪切强度 τ 值逐渐增大。当脉冲强度 x_1 和脉冲个数 x_3 达到一定值时，剪切强度 τ 达到最大值，当脉冲强度 x_1 继续增大，脉冲个数 x_3 继续减小时，剪切强度 τ 值出现了下降的趋势。即脉冲强度 x_1 和脉冲个数 x_3 过高或过低时，剪切强度 τ 均不能达到最大值。可见，当脉冲强度 x_1 在 1500～1800V/cm，脉冲个数 x_3 在 1～26 时，对增大苹果的剪切强度最为有利。

从图 6.5 可以看出，脉冲宽度 x_2 和脉冲个数 x_3 的交互作用未能达到显著水平（$P >$ 0.05）。当脉冲强度 x_1 固定在零水平时，随着脉冲个数 x_3 的减小，脉冲宽度 x_2 的增大，剪切强度 τ 值逐渐增大。因此，当脉冲宽度 x_2 在 115～160μs，脉冲个数 x_3 在 1～30 时，对增大苹果的剪切强度最为有利。

从图 6.6 可以看出，脉冲强度 x_1 和脉冲宽度 x_2 的交互作用未能达到显著水平（$P>0.05$）。当固定脉冲个数 x_3 在某一值时，随着脉冲强度 x_1 的增大，剪切强度 τ 值逐渐增大，但增大到一定程度后便不再继续增大，而脉冲宽度 x_2 对剪切强度 τ 值没有明显的影响。这表明：只有当脉冲强度 x_1 取值适中时（1500～1750V/cm），才会获得最大的剪切强度。

最后，为了检验模型的可行性，需要进行验证试验。综合考虑，对苹果的剪切强度进行分析，得到高压脉冲电场的工艺参数组合为：脉冲强度（x_1）为 1750V/cm，脉冲宽度（x_2）为 150μs，脉冲个数（x_3）为 25，此时剪切强度 τ 的理论值为 0.160MPa。为检验响应面法所得到结果的可靠性，采用上述优化的高压脉冲电场参数进行剪切试验，得到的剪切强度为 0.163MPa。实验值与理论值的相对误差为 1.88%。可见该模型可以很好地反映出经高压脉冲电场预处理后，苹果获得最大剪切强度的条件，同时也证明了响应面法在确定高压脉冲电场预处理工艺参数上的可行性。

三、果蔬硬度试验研究

果蔬硬度不仅与果蔬的品质密切相关，而且是判断果蔬成熟度和贮运品质的一个重要指标。而硬度与果蔬细胞膨压有关，膨压越高，细胞的硬度越大，硬度还与细胞塌陷、破裂等微观结构变形有关。研究高压脉冲电场预处理后果蔬的硬度，了解高压脉冲电场对果蔬硬度的影响规律，探讨高压脉冲电场对果蔬细胞内压力的影响，有助于了解高压脉冲电场的作用机理。

国内外关于研究高压脉冲电场预处理对果蔬硬度的影响主要集中在静电场对果蔬贮藏期间硬度变化的影响。研究结果表明电场处理后，物料的黏性增加，而硬度相对降低，图 6.7 是典型的力—变形（F—D）曲线。当探针插入果肉以后，力匀速增大到最大作用力，当探针进一步插入后，作用力开始降低或保持恒定，此时果蔬组织破裂。在最大变形处，探针被抽出，力逐渐减小直到探针拔出样品。在 F—D 曲线上，破断点出现在生物屈服点之后的任何地方。但在许多 F—D 曲线中，生物屈服点和破断点没有明显分开，穿孔 F—D 曲线与压缩 F—D 曲线相似。

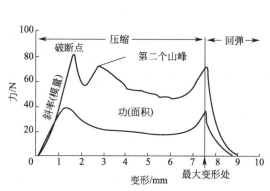

图 6.7　柱状硬质和软质苹果
　　　的力—变形（F—D）曲线

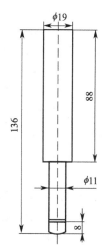

图 6.8　硬度测试压头示意图（单位：mm）

1. 测试方法

将自制的果蔬硬度测试装置安装到 INSTRON 材料试验机的上夹头内，见图 6.8。本试验以 10mm/min 的试验速度使硬度计缓慢压入试样 8mm，试验结束后计算机自动输出试验过程中的最大载荷。其中，图 6.8 为仿照水果硬度 GY-3 设计的硬度压头，压入深度为 8mm，压头直径为 11mm。

若压缩位移为 8mm 时的载荷为 F，则样品的硬度为

$$P = \frac{F}{A} \tag{6.4}$$

式中，面积 $A = \pi \times \left(\frac{D}{2}\right)^2 = 94.985 \text{mm}^2$。

2. 结果与分析

经测定，苹果、胡萝卜、白萝卜、梨、西葫芦、西葫芦芯、马铃薯和西芹的初始含水率分别为 87.24%、87.07%、94.34%、87.80%、95.84%、95.03%、79.12% 和 96.17%。试验分为两个水平进行，其中 x_1 为脉冲强度，x_2 为脉冲宽度，x_3 为脉冲个数。

对照组中胡萝卜、白萝卜、苹果、梨、西葫芦、马铃薯及西芹的硬度（平均值）分别为 2.062MPa、0.744MPa、0.468MPa、0.480MPa、0.270MPa、1.318MPa 和 0.675MPa。经过高压脉冲电场预处理后，胡萝卜、白萝卜、苹果、梨、西葫芦、马铃薯及西芹的硬度（平均值）分别为 1.113MPa、1.007MPa、0.361MPa、0.214MPa、0.299MPa、1.242MPa 和 0.744MPa。

在预处理范围内，与对照组比较，胡萝卜、苹果、梨和马铃薯的硬度（平均值）分别降低了 46.02%、22.76%、55.34% 和 5.76%，而白萝卜、西葫芦和西芹的硬度（平均值）则分别增加了 35.43%、10.82% 和 10.21%。因此预处理后胡萝卜、苹果、梨的硬度均比对照组降低，而白萝卜和西芹的硬度则高于对照组。试验结果的差异除了与试验误差有关外，还可能与果蔬自身的组织结构有关。例如西芹是粗纤维组织，内部含有大量的纤维，而且是较为明显的各向异性材料，因其特殊的结构造成高压脉冲电场对其硬度的影响结果与其他果蔬不同。总体认为高压脉冲电场预处理后，果蔬的硬度有降低的趋势。

根据对照组的试验结果可知，各种果蔬的硬度值从大到小依次为：胡萝卜＞马铃薯＞白萝卜＞西芹＞梨＞苹果＞西葫芦。

果蔬经过高压脉冲电场预处理后，有变软、渗水等现象，这表明果蔬的硬度发生了明显的变化。硬度与果蔬组织的膨压有关，即膨压降低，果蔬的硬度随之降低。利用 SAS 统计软件对试验结果进行回归分析，分别建立硬度 P 的三元二次回归模型，并进行回归检验。再根据回归方程进行模拟寻优，从回归模型中推导、筛选出最佳的参数组合，得到的分析结果见表 6.8，其中 x_1 为脉冲强度，x_2 为脉冲宽度，x_3 为脉冲个数。

从模型的回归结果可知：大部分模型的线性项和平方项显著，说明响应值的变化复杂，试验因子对响应值的影响不是简单的线性关系；各因素值和响应值之间的关系可以用回归模型来表达。模型的交叉项都不显著，说明试验因子之间不存在交互效应。

由于果蔬组织的膨压降低到一定程度会损害果蔬细胞，所以细胞的膨压不宜过低。从表 6.8 可以看出，影响果蔬硬度最重要的参数是脉冲强度，其次是脉冲个数和脉冲宽度，较合适的参数范围为：22～1967V/cm，60～123μs，56～84 个。

▣ 表 6.8 数学模型及模拟寻优结果（硬度）

名称		P 值	自变量重要性	优化结果	二次回归模型
水平 1	胡萝卜	0.017 （*）	$x_1>x_2>x_3$	$P_{胡萝卜 \min}=0.709$MPa （946V/cm、115μs、56 个）	$P_{胡萝卜}=1.5176-0.0008x_1-0.0053x_2-0.0010x_3+0.000001x_1^2-0.0001x_1x_2+0.00004x_2^2-0.00001x_1x_3-0.00002x_2x_3+0.0001x_3^2$
	苹果	<0.0001 （**）	$x_1>x_3>x_2$	$P_{苹果 \min}=0.132$MPa （956V/cm、123μs、72 个）	$P_{苹果}=0.5785-0.0002x_1-0.0008x_2-0.0020x_3+0.0000001x_1^2-0.000001x_1x_2+0.000003x_2^2-0.000001x_1x_3+0.00001x_2x_3+0.00001x_3^2$
	西葫芦	0.003 （**）	$x_1>x_3>x_2$	$P_{西葫芦 \min}=0.087$MPa （833V/cm、130μs、84 个）	$P_{西葫芦}=0.3902+0.0004x_1-0.0016x_2+0.0045x_3+0.00000001x_1^2-0.000002x_1x_2+0.00001x_2^2+0.00001x_1x_3+0.00001x_2x_3-0.00003x_3^2$
	西芹	0.039 （*）	$x_1>x_2>x_3$	$P_{西葫芦 \min}=0.577$MPa （22V/cm、115μs、63 个）	$P_{西葫芦}=0.3319+0.0003x_1+0.0027x_2+0.0044x_3-0.00000001x_1^2+0.000001x_1x_2-0.0000004x_2^2+0.000002x_1x_3-0.00005x_2x_3-0.000003x_3^2$
水平 2	胡萝卜	0.001 （**）	$x_2>x_3>x_1$	$P_{胡萝卜 \min}=1.100$MPa （1992V/cm、91μs、51 个）	$P_{胡萝卜}=3.2976-0.0016x_1-0.0170x_2-0.0093x_3+0.00001x_1^2-0.000002x_1x_2+0.0001x_2^2-0.0000004x_1x_3+0.00003x_2x_3+0.0001x_3^2$
	苹果	0.046 （*）	$x_3>x_2>x_1$	$P_{苹果 \min}=0.289$MPa （1767V/cm、132μs、70 个）	$P_{苹果}=1.0306-0.0006x_1+0.00004x_2-0.0016x_3+0.0000002x_1^2-0.000001x_1x_2+0.000003x_2^2+0.000002x_1x_3-0.000002x_2x_3+0.00003x_3^2$
	梨	0.049 （*）	$x_3>x_2>x_1$	$P_{梨 \min}=0.079$MPa （1026V/cm、99μs、58 个）	$P_{梨}=0.5373-0.0002x_1-0.0028x_2-0.0086x_3+0.00000004x_1^2+0.000002x_1x_2+0.000004x_2^2+0.000001x_1x_3-0.00001x_2x_3+0.0001x_3^2$
	马铃薯	0.022 （*）	$x_1>x_3>x_2$	$P_{马铃薯 \min}=0.781$MPa （1967V/cm、60μs、68 个）	$P_{马铃薯}=0.8346+0.0013x_1+0.0009x_2+0.0002x_3-0.000001x_1^2-0.00003x_1x_2+0.00003x_2^2+0.000001x_1x_3+0.00002x_2x_3-0.0001x_3^2$

注：" * "为显著相关关系，" * * "为极显著相关关系。

图 6.9 是马铃薯的力—变形曲线，包括对照组和经过高压脉冲电场预处理（1000V/cm，10μs，50 个时）的样品的力—变形曲线。

从图中可以看出高压脉冲电场预处理降低了果蔬的硬度，水果硬度计中最大变形设定为 8mm。当硬度计以匀速接触果蔬样品表面时，力逐渐增大到最大值，当硬度计继续向下移动，作用力开始降低，此时果蔬组织出现破裂现象。而高压脉冲电场预处理果蔬，改变了细胞膜的通透性，使样品有水渗出，进而改变细胞膨压，膨压降低，硬度随之降低。

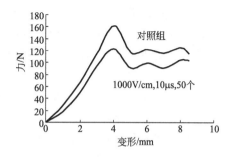

图 6.9 马铃薯力—变形曲线

四、果蔬压缩力学性质试验研究

压缩特性是果蔬力学性质的一个重要组成部分，

在采摘、贮藏、运输、加工等环节中均要涉及果蔬的压缩力学性质。果蔬压缩力学性质的改变与果蔬细胞壁应力、细胞膨压、细胞壁和细胞膜的弹性模量等有关，而这些又与果蔬细胞膜的渗透性、细胞破裂有关，因此研究果蔬的压缩特性，有助于了解高压脉冲电场预处理对果蔬微观结构的影响，对指导高压脉冲电场在真空冷冻干燥中的应用有重要意义。

1. 测试方法

本试验以 10mm/min 的试验速度对试样施加压应力，试验装置见图 6.10。在试验过程中观察试样的变化，记录当试样被压出水分时的载荷 F_1，则认为 F_1 为屈服极限。

图 6.10　压缩测试装置

试样的弹性模量：

$$E = \frac{F \cdot L}{A \cdot \Delta L} \tag{6.5}$$

式中，F 为变形初始阶段某瞬时试样所受的力；ΔL 为该瞬时试样的变形；A 为试样的初始横截面积 $A = 8.5\text{mm} \times 10\text{mm} = 85\text{mm}^2$；$L$ 为试样的初始长度 $L = 17\text{mm}$；其中，$F/\Delta L$ 可在计算机输出试样的力—位移图像上拟合得到。

试样的抗压强度：

$$\sigma = \frac{F}{A} \tag{6.6}$$

式中，F 为计算机自动输出的最大载荷。

试样的屈服强度：

$$\sigma_1 = \frac{F_1}{A} \tag{6.7}$$

式中，F_1 为试样渗水时的载荷。

2. 结果与分析

经测定，苹果、胡萝卜、白萝卜、梨、西葫芦、西葫芦芯、马铃薯和西芹的初始含水率分别为 85.24％、86.07％、92.34％、84.80％、94.84％、93.03％、77.12％ 和 95.17％。试验分为两个水平进行，下面分别介绍高压脉冲电场预处理对果蔬抗压强度、屈服强度和弹性模量的影响。

3. 果蔬的抗压强度

未处理的胡萝卜、白萝卜、苹果、梨、西葫芦、西葫芦芯、马铃薯、西芹横向和西芹纵向的抗压强度（平均值）分别为 0.442MPa、0.419MPa、0.221MPa、0.222MPa、0.245MPa、0.070MPa、1.664MPa、0.952MPa 和 0.787MPa。经过高压脉冲电场预处理后胡萝卜、白萝卜、苹果、梨、西葫芦、西葫芦芯、马铃薯、西芹横向和西芹纵向的抗压强度（平均值）分别为 0.688MPa、0.236MPa、0.104MPa、0.128MPa、0.340MPa、0.031MPa、0.745MPa、0.200MPa 和 0.168MPa。

因此，在预处理范围内，与对照组相比，白萝卜、苹果、梨、西葫芦、西葫芦芯、马铃薯、西芹横向和西芹纵向的抗压强度（平均值）分别降低了 43.61％、52.97％、42.56％、38.88％、55.74％、55.20％、78.98％和 78.69％，而胡萝卜的抗压强度（平均值）则增加了 55.80％。可见，预处理后白萝卜、苹果、梨、西葫芦、西葫芦芯、马铃薯、西芹横向和西芹纵向的抗压强度均比对照组降低，而胡萝卜的抗压强度则高于对照组。因此高压脉冲电场预处理后果蔬材料的抗压强度与未处理相比有减小的趋势。

从对照组的试验结果可知，各种果蔬的剪切强度从大到小依次为：马铃薯＞西芹横向＞西芹纵向＞胡萝卜＞白萝卜＞西葫芦＞梨＞苹果＞西葫芦芯。

4. 果蔬的屈服强度

未处理的胡萝卜、白萝卜、苹果、梨、西葫芦、马铃薯、西芹横向和西芹纵向的屈服强度（平均值）分别为 0.135MPa、0.107MPa、0.066MPa、0.127MPa、0.054MPa、1.256MPa、0.677MPa 和 0.485MPa。经过高压脉冲电场预处理后胡萝卜、白萝卜、苹果、梨、西葫芦、马铃薯、西芹横向和西芹纵向的屈服强度（平均值）分别为 0.066MPa、0.027MPa、0.026MPa、0.078MPa、0.081MPa、0.287MPa、0.071MPa 和 0.125MPa。

因此，在预处理范围内，与对照组相比，胡萝卜、白萝卜、苹果、梨、马铃薯、西芹横向和西芹纵向的屈服强度（平均值）分别降低了 51.22％、74.32％、60.97％、38.48％、77.15％、89.50％和 74.30％，而西葫芦的屈服强度（平均值）则增加了 51.52％。从试验结果总体上看，预处理后白萝卜、苹果、梨、胡萝卜、马铃薯、西芹横向和西芹纵向的屈服强度均比对照组降低，而西葫芦的屈服强度则高于对照组。可见预处理后果蔬材料的屈服强度与未处理相比有减小的趋势。

从对照组的试验结果可知，各种果蔬的屈服强度从大到小依次为：马铃薯＞西芹横向＞西芹纵向＞胡萝卜＞梨＞白萝卜＞苹果＞西葫芦。

5. 果蔬的弹性模量

果蔬的弹性模量是反映果蔬细胞力学性质的一个重要的生物力学指标。测定果蔬的弹性模量可在一定程度上反映果蔬细胞结构的变化。

未处理的胡萝卜、白萝卜、苹果、梨、西葫芦、西葫芦芯、马铃薯、西芹横向和西芹纵向的弹性模量（平均值）分别为 2.531MPa、2.575MPa、2.198MPa、2.269MPa、2.014MPa、0.389MPa、5.407MPa、3.623MPa 和 2.738MPa。经过高压脉冲电场预处理后胡萝卜、白萝卜、苹果、梨、西葫芦、西葫芦芯、马铃薯、西芹横向和西芹纵向的弹性模量（平均值）分别为 0.920MPa、0.632MPa、0.788MPa、0.702MPa、1.274MPa、0.116MPa、2.938MPa、0.721MPa 和 1.265MPa。

因此，在预处理范围内，与对照组相比，胡萝卜、白萝卜、苹果、梨、西葫芦、西葫芦芯、马铃薯、西芹横向和西芹纵向的弹性模量（平均值）分别降低了 63.66％、75.44％、64.13％、69.05％、36.75％、70.16％、45.66％、80.10％和 53.79％。即预处理后胡萝卜、白萝卜、苹果、梨、西葫芦、西葫芦芯、马铃薯、西芹横向和西芹纵向的弹性模量均比对照组降低。可见高压脉冲电场预处理后果蔬材料的弹性模量与未处理相比有降低的趋势。

各种果蔬的弹性模量从大到小依次为：马铃薯＞西芹横向＞西芹纵向＞白萝卜＞胡萝卜＞梨＞苹果＞西葫芦＞西葫芦芯。

6. 模型的建立与分析

利用 SAS 统计软件对试验结果进行回归分析，分别建立抗压强度 σ_{bc}、屈服强度 σ_s 及弹性模量 E 的三元二次回归模型，并进行回归检验。再根据回归方程进行模拟寻优，从回归模型中推导、筛选出最佳的参数组合（表 6.9～表 6.11）。

表6.9 抗压强度回归模型及模拟寻优结果

名称		P 值	自变量重要性	优化结果	二次回归模型
水平1	胡萝卜	0.036 (*)	$x_1 > x_2 > x_3$	$\sigma_{bc胡萝卜min} = 0.015\text{MPa}$ (967V/cm、128μs、62个)	$\sigma_{bc胡萝卜} = 3.9415 - 0.0016x_1 - 0.0148x_2 - 0.0291x_3 - 0.0000001x_1^2 + 0.000003x_1x_2 + 0.00002x_2^2 - 0.000009x_1x_3 + 0.00005x_2x_3 + 0.0002x_3^2$
	白萝卜	0.0004 (**)	$x_1 > x_3 > x_2$	$\sigma_{bc白萝卜min} = 0.020\text{MPa}$ (942V/cm、147μs、56个)	$\sigma_{bc白萝卜} = 4.1061 - 0.0041x_1 - 0.0093x_2 - 0.0496x_3 + 0.0000001x_1^2 - 0.000003x_1x_2 + 0.00004x_2^2 + 0.00002x_1x_3 + 0.00001x_2x_3 + 0.0003x_3^2$
	苹果	0.0003 (**)	$x_1 > x_2 > x_3$	$\sigma_{bc苹果min} = 0.047\text{MPa}$ (982V/cm、128μs、74个)	$\sigma_{bc苹果} = 0.3048 - 0.0003x_1 - 0.0006x_2 - 0.0006x_3 + 0.0000002x_1^2 + 0.0000003x_1x_2 + 0.0000002x_2^2 - 0.0000009x_1x_3 + 0.000002x_2x_3 + 0.000005x_3^2$
	西葫芦	0.001 (**)	$x_1 > x_2 > x_3$	$\sigma_{bc西葫芦min} = 0.001\text{MPa}$ (939V/cm、120μs、69个)	$\sigma_{bc西葫芦} = 1.0471 - 0.0015x_1 - 0.0032x_2 - 0.005x_3 + 0.0000001x_1^2 - 0.0000005x_1x_2 + 0.000009x_2^2 - 0.000002x_1x_3 + 0.00002x_2x_3 + 0.00003x_3^2$
	马铃薯	0.030 (*)	$x_1 > x_3 > x_2$	$\sigma_{bc马铃薯min} = 0.645\text{MPa}$ (923V/cm、61μs、59个)	$\sigma_{bc马铃薯} = 3.2375 - 0.0040x_1 - 0.0098x_2 - 0.0179x_3 + 0.000002x_1^2 + 0.000006x_1x_2 + 0.00003x_2^2 + 0.000005x_1x_3 + 0.000001x_2x_3 + 0.0001x_3^2$
	西芹横向	<0.0001 (**)	$x_1 > x_3 > x_2$	$\sigma_{bc西芹min} = 0.039\text{MPa}$ (1010V/cm、31μs、54个)	$\sigma_{bc西芹} = 0.9736 - 0.0017x_1 - 0.0006x_2 - 0.0070x_3 + 0.000001x_1^2 + 0.000002x_1x_2 - 0.000001x_2^2 + 0.000002x_1x_3 - 0.000007x_2x_3 + 0.00005x_3^2$
水平2	胡萝卜	0.002 (**)	$x_1 > x_3 > x_2$	$\sigma_{bc胡萝卜min} = 0.079\text{MPa}$ (1611V/cm、16μs、66个)	$\sigma_{bc胡萝卜} = 0.8496 - 0.0002x_1 - 0.0009x_2 - 0.0026x_3 - 0.00000001x_1^2 + 0.0000003x_1x_2 - 0.00001x_2^2 - 0.000001x_1x_3 + 0.000010x_2x_3 + 0.0002x_3^2$
	白萝卜	0.039 (*)	$x_1 > x_2 > x_3$	$\sigma_{bc白萝卜min} = 0.035\text{MPa}$ (1326V/cm、144μs、60个)	$\sigma_{bc白萝卜} = -0.0915 + 0.0003x_1 + 0.0004x_2 - 0.0015x_3 - 0.0000001x_1^2 - 0.000000002x_1x_2 - 0.000003x_2^2 + 0.0000004x_1x_3 + 0.000003x_2x_3 + 0.000004x_3^2$
	梨	0.015 (*)	$x_3 > x_1 > x_2$	$\sigma_{bc梨min} = 0.071\text{MPa}$ (1247V/cm、140μs、55个)	$\sigma_{bc苹果} = -0.1496 + 0.0003x_1 + 0.0014x_2 - 0.0014x_3 - 0.00000001x_1^2 - 0.000001x_1x_2 + 0.000001x_2^2 - 0.000001x_1x_3 + 0.000003x_2x_3 + 0.00002x_3^2$
	西葫芦	0.031 (*)	$x_2 > x_1 > x_3$	$\sigma_{bc西葫芦min} = 0.047\text{MPa}$ (1834V/cm、130μs、60个)	$\sigma_{bc西葫芦} = -0.5405 + 0.0019x_1 + 0.0059x_2 - 0.0007x_3 - 0.000001x_1^2 - 0.000003x_1x_2 - 0.00003x_2^2 + 0.0000003x_1x_3 + 0.00001x_2x_3 + 0.00001x_3^2$
	马铃薯	0.049 (*)	$x_2 > x_3 > x_1$	$\sigma_{bc马铃薯min} = 0.236\text{MPa}$ (1754V/cm、139μs、40个)	$\sigma_{bc马铃薯} = 0.5633 + 0.0010x_1 - 0.0049x_2 - 0.0157x_3 + 0.0000005x_1^2 + 0.00001x_1x_2 - 0.00001x_2^2 + 0.000006x_1x_3 + 0.00005x_2x_3 + 0.00001x_3^2$
	西芹纵向	0.036 (*)	$x_3 > x_1 > x_2$	$\sigma_{bc西芹纵向min} = 0.402\text{MPa}$ (1510V/cm、76μs、1个)	$\sigma_{bc西芹纵向} = 0.2048 - 0.00004x_1 + 0.0005x_2 - 0.0036x_3 - 0.00000002x_1^2 + 0.0000004x_1x_2 - 0.000004x_2^2 + 0.000002x_1x_3 - 0.00001x_2x_3 + 0.00001x_3^2$

注："*"为显著相关关系，"**"为极显著相关关系。

表 6.10　屈服强度回归模型及模拟寻优结果

	名称	P 值	自变量重要性	优化结果	二次回归模型
水平1	胡萝卜	0.004 (＊＊)	$x_1 > x_2 > x_3$	$\sigma_{s胡萝卜\min}=0.0003\text{MPa}$ （936V/cm、107μs、60 个）	$\sigma_{s胡萝卜}=0.4863-0.0004x_1-0.0026x_2-0.0030x_3+0.00000004x_1^2+0.000001x_1x_2+0.00001x_2^2-0.00000002x_1x_3+0.000002x_2x_3+0.0002x_3^2$
	白萝卜	<0.0001 (＊＊)	$x_1 > x_3 > x_2$	$\sigma_{s白萝卜\min}=0.010\text{MPa}$ （866V/cm、50μs、67 个）	$\sigma_{s白萝卜}=0.2340-0.0003x_1-0.0007x_2-0.0027x_3+0.0000001x_1^2+0.0000003x_1x_2+0.000001x_2^2+0.0000001x_1x_3+0.000004x_2x_3+0.00001x_3^2$
	苹果	0.016 (＊)	$x_3 > x_1 > x_3$	$\sigma_{s苹果\min}=0.002\text{MPa}$ （925V/cm、95μs、63 个）	$\sigma_{s苹果}=0.1411-0.00006x_1-0.0006x_2-0.0018x_3+0.000000002x_1^2+0.0000003x_1x_2+0.000001x_2^2-0.0000004x_1x_3+0.000002x_2x_3+0.00001x_3^2$
	梨	0.029 (＊)	$x_3 > x_2 > x_1$	$\sigma_{s梨\min}=0.008\text{MPa}$ （691V/cm、132μs、75 个）	$\sigma_{s梨}=0.2658-0.0002x_1-0.0011x_2+0.0001x_3+0.0000001x_1^2+0.00001x_1x_2+0.00001x_2^2-0.000002x_1x_3-0.00002x_2x_3+0.00002x_3^2$
	西葫芦	0.006 (＊＊)	$x_1 > x_3 > x_2$	$\sigma_{s西葫芦\min}=0.011\text{MPa}$ （548V/cm、105μs、50 个）	$\sigma_{s西葫芦}=0.6817-0.0009x_1-0.0015x_2-0.0072x_3+0.00001x_1^2-0.000003x_1x_2+0.00001x_2^2-0.000002x_1x_3-0.000005x_2x_3+0.0001x_3^2$
	西葫芦芯	0.023 (＊)	$x_1 > x_3 > x_2$	$\sigma_{s西葫芦芯\min}=0.019\text{MPa}$ （562V/cm、193μs、67 个）	$\sigma_{s西葫芦芯}=2.0208-0.0034x_1-0.0006x_2-0.0159x_3+0.000001x_1^2+0.00001x_1x_2-0.00001x_2^2+0.00001x_1x_3-0.00001x_2x_3+0.0001x_3^2$
	马铃薯	0.010 (＊＊)	$x_1 > x_3 > x_2$	$\sigma_{s马铃薯\min}=0.003\text{MPa}$ （631V/cm、103μs、57 个）	$\sigma_{s马铃薯}=0.7616-0.0012x_1-0.0096x_2-0.0093x_3+0.000001x_1^2+0.000001x_1x_2-0.000004x_2^2+0.0000001x_1x_3+0.00002x_2x_3+0.00006x_3^2$
	西芹横向	0.001 (＊＊)	$x_1 > x_3 > x_2$	$\sigma_{s西芹横向\min}=0.001\text{MPa}$ （683V/cm、132μs、58 个）	$\sigma_{s西芹横向}=1.1924-0.0017x_1-0.0016x_2-0.0155x_3+0.00001x_1^2+0.00002x_1x_2-0.000001x_2^2+0.000003x_1x_3+0.00001x_2x_3+0.0001x_3^2$
水平2	胡萝卜	0.036 (＊)	$x_3 > x_2 > x_1$	$\sigma_{s胡萝卜\min}=0.002\text{MPa}$ （1295V/cm、134μs、59 个）	$\delta_{s胡萝卜}=0.2068-0.00003x_1-0.0006x_2-0.0046x_3-0.0000001x_1^2+0.000004x_1x_2-0.000001x_2^2+0.0000003x_1x_3+0.000001x_2x_3+0.00003x_3^2$
	白萝卜	0.024 (＊)	$x_3 > x_2 > x_1$	$\sigma_{s白萝卜\min}=0.005\text{MPa}$ （1848V/cm、64μs、61 个）	$\delta_{s白萝卜}=-0.0405+0.0001x_1+0.0003x_2-0.0008x_3-0.0000001x_1^2-0.000001x_1x_2-0.000001x_2^2-0.0000001x_1x_3+0.00001x_2x_3+0.00001x_3^2$
	西葫芦	0.049 (＊)	$x_3 > x_2 > x_1$	$\sigma_{s西葫芦\min}=0.013\text{MPa}$ （1662V/cm、144μs、63 个）	$\delta_{s西葫芦}=0.0120+0.00002x_1+0.0002x_2-0.0006x_3-0.0000001x_1^2-0.000001x_1x_2-0.000001x_2^2-0.00000001x_1x_3-0.0000003x_2x_3+0.00001x_3^2$
	西葫芦芯	0.025 (＊)	$x_3 > x_2 > x_1$	$\sigma_{s西葫芦芯\min}=0.109\text{MPa}$ （1698V/cm、17μs、58 个）	$\delta_{s西葫芦芯}=0.2620-0.00002x_1-0.0001x_2-0.0027x_3-0.0000002x_1^2+0.000001x_1x_2-0.0001x_2^2+0.000001x_1x_3+0.000001x_2x_3+0.0001x_3^2$
	西芹横向	0.021 (＊)	$x_3 > x_2 > x_1$	$\sigma_{s西芹\min}=0.031\text{MPa}$ （1370V/cm、147μs、58 个）	$\delta_{s西芹}=0.0182+0.0001x_1+0.0008x_2-0.0042x_3-0.00000001x_1^2+0.0000001x_1x_2-0.000004x_2^2+0.00000001x_1x_3-0.000007x_2x_3+0.00004x_3^2$

注：“＊”为显著相关关系，“＊＊”为极显著相关关系。

⊡ 表 6.11 弹性模量回归模型及模拟寻优结果

名称		P 值	自变量重要性	优化结果	二次回归模型
水平1	胡萝卜	0.035 (＊)	$x_1 > x_2 > x_3$	$E_{胡萝卜\,max} = 0.037$MPa （963V/cm、130μs、63 个）	$E_{胡萝卜} = 4.0014 - 0.0019x_1 - 0.0145x_2 - 0.0284x_3 + 0.0000001x_1^2 + 0.000003x_1x_2 + 0.00002x_2^2 - 0.00001 x_1x_3 + 0.00005x_2x_3 + 0.0002x_3^2$
	白萝卜	0.0004 (＊＊)	$x_1 > x_3 > x_2$	$E_{白萝卜\,max} = 0.020$MPa （942V/cm、147μs、56 个）	$E_{白萝卜} = 4.1061 - 0.0041x_1 - 0.0093x_2 - 0.0496x_3 + 0.000002x_1^2 - 0.000004x_1x_2 + 0.00004x_2^2 + 0.00002x_1x_3 + 0.00001x_2x_3 + 0.0003x_3^2$
	苹果	0.005 (＊＊)	$x_1 > x_3 > x_2$	$E_{苹果\,max} = 0.148$MPa （737V/cm、138μs、64 个）	$E_{苹果} = 3.6535 - 0.0036x_1 - 0.0096x_2 - 0.0361x_3 + 0.000002x_1^2 + 0.000007x_1x_2 + 0.000005x_2^2 - 0.0000003x_1x_3 + 0.00003x_2x_3 + 0.0002x_3^2$
	梨	0.035 (＊)	$x_1 > x_3 > x_2$	$E_{梨\,max} = 0.157$MPa （988V/cm、90μs、56 个）	$E_{梨} = -0.728 + 0.0025x_1 + 0.0108x_2 - 0.0358x_3 - 0.000001x_1^2 - 0.00001x_1x_2 - 0.00003x_2^2 - 0.0000003 x_1x_3 - 0.00003x_2x_3 + 0.0003x_3^2$
	西葫芦	0.001 (＊＊)	$x_1 > x_3 > x_2$	$E_{西葫芦\,max} = 0.024$MPa （738V/cm、115μs、55 个）	$E_{西葫芦} = 3.9869 - 0.0056x_1 - 0.010x_2 - 0.0258x_3 + 0.000003x_1^2 - 0.000002x_1x_2 + 0.00003x_2^2 - 0.00001 x_1x_3 + 0.00006x_2x_3 + 0.0002x_3^2$
	西芹横向	<0.0001 (＊＊)	$x_1 > x_3 > x_2$	$E_{西芹横向\,max} = 0.079$MPa （798V/cm、31μs、59 个）	$E_{西芹横向} = 4.6112 - 0.0080x_1 - 0.0043x_2 - 0.0394x_3 + 0.000004x_1^2 + 0.00001x_1x_2 - 0.000006x_2^2 + 0.000008x_1 x_3 - 0.00001x_2x_3 + 0.0003x_3^2$
	西芹纵向	<0.0001 (＊＊)	$x_1 > x_3 > x_2$	$E_{西芹纵向\,max} = 0.561$MPa （663V/cm、190μs、64 个）	$E_{西芹纵向} = 6.2787 - 0.0087x_1 - 0.0089x_2 - 0.0721x_3 + 0.00001x_1^2 + 0.000004x_1x_2 - 0.00004x_2^2 + 0.00001x_1x_3 - 0.00008x_2x_3 + 0.0006x_3^2$
水平2	胡萝卜	0.048 (＊)	$x_3 > x_1 > x_2$	$E_{胡萝卜\,max} = 0.344$MPa （1962V/cm、84μs、68 个）	$E_{胡萝卜} = 2.9784 - 0.0022x_1 - 0.0042x_2 - 0.0172x_3 + 0.000001x_1^2 - 0.0000003x_1x_2 + 0.00003 x_2^2 - 0.00001x_1x_3 - 0.00001x_2x_3 + 0.0002x_3^2$
	白萝卜	0.041 (＊)	$x_3 > x_2 > x_1$	$E_{白萝卜\,max} = 0.260$MPa （1192V/cm、26μs、59 个）	$E_{白萝卜} = -0.2179 + 0.0011x_1 + 0.0053x_2 - 0.0158x_3 - 0.0000004x_1^2 - 0.000001x_1x_2 - 0.00002 x_2^2 + 0.000001x_1x_3 - 0.000001x_2x_3 + 0.0001x_3^2$
	苹果	0.005 (＊＊)	$x_1 > x_3 > x_2$	$E_{苹果\,max} = 1.978$MPa （1160V/cm、56μs、18 个）	$E_{苹果} = 8.7562 - 0.0066x_1 - 0.0212x_2 - 0.0358 x_3 + 0.000002x_1^2 + 0.00001x_1x_2 + 0.00001x_2^2 - 0.0000003x_1x_3 + 0.00004x_2x_3 + 0.0002x_3^2$
	梨	0.035 (＊)	$x_3 > x_2 > x_1$	$E_{梨\,max} = 0.135$MPa （1811V/cm、134μs、58 个）	$E_{梨} = -0.7279 + 0.0025x_1 + 0.0108x_2 - 0.0358x_3 - 0.000001x_1^2 - 0.000005x_1x_2 - 0.00003x_2^2 - 0.0000003x_1x_3 + 0.00003x_2x_3 + 0.0003x_3^2$
	西芹横向	0.018 (＊)	$x_3 > x_2 > x_1$	$E_{西芹横向\,max} = 0.241$MPa （1611V/cm、147μs、60 个）	$E_{西芹横向} = -1.6593 + 0.0033x_1 + 0.0123x_2 - 0.0170x_3 - 0.000001x_1^2 + 0.0000004x_1x_2 - 0.0001x_2^2 + 0.000004x_1x_3 - 0.00002x_2x_3 + 0.0001x_3^2$

注："＊"为显著相关关系，"＊＊"为极显著相关关系。

　　针对抗压强度而言，较合适的电场参数范围为：脉冲强度 939~1754V/cm，脉冲宽度 31~147μs，脉冲个数 1~74；针对屈服强度而言，较合适的电场参数范围为：脉冲强度 562~1848V/cm，脉冲宽度 64~193μs，脉冲个数 58~75；针对果蔬的弹性模量而言，较合适的电场参数范围为：脉冲强度 663~1811V/cm，脉冲宽度 31~190μs，脉冲个数 55~64。而且，影响果蔬压缩力学性质最重要的参数是脉冲强度，其次是脉冲个数和脉冲宽度。

　　下面以梨为例，研究高压脉冲电场预处理对果蔬压缩性质的影响。图 6.11 是梨（未处理）的应力—应变曲线，它由 OA 和 BC 两个部分构成。OA 部分几乎是直线，表明弹性变形在此区间内，其线性回归方程可以用一元一次方程来模拟（表 6.12）。BC 部分的应力与应变为非线性关系，此阶段不仅有弹性变形，也有塑性变形，其回归方程可以用一元二次方程来模拟。在加载的初始阶段应力随应变的增加而近似呈线性关系。当应力达一定值（A 点对应的应力值 σ_A）时，出现的峰值点 A 称为生物屈服点。应力小于 σ_A 的负载不会使梨产生损伤。当应力继续增大，梨的果肉细胞开始出现微观结构的破坏，最后压缩进入塑性变形过程，产生永久性的变形和损伤。

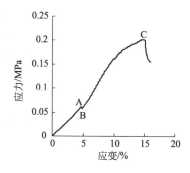

图 6.11　未处理样品梨的应力—应变曲线

□ **表 6.12　梨的应力—应变拟合方程**

名称	区间	方程	R^2
未处理	OA	$y = 0.0116x - 0.0024$	0.993
	BC	$y = -0.0011x^2 + 0.0386x - 0.1305$	0.997
处理	OA	$y = -0.0001x^2 + 0.0046x - 0.0069$	0.991

注：x 为应变，y 为应力。

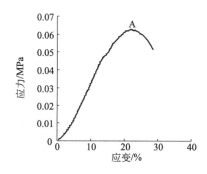

图 6.12　预处理样品梨的应力—应变曲线

图 6.12 是经过高压脉冲电场预处理后梨的应力—应变曲线。从图中可以看出应力—应变曲线没有明显的弹性阶段，应力与应变的关系是非线性的，并无生物屈服点出现。其回归方程可用一元二次方程来表达（表 6.12）。试验结果表明，经过高压脉冲电场预处理梨的力学性质发生了很大的变化，压缩强度、屈服应力和弹性模量都相应降低了，而最大变形则增大了。

五、压痕法测试果蔬力学性质的试验方法研究

果蔬的力学性质可作为反映其内在品质的重要指标，分析、测定其力学性质的变化，可为果蔬的采摘、加工装备的设计及贮藏工艺制定等提供科学依据。压痕技术的出现为人们提供了一种简便的方法来确定材料的力学性质。它是通过压痕几何尺寸的测量来获得材料的表面力学性能，其在金属材料中的应用已有近百年的历史。压痕方法测定材料的弹性模量的原理源于 Hertz 的经典弹性接触理论。硬度和弹性模量是可以通过 Oliver-Pharr 方法直接测量的力学性能指标，但该方法要求压头压入的深度不大于薄膜厚度的 1/10，否则测量结果会受到基片的影响，造成较大的误差。有关压痕方法在果蔬材料中的应用方面的研究还未涉及，为此，我们试图应用压痕测试法来确定果蔬在弹性范围内的力学性质。我们采用不同的压头类型，应用测试果蔬材料表面压痕的原理来测定出果蔬的生物力学性质，并通过有限元模拟，获得弹性模量、硬度与压痕变形之间的数学关系。

（一）果蔬压痕力学性质测试试验研究

压痕测试原理的前提是假设试样表面为理想平面，测试时，与试样表面垂直的压头在精确控制的速度与载荷作用下压入测试材料，直至屈服，当压力撤除后，通过载荷—位移曲线以及压痕的断截面面积计算出被测试材料的力学性质。Hertz 理论可描述两个弹性体之间的

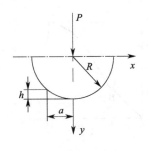

图 6.13 接触几何模型

接触问题，特别是弹性体与圆形压球之间的接触，在压痕法中压球与试样表面的接触问题是在载荷的作用下，试样表面发生一定的变形，即压痕深度，使在接触区域产生了弹塑性接触行为。图 6.13 为接触几何模型，在初始载荷作用下，压球与试样平面之间的接触为弹性接触，此时试样的弹性变形行为可用经典的 Hertz 接触表达，在压入过程中压痕接触半径 a 与载荷 P、压球半径 R 等因素有关，当压球为理想的刚性压球时

$$a = \sqrt[3]{\frac{3(1-\mu^2)}{4E}PR} \tag{6.8}$$

式中，E，μ 分别为试样的弹性模量和泊松比。在载荷作用下试样表面形成压痕，沿着 y 轴方向，其最大的压痕深度为

$$h = \frac{3P(1-\mu^2)}{4aE} \tag{6.9}$$

硬度通常指的是一种材料抵抗其他较坚硬物体（即被视作不发生弹性及塑性变形的刚体）对它压入的能力。硬度与载荷 P、压痕的表面积 S 有关。硬度的计算公式为

$$HB = \frac{P}{S} = \frac{P}{2\pi Rh} \tag{6.10}$$

从弹性理论公式中得知：接触半径、压痕深度均与试样的弹性模量、泊松比、载荷以及压球的半径有关。以上公式均未考虑弹塑性行为中不确定的塑性区域的大小和形态对测量值的影响。有限元分析能充分地描述材料的性能参数，以及在不同参数下被测材料的弹塑性行为，因此可以通过有限元分析弹塑性接触问题，描述不同压头情况下，压痕深度和接触应力、弹性模量、硬度等之间的关系，并且在分析过程中不需要事先知道其塑性区域的形态和大小。

以太谷产的马铃薯、苹果、西葫芦和梨为研究对象，其中梨和苹果沿纵向方向，马铃薯和西葫芦沿横向方向分别切成 30mm 厚、30mm 长、30mm 宽的试样进行果肉压缩试验，其中马铃薯和西葫芦的长轴方向为纵向。测得马铃薯、苹果、西葫芦和梨的初始含水率分别为 78.43%、85.18%、91.18% 和 87.25%。试验在 INSTRON 电子万能材料试验机上完成，测试时能实现计算机自动控制和数据自动采集，载荷精度为 ±0.5%，数据采集间隔为 100ms/次。试验加载速度设定为 0.10mm/min。测试时压头在与水平面垂直的方向压紧果实测点。

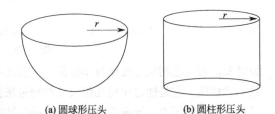

(a) 圆球形压头　　　　(b) 圆柱形压头

图 6.14 两种压头的示意图

采用圆柱形压头和圆球形压头分别进行试验，每组试验重复 30 次，结果取平均值。两种压头的形状及尺寸见图 6.14，其中 $r=5.5\text{mm}$。

对于不同的果蔬品种，采用两种不同形状的压头分别进行试验，取压缩位移为 0.65mm 时的力—位移曲线，如图 6.15 所示。在两种压头情况下，力—位移关系均为非线性，图中并没有明显的生物屈服点出现。但是在压缩过程中，可以明显观察到采用圆柱形压头进行试验时，试样有轻微的渗水现象，认为此时材料已经屈服，出现生物屈服点。而采用圆球形压头时，由于试样受压时压头边缘产生的剪切作用而导致的剪切破坏，看不出生物屈服点。在相同的压痕深度情况下，圆柱形压头所需的载荷明显大于圆球形压头所需的载荷；而且采用

两种不同类型的压头，马铃薯所需要的载荷均比西葫芦、苹果和梨所需要的载荷大。根据计算机自动输出的弹性模量，分别求平均值得到马铃薯的弹性模量为 4.76MPa，苹果的弹性模量为 2.20MPa，梨的弹性模量为 2.27MPa，西葫芦的弹性模量为 1.95MPa。通常水果和蔬菜的泊松比在 0.2～0.5，我们在计算时取马铃薯果肉的泊松比为 0.45，苹果的泊松比为 0.37，梨的泊松比为 0.35，西葫芦的泊松比为 0.28。

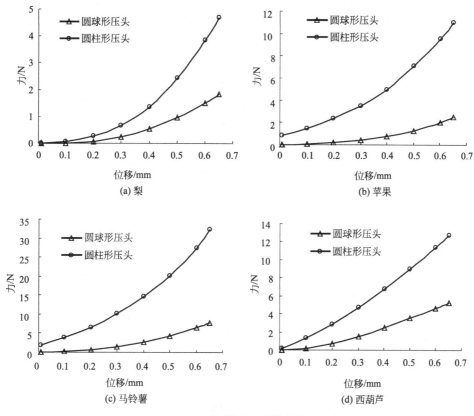

图 6.15　压缩力—位移曲线

（二）有限元法模拟分析

利用有限元分析刚性压入体在载荷作用下试样表面上所产生的压入行为时，为了使问题简化，假设压入过程中无摩擦，测试时，与试样表面垂直的压头压入测试材料，压入体与果蔬相比可视为无限刚性体，试样平面为半无限大、理想的弹塑性平面并具有一定的屈服极限，遵循 Mises 屈服条件。为了减少计算量，根据结构和载荷的对称性，取模型的 1/2 进行有限元计算，有限元计算的实体选择为 2D 轴对称模型。由于试样可能有尺寸效应，要考虑压头尺寸对压痕速率的影响。研究表明当试样厚度不小于压头半径的 5 倍时，尺寸效应小于 5%；当压头的压痕深度不超过受压材料试样厚度的 1/10 时，压痕稳态速率与材料厚度是无关的。

建立果蔬的有限元模型，可以分为以下几个步骤：

① 选择单元类型。模型采用 4 节点 PLANE182 实体单元，由于涉及接触问题，接触单元选择 TARGE169 和 CONTA172。

② 定义材料属性。果蔬在弹性范围严格意义上是属于弹性体，但由于相关指标测试难度较大，本例将果蔬简化为各向同性弹性材料。

③ 构建不同压头情况下果蔬的有限元模型，建立模型后进行网格划分，并创建接触对。

④ 施加载荷时要考虑不同压头情况下果蔬压痕力学性质的测量，在果蔬材料处于弹性范围，测定其力学性质。为了模拟实际情况，在这里假设压痕深度为 0.65mm，即以位移控制载荷。

受压试样尺寸选择为 30mm×30mm，模型采用 4 节点 PLANE182 实体单元，由于涉及接触问题，接触单元选择 TARGE169 和 CONTA172。为计算简便，建模时压头选择为刚体，试样分

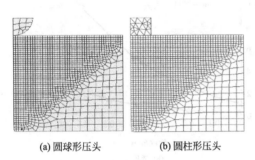

(a) 圆球形压头   (b) 圆柱形压头

图 6.16   力学模型及网格划分

别选择为马铃薯、苹果、西葫芦和梨的果肉部分。压头（可视为刚体）的弹性模量 $E=2.06×10^5$MPa，泊松比 $\mu=0.28$。马铃薯的弹性模量 $E=4.76$MPa，泊松比 $\mu=0.45$；苹果的弹性模量 $E=2.20$MPa，泊松比 $\mu=0.37$；梨的弹性模量 $E=2.27$MPa，泊松比 $\mu=0.35$，西葫芦的弹性模量 $E=1.95$MPa，泊松比 $\mu=0.28$。压头与受压材料之间存在接触，不考虑摩擦，有限元计算软件采用 ANSYS10.0。力学模型及网格划分如图 6.16 所示，在压痕中心处网格划分较密，在远离中心处网格划分较稀疏，以保证模型的准确性。在被测材料底端及右端边上的节点施加固定约束，使试样在 X、Y 方向上的位移量为零。

（1）等效应力应变   图 6.17～图 6.24 分别给出了梨、苹果、马铃薯和西葫芦在采用圆球形压头和圆柱形压头的情况下，压痕深度 h 为 0.65mm 时的等效应力及应变分布云图。从图 6.17～图 6.24 可知，同一材料在不同类型的压头情况下得到的结果不同，这可能是不同形状的压头在压入被测材料时产生了不同的施力方式和不同的作用效果，这引起了测量结果的不同。在采用同一压头的情况下，不同果蔬材料的应力应变场相似。

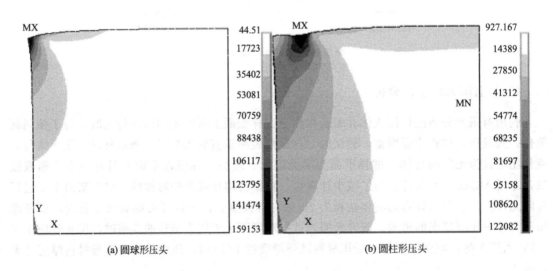

(a) 圆球形压头   (b) 圆柱形压头

图 6.17   梨在不同压头情况下的等效应力云图

通过图中对比可以发现，在相同的压痕深度情况下，圆柱形压头所需要的应力比圆球形压头所需要的应力大，即在相同载荷作用下，圆球形压头的压入深度大于圆柱形压头的压入

深度。采用圆球形压头时，梨、马铃薯、苹果和西葫芦受压的最大应力分别为 0.16MPa、0.36MPa、0.16MPa 和 0.14MPa。在采用圆柱形压头时，梨、苹果、马铃薯和西葫芦受压的最大应力分别为 0.12MPa、0.42MPa、0.18MPa 和 0.11MPa。在采用圆球形压头时，受

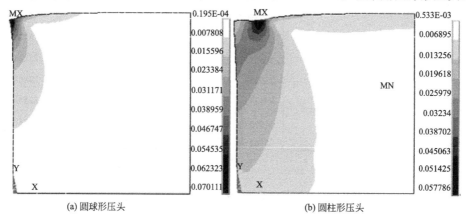

图 6.18　梨在不同压头情况下的等效应变云图

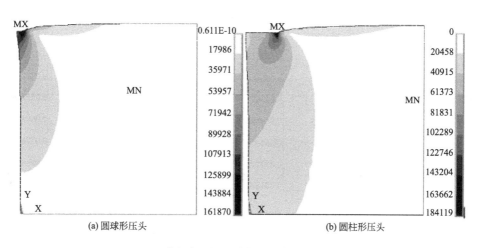

图 6.19　苹果在不同压头情况下的等效应力云图

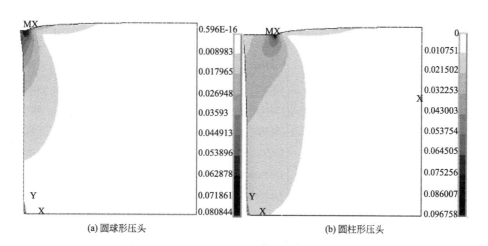

图 6.20　苹果在不同压头情况下的等效应变云图

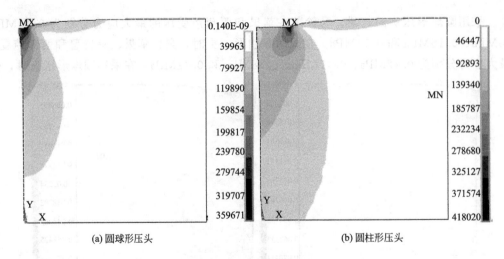

(a) 圆球形压头　　　　　　　　　　　(b) 圆柱形压头

图 6.21　马铃薯在不同压头情况下的等效应力云图

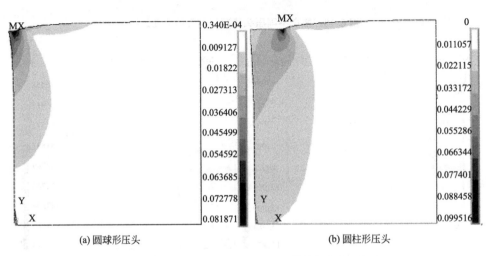

(a) 圆球形压头　　　　　　　　　　　(b) 圆柱形压头

图 6.22　马铃薯在不同压头情况下的等效应变云图

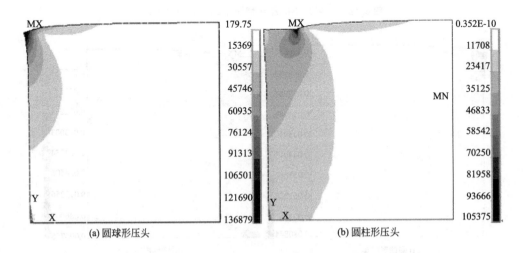

(a) 圆球形压头　　　　　　　　　　　(b) 圆柱形压头

图 6.23　西葫芦在不同压头情况下的等效应力云图

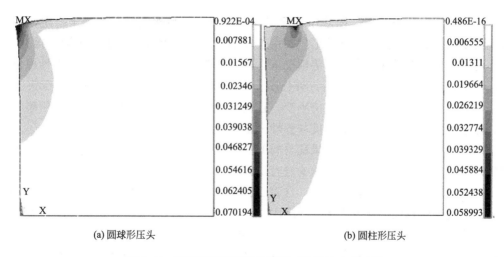

(a) 圆球形压头   (b) 圆柱形压头

图 6.24 西葫芦在不同压头情况下的等效应变云图

力过程中试样的等效应力峰值出现在压载点，而采用圆柱形压头时，试样的等效应力峰值出现在压头的边缘。

可知，采用两种不同类型的压头时，被测材料的应变场有区别：圆球形压头在压头底端应力急剧变化，随着压痕深度的逐渐增大，接触面积随之增大，应力场逐渐趋于稳定，这种应力急剧增加的效应逐步减小。而圆柱形压头在压入过程中接触面积保持不变，且应力场比较稳定，压头的边缘由于其施力方式的不同，引起压痕周围不同程度的破碎，出现了应力集中现象。这种差异是由于几何非相似性引起的物理非相似性而使两种不同压头情况下的应力场不同。随着压痕深度的增大，压痕尺寸效应也随之增加，压痕周围的变形逐渐明显，这种现象在采用圆球形压头的情况下尤为突出。

（2）弹性模量—压痕深度关系曲线　图 6.25 给出了梨、苹果、马铃薯和西葫芦在压头半径为 5.5mm，压痕深度为 0.65mm 情况下的弹性模量随压痕深度的变化曲线。并根据试验结果，对不同的果蔬品种在采用不同类型压头情况下的弹性模量与压痕深度之间的数学关系进行模拟，模型的决定系数均大于 0.97。

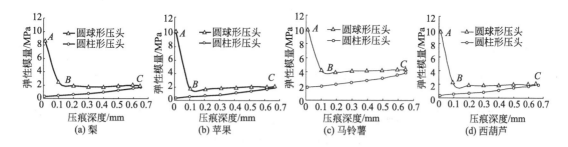

图 6.25 弹性模量随压痕深度的变化曲线

从图 6.25 中可以看出，不同的果蔬品种，在采用圆球形压头的情况下，弹性模量的变化趋势可以分为两个阶段，第一个阶段为"瞬态"阶段（AB 段），弹性模量与压痕深度之间存在二次函数关系。当压头刚接触物料表面时，弹性模量迅速增大，随着压头的移动，弹性模量迅速降低。这主要是压头前方受材料的应力状态调整所致。第二个阶段为"稳定"阶段（BC 段），此阶段，随着压痕深度的逐渐增大，弹性模量逐步趋于稳定，不再发生明显的变化。这主要是因为圆球形压头由于较小的球面接触区域产生了较大的接触应力，在较小的接触面积上承载能力很小等情况下，应力则急剧变化，使压痕深度与弹性模量呈现非线性关系，当应力场逐渐稳定后，弹性模量也逐步趋于稳定。在采用圆柱形压头的情况下，压头在压入过程中接触面积保持不变，且受压材料的应力场比较稳定，随着压痕深度的增加，弹性模量逐渐增大，压痕深度与弹性模量的比近似满足线性关系。

采用圆柱形压头进行试验时，果蔬材料的弹性模量随压痕深度呈递增趋势，这说明果蔬材料发生了塑性变形。采用圆球形压头进行试验时，在"稳定"阶段，弹性模量处于稳定状态，不再随着压痕深度的变化而变化，这符合弹性模量的变化规律，从图中得到梨、苹果、马铃薯和西葫芦的弹性模量分别为 1.92MPa、2.09MPa、4.36MPa 和 2.08MPa。因此采用圆球形压头所得到的弹性模量更接近于材料的实际结果。

（3）硬度—压痕深度关系曲线　硬度的定义一般理解为压入材料后作用载荷除以投影面积，因此硬度与压入载荷、压头半径及压痕深度有关。在不同压头情况下，弹性模量、硬度与压痕变形的拟合方程见表 6.13。由于压头的半径为固定值，则所得到的硬度值与压入载荷和压痕深度有关。当压入载荷为某一固定值时，硬度随压痕深度的增大而减小。当压痕深度为某一固定值时，硬度随着载荷的增大而增大。

⊡ 表 6.13　果蔬的弹性模量、硬度与压痕变形的拟合方程

名称		回归模型	
		弹性模量	硬度
梨	圆球形压头	AB 段：$y_a = 446.71h^2 - 117.8h + 9.793(h \leqslant 0.15)$ BC 段：$y_a = 1.92(0.15 < h \leqslant 0.65)$	$y_b = 0.153h^2 + 0.076h + 0.019(0 < h \leqslant 0.65)$
	圆柱形压头	$y_a = 2.18h + 0.18(0 < h \leqslant 0.65)$	$y_b = 0.277h^2 - 0.023h + 0.004(0 < h \leqslant 0.65)$
苹果	圆球形压头	AB 段：$y_a = 635.42h^2 - 160.4h + 11.50(h \leqslant 0.2)$ BC 段：$y_a = 2.09(0.2 < h \leqslant 0.65)$	$y_b = 0.166h^2 + 0.048h + 0.010(0 < h \leqslant 0.65)$
	圆柱形压头	$y_a = 2.30h + 0.27(0 < h \leqslant 0.65)$	$y_b = 0.134h^2 + 0.087h + 0.012$ $(0 < h \leqslant 0.65)$
马铃薯	圆球形压头	AB 段：$y_a = 436.42h^2 - 112.31h + 11.09(h \leqslant 0.2)$ BC 段：$y_a = 4.36(0.2 < h \leqslant 0.65)$	$y_b = 0.710h^2 - 0.035h + 0.017(0 < h \leqslant 0.65)$
	圆柱形压头	$y_a = 3.13h + 1.66(0 < h \leqslant 0.65)$	$y_b = 0.495h^2 + 0.094h + 0.023(0 < h \leqslant 0.65)$
西葫芦	圆球形压头	AB 段：$y_a = 620.31h^2 - 155.48h + 11.26(h \leqslant 0.15)$ BC 段：$y_a = 2.08(0.15 < h \leqslant 0.65)$	$y_b = 0.194h^2 + 0.070h + 0.014(0 < h \leqslant 0.65)$
	圆柱形压头	$y_a = 2.37h + 0.28(0 < h \leqslant 0.65)$	$y_b = 0.252h^2 + 0.018h + 0.005(0 < h \leqslant 0.65)$

注：h 为压痕深度，mm；y_a 为弹性模量，MPa；y_b 为硬度，MPa。

图 6.26 是不同果蔬的硬度随压痕深度的变化曲线。从图中可以看出，在采用不同类型的压头情况下，马铃薯所测得的硬度值最大，其次是西葫芦、梨和苹果。不同的果蔬品种，在采用不同类型压头的情况下，硬度值随着压痕深度的增大均呈递增的趋势。在采用圆柱形压头的情况下，所得到的硬度值均大于采用圆球形压头情况下所得到的硬度值。这是由于所采用的压头形状不同，作用于果蔬时其施力方式的不同使所测得的硬度值随压痕深度的变化规律也不同。在采用圆球形压头时，梨、苹果、马铃薯和西葫芦的最大硬度值分别为0.12MPa、0.11MPa、0.31MPa 和 0.12MPa；而在采用圆柱形压头时，梨、苹果、马铃薯

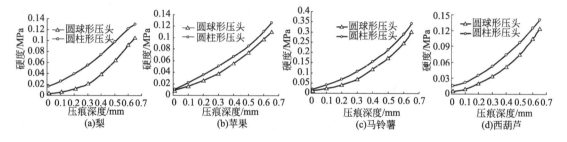

图 6.26　硬度随压痕深度的变化曲线

和西葫芦的最大硬度值分别为 0.13MPa、0.13MPa、0.34MPa 和 0.14MPa。

　　从试验结果可以看出，压痕法结合有限元分析不仅可用来测量果蔬的硬度，还能评价果蔬材料的弹性模量、应力状态等力学特征。

第二节
对果蔬细观力学性质的影响

一、高压脉冲电场预处理果蔬细观结构变形试验研究

　　研究高压脉冲电场预处理对果蔬微观结构的影响，可从机理上了解高压脉冲电场作用于果蔬的效应，主要采用的方法为图像处理技术和扫描电镜技术。经过脉冲电场预处理的果蔬干燥之后，其整体密度和缩水率有所降低，而多孔性提高，平均气孔的尺寸明显小于未经电场处理的样品尺寸，而且高压脉冲电场预处理可以改变细胞的结构和排列，使细胞间隙增大，多面体结构破坏。不同的电场参数对果蔬细胞的影响不同，Ersus 和 Barrett 研究了脉冲频率对细胞结构的影响，结果表明当脉冲电强度为 333V/cm，脉冲宽度为 100μs，脉冲个数为 10 和脉冲频率为 1Hz 时，薄壁细胞、维管束以及表皮细胞出现了不同程度的损伤。Asavasanti 等在此研究基础上进一步证实了当脉冲频率为 0.1～1Hz 时，高压脉冲电场预处理的洋葱细胞有较高的通透性，而且大多数细胞出现了不同程度的破裂。当脉冲频率为 0.1Hz 时细胞膜的通透能力最高，当脉冲频率为 5kHz 时，细胞的结构较完整，没有损坏现象。这与 Lebovka 等的结论相同，即频率越低，对细胞的破坏程度越大。

　　国内关于高压脉冲电场预处理对果蔬微观结构的影响方面研究较少，主要集中在不同的干燥方式对果蔬微观结构的影响方面。朱跃钊等采用扫描电镜观察马铃薯在干燥前后表面附近组织的变化情况，分析了不同干燥方法对马铃薯品质的影响，指出新鲜马铃薯中细胞呈饱满的六边形，干燥后均发生了不同程度的变化，从物料内部表面形态上看，冷冻干燥最大限度地保持了细胞原本的腔结构，其次是吸附式低温干燥，也保持了新鲜物料中的一些孔道，热风干燥对表面细胞的破坏最大，因为高温使物料表面的细胞组织快速地脱水干瘪，通道被破坏，内部的水分不能继续高速脱除，细胞组织会发生明显的干缩，并伴有"结壳""硬化"等现象。

　　为了充分认识高压脉冲电场预处理对果蔬生物力学性质和干燥效果的影响，需要研究高

压脉冲电场作用果蔬后引起果蔬微观结构变形的情况，深入了解细胞结构变位或形变，以及损伤对脱水效果影响的机理，为该技术的应用提供基础支持。本章采用高压脉冲电场预处理苹果，结合扫描电子显微镜对果蔬细胞进行微观分析，并应用相关理论对果蔬组织和细胞变形进行了理论分析研究，了解高压脉冲电场预处理对果蔬微观结构的影响规律。

二、高压脉冲电场预处理对果蔬细观力学性质的影响

高压脉冲电场作用于果蔬会引起细胞内部组织结构的变化，而细胞内部组织结构的变化又与细胞的力学性质有关。研究果蔬细胞的力学行为，需要在细观层面建立细胞的力学模型进行分析。高压脉冲电场预处理对果蔬细胞的电特性以及细胞的力学性质的影响，可能导致电荷分布过于集中，使得跨膜电压增大，在跨膜电压接近细胞膜的击穿电压时会发生电穿孔现象，细胞将更容易破裂，这就需要研究细胞层面的电场力问题。

1. 球形细胞膜的电特性

高压脉冲电场作用于果蔬后，可能会出现电穿孔现象，其原因是外加脉冲电场所产生的跨膜电位 $U_m(t)$ 大于膜的绝缘强度，从而使膜击穿。因此，分析高压脉冲电场作用下跨膜电位的变化规律对于研究细胞的受力以及穿孔效应都有重要的意义。

图 6.27 是 H. P. Schwan 建立的单细胞模型。模型在研究电场作用下细胞膜的跨膜电位时，把所研究的对象分为细胞外介质、细胞膜和细胞质三层结构，不考虑细胞核和细胞内外的各种大分子，并假设外加电场是理想的均匀电场，细胞为简单的均匀物理介质。我们以该模型为研究基础，讨论单细胞细胞膜的电特性对细胞压力的影响。

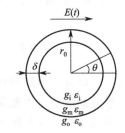

图 6.27 单细胞模型

图中 $E(t)$ 为外加的均匀电场，箭头表示所加电场的正方向，r_0 为细胞的半径，δ 为细胞的厚度，g_i、g_m、g_o 分别为细胞质、细胞膜和细胞外介质的导电率，ε_i、ε_m、ε_o 分别表示细胞质、细胞膜和细胞外介质的介电常数，θ 为测量的极性方向和外加电场方向的夹角。

T. Kotnik 等指出：对于任意形状的单细胞，外电场诱导的

$$\Delta U_m(t) = fE(t)r_0\cos\theta(1-e^{-t/\tau}) \tag{6.11}$$

式中，f 是细胞的形状系数；$E(t)$ 是外加电场强度；θ 是膜上任意一点到细胞中心与电场的夹角；τ 是膜的充电时间常数。细胞两极在外加电场作用下很快达到最大膜电压，细胞膜受电场应力作用而变薄，达到某一临界状态时被击穿而产生电穿孔，其渗透性大大增强，有利于水分扩散。细胞的形状系数为

$$f = \frac{3g_o[3\delta r_0^2 g_i + (3\delta^2 r_0 - \delta^3)(g_m - g_i)]}{2r_0^3(g_m + 2g_o)(g_m + g_i/2) - 2(r_0 - \delta)^3(g_o - g_m)(g_i - g_m)} \tag{6.12}$$

一般情况下，g_i、$g_o \gg g_m$，所以 $f = 3/2 = 1.5$。

膜的充电时间常数为

$$\tau = r_0 C\left(\frac{1}{g_i} + \frac{2}{g_o}\right) \tag{6.13}$$

式中，C 表示细胞膜的电容，一般情况下 $C = 1\mu F/cm^2$。

在导电体中，细胞膜的充电时间常数 τ 远远小于脉冲宽度，所以 $(1-e^{-t/\tau})$ 趋近于 1。则：

$$\Delta U_m(t) = 1.5E(t)r_0\cos\theta \tag{6.14}$$

细胞膜的初始跨膜电位有研究表明为$-70\sim-30\mathrm{mV}$，设$U_0=-70\mathrm{mV}$。当施加外加电场之后，在细胞膜上形成的跨膜电位为

$$U_m(t) = U_0 + \Delta U_m(t) \tag{6.15}$$

即

$$U_m(t) = -70\mathrm{mV} + 1.5E(t)r_0\cos\theta \tag{6.16}$$

如图 6.28 所示，方波脉冲电场可视为 2 个阶跃脉冲电场的叠加，计算中可先分别求解 2 个阶跃脉冲电场单独作用下的细胞膜和核膜跨膜电位，然后将二者线形叠加即可。

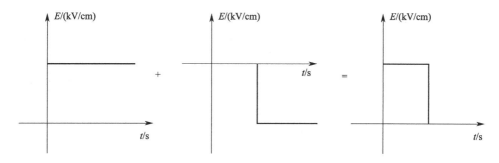

图 6.28　方波脉冲的形成

因此，高压矩形脉冲电场的跨膜电位为

$$\Delta U_m(t) = 1.5Er_0\cos\theta[u_o(t) - u_o(t-T)] \tag{6.17}$$

式中，T 为方波脉冲的脉宽；$u_o(t)$ 和 $u_o(t-T)$ 分别表示单位阶跃函数和单位延迟阶跃函数。

果蔬的内部组织结构比较复杂，细胞膜是一个由极性脂质分子构成的双分子层膜，其物理特性类似于双电层。据此可提出如图 6.29 所示的细胞膜双电层模型。

图中，σ_i 与 σ_o 分别表示细胞膜内外两侧的面电荷密度，r_i 表示内层膜半径，r_o 表示外层膜半径。细胞内外的介电常量为 ε_0，细胞膜的介电常量为 ε_m。在此只考虑单细胞细胞膜电特性对细胞内压力的影响，因此它和基质的相互作用以及细胞内细胞骨架对力的影响可忽略不计。

2. 脂双层内层所受的电场力

脂质双分子层相当于一个孤立的面电荷密度为 σ_i 的带电球面。在脂质双分子层上任取一点 p，过 p 点作内层表面的外法线单位矢量 $\hat{n}$，又由于电荷分布的对称性，该点场强的方向沿 $\hat{n}$ 方向（径向），则 p 点场强可以表示为

$$\vec{E}(p) = E\hat{n} \tag{6.18}$$

过 p 点作一个与内层表面平行的面元 $ds_{内}$，如图 6.30 所示。

因为 ds 面上的场强为 0，由高斯（Gauss）定理可得

$$\vec{E}(p) = \frac{\sigma_i}{\varepsilon\hat{n}} \tag{6.19}$$

根据场强的叠加原理，p 点的总场强可认为是在 p 点激发的场强的叠加。因此有

$$\vec{E}(p) = \vec{E}_1(p) + \vec{E}_2(p) \tag{6.20}$$

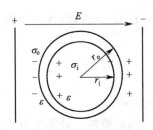 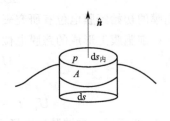

图 6.29　细胞膜双电层模型　　　　　　　　图 6.30　电场分析

利用高斯定理可得

$$\vec{E}_1(p) = \frac{\sigma_i}{2\varepsilon \hat{\boldsymbol{n}}} \tag{6.21}$$

由于场强的连续性，可以认为 A 点和 p 点的场强近似相等。所以 p 点的总场强为

$$\frac{\sigma_i}{\varepsilon \hat{\boldsymbol{n}}} = \frac{\sigma_i}{2\varepsilon \hat{\boldsymbol{n}}} + E_2(A)\hat{\boldsymbol{n}} \tag{6.22}$$

则

$$E_2(A) = \frac{\sigma_i}{2\varepsilon} \tag{6.23}$$

因此，在脂双层内层上任一点所受的电场力为

$$\vec{F}_{内} = \left(\frac{\sigma_i^2}{2\varepsilon}\right) ds_{内} \, \hat{\boldsymbol{n}} \tag{6.24}$$

3. 脂双层外层所受的电场力

细胞膜外层任意一点所受的电场力为

$$\vec{F}_{外} = \vec{F}_1 + \vec{F}_2 \tag{6.25}$$

式中，$\vec{F}_1$ 为内层对外层的力；$\vec{F}_2$ 为外层上除 $ds_{外}$ 外产生的力。
由高斯定理得

$$\vec{F}_1 = \frac{\sigma_o \sigma_i r_i^2}{\varepsilon r_o^2 ds_{外} \hat{\boldsymbol{n}}} \tag{6.26}$$

$$\vec{F}_2 = \frac{\sigma_o^2}{2\varepsilon ds_{外} \hat{\boldsymbol{n}}} \tag{6.27}$$

则

$$\vec{F}_{外} = \left(\frac{\sigma_o \sigma_i r_i^2}{\varepsilon r_o^2} + \frac{\sigma_o^2}{2\varepsilon}\right) ds_{外} \, \hat{\boldsymbol{n}} \tag{6.28}$$

在外加电场作用下，球形细胞膜上电荷产生的细胞压力：

$$\Delta P_{电} = \frac{\sigma_o \sigma_i r_i^2}{\varepsilon r_o^2} + \frac{\sigma_i^2 + \sigma_o^2}{2\varepsilon} \tag{6.29}$$

其中

$$\sigma_i = \frac{U_m(t)\varepsilon_o r_o}{r_i(r_o - r_i)}, \sigma_o = \frac{U_m(t)\varepsilon_o r_o}{r_i(r_o - r_i)\frac{1 - r_o^2}{2(r_o^2 + r_i^2) + r_i r_o \beta \delta \varepsilon / \varepsilon_m}}$$

式中，$\beta = \frac{2ne^2}{\varepsilon kT}$，$\delta = r_o = r_i$，$e$ 为电子电量，$e = 1.6 \times 10^{-19}$C，k 为玻耳兹曼常量，一般情况下 $k = 1.38 \times 10^{-23}$J/K，n 为离子密度，假设在温度为 25℃ 条件下，则 $T = 298.15$K。

4. 电场产生的压缩应力

果蔬组织从电学性质上可看作是电解质、电介质、导体、水等多种物质以不同形式构成的复合体。可以将细胞膜分子看成是电偶极子，生物膜看成是黏度较高的极性液体电介质。当施加外加电场之后，细胞表面由于电荷的作用产生一定的压缩应力，假设细胞膜的厚度为 δ，由于细胞膜上的脂类物质在电学上近乎绝缘，其电阻率一般高达 $10^{14} \sim 10^{18}\ \Omega/cm^2$，而膜上的蛋白组分因其功能特性、构象变化及在膜上的位置，从宏观角度上可认为其造成了细胞膜两侧某种特定的导电状态。细胞膜同时也具有电容性质，膜两侧均存在与电学行为类似的电解质溶液，而厚度很小、电阻率相对高的细胞膜介于这两种溶液之间，故细胞膜可视为一个电容器，因此施加电场后细胞膜表面产生的压缩应力可根据 Maxwell 应力张量理论求出，即

$$\sigma = \frac{1}{2}\varepsilon_0 \varepsilon_r \left[\frac{U_m(t)^2}{\delta} \right] \tag{6.30}$$

式中，ε_0 是指真空中的介电常数；ε_r 是指细胞膜的相对介电常数，其中磷脂类细胞膜的相对介电常数为 2.2；$U_m(t)$ 是指细胞膜两侧的跨膜电位。

对于圆形细胞，根据平衡条件，细胞膜表面的压缩应力和细胞内压力之间的关系为

$$p = \frac{\sigma \delta}{R} \tag{6.31}$$

其中，R 是细胞承受压力时细胞的半径。

5. 施加外加载荷后细胞的变形

由于果蔬的细胞是多面体或球形，所以假设细胞的形状是一个球形，如图 6.31 所示。细胞在承受压缩力时，细胞会发生变形，导致细胞内压发生改变，为了简化分析，假设细胞变形时仅沿一个方向发生变形，如图 6.32 所示。当电场力作用后，细胞发生变形，一般情况下可以认为 a 和 R 近似相等。

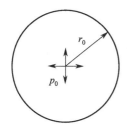

图 6.31 细胞球形模型

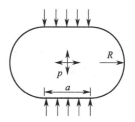

图 6.32 外力作用时细胞的变形

假设细胞在没有受到任何外载时，细胞的内压力为 0，半径为 r_0，则在环绕细胞膜方向相对于压力为 0，没有外载时的应变为

$$\varepsilon_r = \frac{\Delta l}{2\pi r_0} \tag{6.32}$$

式中，$\Delta l = l - l_0$，l 为受到外加载荷时细胞的周长，l_0 为没有受到外载作用而且细胞内压力为 0 时的细胞周长。

根据平面应力的胡克定理，细胞壁在环绕方向的张力应力为

$$\tau = \frac{\varepsilon_r Y}{1 - \mu^2} \tag{6.33}$$

式中，μ 为细胞膜的泊松比；Y 为细胞膜的弹性模量。

当细胞承受一定外载荷时，细胞半径变为 R，根据平衡方程可得

$$p = \frac{\tau \delta}{R} \tag{6.34}$$

因此，细胞在一定的外载作用下的内压力为

$$p = \frac{\delta Y \Delta l}{R(1 - \mu^2) 2\pi r_0} \tag{6.35}$$

6. 高压脉冲电场作用后细胞的变形

高压脉冲电场作用于果蔬细胞，以电场力的形式传递到细胞内部，使细胞发生变形，根据前面提出的电荷产生的细胞内压以及有外载作用时细胞内压的公式，可以推导出高压脉冲电场作用与细胞变形之间的关系，为合理选择高压脉冲电场预处理参数提供理论依据。

根据式（6.30）～式（6.35）可以得到施加脉冲电场之后，细胞周长的变形情况，即

$$\frac{1}{2} \varepsilon_0 \varepsilon_r \left(\frac{U_m(t)}{\delta} \right)^2 \frac{\delta}{R} = \frac{\delta Y \Delta l}{R(1 - \mu^2) 2\pi r_0} \tag{6.36}$$

化简之后变为

$$\varepsilon_0 \varepsilon_r \left(\frac{U_m(t)}{\delta} \right)^2 = \frac{Y \Delta l}{(1 - \mu^2) \pi r_0} \tag{6.37}$$

由于液体的不可压缩性，在细胞由初始状态到施加外加电场之后，产生压缩应力时，细胞的面积保持不变，因此

$$\pi r_0^2 = \pi R^2 + 2aR \tag{6.38}$$

这样可以得到

$$a = \frac{\pi(r_0^2 - R^2)}{2R} \tag{6.39}$$

通过式（6.37）可以得到施加的电场强度和细胞周长之间的关系。由于在试验过程中，两个电极板之间的距离为 10mm，则施加的电压为

$$U = \frac{E}{d} \tag{6.40}$$

式中，E 为施加的电场强度，V/cm。

以苹果细胞为例，参考前面未处理样品的扫描电镜图片（图 6.33），测量其半径，其余数据根据参考文献列出细胞计算所用的参数，见表 6.14。

▣ 表 6.14　苹果细胞计算所用参数

参数	细胞半径 r_0/m	细胞膜厚度 δ/m	细胞膜的相对介电常数 ε_r/(F/m)	细胞膜的介电常数 ε_m/(F/m)	细胞膜内外介电常数 ε/(F/m)	细胞膜的弹性模量 Y/(N/mm²)	细胞膜的泊松比 μ
数值	0.1×10^{-3}	7×10^{-9}	2.2	$2.2\varepsilon_0$	$30\varepsilon_0$	2.2×10^6	0.33

注：真空中的介电常数 $\varepsilon_0=8.85\times10^{-12}$F/m。

　　高压脉冲电场作用后，果蔬细胞所受的作用力与跨膜电位有关，而跨膜电位又随着 θ 的不同而变化，因此细胞膜不同的地方，应力也不同。在此，只考虑 $\theta=0$、π 时细胞的压力，而且 $\theta=0$ 和 $\theta=\pi$ 时细胞所受到的压力近似相等，所以只考虑 $\theta=0$ 时细胞所受的压力。细胞在没有受到任何外载的情况下，细胞的初始内压力为 0，细胞的原始周长 $l_0=2\pi r_0=628\mu m$。当施加的外加电场强度为 1V/cm，即电压为 1V 时，苹果细胞膜所受到的内压力为 1.641×10^5N/m²，细胞壁所承受的压缩应

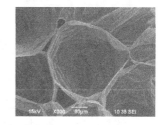
图 6.33　苹果细胞扫描电镜图

力为 0.004×10^{-6}MPa，变形后细胞的周长增大了 $1.137\times10^{-6}\mu m$。当施加的外加电场强度为 1000V/cm，苹果细胞膜所受到的压力为 1.254×10^9N/m²，细胞壁所承受的压缩应力为 0.004MPa，细胞的周长增大了 $1.137\mu m$。当施加的外加电场强度为 1500V/cm，苹果细胞膜所受到的压力为 1.120×10^{10}N/m²，细胞壁所承受的压缩应力为 0.010MPa，细胞的周长增大了 $2.558\mu m$。当施加的外加电场强度为 2000V/cm，苹果细胞膜所受到的压力为 2.364×10^{10}N/m²，细胞壁所承受的压缩应力为 0.018MPa，细胞的周长增大了 $4.548\mu m$。

　　果蔬的压缩试验中当电场强度为 2000V/cm 时，不考虑脉冲宽度和脉冲个数的影响，得到的苹果的抗压强度为 0.090MPa，屈服强度为 0.015MPa。而当电场作用后所产生的压缩应力均小于苹果的抗压强度，因此电场强度为 2000V/cm 时不会导致苹果组织结构的破裂。在一定程度上增加脉冲强度可以提高细胞膜的通透性，但是并不是越大越好，当脉冲强度越大，细胞的变形越严重，细胞的穿孔密度较高，干燥时会导致细胞的骨架结构被破坏，不仅影响水分的扩散速度，而且还影响到产品的外观形态和品质。当脉冲强度为 1500V/cm 时，与未处理的周长相比增加了 0.410%。当脉冲强度为 2000V/cm 时，细胞周长增加了 0.724%。由于计算时是处于理想化的状态，实际上细胞的变形远大于计算值，这一结果也可以从第三章的扫描电镜图片中观察到。当干燥过程中出现崩塌现象时，细胞的周长为 $635\mu m$（从塌陷样品的结构图中量取多个细胞的周长，并计算平均值。样品在含水率为 47.08% 时出现了微崩塌现象，而用于扫描电镜的样品是在含水率为 35.94% 时，因此当样品出现微塌陷现象时，细胞的周长小于用于试验样品的周长，即小于 $635\mu m$），细胞周长的变形率为 1.115%，当细胞的变形大于 1.115% 时，细胞出现了较为明显的塌陷现象，因此为了避免细胞出现塌陷现象，需要保证细胞的变形在一个相对安全的范围内，考虑计算的误差和试验样品选取的不同，选择脉冲强度小于 1500V/cm 较为合适。

　　图 6.34 中的 (a)、(b) 和 (c) 图所示，细胞随着脉冲强度的增大，细胞变形越大，而且细胞内容物逐渐向细胞外扩散。当脉冲强度为 1500V/cm 时，可以观察到个别的细胞有电穿孔现象，见 (c) 图。当干燥过后，可以明显观察到细胞的电穿孔现象，这主要是由于干燥的膨胀作用，而使电穿孔尺寸增大所致。

　　总之，高压脉冲电场预处理，一方面可使果蔬细胞产生电击穿现象，加快水分的传输速

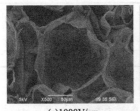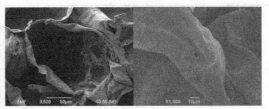

(a)1000V/cm　　　　　　(b)1250V/cm　　　　　　(c)1500V/cm

图 6.34　经过高压脉冲电场预处理后的苹果细胞

度，另一方面改变了果蔬的崩塌温度，可使加热板温度增高。

7. 崩塌温度界定试验

目前，产品的崩塌温度难以测定，要在冷冻干燥显微镜下进行观察，而且受各种因素的影响，测量误差较大。因此我们利用试验和理论相结合的方法，了解高压脉冲电场预处理对果蔬崩塌温度的影响，确定崩塌温度的具体范围。

高压脉冲电场预处理可以改变细胞膜的通透性，提高干燥速率和样品的崩塌温度，为解决真空冷冻干燥中干燥时间长、能耗大、产品出现崩塌等问题提供一种新的解决办法。以苹果为例，分析高压脉冲电场作用后对果蔬崩塌温度的影响。在升华过程中物料需要吸收大量的升华潜热，才能使升华过程顺利进行。在升华过程中，冻结苹果的温度不能超过苹果的共晶点温度，已干燥层的温度不能超过苹果的崩塌温度或最高允许温度，否则苹果冻结层会因温度高于其共晶点而融化，干燥层塌陷，产品将会出现干缩和表面硬化的现象，阻止升华过程继续进行。研究指出苹果的崩塌温度为 55℃。

真空冷冻干燥的三个主要过程参数是物料厚度、加热板温度和冻干室压力，其中影响果蔬干燥效果最主要的因素是物料的厚度，其次是加热板温度和冻干室压力。研究表明果蔬的厚度应控制在 10mm 以内，这样有助于提高果蔬的干燥速率，降低干燥能耗，因此我们在进行干燥试验时选择物料的厚度为 10mm。有文献指出冻干室压力应控制在 70～90Pa，但也有文献表明冻干室压力应该选择在 20Pa，预试验结果表明当升华阶段的冻干室压力低于40Pa 时，物料出现了融化、发泡等现象，因此，升华阶段冻干室压力应不低于 40Pa。此外由于冻干室压力在试验过程中并不是一直保持不变的，而是处于一个变动的范围之内，所以我们选择冻干室压力的范围为 40～45Pa。加热板温度依次设定为 50℃、60℃、70℃，分别进行真空冷冻干燥试验。未处理的苹果样品的变化情况如图 6.35 所示。

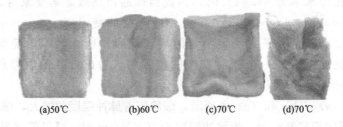

(a)50℃　　　　(b)60℃　　　　(c)70℃　　　　(d)70℃

图 6.35　不同加热板温度情况下的苹果干燥样品

图 6.35 中，（a）是在物料厚度为 10mm，加热板温度为 50℃，冻干室压力为 40～45Pa的情况下苹果的干燥样品，可以看出样品有轻微的塌陷现象，但不影响产品的外观和质量。

但是这种干燥条件下，干燥的时间较长，大于 10h，耗电量大，相对应的生产率过低。（b）是在物料厚度为 10mm，加热板温度为 60℃，冻干室压力为 40～45Pa 的情况下苹果的干燥样品，此时样品有轻微的塌陷和断裂现象，影响了干燥的效果，而且由于出现崩塌现象，造成干燥时间延长，能耗增大。（c）和（d）是在物料厚度为 10mm，加热板温度为 70℃，冻干室压力为 40～45Pa 的情况下苹果的干燥样品，此时样品出现了较为严重的塌陷和断裂。由于真空冷冻干燥是由表及里干燥方式，对于物料整体而言，将使物料表层首先干燥，因物料外层首先干燥而形成的硬壳板阻碍了内部水分继续向外迁移，使内部水分扩散的速度低于温度递增的速度，此时出现了崩塌现象，内部细胞塌陷，阻碍了水分子的继续扩散，使物料原有的结构坍塌，样品表面硬化现象严重，样品（c）几乎向内凹陷了 3mm。在热应力的作用下，部分细胞的细胞壁与相邻细胞的细胞壁分离，出现了应力裂纹。高压脉冲电场选择三个预处理参数，即脉冲强度、脉冲宽度和脉冲个数。根据前期试验结果，选取脉冲强度 1000～1500V/cm，脉冲宽度 60～120μs，脉冲个数 15～45。在试验过程中可以发现，经过高压脉冲电场预处理后的苹果样品没有出现崩塌现象，样品的骨架结构保存完整，复水性能好，而且干燥时间大大缩短，耗电量减低，产生率提高。经过高压脉冲电场预处理后，内部水分的方向排序改变，提高温度可以达到干燥彻底的效果。当升华阶段加热板温度大于 70℃，经过高压脉冲电场预处理的样品部分出现了轻微塌陷的现象，因此认为经过高压脉冲电场预处理的样品，升华阶段加热板温度设定为 70℃为宜。

可见，未处理的苹果样品，加热板温度设定为 50℃以上，样品出现崩塌现象。而经过预处理后，加热板温度设定为 70℃以上时，样品出现崩塌现象。因此，可以认为高压脉冲电场预处理使苹果样品的崩塌温度提高了 20℃左右。没有经过任何处理的苹果崩塌温度为 55℃，所以，经过高压脉冲电场预处理后苹果的崩塌温度为 75℃。在干燥过程中，升华阶段设定的加热板温度应该控制在果蔬的崩塌温度以下，这样才能在不破坏果蔬组织保证其品质的同时，提高果蔬的干燥速率。

第三节
对果蔬黏弹性及动态力学性质的影响

包括果蔬在内的大多数的农产品是黏弹性物料，应力松弛和蠕变是研究果蔬黏弹性的两个重要性质。研究果蔬的黏弹性可为果蔬加工、贮藏、运输及开发新产品等生产环节提供重要参考。本章通过对几种常见果蔬样品进行压缩蠕变、应力松弛性能试验研究，获得果蔬的蠕变及应力松弛曲线，并用 Burgers 模型、Maxwell 模型对曲线进行拟合分析，讨论高压脉冲电场预处理对果蔬蠕变、应力松弛参数的影响。

一、蠕变实验

1. 试验材料及仪器
试验材料为苹果（水晶富士）60 个、梨（雪梨）50 个、马铃薯（紫花白）25 个、白萝卜（春白）8 个。所选试验果蔬从本地市场购得，选取大小均一、形状规整、无损伤、无病虫害的果蔬作为试验材料，除尘洗净后放置于4℃低温保存箱（HYCD-282A，海尔，中国青岛）中储存待用。

果蔬流变力学性质测试设备为INSTRON5544万能材料性能试验机。型号为5544，美国INSTRON公司生产。仪器的最大载荷为2kN，速度范围为0.05～1000mm/min，精度可达到指示载荷的±0.49。

果蔬预处理仪器为BTX高压脉冲电场发生器及配套电极、示踪仪和稳压电源，仪器型号为ECM830，由美国BTX公司生产。产生的脉冲波形为矩形波，电极为20mm×20mm方形不锈钢板。脉冲强度调节范围为5～3000V/cm，作用时间范围为10～200s，脉冲个数调节范围为1～99。

含水率的测定由DHG-9023A型电热恒温鼓风干燥箱（无锡三鑫精工试验设备有限公司）以及MP2002电子天平（上海恒平科学仪器有限公司）完成。干燥箱的温度调节范围为50～200℃。电子天平量程为0～200g，精度为1%。

（1）试验样品制备

试验时将果蔬从低温保存箱中取出，待其温度恢复到室温（18～22℃）后切样。样品尺寸为10mm×10mm×20mm，切样方式见第二章。

（2）试验方法

将待测试样品放入高压脉冲电场发生器配套的卡钳电极中，用电极板夹住样品组织给出电脉冲。设置电脉冲参数为：脉冲强度1350V/cm，脉冲时间90μs，脉冲个数60。

研究的黏弹性包括果蔬的压缩蠕变特性以及压缩应力松弛特性。用INSTRON-5544万能材料试验机对高压脉冲电场预处理后的样品进行压缩黏弹性测试。将不做预处理的果蔬试样作为对照组，测试其流变特性与处理组作对比。

蠕变试验是将静载荷（应力）突然地施加到物体上并保持不变，测定变形（应变）和时间的函数关系。通过Bluehill测试软件设置蠕变试验参数，设置测试模式为压缩蠕变/松弛模式，预加载速度为5mm/min，预加载载荷为0.3N，测试速度为10mm/min。由于蠕变试验中存在"应力饱和"现象，因此在选择保持载荷时不可太小，较小的载荷会造成变形随作用时间保持恒定而不表现为蠕变特性。经预试验确定，设置预处理组果蔬试样的保持载荷为3N，对照组果蔬试样保持载荷为15N，保持时间均为300s。

应力松弛试验是使物料变形（应变）达到一定程度并保持不变，测定应力与时间的函数关系的试验。本研究设置测试模式为压缩蠕变/松弛，设置预加载速度为5mm/min，预加载载荷0.3N，测试速度为10mm/min。果蔬的应力松弛试验应变要保持在1.5%～3%，马铃薯甚至要小于1.5%。因此本试验设置苹果、梨以及白萝卜试样的保持应变为2.8%，马铃薯试样保持应变为1.5%，保持时间均为300s。试验数据由INSTRON万能试验机计算机系统自动采集保存，数据采集速率设定为50ms。由于农业物料的力学特性有较大的变异离散性，因此每种果蔬试验均重复10次，采用Excel软件进行数据分析及作图，SAS9.2软件进行数学建模及回归参数计算。

2. 黏弹性基本模型

大多数的农产品是黏弹性体，它们所表现的应力和应变关系比胡克固体或牛顿液体关系更复杂，既表现弹性特征也表现黏性特征，与时间变量相关，既有固体特性又有液体特性，是两种特性的结合。在流变学中，常用遵循胡克定律的线性弹簧表示弹性元件，如图6.36（a）所示；黏性元件则由遵守牛顿黏性定律的阻尼器表示，如图6.36(b)所示。

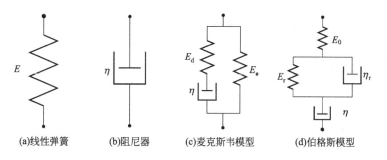

| (a)线性弹簧 | (b)阻尼器 | (c)麦克斯韦模型 | (d)伯格斯模型 |

图 6.36　黏弹性基本元件

蠕变是指样品在受到某个固定的应力时，保持应力不变，研究应变随时间的变化。当施加的应力小于弹性极限时，将施加在果蔬试样上的力卸载后，只要作用时间足够长，变形不会立即消失，而且会随着时间的延长逐渐恢复。黏弹性材料的蠕变过程可以用伯格斯模型（Burgers model）表达，如图 6.36(d) 所示。其数学模型为

$$\varepsilon_{(t)} = \frac{\sigma_0}{E_0} + \frac{\sigma_0}{E_r}(1 - e^{-t/T_r}) + \frac{\sigma_0}{\eta_2}t \tag{6.41}$$

式中，$\varepsilon_{(t)}$ 为任意时间 t 的应变，%；σ_0 为保持应力，MPa；E_0 为零时弹性模量，MPa；E_r 为延时弹性模量；T_r 为延时时间，s，$T_r = \eta_1/E_1$；η_1，η_2 为黏滞系数。

果蔬具有应力松弛特性，当在弹性范围内保持果蔬试样的变形量恒定，果蔬样品的应力随时间不断减小，应力下降的速度也逐渐减小，最终应力趋于平衡。麦克斯韦模型（Maxwell model）能够较好地表达农业物料的松弛特性，因此被广泛运用，它是由弹性元件和黏性元件串联而成的，如图 6.36（c）所示。其数学模型为

$$E_{(t)} = E_d \cdot e^{-t/T_s} + E_e \tag{6.42}$$

式中，$E_{(t)}$ 为任意时间 t 的瞬时弹性模量，MPa；E_d 为衰变弹性模量，MPa；E_e 为平衡弹性模量，MPa；T_s 为应力松弛时间，s。

$$T_s = \eta/E \tag{6.43}$$

式中，η 为黏性系数。

3. 试验结果与分析

（1）HPEF 对果蔬蠕变特性的影响　果蔬材料具有蠕变特性，当将施加在果蔬试样上的力卸载后，果蔬试样的变形不会立即消失，而且会随着时间的延长逐渐恢复。由果蔬试样的压缩蠕变特性曲线可知（见图 6.37），果蔬试样在经过高压脉冲电场预处理之后蠕变特性曲线的应变值上升趋势更为明显。蠕变特性曲线图只能反映不同果蔬蠕变特性的差异，而不能反映试样的流变特性指标，因此需要用模型来描述果蔬试样的蠕变特性。四元件 Burgers 模型无法线性化，因此采用 SAS 本质非线性回归方法优化搜索回归参数，即使用 SAS 的 nlin 过程进行分析计算。定义 $a = 1/E_0$，$b = 1/E_r$，$c = 1/T_r$，$d = 1/\eta_2$，模型可简化为 $\varepsilon_{(t)} = a\sigma_0 + b\sigma_0(1 - e^{-ct}) + d\sigma_0 t$，分别对 4 个参数求偏导，编写 SAS 程序，进行非线性回归分析计算参数 a、b、c、d，换算求得蠕变特性参数零时弹性模量 E_0、延时弹性模量 E_r、延时时间 T_r、黏滞系数 η_1、η_2。SAS 分析计算结果如表 6.15、表 6.16 所示。表 6.16 为各果蔬试样的蠕变特性回归模型，所列 8 个回归模型的 P 值均小于 0.0001，决定系数均达

0.9999。表 6.16 为果蔬试样压缩蠕变特性参数，各果蔬的蠕变参数均差异显著。由图 6.38 可以看出经过高压脉冲电场预处理以后的果蔬试样模量值均明显减小，延时时间增加，黏滞系数减小。这是由于高压脉冲电场可通过电极在果蔬组织细胞间形成暂时的孔道，增强了细胞膜的通透性，压缩过程中细胞中的水分发生外溢，使得细胞膨压降低，且试样密度发生改变，导致果蔬材料的模量值、黏性参数及延时时间发生改变。

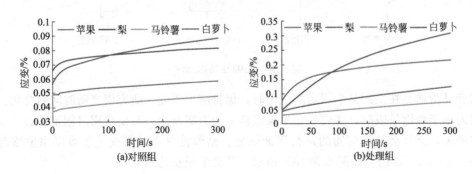

图 6.37 对照组果蔬试样压缩蠕变特性曲线

▣ **表 6.15 果蔬试样蠕变特性回归模型**

		回归模型	R^2
对照组	苹果	$\varepsilon_{(t')} = \dfrac{\sigma_0}{3.0148} + \dfrac{\sigma_0}{666.6667}(1 - e^{t'/31.7460}) + \dfrac{\sigma_0}{6711.4094}t'$	0.9989
	梨	$\varepsilon_{(t')} = \dfrac{\sigma_0}{2.2326} + \dfrac{\sigma_0}{20.2429}(1 - e^{t'/24.0358}) + \dfrac{\sigma_0}{6369.4268}t'$	0.9895
	马铃薯	$\varepsilon_{(t')} = \dfrac{\sigma_0}{4.1203} + \dfrac{\sigma_0}{45.8716}(1 - e^{t'/19.3423}) + \dfrac{\sigma_0}{5524.8619}t'$	0.9927
	白萝卜	$\varepsilon_{(t')} = \dfrac{\sigma_0}{1.7289} + \dfrac{\sigma_0}{7.3855}(1 - e^{t'/31.0559}) + \dfrac{\sigma_0}{1721.1157}t'$	0.9931
处理组	苹果	$\varepsilon_{(t')} = \dfrac{\sigma_0}{0.3631} + \dfrac{\sigma_0}{0.4361}(1 - e^{t'/34.7222}) + \dfrac{\sigma_0}{187.6173}t'$	0.9793
	梨	$\varepsilon_{(t')} = \dfrac{\sigma_0}{0.6688} + \dfrac{\sigma_0}{0.1872}(1 - e^{t'/92.5926}) + \dfrac{\sigma_0}{82.6446}t'$	0.9911
	马铃薯	$\varepsilon_{(t')} = \dfrac{\sigma_0}{1.0380} + \dfrac{\sigma_0}{3.6442}(1 - e^{t'/73.5294}) + \dfrac{\sigma_0}{262.4672}t'$	0.9823
	白萝卜	$\varepsilon_{(t')} = \dfrac{\sigma_0}{0.48} + \dfrac{\sigma_0}{1.054}(1 - e^{t'/44.0529}) + \dfrac{\sigma_0}{93.4579}t'$	0.9905

▣ **表 6.16 果蔬试样压缩蠕变特性参数**

	样品	$\sigma_0 / \%$	E_0/MPa	E_r/MPa	T_r/s	$\eta_1/(\text{MPa} \cdot \text{s})$	$\eta_2/(\text{MPa} \cdot \text{s})$
对照组	苹果	0.15	3.01±0.54[ab]	66.66±7.58[a]	31.74±3.74[b]	95.70±9.92[a]	6711.40±428.60[a]
	梨	0.15	2.23±0.23[ab]	20.24±2.11[b]	24.03±2.36[bc]	53.66±5.09[b]	6369.42±618.62[a]
	马铃薯	0.15	4.12±0.31[a]	45.87±3.86[b]	19.34±1.77[c]	79.69±7.22[ab]	5524.86±50.84[a]
	白萝卜	0.15	1.72±0.02[b]	7.38±0.82[c]	31.05±3.59[b]	53.69±5.92[b]	1727.11±147.36[b]
处理组	苹果	0.03	0.36±0.03[c]	0.43±0.04[d]	34.72±3.09[b]	12.60±1.24[c]	187.61±15.94[c]
	梨	0.03	0.66±0.03[c]	0.18±0.08[d]	92.59±5.37[a]	61.92±3.21[ab]	82.64±4.99[c]
	马铃薯	0.03	1.03±0.09[bc]	3.64±0.27[c]	73.52±6.59[ab]	76.32±6.99[a]	262.46±20.74[c]
	白萝卜	0.03	0.48±0.02[c]	1.05±0.08[d]	44.05±2.71[b]	21.14±1.63[c]	93.45±5.77[c]

注：表中参数值为"平均值±标准差"，不同字母（a、b、c、d）表示在 0.05 水平上不同果蔬样品间的蠕变参数值存在显著差异。

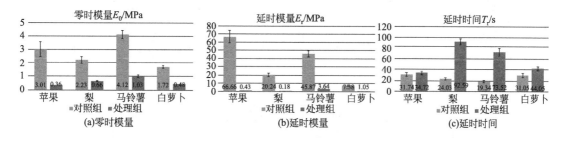

图 6.38 果蔬试样蠕变参数

（2）HPEF 对果蔬松弛特性的影响 从果蔬试样的压缩应力松弛曲线（见图 6.39）上可以看出高压脉冲电场预处理以后的果蔬试样应力下降较快，应力松弛现象更为明显。同样使用 nlin 过程进行 Maxwell 模型拟合及分析计算。定义 $a = E_1$，$b = T$，$c = E_e$，模型可简化为 $E_{(t)} = a \cdot e^{-t/b} + c$，由 SAS 软件进行非线性回归分析计算参数 a、b、c，然后换算求得蠕变特性参数衰变弹性模量 E_d、平衡弹性模量 E_e、应力松弛时间 T_s、黏性系数 η。表 6.17 为果蔬试样的应力松弛特性回归模型，所列 8 个回归模型的 P 值均小于 0.0001，决定系数均较高。表 6.18 为果蔬试样压缩应力松弛特性参数，四种果蔬的衰变弹性模量 E_d、平衡弹性模量 E_e、应力松弛时间 T_s、黏性系数 η 差异显著。图 6.40 为高压脉冲电场预处理果蔬的衰变弹性模量 E_d、平衡弹性模量 E_e、应力松弛时间 T_s 柱状图，由图可以看出经过高压脉冲电场预处理以后果蔬试样的衰变弹性模量 E_d、平衡弹性模量 E_e 均明显减小，松弛时间减小。

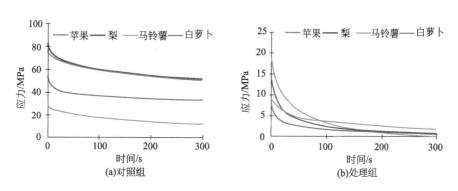

图 6.39 果蔬试样压缩应力松弛曲线

▫ **表 6.17 果蔬试样应力松弛特性回归模型**

样品		回归模型	R^2
对照组	苹果	$E_{(t)} = 0.0205 \cdot e^{-t/115.3403} + 0.0511$	0.9986
	梨	$E_{(t)} = 0.0242 \cdot e^{-t/94.3396} + 0.0511$	0.9996
	马铃薯	$E_{(t)} = 0.0153 \cdot e^{-t/116.4144} + 0.0113$	0.9989
	白萝卜	$E_{(t)} = 0.0132 \cdot e^{-t/47.1698} + 0.0345$	0.9993
处理组	苹果	$E_{(t)} = 0.0054 \cdot e^{-t/79.3651} + 0.0021$	0.9941
	梨	$E_{(t)} = 0.0054 \cdot e^{-t/39.3701} + 0.0012$	0.9791
	马铃薯	$E_{(t)} = 0.0155 \cdot e^{-t/51.2821} + 0.0007$	0.9935
	白萝卜	$E_{(t)} = 0.0052 \cdot e^{-t/39.9105} + 0.0011$	0.9773

⊡ 表 6.18　果蔬试样压缩应力松弛特性参数

样品		$\varepsilon_0/\%$	E_d/kPa	E_e/kPa	T_s/s	$\eta/(MPa \cdot s)$
对照组	苹果	0.3	20.53 ± 1.54^{ab}	51.17 ± 4.92^a	115.34 ± 15.32^a	2.36 ± 0.21^a
	梨	0.3	24.27 ± 3.19^a	51.12 ± 6.78^a	94.34 ± 7.90^{ab}	2.28 ± 0.34^a
	马铃薯	0.3	15.33 ± 1.09^b	11.39 ± 1.24^b	116.41 ± 14.32^a	1.78 ± 0.11^a
	白萝卜	0.3	13.26 ± 1.39^{bc}	34.59 ± 1.96^{ab}	47.17 ± 6.23^b	0.62 ± 0.09^b
处理组	苹果	0.3	5.46 ± 0.76^c	2.13 ± 0.08^c	79.37 ± 9.02^{ab}	0.43 ± 0.02^b
	梨	0.3	10.15 ± 1.93^{bc}	1.26 ± 0.12^c	39.37 ± 5.33^c	0.40 ± 0.03^b
	马铃薯	0.3	15.49 ± 3.19^b	0.78 ± 0.05^c	51.28 ± 8.90^b	0.79 ± 0.12^{ab}
	白萝卜	0.3	5.28 ± 0.98^a	1.13 ± 0.02^c	38.91 ± 4.75^c	0.20 ± 0.01^b

注：表中参数值为"平均值±标准差"，不同字母（a、b、c、d）表示在0.05水平上不同果蔬样品间的松弛参数值存在显著差异。

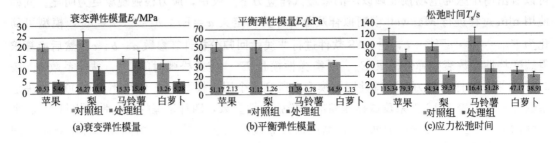

图 6.40　果蔬试样应力松弛参数

二、高压脉冲电场预处理果蔬动态黏弹性力学性质试验研究

运用生物材料力学性能试验机测定果蔬的弹性参数、弹塑性参数及黏弹性参数等，属于准静态试验，试验过程较长，属于破坏性试验，果蔬在较长试验时间内易出水、褐变，会对测试结果造成影响，从而无法获得准确的黏弹性参数。随着测试技术的发展，实现了对果蔬在极短时间内施加微小应变，精确研究果蔬的黏弹性，可运用动态测试方法研究材料在不同测试频率下的流变特性。近年来，国内外关于果蔬动态黏弹性的研究已有不少报道。Gerschenson 等研究了渗透脱水对猕猴桃动态黏弹性的影响，测试了 $1\sim10Hz$ 频率范围内猕猴桃的储能模量、损耗模量以及损耗正切。吴杰、郭康权等研究了库尔勒香梨在不同膨压水平下的动态黏弹特性，对高、低、正常 3 种膨压下的库尔勒香梨果肉进行了振荡剪切试验和蠕变试验。高压脉冲电场预处理技术作用于果蔬，可使果蔬细胞结构产生击穿和变位效应，明显提高果蔬冻干干燥速率，在低能耗冻干加工工艺参数优化和机理分析中研究高压脉冲电场作用于果蔬对其动态黏弹性的影响具有实际意义，然而还未见相关报道。

果蔬的生物力学性质是由果蔬不同空间尺度物质的结构及性质决定的，在果蔬的各个生产环节中用到的处理方式对果蔬组织、细胞壁结构等造成改变，例如果蔬的软化是细胞壁多糖的数量和性质发生了变化，细胞壁聚合物之间的分子黏结力下降，细胞壁果胶溶解度增加。

以苹果、梨、马铃薯和白萝卜为研究对象，研究高压脉冲电场预处理对 4 种果蔬材料动态压缩黏弹性的影响，结合电场作用果蔬电镜扫描细观分析，为深入了解高压脉冲电场对果蔬黏弹性的作用机理及高压脉冲电场预处理果蔬实现低能耗冻干加工工艺参数优化等应用提供理性分析基础。

1. 果蔬动态力学试验方案及设计

（1）试验材料及样品制备　试验所选用的果蔬为苹果、梨、马铃薯、白萝卜，均采购自太谷本地市场，采购时挑选成熟、新鲜、无损伤、无虫害、无畸形、大小均匀的果蔬。将样品用聚乙烯（PE）保鲜袋包裹后置于－4℃低温保存箱冷藏保鲜待用，试验时将果蔬取出，静置30min后将果蔬洗净去皮，用制样器将果蔬制成直径为13mm、厚度为5mm的圆柱形试样，由于压缩夹具对试样上下表面平行度要求较高，因此制样时要保证试样上下表面平行。

（2）试验设备及方法　试验前测试每种果蔬的初始含水率，测试方法见第二章。测试得到4种果蔬的初始含水率为苹果86.89%、梨89.46%、马铃薯78.35%、白萝卜93.61%。

高压脉冲电场发生器的脉冲强度调节范围为5～3000V/cm，作用时间范围为10～200μs，脉冲个数调节范围为1～99。结合本团队前期相关试验结果，选择预处理参数为：脉冲强度1000～1500V/cm，脉冲宽度60～120μs，脉冲个数15～45。在此试验范围内预处理果蔬试样，参数选择见表6.19。

⊡ 表6.19　HPEF预处理果蔬工艺参数

处理	电场强度/(V·cm^{-1})	脉冲宽度/μs	脉冲个数
对照组	0	0	0
1	1000	60	15
2	1250	90	30
3	1500	120	45

果蔬压缩试验测试分析由DMA热动态力学性能分析仪及仪器配套的TA Universal Analysis分析软件完成，仪器型号为Q800，由美国TAINSTRUMENTS公司生产，如图6.41所示。选用15mm平行板压缩夹具进行压缩试验，试验时将果蔬样本置于平行压缩夹板中心位置，调节热电偶位置，使其位于试样侧约1mm。试验时先将频率固定为1Hz，对各组试样进行应力扫描，确定不同HPEF预处理后果蔬试样的线性黏弹区。随后采用DMA多频应变（DMA multi-frequency-strain）模式，设定温度25℃，对各组试样在1～100Hz频率范围内进行频率扫描，获得不同HPEF参数预处理后果蔬黏弹性参数与频率的关系谱图；设定频率10Hz，对各组试样在25～90℃范围内进行温度扫描，获得不同HPEF参数预处理后果蔬黏弹性参数与温度的关系谱图。

图6.41　DMA热动态力学性能分析仪

2. 黏弹力学参数的物理意义及分析方法

本试验研究针对的果蔬材料属典型的生物材料，在测定材料动态力学性质时若受到呈正（余）弦变化的应力或应变作用，当材料特性在弹性阶段时应变或应力响应同向地作正（余）

弦变化，当材料表现为黏性性质时响应则滞后 $\pi/2\omega$ 时间，其中 ω 为角频率。农产品领域大多数食品类生物材料的应变响应呈现出弹性和黏性的特性，若用 δ 表示相位差，则 $0<\delta<\pi/2$，黏性滞后时间为 δ/ω。

试验所用的 DMA 多频应变模式表达了果蔬在受振荡载荷作用的交变应变条件下对应的应力响应，在理论上若材料所受到的振荡应变为

$$\varepsilon_{(t)}=\varepsilon_0 e^{i\omega t}=\varepsilon_0(\cos\omega t+i\sin\omega t) \tag{6.44}$$

式中，ε_0 为应变幅；i 为响应系数；ω 为角频率，rad/s；t 为时间，s。相应的应力响应表达式为

$$\sigma_{(t)}=\sigma^* e^{i\omega t}=\sigma_0 e^{i(\omega t+\delta)} \tag{6.45}$$

式中，σ^* 是复应力幅，mm；σ_0 为应力幅，mm。

在黏弹性理论中线性黏弹性微分型本构方程的一般表达为

$$P\sigma=Q\varepsilon \tag{6.46}$$

式中，P 和 Q 均为线性实数算子；σ 是应力，mm；ε 是应变。其中

$$P=\sum_{k=0}^{m}p_k\frac{\mathrm{d}^k}{\mathrm{d}t^k},Q=\sum_{k=0}^{n}q_k\frac{\mathrm{d}^k}{\mathrm{d}t^k} \tag{6.47}$$

式中，k 为模型单元编号；m、n 为模型单元的个数，p_k 和 q_k 为决定于材料性质的常数，一般取 $p_0=1$。

将式(6.44) 和式(6.45) 代入式(6.46)，得到

$$\sigma^*=\varepsilon_0\frac{\sum_{k=0}^{n}q_k(i\omega)^k}{\sum_{k=0}^{m}p_k(i\omega)^k}=\varepsilon_0\overline{Q}(i\omega)/\overline{P}(i\omega) \tag{6.48}$$

式中，$\overline{P}(i\omega)$ 和 $\overline{Q}(i\omega)$ 是 $i\omega$ 的多项式，决定于材料的性质而与应力、应变值无关，则可令

$$\frac{\sigma_{(t)}}{\varepsilon_{(t)}}=\frac{\sigma^*}{\varepsilon_0}=\frac{\overline{Q}(i\omega)}{\overline{P}(i\omega)}\equiv G^*(i\omega)=G'+iG'' \tag{6.49}$$

式中，$G^*(i\omega)$ 为动态模量，常称为复模量；G' 为储能模量，MPa；G'' 为损耗模量，MPa。

$$\tan\delta=\frac{G''}{G'} \tag{6.50}$$

$\tan\delta$ 称为损耗因子。

试验研究果蔬材料的储能模量与损耗模量，可以深入了解高压脉冲电场作用果蔬对其黏弹性性质及抗损伤能力等性质的影响，为低能耗冻干工艺参数优化和果蔬动态力学性质研究提供了理性分析基础。

3. 试验结果与分析

（1）果蔬动态黏弹频谱特征　储能模量（G'）是黏弹性材料复数模量的实部，与材料在每一应力或应变周期内储存的最大弹性能成正比，其实质为杨氏模量，表示黏弹性材料在变形过程中由于弹性形变而储存的能量。损耗模量（G''）是复数模量的虚部，是材料产生形变时能量损失的量度，也称为黏性模量，表征材料黏性形变的能力，损耗模量越小表明材

料越接近理想弹性体。研究果蔬储能模量以及损耗模量可说明果蔬组织材料在受外力作用时能量的储存和损耗，其黏弹性可直接反映果蔬的抗损伤能力。

试验测定果蔬的黏弹性时，首先要确定果蔬的线性黏弹区，试验测得不同 HPEF 预处理后果蔬试样的线性黏弹区范围为 $0.02\% \sim 0.15\%$。由式(6.49) 可知材料的模量是角频率 ω 的函数，与应力和应变幅值无关，且不随时间而变化，因此可不考虑应力、应变幅值对果蔬试样动态黏弹性性能的影响，综合考虑果蔬试样的线性黏弹区，选取测试振幅为 $10\mu m$。材料的复模量决定于频率，动态力学性能的函数 G'、G'' 和 $\tan\delta$ 都与频率有关。表 6.20 为在压缩振荡下 4 种果蔬组织材料储能模量和损耗模量的统计值，动态黏弹性频率扫描曲线见图 6.42。在 $1 \sim 100\text{Hz}$ 频率范围内，随着频率的增加 4 种果蔬组织材料的储能模量、损耗模量和损耗正切均呈上升趋势。在每个频率下，4 种果蔬的储能模量均大于损耗模量，说明 4 种果蔬的黏弹性中弹性特征更为明显，图 6.42(c) 为 4 种果蔬的损耗正切随频率的变化曲线，损耗正切 （$\tan\delta$）是损耗模量和储能模量的比值，反映材料黏弹性的比例，当材料储能模量远大于损耗模量时，即损耗正切小于 1 时，材料呈现固态，图中各频率点下的损耗正切均小于 1，与果蔬常温时表现为固态现象一致。此外，4 种果蔬材料的黏弹性有显著差异（$P < 0.05$），且储能模量和损耗模量有相同趋势，其中马铃薯试样的模量值最高，其次是苹果、白萝卜、梨，这一特性与果蔬之间含水率、组织结构、细胞结构等的不同有关。

▢ 表 6.20　果蔬压缩动态黏弹性性质参数

果蔬	储能模量 G' /MPa			损耗模量 G'' /MPa		
	$f = 1\text{Hz}$	$f = 10\text{Hz}$	$f = 100\text{Hz}$	$f = 1\text{Hz}$	$f = 10\text{Hz}$	$f = 100\text{Hz}$
苹果	0.4323 ± 0.0751^b	0.6271 ± 0.0983^b	0.8902 ± 0.1072^b	0.0676 ± 0.0119^b	0.0940 ± 0.0142^b	0.2181 ± 0.0207^b
梨	0.0782 ± 0.0172^c	0.0904 ± 0.0208^c	0.1385 ± 0.0254^c	0.0150 ± 0.0043^c	0.0185 ± 0.0065^c	0.0589 ± 0.0105^c
马铃薯	0.6252 ± 0.1391^a	0.9020 ± 0.2943^a	1.5164 ± 0.3059^a	0.1064 ± 0.0320^{bc}	0.1691 ± 0.0391^{bc}	0.3469 ± 0.0476^{bc}
白萝卜	0.1570 ± 0.0390^c	0.1999 ± 0.0525^c	0.3704 ± 0.0921^c	0.0233 ± 0.0065^a	0.0344 ± 0.0085^a	0.0729 ± 0.0093^a

注：表中测量值为"平均值±标准差"，同一列中不同字母（a、b、c）代表不同果蔬样品间存在显著差异（$P < 0.05$），下同。f 为频率，Hz。

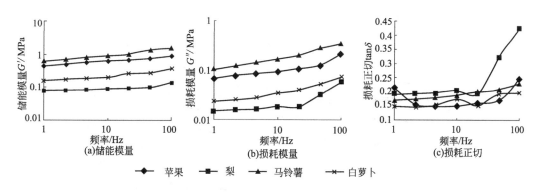

图 6.42　果蔬动态黏弹性频率扫描曲线

（2）HPEF 预处理对果蔬动态黏弹性的影响　假设果蔬电荷分布、电位分布和导体的情况相同，将果蔬介质看作是电荷的载体，则将果蔬放置于两电极板间时，果蔬介质所受静电力为

$$F = \frac{V^2(e-e_0)h}{2d} \qquad (6.51)$$

式中，F 为果蔬介质所受静电力，N；V 为电压，V；h 为电极板长度，mm；d 为极板间距离，mm；e 为果蔬介电常数；e_0 为空气介电常数。

可见，高压脉冲电场对果蔬组织的力学行为有较大的影响。

图 6.43 为不同 HPEF 预处理后果蔬试样的动态黏弹性频率扫描曲线，可以看出 4 种果蔬的储能模量均大于损耗模量，损耗正切均小于 1，表明 HPEF 预处理并没有改变果蔬材料以弹性特征为主导的力学性质。

由图 6.43(a) 可知，未经过处理的苹果试样储能模量、损耗模量均大于处理组，且随着 HPEF 参数（电场强度、脉冲宽度、脉冲个数）的增大，苹果试样各模量逐渐减小，表明随着 HPEF 预处理作用强度的增大，苹果组织微结构抵抗变形的能力逐渐降低。由图 6.44 可知，当频率为 10Hz 时，处理组 3 的苹果试样储能模量为 0.1733MPa，相较于对照组试样降低了 72.36%，损耗模量为 0.0206MPa，比对照组试样降低了 78.09%。

由图 6.43(b) 和图 6.45 可知，处理组 1（电场强度为 1000V/cm，脉冲宽度为 60μs，脉冲个数为 15）的储能模量、损耗模量均大于对照组及 2、3 组模量值。对于梨果肉而言，较低的 HPEF 增大了梨果肉组织膨压，但并未击穿细胞，高膨压状态下的果肉具有较大的承载能力，模量值较高。研究表明 HPEF 预处理技术可以使果蔬细胞产生击穿效应，因此随着 HPEF 预处理作用强度的继续增大，梨果肉细胞出现穿孔现象，细胞膨压急剧下降，模量值也随之降低。

图 6.43(c) 为马铃薯动态黏弹性受 HPEF 的影响曲线图。可知，类似于苹果试样，马铃薯试样在 HPEF 处理以后模量值有所降低，这是由于 HPEF 可将马铃薯细胞击穿，因此细胞膨压降低，刚度下降，模量值下降。由图 6.45 可知，3 个处理组马铃薯试样的储能模量、损耗模量变化不大，均值分别为（0.3290±0.0149）MPa、（0.0775±0.0067）MPa，相较于对照组的马铃薯试样储能模量下降了 63.53%，损耗模量下降了 54.12%。

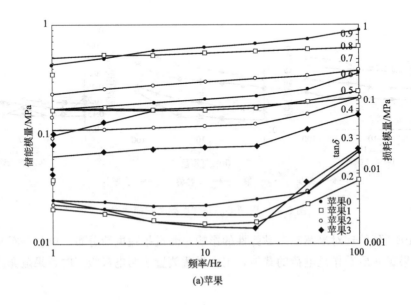

(a)苹果

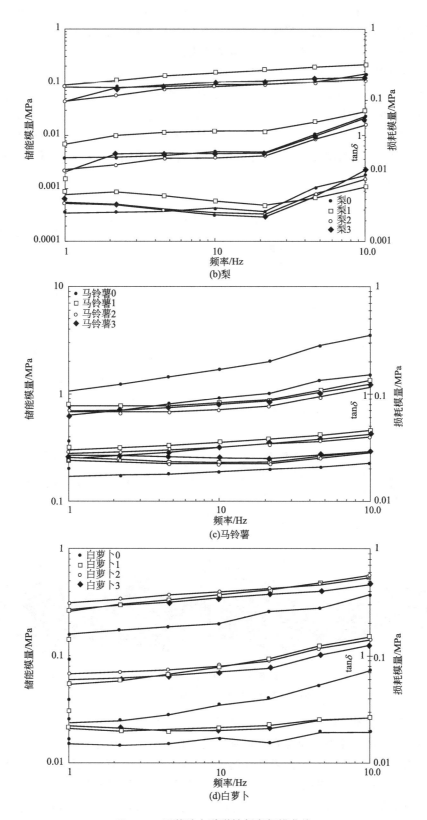

图 6.43　果蔬动态黏弹性频率扫描曲线

由图 6.43(d) 和图 6.44 可知，与其他 3 种果蔬不同，白萝卜在 HPEF 预处理以后果肉的模量值较未处理组有所增大，说明三组 HPEF 预处理参数均未能使白萝卜组织细胞穿孔，而较高的细胞膨压使白萝卜刚度增大，模量值增大。

图 6.45 为不同 HPEF 预处理后苹果组织材料的扫描电镜图片。由图 6.45(a) 可以看出，未经过处理的苹果细胞饱满、结构完整、排列整齐。图 6.45(b)、6.45(c)、6.45(d)为 HPEF 处理后的苹果果肉，可以看出随着 HPEF 参数逐渐增大，细胞结构变形，开始出现褶皱卷曲现象，细胞间隙逐渐增大，细胞壁有明显穿孔现象。这表明苹果细胞完整性已被破坏，细胞内物质的流出降低了细胞的膨压，从而导致苹果组织的刚度降低，因此储能模量及损耗模量均有所降低。

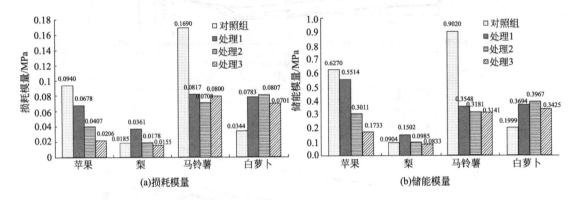

图 6.44　HPEF 预处理对果蔬黏弹性的影响

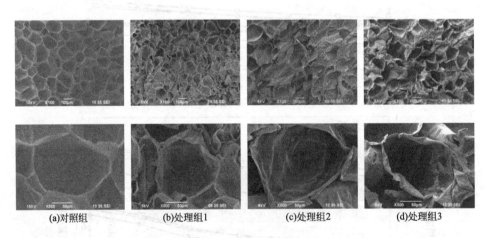

图 6.45　苹果扫描电镜图

（上一排图片放大倍数为 100，下一排图片放大倍数为 500）

（3）温度对果蔬动态黏弹性的影响　材料的黏弹性随着温度变化会发生改变，较大的温度变化还会改变材料的相态。果蔬在高压脉冲电场预处理真空冷冻干燥加工过程温度有一定升高，为此试验研究了温度对果蔬黏弹性的影响。DMA 动态黏弹性温度扫描曲线如图 6.46所示，随着温度的升高，果蔬试样的储能模量、损耗模量呈下降趋势，这与吴杰关于库尔勒香梨黏弹性的研究结论一致。在 25～90℃温度范围内，处理组苹果试样的储能模量下降了34.44%±3.47%，损耗模量下降了 66.49%±8.05%；梨试样的储能模量下降了 49.04%±

10.64%，损耗模量下降了 82.12%±15.12%；马铃薯试样的储能模量下降了 28.12%±10%，损耗模量下降了 44.66%±7.79%；白萝卜试样的储能模量下降了 55.25%±5.61%，损耗模量下降了 67.84%±2.54%。在加热的过程中，果蔬组织的弹性势能转化为热能，并伴随着果蔬含水率下降、硬度降低、纤维素含量降低、可溶性糖增加等品质因素的变化，这些品质因素的变化可能是引起果蔬模量随温度升高而降低的原因。图 6.46(b) 和图 6.46(d) 中对照组梨试样和白萝卜试样的模量值随温度的升高先升高随后迅速下降，这可能是由于温度的升高使得梨和白萝卜组织细胞膨压升高，因而模量升高，当温度达到 80℃ 之后细胞壁破裂，使得果蔬试样模量值迅速下降。

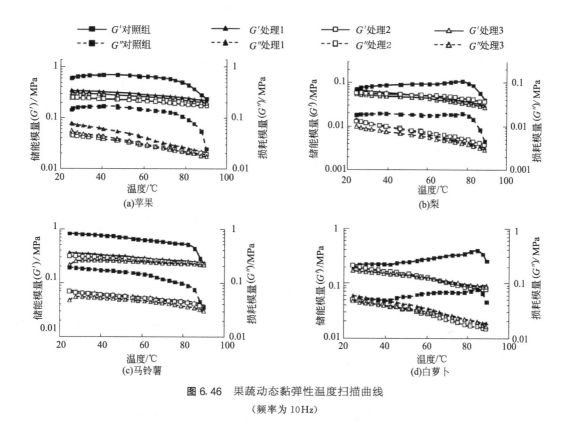

图 6.46 果蔬动态黏弹性温度扫描曲线

（频率为 10Hz）

三、脉冲电场预处理液态状果蔬流变性质试验研究

果蔬由于其受季节性影响，且不易长期保存，很难满足人们对果蔬四季的需求。液态状果蔬，即带肉果蔬汁可最大限度地保存果蔬的维生素、膳食纤维、碳水化合物等营养价值的同时又易于保存，口感较好。流变学特性液态食品的重要力学特性，在果蔬汁的加工技术、加工工艺研究、加工设备设计、质量检测、产品控制等领域起着重要作用。研究流体食品的流变学特性是通过测量剪切应力、剪切速率，再根据黏度经验公式拟合剪切应力—应变曲线得到流体食品的各流变参数。Krokida、Maroulis 和 Saravacos 等人研究了果蔬汁/果蔬泥的流变特性，研究表明果蔬汁/果蔬泥表现为非牛顿流体。这类流体常采用幂率模型描述流变特性。实验研究表明液体农业物料受温度的影响极大，在不同的加工过程中，如加热、冷却、低温保存等，其流变特性会发生极大的变化，例如萝卜汁、芒果汁的流变参数与温度呈正相关。

高压脉冲电场预处理可用于食品的杀菌，与传统的杀菌技术相比，由于其非热力性，可最大限度地保存食品的色、香、味、功能性及营养成分，可满足消费者对营养、食品原汁原味、安全天然的要求。从20世纪60年代美国就开始研究高压脉冲电场技术，并逐渐扩展到工业应用，在液态食品方面主要集中在高压脉冲电场预处理对果蔬汁风味、口感、营养物质、微生物灭菌效果等方面的研究。

在高压脉冲电场作用液态状果蔬汁液的应用中需要研究高压脉冲电场预处理对果蔬汁流变性能影响，这方面的研究目前国内外还未见报道。本章将以苹果、梨、马铃薯、白萝卜为研究对象，测试果蔬汁的流变性能，包括稳态剪切黏度和动态剪切流变，研究高压脉冲电场预处理对果蔬汁流变性能的影响，及温度对果蔬汁流变性能的影响。

1. 试验方案及设计

（1）试验材料及样品制备　本研究以新鲜无损伤的苹果、梨、马铃薯、白萝卜为研究对象，试验所需苹果25个，梨25个，马铃薯20个，白萝卜8个，以上果蔬均购于太谷本地市场。将果蔬洗净去皮后切成10mm×20mm×20mm试样备用，切样时保证样品各边距离果皮及果核位置均大于3mm。

（2）试验方法及设备　将切好的矩形样品用高压脉冲电场发生器预处理，预处理参数见表6.21。将处理后的果蔬样品用食品搅拌机搅拌均匀地得到果蔬汁备用。

⊡ 表6.21　高压脉冲电场预处理参数

分组	脉冲强度/(V/cm)	脉冲时间/μs	脉冲个数
对照组	0	0	0
处理组1	1000	60	15
处理组2	1250	90	30
处理组3	1500	120	45

果蔬汁的流变性能测试由HR-1型流变仪（如图6.47所示）完成，仪器由美国TA仪器公司生产，数据采集及测试过程控制由仪器配备的计算机控制软件（Rheology Advantage Data Analysis Program，美国TA公司）完成。仪器配有帕帖（Peltier）温度控制系统，可以实现被测物料的温度精确控制和监测，温度控制范围为$-20 \sim +150$℃，最大加热速率可达到13℃/min。

测试采用同心圆筒夹具，由直径为15mm的柱状杯及半径14mm、高度42mm的转子组成，测试时将30mL果蔬汁置于同心圆筒中。

稳态剪切黏度测试程序设置：温度设定为25℃，平衡时间10min；剪切速率范围为$0.1 \sim 100 s^{-1}$。剪切应力、表观黏度由计算机自动获取并记录。

温度影响测试程序设计：温度扫描范围为$5 \sim 90$℃，温变速率为5℃/min；剪切速率为$100 s^{-1}$。剪切应力、表观黏度由计算机自动获取并记录。

线性黏弹区测试程序设计：剪切角频率设定为10rad/

图6.47　果蔬汁流变性能测试系统

s；剪切应变范围为 0.01%～12%。

动态黏弹性测试程序设计：由线性黏弹区测试可知四种果蔬汁的线性黏弹范围为 0.01%～0.1%，设定剪切应变为 0.05%；频率扫描范围 0.1～100rad/s。储能模量（G'）、损耗模量（G''）、损耗正切（$\tan\delta$）由计算机自动获取并记录。

2. 液体农业物料流变参数的物理意义及分析方法

各种液体的流动特性可以根据流动曲线表示。流动曲线是表示液体所受剪切应力和剪切速率之间的函数关系曲线。根据液体流动性质的不同，流体可分为牛顿流体和非牛顿流体两大类。当剪切应力与速率之间为线性关系时，液体为牛顿流体。非牛顿流体可分为黏性流体和塑性流体，黏性流体受到剪切应力时立即产生流动，液体的流动曲线为过坐标原点的曲线；塑性流体在受到剪切应力时，只有当剪切应力大于液体的屈服应力时液体才会发生流动，流动曲线为不过原点的曲线。如图 6.48 所示。

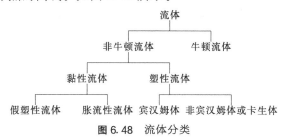

图 6.48　流体分类

黏性流体可分为假塑性流体和胀流性流体两种。黏性流体的流动曲线可以用幂律模型（式 6.52）表示，幂律模型广泛用于解释食品材料的黏度，可以很好地描述液体果蔬汁的流变行为。

$$\tau = K\gamma^n \tag{6.52}$$

式中，τ 为剪切应力，Pa；K 为黏度指数；γ 为剪切速率，s^{-1}；n 为流动特性指数。

流动特性指数是表示流体非牛顿的程度，当 $n<1$ 时为假塑性流体，$n=1$ 时 η 与 γ 呈线性关系，此时液体为牛顿流体，当 $n>1$ 时为胀流性流体。

非牛顿流体的剪切应力和剪切速率的比值是随剪切速率而变化的，可以通过测定某一剪切速率下的剪切应力，求剪切应力与剪切速率的比值，但与非牛顿流体中流体黏度的意义不同，该比值为表观黏度。

$$\eta = \frac{\tau}{\gamma} \tag{6.53}$$

式中，η 为表观黏度，Pa·s。

将式（6.52）代入式（6.53），幂律模型则可写为

$$\eta = K\gamma^{n-1} \tag{6.54}$$

一些流体或半固体的农业物料在高速变化的应力或应变作用下会显示出黏弹性，要了解黏弹性流体的流动性，除了测定黏度之外，还需测定其弹性模量。

若流体为黏弹性体，则使得黏弹性体发生剪切应变 γ 时的剪切应力 τ 可由产生黏性流动的剪切应力 τ_1 和产生弹性应变的剪切应力 τ_2 之和表示，即

$$\tau = \tau_1 + \tau_2 \tag{6.55}$$

因为

$$\tau_1 = \eta \dot{\gamma} \tag{6.56}$$

$$\tau_2 = G\gamma \tag{6.57}$$

所以

$$\tau = \eta \dot{\gamma} + G\gamma \tag{6.58}$$

将一个周期性变化的剪切应变作用于液体中，则

$$\gamma = \gamma_m e^{i\omega t} \tag{6.59}$$

所以

$$\dot{\gamma} = i\omega \gamma_m e^{i\omega t}$$

式中，γ_m 为剪切速率最大值，s^{-1}；ω 为频率，rad/s；t 为时间，s。

$$\tau = G\gamma + \eta \dot{\gamma} = G\gamma_m e^{i\omega t} + i\omega \eta e^{i\omega t} = (G + i\omega \eta)\gamma = G(\omega)\gamma \tag{6.60}$$

或

$$\tau = G\gamma + \eta \dot{\gamma} = (\eta - i\frac{G}{\omega})i\omega \gamma_m e^{i\omega t} = (\eta - i\frac{G}{\omega})\dot{\gamma} = \eta(\omega)\dot{\gamma} \tag{6.61}$$

$$G(\omega) = G + i\omega \eta \tag{6.62}$$

$$\eta(\omega) = \eta - i\frac{G}{\omega} \tag{6.63}$$

因此

$$G(\omega) = i\omega \eta(\omega) \tag{6.64}$$

式中，$G(\omega)$ 为复数剪切模量；$\eta(\omega)$ 为复数黏度。

复数剪切模量的实部为动态剪切模量，当对流体施加不同频率的周期性剪切应变，动态剪切模量随着频率的增加而增大。

液体的黏度是随温度的变化而变化的，因此在液体流变性质的测定中要注意控制温度，将温度变化控制在 ±0.1℃ 之内。液体的黏度随着温度的增加而减小，并可用以下经验公式表示：

$$\eta = A e^{-E/T} \tag{6.65}$$

式中，T 是绝对温度，℃；A 是频率因子，mPa·s；E 为活化能，kJ/mol。

3. 试验结果与分析

(1) 液态状果蔬稳态剪切黏度测试研究　图 6.49 为 25℃ 时液态状苹果、梨、马铃薯、白萝卜的稳态剪切黏度曲线。可知随着剪切速率的增加，液态状果蔬的黏度随剪切速率的增大而减小。四种液态状果蔬的黏度在低剪切速率段差异较为明显，随着剪切速率的增大，差异减小，同剪切速率下四种液态状果蔬的黏度最大的是苹果，然后依次是白萝卜、梨、马铃薯。

(2) HPEF 对液态状果蔬稳态剪切黏度的影响　图 6.50 为 25℃ 下经 HPEF 处理的液态状苹果、梨、马铃薯、白萝卜的稳态剪切黏度曲线，可知在不同的高压脉冲电场预处理条件下液态状果蔬的表观黏度随剪切速率的增大而增大，同剪切速率下不同处理组的液态状果蔬表观黏度不同，在低剪切速率段差异较为明显，四种液态状果蔬的表观黏度在低剪切速率段随着高压脉冲电场预处理参数的增大而增大，但在高剪切速率段，不同高压脉冲电场预处理后液态状果蔬的表观黏度比较接近，无法准确判断高压脉冲电场对液态状果蔬表观黏度的影响。

为得到不同高压脉冲电场预处理液态状果蔬的稳态剪切黏度参数（黏度指数、流动特性指数），需要寻求合适的模型对稳态剪切黏度曲线进行拟合，描述其流变行为。幂律模型被广泛用于解释食品材料的黏度，它可以很好地描述液态状果蔬的流变行为。该模型为非线性

模型，需采用 SAS 非线性规划方法优化搜索回归参数，即使用 SAS 的 nlin 过程解决模型拟合问题。

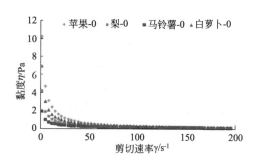

图 6.49 液态状果蔬稳态剪切黏度曲线

液态状苹果稳态剪切黏度曲线幂律模型结果见表 6.22，各拟合模型的相关系数 $R^2 > 95$，拟合度均小于 0.0001，因此幂律模型适用于拟合液态状苹果的稳态剪切黏度曲线，得到的各拟合模型均可用。各拟合模型的流动特性指数 n 值均小于 1，表明液态状苹果是假塑性液体，呈现剪切变稀现象。对于液态状苹果，随着高压脉冲电场预处理参数的增大，稠度系数逐渐增大，n 值逐渐减小，表明液态状苹果越来越偏离牛顿流体，液体越来越 "稀薄"，剪切变稀现象越来越明显。与对照组相比，高压脉冲电场预处理组液态状苹果流动特性指数 n 显著增大。处理组 2、3 的稠度指数与对照组、处理组 1 相比显著增大，表明在高压脉冲电场预处理参数增大到脉冲强度 1250V/cm、脉冲时间 90μs、脉冲个数 30 时，液态状苹果的稠度显著增大。

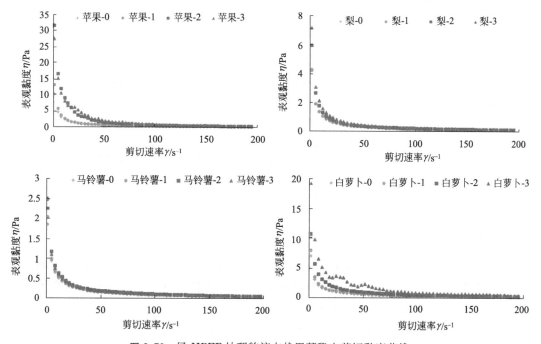

图 6.50 经 HPEF 处理的液态状果蔬稳态剪切黏度曲线

⊡ 表 6.22 液态状苹果稳态剪切黏度曲线幂律模型结果

处理	拟合模型	拟合参数	拟合度	相关系数 R^2
0	$\eta = 12.7896 \cdot \gamma^{-0.7981}$	$k = 12.7896 \pm 0.5039^a n = 0.2019 \pm 0.0256^a$	<0.0001	98.6014
1	$\eta = 16.5895 \cdot \gamma^{-0.7541}$	$k = 16.5895 \pm 0.5811^a n = 0.2469 \pm 0.0254^b$	<0.0001	98.8925
2	$\eta = 40.6706 \cdot \gamma^{-0.7414}$	$k = 40.6706 \pm 2.8480^b n = 0.2586 \pm 0.0442^b$	<0.0001	95.8772
3	$\eta = 35.1119 \cdot \gamma^{-0.6814}$	$k = 35.1119 \pm 2.4266^b n = 0.3186 \pm 0.0378^c$	<0.0001	96.2193

注：表中参数值为 "平均值±标准差"，不同字母（a、b、c、d）表示在 95% 置信区间不同高压脉冲电场预处理组液态状苹果稳态剪切黏度曲线幂律模型拟合参数存在显著差异。

液态状梨稳态剪切黏度曲线幂律模型结果见表 6.23，各拟合模型的相关系数 $R^2 > 99$，拟合度均小于 0.0001，因此幂律模型适用于拟合液态状梨的稳态剪切黏度曲线，得到的各拟合模型均可用。各拟合模型 n 值均小于 1，表明液态状梨是假塑性液体。对于液态状梨，随着高压脉冲电场预处理参数的增大，k 值逐渐增大，n 值逐渐减小，表明液态状梨剪切变稀现象越来越明显。对照组梨的流动特性指数最大（0.3004±0.0129），相对于对照组，高压脉冲电场预处理组液态状梨，流动特性指数 n 显著减小。处理组 2、3 的稠度指数与对照组、处理组 1 相比，显著增大。

⊡ 表 6.23 液态状梨稳态剪切黏度曲线幂律模型结果

处理	拟合模型	拟合参数	拟合度	相关系数 R^2
0	$\eta = 5.1583 \cdot \gamma^{-0.6996}$	$k = 5.1583 \pm 0.1178^a n = 0.3004 \pm 0.0129^a$	<0.0001	99.5741
1	$\eta = 5.3072 \cdot \gamma^{-0.7136}$	$k = 5.3072 \pm 0.1173^a n = 0.2864 \pm 0.0129^b$	<0.0001	99.5952
2	$\eta = 7.4888 \cdot \gamma^{-0.7540}$	$k = 7.4888 \pm 0.2050^b n = 0.2460 \pm 0.0176^c$	<0.0001	99.3568
3	$\eta = 9.0257 \cdot \gamma^{-0.7579}$	$k = 9.0257 \pm 0.2369^b n = 0.2421 \pm 0.0170^c$	<0.0001	99.4064

注：表中参数值为"平均值±标准差"，不同字母（a、b、c、d）表示在95%置信区间不同高压脉冲电场预处理组液态状梨稳态剪切黏度曲线幂律模型拟合参数存在显著差异。

液态状马铃薯稳态剪切黏度曲线幂律模型结果见表 6.24，各拟合模型的相关系数 $R^2 > 99$，拟合度均小于 0.0001，因此幂律模型适用于拟合液态状马铃薯的稳态剪切黏度曲线，得到的各拟合模型均可用。各拟合模型 n 值均小于 1，表明液态状马铃薯是假塑性液体。对于液态状马铃薯，随着高压脉冲电场预处理参数的增大，k 值逐渐增大，n 值逐渐减小，表明液态状梨剪切变稀现象越来越明显。相对于对照组，高压脉冲电场预处理组液态状马铃薯，流动特性指数 n 显著减小，稠度指数 k 显著增大。

⊡ 表 6.24 液态状马铃薯稳态剪切黏度曲线幂律模型结果

处理	拟合模型	拟合参数	拟合度	相关系数 R^2
0	$\eta = 5.1583 \cdot \gamma^{-0.6996}$	$k = 2.4644 \pm 0.0399^a n = 0.3821 \pm 0.0073^a$	<0.0001	99.8291
1	$\eta = 5.3072 \cdot \gamma^{-0.7136}$	$k = 2.7082 \pm 0.0402^b n = 0.3618 \pm 0.0070^b$	<0.0001	99.8456
2	$\eta = 7.4888 \cdot \gamma^{-0.7540}$	$k = 3.0143 \pm 0.0670^c n = 0.3682 \pm 0.0103^b$	<0.0001	99.6644
3	$\eta = 9.0257 \cdot \gamma^{-0.7579}$	$k = 3.3242 \pm 0.0237^d n = 0.3270 \pm 0.0036^c$	<0.0001	99.9635

液态状白萝卜稳态剪切黏度曲线幂律模型结果见表 6.25，各拟合模型的相关系数 $R^2 > 97$，拟合度均小于 0.0001，因此幂律模型适用于拟合液态状白萝卜的稳态剪切黏度曲线，得到的各拟合模型均可用。各拟合模型 n 值均小于 1，表明液态状白萝卜是假塑性液体。对于液态状白萝卜，随着高压脉冲电场预处理参数的增大，k 值逐渐增大，n 值逐渐减小，表明液态状白萝卜剪切变稀现象越来越明显。处理组 2、3 与对照组、处理组 1 相比，流动特性指数 n 显著减小，稠度指数 k 显著增大。

⊡ 表 6.25 液态状白萝卜稳态剪切黏度曲线幂律模型结果

处理	拟合模型	拟合参数	拟合度	相关系数 R^2
0	$\eta = 5.1583 \cdot \gamma^{-0.6996}$	$k = 8.8217 \pm 0.2215^a n = 0.2550 \pm 0.0156^a$	<0.0001	99.4736
1	$\eta = 5.3072 \cdot \gamma^{-0.7136}$	$k = 9.9829 \pm 0.2494^a n = 0.2529 \pm 0.0156^a$	<0.0001	99.4785
2	$\eta = 7.4888 \cdot \gamma^{-0.7540}$	$k = 13.7305 \pm 0.7059^b n = 0.2948 \pm 0.0291^b$	<0.0001	97.8866
3	$\eta = 9.0257 \cdot \gamma^{-0.7579}$	$k = 24.2150 \pm 1.1716^c n = 0.3228 \pm 0.0257^c$	<0.0001	98.1979

（3）温度对液态状果蔬稳态剪切黏度的影响

图 6.51 为 $100s^{-1}$ 剪切速率下四种液态状果蔬表观黏度随温度的变化曲线。由图可以看出，在 5～85℃温度范围内，随着温度的下降，四种液态状果蔬的表观黏度表现为下降趋势，四组液态状苹果的黏度值分别下降了 0.1066Pa、0.1287Pa、0.1943Pa、0.1919Pa，下降率分别为 41.92%、47.68%、45.16%、35.75%；四组液态状梨的黏度值分别下降了 0.0963Pa、0.1031Pa、0.0957Pa、0.1106Pa，下降率分别为 58.49%、56.73%、53.72%、55.63%；四组液态状马铃薯的黏度值分别下降了 0.0544Pa、0.0506Pa、0.0531Pa、0.0424Pa，下降率分别为 33.43%、31.14%、30.97%、23.79%；四组液态状白萝卜的黏度值分别下降了 0.0508Pa、0.0747Pa、0.0549Pa、0.0619Pa，下降率分别为 22.29%、33.14%、23.55%、23.02%。

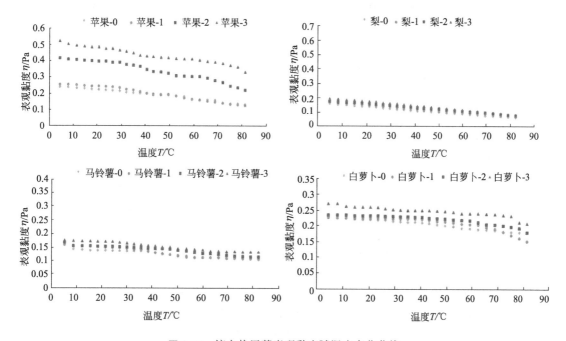

图 6.51　液态状果蔬表观黏度随温度变化曲线

以液态状苹果、马铃薯为例，测试液态状果蔬的线性黏弹区（LVR）。对液态状苹果、马铃薯进行剪切应变扫描，测试其储能模量、损耗模量。在 0.01%～%0.1 范围内液态状苹果、马铃薯的储能模量、损耗模量变化不大，因此在 0.01%～0.1% 的线性黏弹区内选取 0.05% 的剪切应变进行液态状果蔬的动态黏弹性能测试。

图 6.52 为液态状苹果、梨、马铃薯、白萝卜动态黏弹性能曲线。随着角频率的增加，所有液态状果蔬物料的储能模量均有所增加。在低频率范围段，四种液态状果蔬的损耗模量逐渐下降，在高频率段，损耗模量逐渐上升。储能模量 G' 表征液体的弹性特征，损耗模量 G'' 表征液体的黏性特征，四种液态状果蔬的储能模量均大于损耗模量，因此，这四种液态状果蔬均弹性特征均大于黏性特征，属于凝胶类液体。在高压脉冲电场预处理后四种液态状果蔬的储能模量、损耗模量均有所升高，表明高压脉冲电场预处理液态状果蔬的黏性行为、弹性行为均有所增强。

表 6.26 为不同高压脉冲电场预处理液态状苹果动态黏弹性试验方差分析结果。不同处

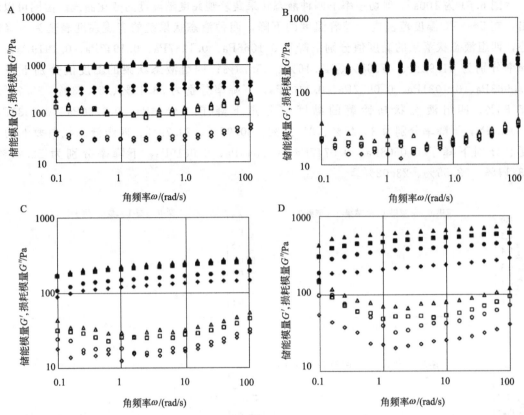

图 6.52　液态状果蔬动态黏弹性能曲线

（储能模量用实心符号表示，损耗模量用空心符号表示，

◇为对照组数据，○为处理 1 组数据，□为处理 2 组数据，▲为处理 3 组数据）

理组间的储能模量、损耗模量差异显著，显著性 P 值均小于 0.0001。决定系数分别为 92.61、79.66，说明方差分析模型可解释储能模量差异的 92.61%、损耗模量差异的 79.66%。高压脉冲电场预处理液态状苹果储能模量值提高了 277.72%、损耗模量提高了 330.79%，处理组 1 与对照组相比储能模量、损耗模量改变不明显，说明当高压脉冲电场参数为脉冲强度 1250V/cm、脉冲时间 90μs、脉冲个数 30 时对液态状苹果动态黏弹性有显著影响。

⊡ 表 6.26　不同高压脉冲电场预处理液态状苹果动态黏弹性试验方差分析

	处理	均值	相关系数 R^2	F 值	P 值
储能模量 G'/Pa	0	327.11±80.43[a]	92.61	250.78	＜0.0001
	1	404.06±83.91[a]			
	2	1081.74±264.55[b]			
	3	1235.55±322.24[c]			
损耗模量 G''/Pa	0	35.60±16.70[a]	79.66	78.34	＜0.0001
	1	39.88±22.47[a]			
	2	127.41±79.83[b]			
	3	153.36±101.2[c]			

表 6.27 为不同高压脉冲电场预处理液态状梨动态黏弹性试验方差分析结果。不同处理组间的储能模量、损耗模量差异显著，显著性 P 值均小于 0.0001。决定系数分别为 87.30、70.95，说明方差分析模型可解释储能模量差异的 87.30%、损耗模量差异的 70.95%。高压脉冲电场预处理液态状苹果储能模量值提高了 25.22%、损耗模量提高了 42.66%，处理组 1 与对照组相比储能模量、损耗模量改变不明显，说明当高压脉冲电场参数为脉冲强度 1250V/cm、脉冲时间 90μs、脉冲个数 30 时对液态状梨动态黏弹性有显著影响。

▫ 表 6.27　不同高压脉冲电场预处理液态状梨动态黏弹性试验方差分析

	处理	均值	相关系数 R^2	F 值	P 值
储能模量 G'/Pa	0	198.02±47.39[a]	87.30	47.34	<0.0001
	1	192.86±28.88[a]			
	2	217.54±45.01[b]			
	3	247.96±66.21[c]			
损耗模量 G''/Pa	0	17.77±13.08[a]	70.95	13.70	<0.0001
	1	19.09±13.58[a]			
	2	20.78±14.76[b]			
	3	25.35±14.00[c]			

表 6.28 为不同高压脉冲电场预处理液态状马铃薯动态黏弹性试验方差分析结果。不同处理组间的储能模量、损耗模量差异显著，显著性 P 值均小于 0.0001。决定系数分别为 94.18、80.63，说明方差分析模型可解释储能模量差异的 94.18%、损耗模量差异的 80.63%。高压脉冲电场预处理液态状苹果储能模量值提高了 89.40%、损耗模量提高了 100.43%，四个处理组之间差异显著，说明高压脉冲电场对液态状马铃薯动态黏弹性有显著影响。

▫ 表 6.28　不同高压脉冲电场预处理液态状马铃薯动态黏弹性试验方差分析

	处理	均值	相关系数 R^2	F 值	P 值
储能模量 G'/Pa	0	128.97±21.31[a]	94.18	32.51	<0.0001
	1	162.46±40.77[b]			
	2	225.27±37.71[c]			
	3	244.27±41.30[d]			
损耗模量 G''/Pa	0	18.49±12.45[a]	80.63	14.88	<0.0001
	1	21.58±12.28[b]			
	2	31.08±15.89[c]			
	3	37.06±18.86[d]			

表 6.29 为不同高压脉冲电场预处理液态状白萝卜动黏弹性试验方差分析结果。不同处理组间的储能模量、损耗模量差异显著，显著性 P 值均小于 0.0001。决定系数分别为 89.60、73.06，说明方差分析模型可解释储能模量差异的 89.60%、损耗模量差异的 73.06%。高压脉冲电场预处理液态状苹果储能模量值提高了 181.51%、损耗模量提高了 197.60%，四个处理组之间差异显著，说明高压脉冲电场对液态状马铃薯动态黏弹性有显著影响。

	处理	均值	相关系数 R^2	F 值	P 值
储能模量 G'/Pa	0	217.30 ± 63.10^a	89.60	98.40	<0.0001
	1	356.78 ± 80.15^b			
	2	484.23 ± 115.85^c			
	3	611.73 ± 123.35^d			
损耗模量 G''/Pa	0	29.19 ± 9.49^a	73.06	22.74	<0.0001
	1	53.51 ± 15.81^b			
	2	65.85 ± 23.67^c			
	3	86.87 ± 27.55^d			

第七章

高压脉冲电场对果蔬
品质的影响

第一节
高压脉冲电场作用于果蔬对主要营养成分的影响

高压脉冲电场技术在果蔬干燥、功能性物质提取、杀菌等方面作用效果明显，近来成为国内外学者研究的热点。关于食品安全与品质方面的研究不多，我们的课题组通过试验研究获得用于果蔬干燥预处理的最优工艺参数，但这个处理条件对果蔬品质的影响尚不清楚，需要研究高压脉冲电场预处理对果蔬营养素含量的影响，通过研究营养素含量的变化，进一步分析高压脉冲电场的作用机理，以及对果蔬品质的影响。

一、果蔬营养素含量的测定试验

1. 试验材料及仪器

（1）试验材料

以太谷当地购买的红富士苹果、皇冠梨、西葫芦、冬瓜、香蜜瓜作为研究对象，这几种果蔬均为大众果蔬，且营养价值较高。一次性购买感官品质较好的果蔬，置于冰箱内保鲜。采用斐林试剂法测定总糖含量，所用试剂有甲基红、盐酸、氢氧化钠、硫酸铜、亚铁氰化钾、酒石酸钾钠、次甲基红、葡萄糖、蒸馏水等。可滴定酸的测定方法为氢氧化钠直接滴定法，所用试剂有氢氧化钠、石英砂、蒸馏水、酚酞指示剂、邻苯二甲酸氢钾等。钙的测定采用 EDTA 滴定法，所用试剂为氢氧化钠、氢氧化钙、氰化钠、柠檬酸钠、硝酸、高氯酸、乙二胺四乙酸二钠、碳酸钙、盐酸、钙红指示剂等。铁的测定采用原子吸收法，所用试剂有光谱纯金属铁、硝酸、去离子水、光谱纯金属锰、盐酸等。采用2,6-二氯酚靛酚法测定Vc的含量，所用试剂包括草酸、2,6-二氯酚靛酚溶液、石英砂等。

（2）试验仪器

运用ECM830型高压脉冲电场发生器预处理果蔬，测定营养素含量所用仪器有MP2002型电子天平（可精确到0.001g），SHZ-D型循环水真空泵，原子吸收分光光度计，稳压电源，铁空心阴极灯，空气压缩机，乙炔发生器，KQ-600DV超声波清洗机，恒温干燥箱，马弗炉，电炉，水浴锅，研钵，玻璃仪器包括玻璃棒、容量瓶、三角瓶、烧杯、高型烧杯、移液管、酸式滴定管、微量滴定管、刻度吸管等。

2. 试验方法与步骤

试验时取新鲜、完整的果蔬洗净、去皮、切样，其中苹果、梨、冬瓜、香蜜瓜切成 $2cm \times 2cm \times 1cm$ 的方块，西葫芦切成 $0.8cm \times 0.8cm \times 1cm$ 的方块。采用1000V/cm的电场强度，脉冲个数为30的条件处理 $120\mu s$，这是课题组通过试验和综合分析获得的最优工艺参数，然后立即进行对照组与处理组的营养素含量的测定试验，以及按化学测定方法对总糖含量的测定，总酸含量的测定，矿物质含量的测定（钙和铁）。

3. 试验结果与分析

果蔬中总糖、总酸、维生素、矿物质等营养素的含量反映果蔬的营养品质，课题组的刘振宇已经研究了高压脉冲电场预处理对胡萝卜、白萝卜中抗坏血酸、胡萝卜素、多酚氧化酶等的影响，这些还不能完全反映出对果蔬品质的影响情况。所以，笔者研究了电场强度为1000V/cm，处理个数为30，处理时间为 $120\mu s$ 的预处理条件，对果蔬中总糖、总酸、矿物质、抗坏血酸的影响，进一步明确高压脉冲电场预处理对果蔬营养品质的影响，从而确定这一工艺参数能否用于实际生产，为以后电场参数的选择提供一定的理论依据。由于总酸不作为评价蔬菜营养品质的关键因素，所以本章只测定了水果的总酸含量。

试验结果取五次平行试验的平均值，经高压脉冲电场预处理的果蔬与对照组相比：苹果、香蜜瓜、冬瓜、西葫芦的总糖含量分别降低了7.84%、1.36%、9.65%、3.21%，而梨的总糖含量增加了13.76%；苹果、香蜜瓜的总酸含量分别降低了8.33%、9.09%，而梨的总酸含量增加了11.11%；苹果、梨、香蜜瓜、冬瓜、西葫芦的钙含量分别降低了9.09%、10.22%、5.24%、26.03%、6.88%；梨、香蜜瓜、冬瓜、西葫芦的铁含量分别增加了8.76%、0.79%、5.96%、5.08%，而苹果的铁含量降低了12.12%；苹果、梨、香蜜瓜、冬瓜的Vc含量分别降低了6.94%、6.18%、5.47%、8.05%。整体来看，在电场作用下，果蔬中总酸、总糖、Vc、钙的含量均呈下降的趋势，而铁的含量略微增加，但是变化幅度均不大，基本上控制在10%以内。所以选择最优工艺参数预处理果蔬，对果蔬的营养品质影响不明显，可用于实际生产。

二、模型的建立

评价果蔬品质的方法可以全方位地表明果蔬的食用价值以及品质优劣，果蔬品质的评价方法包括感官评价法、营养成分评价法和综合评价法三种。在此利用SAS分析软件，通过对苹果、梨、冬瓜等果蔬的营养素含量进行主成分分析（所用数据为五次平行试验的结果），建立总糖、总酸等营养素与营养品质之间的回归方程，作为评价果蔬品质的一种方法，并根据各个营养素的分量值，确定影响果蔬营养品质的主次因素。主成分分析法可将复杂问题简单化，将多个变量以线性组合的方式转化成主分量，进而表达样品的某种特性。

由表 7.1 可知，对于处理的苹果样本，第 1 主分量 Prin1 的累积贡献率达 0.8181，解释原变量变异的能力为 81.81%，所以可用第 1 主分量 Prin1 表示苹果的营养品质。

⊡ 表 7.1　苹果主成分分析累积贡献率

	特征值	差值	比率	累积
1	4.0906	3.5675	0.8181	0.8181
2	0.5231	0.2632	0.1046	0.9227
3	0.2599	0.1335	0.0520	0.9740
4	0.1264	0.1264	0.0253	1.0000
5	0.0000		0.0000	1.0000

由表 7.2 得到以第 1 主分量 Prin1 表示苹果的营养品质为

$$y = 0.4247x_1 + 0.4695x_2 + 0.4102x_3 + 0.4435x_4 + 0.4839x_5 \tag{7.1}$$

其中 x_1、x_2、x_3、x_4、x_5 代表实际测量值。从式(7.1) 可以看出，各个营养素的分量差异较小，可见总糖、酸、铁、钙、Vc 对苹果营养品质的影响程度相差不大。各分量均为正数，说明各营养素的含量越高，苹果的营养价值就越高，因此第 1 主分量蕴含苹果的总营养价值的特征。

⊡ 表 7.2　苹果主成分分析参数估计结果

	Prin1	Prin2	Prin3	Prin4	Prin5
总糖(x_1)	0.4247	0.4602	0.7506	0.1953	−0.0788
总酸(x_2)	0.4695	0.3149	0.2615	−0.4752	0.6215
铁(x_3)	0.4102	0.6482	−0.5476	−0.3315	−0.0415
钙(x_4)	0.4435	0.4714	−0.2194	0.7263	0.0737
Vc(x_5)	0.4839	−0.2159	−0.1419	0.3141	0.7749

由表 7.3 可知，对于处理的梨样本，其第 1 主分量 Prin1 的累积贡献率达 0.7258，解释原变量变异的能力为 72.58%，相比其余三个解释能力最强，前两个主分量的累积贡献率为 0.9472，解释原变量变异的能力超过 85%，且以第 1 主分量为主，其余可视作观测误差。因此可用第 1 主分量 Prin1 表示梨的营养品质。

⊡ 表 7.3　梨主成分分析累积贡献率

	特征值	差值	比率	累积
1	3.6292	2.5222	0.7258	0.7258
2	1.1069	0.9216	0.2214	0.9472
3	0.1854	0.1068	0.0371	0.9843
4	0.0786	0.0786	0.0157	1.0000
5	0.0000		0.0000	1.0000

由表 7.4 得到以第 1 主分量 Prin1 表示梨的营养品质为

$$y = 0.3382x_1 + 0.4739x_2 + 0.5117x_3 + 0.5118x_4 + 0.3705x_5 \tag{7.2}$$

其中 x_1、x_2、x_3、x_4、x_5 代表实际测量值。从式(7.2) 可以看出，铁、钙的分量较大，总糖、Vc 的分量较小，可以得出铁、钙是影响梨营养品质的主要因素，总酸的影响次之，总糖和 Vc 的影响最小。各分量均为正数，说明各营养素的含量越高，梨的营养价值就越高，因此第 1 主分量蕴含梨的总营养价值的特征。

▫ **表 7.4　梨主成分分析参数估计结果**

	Prin1	Prin2	Prin3	Prin4	Prin5
总糖(x_1)	0.3382	0.6968	0.4263	0.4183	0.2082
总酸(x_2)	0.4739	-0.2164	0.8435	-0.1285	0.0251
铁(x_3)	0.5117	0.0027	-0.1603	0.7577	-0.3721
钙(x_4)	0.5118	0.1806	-0.2667	-0.0117	0.7963
Vc(x_5)	0.3705	0.6595	-0.0999	-0.4840	-0.4283

由表 7.5 可知，对于处理的香蜜瓜样本，其第 1 主分量 Prin1 的累积贡献率达 0.8371，解释原变量变异的能力为 83.71%，因此可用第 1 主分量 Prin1 表示香蜜瓜的营养品质。

▫ **表 7.5　香蜜瓜主成分分析累积贡献率**

	特征值	差值	比率	累积
1	4.1853	3.5629	0.8371	0.8371
2	0.6224	0.4434	0.1245	0.9615
3	0.1790	0.1656	0.0358	0.9973
4	0.0133	0.0133	0.0027	1.0000
5	0.0000		0.0000	1.0000

由表 7.6 得到以第 1 主分量 Prin1 表示香蜜瓜的营养品质为

$$y = 0.4358x_1 + 0.4461x_2 + 0.4313x_3 + 0.4588x_4 + 0.4631x_5 \tag{7.3}$$

其中 x_1、x_2、x_3、x_4、x_5 代表实际测量值。从式(7.3) 可以看出，各个营养素的分量差异很小，可见总糖、酸、铁、钙、Vc 对香蜜瓜营养品质的影响程度相差不大。各分量均为正数，说明各营养素的含量越高，香蜜瓜的营养价值就越高，因此第 1 主分量蕴含香蜜瓜的总营养价值的特征。

▫ **表 7.6　香蜜瓜主成分分析参数估计结果**

	Prin1	Prin2	Prin3	Prin4	Prin5
总糖(x_1)	0.4358	0.4657	-0.6128	0.4599	0.0783
总酸(x_2)	0.4461	0.4998	0.1598	-0.7236	0.0446
铁(x_3)	0.4313	0.5897	0.1612	0.1370	-0.6492
钙(x_4)	0.4588	0.4274	0.1669	0.0958	0.7548
Vc(x_5)	0.4631	0.0530	0.7383	0.4868	0.0265

由表 7.7 可知，对于处理的冬瓜样本，其第 1 主分量 Prin1 的累积贡献率达 0.7585，解释原变量变异的能力为 75.85%，已经接近 80%，前两个主分量的累积贡献率为 0.9700，解释原变量变异的能力超过 85%，相比其余三个解释能力最强，且以第 1 主分量为主，其余可视作观测误差。因此可用第 1 主分量 Prin1 表示冬瓜的营养品质。

▣ 表 7.7　冬瓜主成分分析累积贡献率

	特征值	差值	比率	累积
1	3.0338	2.1879	0.7585	0.7585
2	0.8460	0.7351	0.2115	0.9700
3	0.1109	0.1015	0.0277	0.9977
4	0.0093		0.0023	1.0000

由表 7.8 得到第 1 主分量 Prin1 表示冬瓜的营养品质为

$$y = 0.5618x_1 + 0.4890x_2 + 0.5542x_3 + 0.3717x_4 \tag{7.4}$$

其中 x_1、x_2、x_3、x_4 代表实际测量值。从式(7.4)可以看出，总糖、钙的分量较大，Vc 的分量最小，可以得出总糖、钙是影响冬瓜营养品质的主要因素，铁的影响次之，Vc 的影响最小。各分量均为正数，说明各营养素的含量越高，冬瓜的营养价值就越高，因此第 1 主分量蕴含冬瓜的总营养价值的特征。

▣ 表 7.8　冬瓜主成分分析参数估计结果

	Prin1	Prin2	Prin3	Prin4
总糖(x_1)	0.5618	0.2042	0.1116	0.7939
铁(x_2)	0.4890	−0.5302	0.5631	0.4033
钙(x_3)	0.5542	0.1299	−0.6848	0.4550
Vc(x_4)	0.3717	0.8126	0.4489	−0.0091

由表 7.9 可知，对于处理的西葫芦样本，其第 1 主分量 Prin1 的累积贡献率达 0.8761，解释原变量变异的能力为 87.61%，因此可用第 1 主分量 Prin1 表示西葫芦的营养品质。

▣ 表 7.9　西葫芦主成分分析累积贡献率

	特征值	差值	比率	累积
1	2.6283	2.4262	0.8761	0.8761
2	0.2021	0.0325	0.0674	0.9435
3	0.1696		0.0565	1.0000

由表 7.10 得到以第 1 主分量 Prin1 表示西葫芦的营养品质为

$$y = 0.5735x_1 + 0.5790x_2 + 0.5795x_3 \tag{7.5}$$

其中 x_1、x_2、x_3 代表实际测量值。从式(7.5)可以看出，各个营养素的分量差异很小，可见总糖、铁、钙对西葫芦营养品质的影响程度相差不大。各分量均为正数，说明各营养素的含量越高，对应西葫芦的营养越高，因此第 1 主分量蕴含西葫芦的总营养价值的特征。

▣ 表 7.10　西葫芦主成分分析参数估计结果

	Prin1	Prin2	Prin3
总糖(x_1)	0.5735	0.8186	0.0309
铁(x_2)	0.5790	−0.4318	0.6916
钙(x_3)	0.5795	0.3787	02176

第二节
高压脉冲电场作用于果蔬对外观及感官品质的影响

外观、风味、质地综合反映果蔬的感官品质，其中质地是影响感官品质的主要因素，果蔬的质地包括除热学性质外的所有物理特性，因此物性可以反映果蔬的感官品质。实验采用英国 TA.Plus.XT 物性分析仪测定果蔬的硬度、弹性、咀嚼性等与感官品质相关的物性，探究高压脉冲电场预处理对果蔬物性的影响规律，寻求合适的预处理参数范围，为冻干工艺的参数选择提供理论依据。

一、果蔬物性的测定试验

测定果蔬的物性有助于从分子水平研究食品，如通过黏度的变化可知水分活度以及水分子集团的大小；弹性模量的大小一定程度上反映淀粉、固形物以及果胶的含量；硬度的大小可以反映固形物的含量等。所以测定物性不仅可以反映果蔬的感官品质，还可用于分析一些营养素含量的变化情况。研究表明果蔬的质地参数之间具有一定的相关性，可以很好地反映果蔬的感官品质，果蔬的弹性与硬度、咀嚼性、凝聚性的相关性显著，并且凝聚性、硬度、咀嚼性之间的相关性也显著，说明这四个参数可以较好地反映果蔬的感官品质。

1. 试验材料与仪器

以太谷当地产苹果、香蜜瓜等作为试验材料，置于冰箱内保鲜。所用仪器包括 ECM830 高压脉冲电场发生器，英国 SMS 公司生产的 TA.Plus.XT 质构仪。

2. 试验方法与步骤

试验采用响应面法设计，方案是小试验量中心组合设计，选取电场强度、脉冲个数和处理时间为试验因素，本试验选取的参数范围是：电场强度 $5 \sim 2000 \mathrm{V/cm}$，脉冲个数 $1 \sim 99$，处理时间 $10 \sim 150 \mu s$，为了提高试验的精确性，电场强度分为 $5 \sim 1000 \mathrm{V/cm}$、$1000 \sim 2000 \mathrm{V/cm}$ 两个水平进行。根据 Box-Behnken 模型计算得到了对应于水平编码的实际值，表 7.11、表 7.12 是试验因素的水平编码表。

⊡ 表 7.11 水平 1 试验因素的水平编码表

试验因素	零水平	间距 Δ_j	因素水平编码 $\gamma=1.414$				
			$-\gamma$	-1	0	1	γ
电场强度/(V/cm)	500	353	5	150	500	850	1000
处理时间/μs	80	49.5	10	30	80	130	150
脉冲个数	50	34.6	1	15	50	85	99

⊡ 表 7.12 水平 2 试验因素的水平编码表

试验因素	零水平	间距 Δ_j	因素水平编码 $\gamma=1.414$				
			$-\gamma$	-1	0	1	γ
电场强度/(V/cm)	1500	352	1000	1150	1500	1850	2000
处理时间/μs	80	41.62	10	30	80	130	150
脉冲个数	50	29.13	1	15	50	85	99

试验采用 TPA 测试模式，通过预试验，确定适于各种果蔬的测试条件，完成对照组和处理组的测试过程，图 7.1 为典型的 TPA 测试图形。

其中，凝聚性 $= \dfrac{A_2}{A_1}$，弹性 $= \dfrac{T_3 - T_2}{T_1}$，咀嚼性 $=$ 硬度 $\times$ 弹性 $\times$ 凝聚性，回复性 $= \dfrac{A_4}{A_5}$，A_3 代表黏着性，系统自动测出 A_1、A_2、T_1、T_2 等值，从而计算得到果蔬各个物性的参数值。

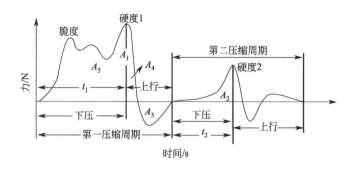

图 7.1 典型的 TPA 测试图形

3. 试验结果与分析

对照组苹果的硬度、凝聚性、弹性、咀嚼性分别为 120.922N、0.496、0.773、46.362N，处理组分别为 73.622N、0.456、0.839、28.017N，在选定的参数范围内，与对照组相比，苹果的硬度、凝聚性、咀嚼性分别减少 39.12%、8.07%、39.57%，而弹性增加了 8.54%，高压脉冲电场预处理苹果使其物性呈现下降的趋势。

对照组香蜜瓜的硬度、凝聚性、弹性、咀嚼性分别为 137.102N、0.330、0.657、29.725N，处理组分别为 106.021N、0.211、0.584、13.895N，在选定的参数范围内，与对照组相比，香蜜瓜的硬度、凝聚性、弹性、咀嚼性分别减少 22.67%、36.06%、11.11%、53.26%，高压脉冲电场预处理香蜜瓜使其物性均不同程度地减小。

由表 7.13 可以得出，采用最优工艺参数预处理果蔬，与对照组相比，苹果、香蜜瓜、冬瓜、西葫芦的硬度分别降低了 55.26%、21.69%、17.36%、41.33%，梨的硬度增加 8.90%；苹果、梨、香蜜瓜、冬瓜、西葫芦的弹性分别降低了 0.91%、14.11%、13.55%、23.10%、18.57%；苹果、香蜜瓜、冬瓜、西葫芦的凝聚性分别降低了 18.35%、44.55%、51.13%、36.22%，梨的凝聚性增加了 13.46%；苹果、香蜜瓜、冬瓜、西葫芦的咀嚼性分别降低了 63.80%、62.49%、69.02%、69.54%，梨的咀嚼性增加了 8.18%。

▣ 表 7.13 **不同果蔬的物性**

品种	硬度/N		弹性		凝聚性		咀嚼性/N	
	处理组	对照组	处理组	对照组	处理组	对照组	处理组	对照组
苹果	54.098	120.922	0.766	0.773	0.405	0.496	16.783	46.362
梨	156.359	143.580	0.615	0.716	0.327	0.283	31.396	29.022
香蜜瓜	107.358	137.102	0.568	0.657	0.183	0.330	11.149	29.725
冬瓜	156.029	188.811	0.506	0.658	0.217	0.444	17.076	55.120
西葫芦	25.096	42.774	0.285	0.350	0.236	0.370	1.681	5.519

二、模型的建立与分析

利用 SAS 分析软件对苹果、香蜜瓜物性的试验结果进行回归分析，建立了果蔬物性（硬度、凝聚性、弹性、咀嚼性）与电场参数之间的三元二次回归方程，见表 7.14。x_1 代表电场强度，x_2 代表处理时间，x_3 代表脉冲个数。进行一系列的回归检验和岭脊分析，检验所建模型是否合适，寻求较为合适的电场参数范围，分析影响物性的主次因素等。

☐ 表 7.14　果蔬物性的回归模型

名称			R^2	自变量重要性	三元二次回归模型
硬度	苹果	水平 1	0.9875	$x_1 > x_2 > x_3$	$Z_1 = 250.815 - 0.2464x_1 - 1.5087x_2 - 1.4274x_3$ $+ 0.0001x_1^2 + 0.0002x_1x_2 + 0.0069x_2^2 + 0.0009x_1x_3$ $+ 0.0034x_2x_3 + 0.00421x_3^2$
		水平 2	0.9995	$x_1 > x_2 > x_3$	$Z_2 = -30.2951 + 0.2197x_1 - 0.3459x_2 - 1.1499x_3$ $- 0.00009x_1^2 + 0.0002x_1x_2 - 0.0012x_2^2 + 0.0007x_1x_3$ $- 0.0002x_2x_3 - 0.0003x_3^2$
	香蜜瓜	水平 1	0.9809	$x_2 > x_1 > x_3$	$Z_3 = 114.9179 + 0.0086x_1 + 0.3716x_2 + 0.06241x_3$ $- 0.00006x_1^2 + 0.0002x_1x_2 - 0.0018x_2^2 - 0.0004x_1x_3$ $- 0.0029x_2x_3 + 0.0021x_3^2$
		水平 2	0.8441	$x_1 > x_2 > x_3$	$Z_4 = -5.6556 + 0.1545x_1 + 1.1256x_2 - 0.3836x_3$ $- 0.00005x_1^2 - 0.0007x_1x_2 - 0.0028x_2^2 + 0.00004x_1x_3$ $+ 0.0048x_2x_3 - 0.00003x_3^2$
凝聚性	苹果	水平 1	0.8830	$x_2 > x_3 > x_1$	$Z_5 = 0.3395 + 0.00008x_1 + 0.0025x_2 - 0.0017x_3$ $+ 0.000002x_1^2 - 0.00001x_1x_2 - 0.00001x_2^2$ $- 0.00005x_1x_3 + 0.00002x_2x_3 + 0.00003x_3^2$
		水平 2	0.9698	$x_1 > x_2 > x_3$	$Z_6 = 0.5273 - 0.0002x_1 + 0.0013x_2 + 0.0009x_3$ $+ 8.56 \times 10^{-8}x_1^2 + 0.0000006x_1x_2 - 0.000007x_2^2$ $- 0.000002x_1x_3 - 0.000008x_2x_3 + 0.00002x_3^2$
	香蜜瓜	水平 1	0.9912	$x_1 > x_3 > x_2$	$Z_7 = 0.5306 - 0.0005x_1 - 0.0008x_2 - 0.0031x_3$ $+ 0.0000001x_1^2 + 0.000001x_1x_2 - 6.636 \times 10^{-8}x_2^2$ $+ 0.000003x_1x_3 - 0.00001x_2x_3 + 0.00002x_3^2$
		水平 2	0.9558	$x_1 > x_2 > x_3$	$Z_8 = -0.1149 + 0.0005x_1 + 0.0009x_2 + 0.0009x_3$ $- 0.0000002x_1^2 - 0.000008x_1x_2 + 4.555 \times 10^{-8}x_2^2$ $- 0.0000008x_1x_3 + 0.000002x_2x_3 + 0.000004x_3^2$
弹性	苹果	水平 1	0.9899	$x_3 > x_1 > x_2$	$Z_9 = 1.1085 - 0.0003x_1 - 0.0013x_2 - 0.0044x_3$ $+ 8.196 \times 10^{-8}x_1^2 - 0.000004x_1x_2 + 0.00003x_2^2$ $+ 0.00002x_1x_3 - 0.00004x_2x_3 + 0.00002x_3^2$
		水平 2	0.9698	$x_1 > x_2 > x_3$	$Z_{10} = 0.45 + 0.00036x_1 + 0.0043x_2 - 0.0025x_3$ $- 0.0000001x_1^2 - 0.000002x_1x_2 - 0.000001x_2^2$ $+ 0.000003x_1x_3 - 0.00002x_2x_3 - 0.000007x_3^2$
	香蜜瓜	水平 1	0.9597	$x_1 > x_2 > x_3$	$Z_{11} = 0.7889 - 0.0003x_1 - 0.0007x_2 + 0.00009x_3$ $- 2.309 \times 10^{-8}x_1^2 + 0.000002x_1x_2 - 0.000002x_2^2$ $+ 0.000002x_1x_3 - 0.000006x_2x_3 - 0.00001x_3^2$
		水平 2	0.9402	$x_2 > x_1 > x_3$	$Z_{12} = 0.1713 + 0.0001x_1 + 0.0044x_2 + 0.0047x_3$ $+ 7.995 \times 10^{-8}x_1^2 - 0.000003x_1x_2 + 0.000003x_2^2$ $- 0.000002x_1x_3 - 0.00001x_2x_3 + 0.000004x_3^2$

名称			R^2	自变量重要性	三元二次回归模型
咀嚼性	苹果	水平 1	0.9916	$x_1 > x_3 > x_2$	$Z_{13} = 98.5744 - 0.1090x_1 - 0.3842x_2 - 0.8494x_3$ $+ 0.00006x_1^2 - 0.0002x_1x_2 + 0.003x_2^2 + 0.0005x_1x_3$ $+ 0.0005x_2x_3 + 0.004x_3^2$
		水平 2	0.9889	$x_1 > x_3 > x_2$	$Z_{14} = -19.48 + 0.0787x_1 + 0.0808x_2 - 0.4135x_3$ $- 0.00003x_1^2 + 0.00006x_1x_2 - 0.001x_2^2 + 0.0002x_1x_3$ $- 0.0009x_2x_3 + 0.001x_3^2$
	香蜜瓜	水平 1	0.9999	$x_1 > x_3 > x_2$	$Z_{15} = 50.4306 - 0.0571x_1 - 0.0320x_2 - 0.3356x_3$ $+ 0.000009x_1^2 + 0.0002x_1x_2 - 0.0003x_2^2 + 0.0003x_1x_3$ $- 0.0011x_2x_3 + 0.0015x_3^2$
		水平 2	0.8860	$x_1 > x_2 > x_3$	$Z_{16} = -14.9263 + 0.0274x_1 + 0.1679x_2 + 0.1714x_3$ $- 0.000006x_1^2 - 0.0001x_1x_2 - 0.0001x_2^2 - 0.0001x_1x_3$ $- 0.00006x_2x_3 - 0.0005x_3^2$

响应面模型的决定系数越接近 1，表示解释试验结果的能力就越强，由表 7.14 可以看出，硬度、弹性、咀嚼性、凝聚性的响应面模型的 R^2 均大于 0.84，说明模型建立得较好，可用来预测经高压脉冲电场预处理香蜜瓜、苹果的硬度、弹性等物性的参数值。电场强度是影响物性的主要因素，脉冲个数和处理时间对其影响次之。

通过岭脊分析，获得苹果的物性取得最大值时的电场参数范围是电场强度为 729～1670V/cm，处理时间 39～106μs，处理个数 2～31；香蜜瓜物性取得最大值时的电场参数范围是电场强度为 1105～1286V/cm，处理时间 83～118μs，处理个数 7～32；刘振宇研究发现在电场强度为 1000～1500V/cm，处理时间为 60～110μs，脉冲个数为 2～30 的电场参数范围内，可以在保持果蔬原有品质的基础上提高干燥速度；吴亚丽研究发现在电场强度为 1000～1500V/cm，处理时间为 60～120μs，脉冲个数为 15～45 的范围内可以最大程度地提高果蔬细胞膜的通透性。综合考虑，选择的电场参数范围是电场强度 1100～1300V/cm，处理时间 80～110μs，脉冲个数为 5～30。

为了进一步了解电场参数对果蔬物性的影响规律，下面以苹果为例进行响应面模型的拟合不足检验、回归分项检验以及因素效应检验。表 7.15～表 7.17 分别是苹果弹性响应面模型回归分项检验、模型拟合不足检验以及因素效应检验的结果。

▷ **表 7.15 苹果弹性响应面模型回归分项检验**

回归	DF	TypeISS	R^2	F 值	$P(\mathrm{Pr} > F)$
线性项	3	0.004693	0.3396	119.99	<0.0001
平方项	3	0.001793	0.1298	45.85	0.0005
交叉项	3	0.007268	0.5259	185.84	<0.0001
总模型	9	0.013755	0.9953	117.23	<0.0001

表 7.15 的结果表明，弹性响应面模型的线性项、平方项、交叉项的效应均极显著，其线性项、平方项、交叉项的 P 值分别达到<0.0001、0.0005、<0.0001，说明电场强度、

处理时间、脉冲个数与苹果弹性不是一般的线性关系，并且电场参数之间存在交互效应，所以说本章建立的三元二次回归方程能较好地表达弹性与这三个试验因素之间的关系，可以通过该模型预测高压脉冲电场预处理苹果的弹性值。

⊡ **表 7.16 苹果弹性响应面模型拟合不足检验**

剩余	DF	平方和	均方	F 值	$P(\mathrm{Pr}>F)$
不足	1	0.000001984	0.000001984	0.13	0.7410
纯误差	4	0.000063200	0.000015800		
总误差	5	0.000065184	0.000013037		

表 7.16 的结果表明，弹性响应面模型的拟合不足检验 $P=0.7410$，说明拟合不足检验不显著，从而进一步说明模型拟合恰当，不需要建立更高次的响应面模型。

⊡ **表 7.17 苹果弹性响应面模型因素效应检验**

因素	DF	平方和	均方	F 值	$P(\mathrm{Pr}>F)$
电场强度	4	0.007254	0.001814	139.11	<0.0001
处理时间	4	0.004557	0.001139	87.38	<0.0001
脉冲个数	4	0.004879	0.001220	93.57	<0.0001

表 7.17 的结果表明，三个试验因素的效应检验均显著，P 值均小于 0.0001，说明三个试验因素的效应均极强，弹性大小与电场强度、处理时间、脉冲个数有着紧密的联系，响应面回归有效，所建模型可用。

以苹果为例，采用响应面图形分析法，分析高压脉冲电场参数（水平 2）对苹果咀嚼性的影响，分析咀嚼性取得最大值时高压脉冲电场的工艺参数，其中 x_1 为电场强度（V/cm），x_2 为处理时间（μs），x_3 为脉冲个数。

由图 7.2 可以看出，处理个数为 50 时，在电场强度为 1000～1400V/cm 的范围内，咀嚼性随着电场强度的增加而增大，当电场强度大于 1400V/cm 时，咀嚼性逐渐降低，当电场强度为 1400V/cm 左右时咀嚼性取得最大值；由图 7.3 可以看出，电场强度为 1500V/cm 时，在 10～100μs 的范围内，咀嚼性随着处理时间的延长而增大，超过 100μs，咀嚼性逐渐降低，在处理时间为 100μs 左右时，咀嚼性取得最大值。考虑对果蔬品质的影响，以及用于果蔬干燥预处理等的作用效果，最终选择的电场参数为：电场强度为 1400V/cm，处理时间为 100μs，脉冲个数为 30。这与岭脊分析得到的最大值范围相符合，说明这种分析方法具有一定的可行性和准确性。

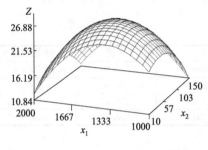

图 7.2 x_1 与 x_2 对咀嚼性的影响

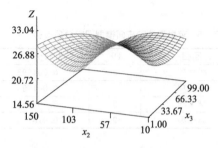

图 7.3 x_2 与 x_3 对咀嚼性的影响

结 语

    本书主要介绍了我们的团队十多年来在果蔬低能耗真空冷冻干燥工艺优化、真空冷冻干燥机理、果蔬冻干过程模型以及高压脉冲电场在果蔬冻干中的应用等方面的研究成果。在果蔬低能耗真空冷冻干燥、高压脉冲电场在果蔬冻干中的应用方向，我们先后承担了国家自然基金项目5项、教育部博士点科研专项基金项目、山西省科技攻关项目和省自然基金项目等。本书总结整理了低能耗果蔬真空冷冻干燥加工工艺研究，果蔬高压脉冲电场预处理参数优化与作用机理研究，高压脉冲电场预处理对果蔬冻干加工过程的影响，果蔬介电特性的研究与应用，高压脉冲电场对果蔬生物力学性质的影响，以及高压脉冲电场对果蔬品质的影响等方面的内容。

    对于高压脉冲电场技术对果蔬农药残留降解作用，高压脉冲电场技术应用于畜禽养殖设施环境病菌、病毒灭活与空气净化，以及对杂粮种子电场处理促进萌发与生长，对红酒催陈效果的研究等内容，在国家科技部重点研发项目、国家自然基金和博士后基金等项目支持下，目前我们已取得许多有应用价值的阶段性成果，发表了一批研究论文，为农产品加工新技术、种子工程新技术研发，畜禽养殖生产工程技术及装备的研发等方面提供了重要基础，由于深入全面的研究还在进行，在另外的专著中会系统介绍。在果蔬生物力学性质、杂粮作物生物力学性质等方面我们也进行了系统深入的研究，取得了许多创新性成果，这方面内容也计划出版专著。

    高压脉冲电场的应用为果蔬低能耗真空冷冻干燥工艺优化提供了有效的预处理技术，大大降低了冻干能耗，可使真空冷冻干燥新技术在农产品加工中得到广泛应用。我们在研究中针对高压脉冲电场作用农业物料所产生的物理效应进行了深入系统的研究，在这方面进行了更为广泛的探索，作用对象有果蔬等农产品、作物茎秆枝叶根系、作物种子、重金属污染土壤、肉蛋奶畜产品、食用菌、淀粉等农业物料，研究内容涵盖了作用机理、作用效应、理论模型分析与应用等，取得了许多有益的成果，在国内处于先进水平，为我校农业工程学科领域的重要方向的发展奠定了一定的基础。本书内容属于农业物料力学的范畴，丰富了农业物料力学理论和应用，可供相关研究人员参考，并请读者给予批评指正。

[1] 武新慧, 郭玉明, 孙静鑫, 等. 苹果介电特性与微波干燥含水率相关性研究 [J]. 农机化研究, 2018, 40 (10): 194-198.

[2] 武新慧. 基于高压脉冲电场预处理果蔬黏弹性动力学性质及介电特性研究 [D]. 太谷:山西农业大学, 2017.

[3] 段智英. 高压脉冲电场预处理对果蔬冻结工艺与冻干速率的作用机理研究 [D]. 太谷:山西农业大学, 2017.

[4] 冯慧敏. 含水率对白萝卜生物力学性质的影响 [C] //中国农业机械学会、亚洲农业工程学会、中国农业机械化科学研究院. 2016中国农业机械学会国际学术年会——分会场 2: 现代食品及农产品加工科技创新论文集. 中国机械工程学会, 2016: 2.

[5] 武新慧. 高压脉冲电场对液态状果蔬流变性质的影响 [C] //中国农业机械学会、亚洲农业工程学会、中国农业机械化科学研究院. 2016中国农业机械学会国际学术年会——分会场 2: 现代食品及农产品加工科技创新论文集. 中国机械工程学会, 2016: 2.

[6] 武新慧, 郭玉明, 冯慧敏. 高压脉冲电场预处理对果蔬动态黏弹特性的影响 [J]. 农业工程学报, 2016, 32 (18): 247-254.

[7] 武新慧, 郭玉明. 果蔬压缩力学性质与细观结构变位的动态响应 [J]. 农机化研究, 2016, 38 (08): 160-163, 168.

[8] 段智英, 郭玉明, 王福贵. 基于格子 Boltzmann 方法分析果蔬真空冷冻干燥冻干速率 [J]. 农业工程学报, 2016, 32 (14): 258-264.

[9] 张鹤岭, 郭玉明, 张建华. 果蔬冻干水分在线无线监测装置设计与试验 [J]. 农机化研究, 2016, 38 (05): 92-97, 106.

[10] 李晓斌, 郭玉明, 崔清亮, 等. 用图像法分析茄子在冻干过程中的水分动态运移规律 [J]. 农业工程学报, 2016, 32 (01): 304-311.

[11] 冯慧敏, 郭玉明, 武新慧. 基于穿刺试验苹果力学性质的研究 [J]. 农机化研究, 2016, 38 (01): 188-191.

[12] 武新慧. 高压脉冲电场预处理对果蔬动态粘弹性性质的影响 [C] //中国机械工程学会包装与食品工程分会、中国农业机械学会农副产品加工机械分会、食品装备产业技术创新战略联盟. 2015年国际包装与食品工程、农产品加工学术年会论文集. 中国机械工程学会, 2015: 8.

[13] 张鹤岭, 郭玉明. 温度对果蔬介电特性影响的试验研究——基于无线装置 [J]. 农机化研究, 2015, 37 (10): 197-200.

[14] 冯慧敏, 郭玉明, 武新慧. 高压脉冲电场对白萝卜压缩特性影响的试验研究 [J]. 山西农业大学学报 (自然科学版), 2015, 35 (04): 411-415.

[15] 冯慧敏, 郭玉明, 武新慧. 果蔬压缩破坏特性的试验研究 [J]. 包装与食品机械, 2015, 33 (03): 1-4.

[16] 冯慧敏, 郭玉明, 武新慧, 等. 苹果压缩特性的机理分析 [J]. 农产品加工, 2015 (08): 17-19, 22.

[17] 冯慧敏, 郭玉明, 武新慧. 果蔬介电特性与生物力学性质相关性试验研究 [J]. 山西农业大学学报 (自然科学版), 2015, 35 (01): 496-500.

[18] 张鹤岭. 果蔬冻干过程含水率无线监测系统设计与试验 [D]. 太谷:山西农业大学, 2015.

[19] 姚智华, 郭玉明. 胡萝卜冷冻干燥预冻过程温度场的三维数值模拟 [J]. 现代食品科技, 2014, 30 (02): 165-169.

[20] 刘振宇, 冯华, 郭玉明. 方形果蔬热风干燥变形规律研究 [J]. 农机化研究, 2014, 36 (01): 24-27.

[21]　马飞宇 . 高压脉冲电场预处理果蔬对其介电特性的影响及机理分析　[D] . 太谷:山西农业大学， 2014.

[22]　张建华 . 可调探针式电极的设计与试验研究　[D] . 太谷:山西农业大学， 2014.

[23]　马飞宇，郭玉明 . 高压脉冲电参数对果蔬介电特性的影响机理分析　[J] . 农机化研究， 2013， 35 （11） ： 46-48， 52.

[24]　马飞宇，郭玉明 . 高压脉冲电场影响果蔬介电特性试验与机理分析　[J] . 农业机械学报， 2013， 44 （S2） ： 177-180， 185.

[25]　武新慧，郭玉明 . 高压脉冲电场对马铃薯压缩力学性质及变形过程影响　[J] . 农业机械学报， 2013， 44 （S2） ： 181-185.

[26]　武新慧，郭玉明 . 农业物料细观力学研究进展及农产品加工中的应用　[J] . 农产品加工 （学刊）， 2013 （18） ： 44-47.

[27]　马飞宇，郭玉明 . 高压脉冲电参数对苹果介电特性影响试验研究　[J] . 农产品加工 （学刊）， 2013 （14） ： 13-15， 19.

[28]　马飞宇，郭玉明 . 高压脉冲电场对果蔬介电特性影响的试验研究　[J] . 山西农业大学学报 （自然科学版）， 2013， 33 （03） ： 230-235.

[29]　李晓斌 . 运用图像处理技术在线监测真空冻干果蔬含水率　[D] . 太谷:山西农业大学， 2013.

[30]　王冉 . 高压脉冲电场预处理对果蔬品质的影响　[D] . 太谷:山西农业大学， 2013.

[31]　郑欣欣 . 干燥温度对电场预处理果蔬介电特性与脱水特性的影响　[D] . 太谷:山西农业大学， 2013.

[32]　郑欣欣，郭玉明，王颖 . 高压脉冲电场预处理果蔬介电特性变化规律的研究　[J] . 农机化研究， 2012， 34 （11） ： 138-140.

[33]　李晓斌，郭玉明，付丽红 . 应用纹理分析方法在线监测苹果冻干含水率　[J] . 农业工程学报， 2012， 28 （21） ： 229-235.

[34]　李晓斌，郭玉明 . 果蔬冻干含水率监测的 MATLAB GUI 设计　[J] . 山西农业大学学报 （自然科学版）， 2012， 32 （02） ： 182-184.

[35]　宋艳波，刘振宇，郭玉明 . 基于电镜观察及介质理论分析高压脉冲电场处理果蔬机理　[J] . 核农学报， 2012， 26 （01） ： 91-94， 106.

[36]　Wu Y， Guo Y， Zhang D . Study of the Effect of High-Pulsed Electric Field Treatment on Vacuum Freeze-Drying of Apples　[J] . Drying Technology， 2011， 29 （14） ： 1714-1720.

[37]　周高峰 . 纤维管结构果蔬冻干过程水分输运规律研究　[C] //中国农业工程学会（CSAE） . 中国农业工程学会2011 年学术年会论文集 . 中国农业工程学会， 2011: 4.

[38]　郑欣欣 . 高压脉冲电场预处理对果蔬介电特性的影响　[C] //中国农业工程学会（CSAE） . 中国农业工程学会2011 年学术年会论文集 . 中国农业工程学会， 2011: 5.

[39]　王冉 . 高压脉冲电场对苹果某些营养素的影响　[C] //中国农业工程学会（CSAE） . 中国农业工程学会 2011 年学术年会论文集 . 中国农业工程学会， 2011: 4.

[40]　李晓斌 . 基于 MATLAB GUI 的果蔬冻干图像特征值提取　[C] //中国农业工程学会（CSAE） . 中国农业工程学会 2011 年学术年会论文集 . 中国农业工程学会， 2011: 4.

[41]　Wu Y， Guo Y. Experimental Study of the Parameters of High Pulsed Electrical Field Pretreatment to Fruits and Vegetables in Vacuum Freeze-Drying　[C] // IFIP International on Computer & Computing Technologies in Agriculture & Symposium on Development of Rural Information. 2010.

[42]　郭玉明 . 高压脉冲电场预处理对果蔬物性的影响　[C] //中国农业工程学会农产品加工及贮藏工程分会 . 2010 年中国农业工程学会农产品加工及贮藏工程分会学术年会暨华南地区农产品加工产学研研讨会论文摘要集 . 中国农业工程学会， 2010: 1.

[43]　吴亚丽，郭玉明 . 高压脉冲电场预处理对土豆真空冷冻干燥的影响　[J] . 山西农业大学学报 （自然科学版）， 2010， 30 （05） ： 464-467.

[44]　王颖 . 苹果干燥过程介电常数与干燥性质相关性研究　[C] //亚洲农业工程学会 （Asian Association for Agricul-tural Engineering）、中国农业机械学会 （Chinese Society for Agricultural Machinery）、全国农业机械标准化技术委员会 （Technical Committee 201 on Agricultural Machinery of Standardization Administration of China）、中国农业工程学会 （Chinese Society of Agricultural Engineering） . 2010 国际农业工程大会提升装备技术水平，

促进农产品、食品和包装加工业发展分会场论文集.中国农业机械学会, 2010: 6.

[45] 王颖.苹果介电常数与干燥特性相关性研究[C].中国机械工程学会包装与食品工程分会.中国机械工程学会包装与食品工程分会2010年学术年会论文集.中国机械工程学会, 2010: 5.

[46] 王颖,郭玉明.苹果介电常数与干燥特性相关性研究[J].农业机械学报, 2010, 41 (S1): 182-185, 190.

[47] 郝新生,郭玉明,崔清亮.茄子冷冻干燥冻结过程模型的建立与求解[J].农业工程学报, 2010, 26 (05): 335-341.

[48] 刘振宇,郭玉明,崔清亮.高压矩形脉冲电场对果蔬干燥速率的影响[J].农机化研究, 2010, 32 (05): 146-151.

[49] 崔清亮,郭玉明,郑德聪.基于干燥动力学特性的冷冻干燥过程判别[J].农业机械学报, 2010, 41 (04): 124-127.

[50] 王颖,郭玉明.农业物料介电特性的测试及影响[J].农产品加工(学刊), 2010 (02): 82-87.

[51] 吴亚丽,郭玉明.高压脉冲电场对果蔬生物力学性质的影响[J].农业工程学报, 2009, 25 (11): 336-340.

[52] 刘振宇,郭玉明.高压矩形脉冲电场果蔬预处理微观结构变形机理的研究[J].农产品加工(学刊), 2009 (10): 22-25.

[53] 吴亚丽,郭玉明.压痕法测定果蔬弹性模量试验研究[J].包装与食品机械, 2009, 27 (05): 25-28.

[54] 崔清亮.苹果冷冻干燥动力学特性试验研究[C] //中国农业工程学会.纪念中国农业工程学会成立30周年暨中国农业工程学会2009年学术年会(CSAE 2009)论文集.中国农业工程学会, 2009: 5.

[55] 郝新生.球形果蔬物料冷冻干燥过程冻结模型的建立与求解[C] //中国农业工程学会.纪念中国农业工程学会成立30周年暨中国农业工程学会2009年学术年会(CSAE 2009)论文集.中国农业工程学会, 2009: 5.

[56] 郭玉明.农业物料力学测试技术研究进展[C] //中国农业工程学会.纪念中国农业工程学会成立30周年暨中国农业工程学会2009年学术年会(CSAE 2009)论文集.中国农业工程学会, 2009: 6.

[57] 王颖.生物材料介电特性的研究与应用[C] //中国农业工程学会.纪念中国农业工程学会成立30周年暨中国农业工程学会2009年学术年会(CSAE 2009)论文集.中国农业工程学会, 2009: 5.

[58] 刘振宇.高压脉冲电场预处理对果蔬品质影响的研究[C] //中国农业工程学会.纪念中国农业工程学会成立30周年暨中国农业工程学会2009年学术年会(CSAE 2009)论文集.中国农业工程学会, 2009: 8.

[59] 吴亚丽.果蔬材料力学性质压痕测定法研究[C] //中国农业工程学会.纪念中国农业工程学会成立30周年暨中国农业工程学会2009年学术年会(CSAE 2009)论文集.中国农业工程学会, 2009: 5.

[60] 吴亚丽,郭玉明.果蔬生物力学性质的研究进展及应用[J].农产品加工(学刊), 2009 (03): 34-37, 49.

[61] 刘振宇,郭玉明.应用BP神经网络预测高压脉冲电场对果蔬干燥速率的影响[J].农业工程学报, 2009, 25 (02): 235-239.

[62] 刘振宇,郭玉明.高压脉冲电场预处理对果蔬脱水特性的影响[J].农机化研究, 2008 (12): 9-12.

[63] 崔清亮,郭玉明,程正伟.冷冻干燥物料共晶点和共熔点的电阻法测量[J].农业机械学报, 2008 (05): 65-69.

[64] 崔清亮,郭玉明,许雷.香蕉真空冷冻干燥工艺的试验研究[J].山西农业大学学报(自然科学版), 2008 (02): 208-211.

[65] 崔清亮,郭玉明,郑德聪.冷冻干燥物料水分在线测量系统设计与试验[J].农业机械学报, 2008 (04): 91-96.

[66] 刘振宇.脉冲电场预处理苹果片的对流干燥效果研究[C] //中国机械工程学会包装与食品工程分会、中国农业机械学会农副产品加工机械分会.2007年学术年会论文集.中国机械工程学会包装与食品工程分会, 2007: 7.

[67] 崔清亮.农产品物料共晶点共熔点的测定[C] //中国机械工程学会包装与食品工程分会、中国农业机械学会农副产品加工机械分会.2007年学术年会论文集.中国机械工程学会包装与食品工程分会, 2007: 8.

[68] 崔清亮,郭玉明,姚智华.真空冷冻干燥过程参数对解析干燥能耗的影响[J].中国食品学报, 2007 (04): 56-61.

[69] 崔清亮.冷冻干燥物料水分在线测量系统的试验研究[C] //中国农业工程学会.2007年中国农业工程学会学术年会论文摘要集.中国农业工程学会, 2007: 1.

[70] 崔清亮,郭玉明.农业物料物理特性的研究及其应用进展[J].农业现代化研究, 2007 (01): 124-127.

[71] 郭玉明.农业物料力学的应用及研究进展[C] //中国农业工程学会.农业工程科技创新与建设现代农业——2005

年中国农业工程学会学术年会论文集第一分册．中国农业工程学会， 2005: 6.

[72] 刘振宇．高压脉冲电场在果蔬干燥预处理中的研究与应用 [C] //中国农业工程学会．农业工程科技创新与建设现代农业——2005 年中国农业工程学会学术年会论文集第四分册．中国农业工程学会， 2005: 3.

[73] 崔清亮．冷冻干燥工艺参数对解析干燥能耗影响的试验研究 [C] //中国农业工程学会．农业工程科技创新与建设现代农业——2005 年中国农业工程学会学术年会论文集第四分册．中国农业工程学会， 2005: 5.

[74] 梁莉，郭玉明．农业物料电磁特性的研究与应用 [J]．农产品加工 (学刊)， 2005 (08)：4-6, 9.

[75] 郭玉明，姚智华，崔清亮，等．真空冷冻干燥过程参数对升华干燥能耗影响的组合试验研究 [J]．农业工程学报， 2004 (04)：180-184.

[76] 温海骏．真空冷冻干燥加工工艺过程模拟分析及预测 [D]．太谷:山西农业大学， 2004.

[77] 郭玉明．真空冷冻干燥过程参数对能耗影响的单因素试验研究 [C] //中国农业机械学会．中国农业机械学会成立 40 周年庆典暨 2003 年学术年会论文集．中国农业机械学会， 2003: 1.

[78] 姚智华．低能耗真空冷冻干燥技术与过程参数的研究 [D]．太谷:山西农业大学， 2003.

[79] Boss E, Filho R, Detoledo E. Freeze drying process: real time model and optimization [J]. Chemical Engineering & Processing Process Intensification, 2004, 43 (12)：1475-1485.

[80] Nastaj J F, Ambro ze k B. Modeling of vacuum desorption of multicomponent moisture in freeze drying [J]. Transport in Porous Media, 2007, 66 (1-2)：201-218.

[81] Natale M F, Tarzia D A. Explicit solutions to the two-phase Stefan problem for Storm-type materials [J]. Journal of Physics A General Physics, 2000, 33 (2)：395.

[82] Kar A, Mazumder J. Analytic solution of the Stefan problem in finite mediums [J]. Quarterly of Applied Mathematics, 1994, 52 (1)：49-58.

[83] Litchfield R J, Liapis A I. An adsorption-sublimation model for a freeze dryer [J]. Chemical Engineering Science, 1979, 34 (9)：1085-1090.

[84] Sandall O C, King C J, Wilke C R. The relationship between transport properties and rates of freeze-drying of poultry meat [J]. Aiche Journal, 1967, 13 (3)：428-438.

[85] Malaspinas O, Fietier N, Deville M. Lattice Boltzmann method for the simulation of viscoelastic fluid flows [J]. Journal of Non-Newtonian Fluid Mechanics, 2009, 165 (23-24)：1637-1653.

[86] Khaled A R A, Vafai K. The role of porous media in modeling flow and heat transfer in biological tissues [J]. International Journal of Heat and Mass Transfer, 2003 (26).

[87] Geidobler R, Winter G. Controlled ice nucleation in the field of freeze-drying: Fundamentals and technology review [J]. European Journal of Pharmaceutics and Biopharmaceutics, 2013, 85 (2)：214-222.

[88] Shaeri M R, Beyhaghi S, Pillai K M. On applying an external-flow driven mass transfer boundary condition to simulate drying from a pore-network model [J]. International Journal of Heat and Mass Transfer, 2013, 57 (1)：331-344.

[89] Janositz A, Noack A K, Knorr D. Pulsed electric fields and their impact on the diffusion characteristics of potato slices [J]. LWT - Food Science and Technology, 2011, 44 (9)：1939-1945.

[90] Jihène Ben Ammar, Jean-Louis Lanoisellé, Lebovka N I, et al. Effect of a Pulsed Electric Field and Osmotic Treatment on Freezing of Potato Tissue [J]. Food Biophysics, 2010, 5 (3)：247-254.

[91] Wei S, Xiaobin X, Hong Z, et al. Effects of dipole polarization of water molecules on ice formation under an electrostatic field [J]. Cryobiology, 2008, 56 (1)：0-99.

[92] Ho S Y, Mittal G S. Electroporation of Cell Membranes: A Review [J]. Critical Reviews in Biotechnology, 1996, 16 (4)：349-362.

[93] Bazhal M I, Ngadi M O, Raghavan V G S. Influence of Pulsed Electroplasmolysis on the Porous Structure of Apple Tissue [J]. Biosystems Engineering, 2003, 86 (1)：51-57.

[94] Bazhal M I, Ngadi M O, Raghavan V G S, et al. Textural Changes in Apple Tissue During Pulsed Electric Field Treatment [J]. Journal of Food Science, 2003, 68 (1)：5.

[95] Genin N, Rene F, Corrieu G. A method for on-line determination of residual water content and sublimation end-point during freeze-drying [J]. Chemical Engineering & Processing Process Intensification, 1996, 35

(4) : 255-263.

[96] Ryynanen S. The Electromagnetic Properties of Food Materials: A Review of the Basic Principles [J] . Journal of Food Engineering, 1995, 26 (4) : 409-429.

[97] Nelson S O . Radio-Frequency and Microwave Dielectric Properties of Fresh Fruits and Vegetables [J] . Soils & Foundations, 2003, 23 (5) : 1-10.

[98] Sagara, Yasuyuki. Structural Models Related to Transport Properties for the Dried Layer of Food Materials Undergoing Freeze-drying [J] . Drying Technology, 2001, 19 (2) : 281-296.

[99] 罗瑞明，周光宏，乔晓玲．干切牛肉冷冻干燥中高速率升华条件的动态研究 [J] ．农业工程学报， 2008 (02) ： 226-231.

[100] 闫德宝．一类新型 Stefan 问题局部解的存在唯一性 [J] ．山东理工大学学报 （自然科学版）， 2007 (01) ： 61-63, 67.

[101] 刘永忠，陈三强，孙皓．冻干物料孔隙特性表征的分形模型与分形维数 [J] ．农业工程学报， 2004 (06) ： 41-45.

[102] 申建中，易法槐．一个反应-扩散方程的自由边界问题 [J] ．数学物理学报， 2003 (02) ： 183-192.

[103] 孙志忠．偏微分方程数值解法 [M] ．北京:科学出版社， 2005.

[104] 王明新．数学物理方程 [M] ．北京:清华大学出版社， 2005.

[105] 赵鹤皋，等．冷冻干燥技术与设备 [M] ．武汉:华中科技大学出版社， 2005.

[106] 王沫然．MATLAB 与科学计算 [M] ．北京:电子工业出版社，2003.

[107] 张文生．科学计算中的偏微分方程有限差分法 [M] ．北京:高等教育出版社， 2006.